Das Buch

Mit seiner beispielhaften Fe... r v. Ditfurth sich einen Name... senschaften gemacht. Mit d... e »konsequentesten wie kühn... schaft auf brillante und zugleich populäre Weise zusammenfaßt« (Wiesbadener Kurier), ist es ihm gelungen, ein packendes Gesamtbild der Entstehung, Entwicklung und Zukunft von Materie, Leben und menschlicher Kultur zu entwerfen. Das Ergebnis ist ein anschaulicher und spannender Report über 13 Milliarden Jahre Naturgeschichte, angefangen vom Urknall über die Entstehung des »Abfallprodukts« Erde, über die große Sauerstoffkatastrophe, die Erfindung der Warmblütigkeit (und damit die Voraussetzung für das menschliche Bewußtsein) bis hin zu der Möglichkeit interplanetarisch-galaktischer Kommunikation. Und durchgehend verzeichnet Ditfurth dabei das Vorwalten von Vernunft. Nur eine Vernunft, die von allem Anfang an im Spiel war, konnte eine Welt ordnen, die – alles in allem – vernünftig ist. Daraus ergibt sich eine der verblüffendsten Kernthesen dieses Buches: Es gibt Verstand auch ohne Gehirn.

Der Autor

Hoimar v. Ditfurth, geboren 1921 in Berlin, ist Professor für Psychiatrie und Neurologie. Seit mehreren Jahren arbeitet er vorwiegend als Wissenschaftsjournalist. Seine Sendereihe ›Querschnitt‹ machte ihn als Moderator der modernen Naturwissenschaft populär. Er veröffentlichte u.a. ›Kinder des Weltalls‹ (1970), ›Dimensionen des Lebens‹ (1974) und ›Der Geist fiel nicht vom Himmel‹ (1976).

Hoimar v. Ditfurth:
Im Anfang war der Wasserstoff

Deutscher
Taschenbuch
Verlag

Von Hoimar v. Ditfurth
sind im Deutschen Taschenbuch Verlag erschienen:
Dimensionen des Lebens (1277; zusammen mit
Volker Arzt)
Der Geist fiel nicht vom Himmel (1587)

Ungekürzte Ausgabe
Mai 1981
Deutscher Taschenbuch Verlag GmbH & Co. KG,
München
© 1972 Hoffmann und Campe Verlag, Hamburg
ISBN 3-455-08854-6
Umschlaggestaltung: Celestino Piatti
Umschlagfoto: Werner Büdeler, Thalham
Gesamtherstellung: C. H. Beck'sche Buchdruckerei,
Nördlingen
Printed in Germany · ISBN 3-423-01657-4

Meiner Frau

Inhalt

Einleitung
Eine neue Perspektive 9

Erster Teil
Vom Urknall bis zur Entstehung der Erde 17
 1. Es gab einen Anfang 19
 2. Ein Platz an der Sonne 52
 3. Die Evolution der Atmosphäre 68

Zweiter Teil
Die Entstehung des Lebens 103
 4. Fiel das Leben vom Himmel? 105
 5. Die Bausteine des Lebens 116
 6. Natürlich oder übernatürlich? 134
 7. Lebende Moleküle 144
 8. Die erste Zelle und ihr Bauplan 153
 9. Nachricht vom Saurier 167
10. Das Leben – Zufall oder Notwendigkeit? 179

Dritter Teil
Von der ersten Zelle bis zur Eroberung des Festlands 187
11. Kleine grüne Sklaven 189
12. Kooperation auf Zellebene 202
13. Anpassung durch Zufall? 219
14. Evolution im Laboratorium 230
15. Verstand ohne Gehirn 238
16. Der Sprung zum Mehrzeller 252
17. Der Auszug aus dem Wasser 272

Vierter Teil
Die Erfindung der Warmblütigkeit und die Entstehung von „Bewußtsein" 281
18. Die stille Nacht der Dinosaurier 283
19. Programme aus der Steinzeit 298
20. Älter als alle Gehirne 308

Fünfter Teil
Die Geschichte der Zukunft 323
21. Auf dem Weg zum galaktischen Bewußtsein 325

Anmerkungen und Ergänzungen 345
Bildquellennachweis 360

Einleitung
Eine neue Perspektive

Vor etwa 20 Jahren produzierte der geniale amerikanische Filmregisseur Orson Welles einen Abenteuerfilm, der mit der originellsten Pointe abschloß, die ich bei einem Film dieses Genres bisher gesehen habe. Beim großen »Show-down«, der Schlußabrechnung, stellte sich der Oberschurke – Orson Welles spielte ihn selbst – seinem Todfeind in bequemer Schußentfernung, am hellichten Tage, ohne jede Deckung, und trotzdem praktisch unerreichbar.

Die Szene spielte auf einem Rummelplatz, und der Witz bestand darin, daß es dem von Welles verkörperten Gangster gelungen war, seinen Widersacher in ein Spiegelkabinett zu locken. Dort trat der Verfolgte seinem Jäger furchtlos entgegen, deutlich sichtbar, aber eben nicht nur einmal, sondern gleich dutzendfach vervielfältigt nebeneinander durch die spiegelnden Wände des raffiniert konstruierten optischen Labyrinthes.

Das Duell endete, wie es unter diesen Umständen enden mußte. In hilflosem Zorn feuerte der Verfolger Schuß auf Schuß auf die Abbilder seines Opfers. Er verursachte einen Haufen Scherben. Aber sein Revolver war leer, bevor er das Original selbst getroffen hatte.

Der Drehbucheinfall war großartig und geistreich. Eine raffiniertere Art der Tarnung ist kaum denkbar. Wenn man schon nicht die Möglichkeit hat, sich zu verstecken, und wenn man nicht in der Lage ist, sich unsichtbar zu machen, dann besteht der beste Ausweg darin, dem Verfolger zusätzliche Scheinziele anzubieten. In einfacherer Form geschieht das daher auch seit alters her im Kriege. Auch da versucht man, das Feuer des Feindes von den wirklichen Zielen durch Attrappen abzulenken, etwa durch den Bau von Schein-Flughäfen oder durch Panzer aus Pappe.

Wo immer wir auf einen solchen Trick stoßen, wo immer wir durch ein solches Täuschungsmanöver womöglich selbst hereingelegt werden, da setzen wir als Ursache intelligentes Verhalten voraus. Ausgeklügelte und zweckmäßige Strategien dieser und anderer Art sind uns nur vorstellbar als das Resultat bewußter, scharfsinniger Überlegung. Diese Schlußfolgerung beruht aber auf einem Vorurteil. Dieses Vorurteil ist weit verbreitet und von grundsätzlicher Bedeutung, denn es verbaut uns allen bis heute das Verständnis für die Natur, für die ganze uns umgebende Welt und damit auch für die Rolle, die wir in dieser Welt spielen. In der Natur nämlich gab es die Spuren der Wirksamkeit von Verstand schon lange, ehe Gehirne existierten, die ein Bewußtsein ermöglichen.

Hier ein erstes Beispiel als Beweis: In Assam in Zentralindien lebt eine Raupe, die sich während der Puppen-Phase vor ihren Freßfeinden durch exakt den gleichen Trick schützt, der die Schlußpointe des eben geschilderten Filmes bildet. Es handelt sich um die Raupe des Kaiseratlas, den die Schmetterlingsforscher als *Attacus edwardsii* bezeichnen. Wie die meisten anderen Schmetterlingsraupen, so spinnt sich auch diese Raupe ein, wenn die Zeit zur Verpuppung gekommen ist. Außerdem hüllt sie sich noch in ein Blatt.

Allein die Art und Weise, in der sie das bewerkstelligt, scheint schon für ein erstaunliches Maß an zielgerichteter Voraussicht zu sprechen. Denn ein grünes, saftiges Blatt ist viel zu elastisch und sperrig, als daß eine Raupe imstande wäre, es zu einer Schutzhülle zusammenzurollen. Die Attacus-Raupe löst dieses erste Problem auf die einfachste und zweckmäßigste Weise, die denkbar ist: Sie beißt den Stiel des Blattes durch (spinnt ihn vorher aber vorsorglich am Zweig fest, damit das Blatt nicht herunterfällt!). Als zwangsläufige Folge dieses Eingriffs beginnt das Blatt zu welken. Mit anderen Worten: Es trocknet ein. Ein eintrocknendes Blatt aber rollt sich zusammen. Wenige Stunden später verfügt die Raupe folglich über eine ideale Blattröhre zum Hineinkriechen. So weit, so gut. Schon bis hierher ist die Geschichte sehr erstaunlich, dabei ist das alles erst der Anfang.

Wenn man die Situation überdenkt, in welche die Raupe sich bis hierhin gebracht hat, um das wehrlose Puppenstadium möglichst sicher zu überstehen, stößt man sofort auf ein Problem. Zwar liefert ein welkes Blatt der Puppe als »Verpackung« zumindest Sichtschutz. Aber selbstverständlich fällt das trockene Blatt selbst unter all den übrigen grünen Blättern sofort auf. Da es nun bestimmte Räuber gibt, Vögel vor allem, die sich den ganzen Tag über mit fast nichts anderem beschäftigen als damit, gezielt nach Futter und dabei eben auch nach Schmetterlingsraupen zu suchen, müßte sich das eigentlich verhängnisvoll auswirken. Früher oder später wird ein Vogel unweigerlich auch ein solches trockenes Blatt einmal untersuchen und dabei dann auf die wohlschmeckende Puppe stoßen. Da Vögel aus Erfahrungen dieser Art sehr wohl lernen, heißt das aber, daß der Räuber von da ab vermehrt auf welke Blätter achten wird, die isoliert zwischen grünem Laub herumhängen. So raffiniert der Trick mit der Herstellung der Blattröhre auch ist, im Endeffekt scheint das ganze bisher noch auf eine Vergrößerung der Risiken für die ihrem Schmetterlingsdasein entgegendämmernde Puppe hinauszulaufen.

Was könnte die Raupe tun, um diesen Nachteil zu vermeiden, ehe sie sich in ihrer Blattrolle der Erstarrung des Puppenstadiums überläßt? Nehmen wir einmal an, sie könnte uns fragen, welchen Rat würden wir ihr geben? Ich glaube, daß es den meisten von uns recht schwer fiele, in dieser Situation auf einen annehmbaren Ausweg zu verfallen und eine hilfreiche Empfehlung abzugeben.

Die Raupe des Kaiseratlas jedoch hat auch dieses Problem elegant und wirkungsvoll gelöst. Der Kern der Lösung, die das Tier anwendet, besteht in der gleichen Pointe, die Orson Welles vor 20 Jahren für den Schluß seines Filmes erfand. Die Raupe beißt einfach noch bei 5 oder 6 weiteren Blättern ebenfalls die Stengel durch und heftet diese neben das eine Blatt, das sie selbst als Puppe beziehen wird. Zuletzt hängen an dem Zweig daher 6 oder 7 trocken eingerollte Blätter nebeneinander. Nur ein einziges von ihnen enthält die Puppe als potentielle Beute. Die anderen sind leer. Sie haben die Funktion von Attrappen.

Nehmen wir einmal an, einem Vogel fielen die sechs nebeneinanderhängenden welken Blätter auf, und er begänne sie zu untersuchen. Seine Chance, gleich beim ersten Versuch die Puppe zu erwischen, betrüge nur 1:5. Eine Risikoversicherung dieser Größenordnung verschafft einer regungs- und bewußtlosen Schmetterlingspuppe schon einen entscheidenden Vorteil im großen Überlebensspiel. Und mit jedem weiteren leeren Blatt nimmt das Interesse des Vogels weiter ab, sich mit welken Blättern in Zukunft noch zu beschäftigen.

Aber der Trick der Raupe ist selbst dann noch wertvoll, wenn ein Vogel aus Zufall tatsächlich schon beim ersten Versuch sofort einen Treffer ziehen sollte, indem er gleich auf das richtige Blatt stößt. Dieser Erfolg nämlich dürfte das Tier dazu ermuntern, mit einer gewissen Hartnäckigkeit nun auch die übrigen Blätter nach Beute zu untersuchen. Bei diesem Ablauf der Ereignisse würde der Vogel unweigerlich auf eine ununterbrochene Folge von Nieten stoßen. Man wird daher annehmen dürfen, daß er, wenn er den Platz schließlich verläßt, dies in dem Gefühl tun wird, daß trockene Blätter bei der Suche nach Futter, alles in allem, doch kein lohnendes Objekt sind. Dann ist zwar die eine Puppe zugrunde gegangen, dem Vogel die Freude an der Untersuchung trockener Blätter aber wenigstens für die Zukunft so weit verleidet, daß die übrigen Attacus-Raupen, die im Schutze der gleichen Tarnung auf ihr Erwachen als Schmetterlinge warten, von ihm nicht mehr behelligt werden.

Selbst bei einem Menschen würde uns eine so ausgeklügelte Taktik der Selbstverteidigung als besonders raffinierte List erscheinen, die ein beträchtliches Maß von Intelligenz verriete. Wie ist es möglich, daß eine Raupe es fertigbringt, sich auf diese Weise zu schützen, obwohl der Bau ihres Zentralnervensystems ebenso wie ihr sonstiges Verhalten den sicheren Schluß zuläßt, daß sie nicht über Intelligenz verfügt, daß sie ganz sicher weder zur Voraussicht noch zu logischer Schlußfolgerung befähigt ist?

Es ist verständlich, wenn die Naturforscher früherer Generationen angesichts solcher Beobachtungen an ein »Wunder« glaubten. Wenn sie meinten, hier gebe es nichts zu erklären oder zu erforschen, hier habe offensichtlich Gott selbst seinen Geschöpfen das erforderliche Wissen eingegeben, um auf diese Weise väterlich für ihr Wohlergehen zu sorgen. Mit dieser Formulierung resignierten sie allerdings als Naturforscher. Auch das moderne Wort »Instinkt« ist hier nicht, wie viele Menschen glauben, eine Erklärung. Es ist nichts weiter als ein Fachausdruck, auf den die Wissenschaftler sich geeinigt haben, um bestimmte Formen angeborenen Verhaltens zusammenzufassen.

Was erklärt es schon, wenn wir, um noch einmal auf unser Beispiel zurückzukommen, einfach sagen, der Raupe des Kaiseratlas sei das beschriebene Tarnverhalten eben »angeboren«? Das ist zwar richtig, und immerhin ist mit dieser Formulierung auch schon der richtige und bedeutsame Sachverhalt ausgedrückt, daß die Leistung, die uns hier so erstaunt, nicht von der Raupe selbst stammt. Aber wir wollen doch etwas ganz anderes wissen. Wir wollen wissen, wer hier auf den so verblüffend gescheiten Gedanken gekommen ist, daß man sich durch die Produktion von Attrappen tarnen kann. Welchem Gehirn der höchst originelle Einfall entsprungen ist, daß man Vögeln die Lust an der Suche dadurch verderben kann, daß man ihre Chancen, etwas zu finden, auf eine so hinterhältige Weise reduziert.

Die Verhaltensforscher, deren Thema die Untersuchung angeborener Verhaltensweisen ist, haben darauf heute in vielen Fällen schon einleuchtende und überraschend vollständige Antworten gefunden. Wir werden uns mit ihnen in diesem Buch noch ausführlich beschäftigen. Vorweggenommen sei hier aber schon eine Konsequenz ihrer Untersuchungen, die eine außerordentlich wichtige Einsicht betrifft: die Erkenntnis, daß es in der belebten Natur Intelligenz gibt, die nicht an irgendeinen konkreten Organismus gebunden ist, daß – anders ausgedrückt – Verstand möglich ist, ohne daß ein Gehirn existiert, das ihn beherbergt.

Niemand kann bestreiten, daß die Art und Weise, in der die Raupe des indischen Schmetterlings aus Blättern Schutzhüllen präpariert, zweckmäßig ist, und daß das Tier auf diese Weise die noch in der Zukunft liegende Schutzbedürftigkeit der bewegungslosen Puppe, in die es sich verwandeln wird, vorwegnimmt. Ebensowenig läßt sich leugnen, daß der Bau von Attrappen, die neben die eigene Position gehängt werden, das Verhalten von Vögeln und speziell die Bedingungen, unter denen Vögel lernen und Erfahrungen machen, mit überraschender Präzision berücksichtigt.

Andererseits steht fest, daß die praktisch hirnlose Raupe selbst sicher nicht intelligent ist. Ihr Verhalten weist in dem geschilderten Falle dennoch bestimmte Kriterien auf, die wir mit Recht als spezifisch »intelligent« ansehen: Zweckmäßigkeit, Vorwegnahme künftiger Ereignisse, Berücksichtigung der wahrscheinlichen Reaktion von Lebewesen einer ganz anderen Spezies. In diesen Fällen sprechen die modernen Verhaltensforscher, auch Konrad Lorenz, daher gelegentlich und beiläufig auch von »lern-analogem« oder »intelligenz-analogem« Verhalten.

Selbstverständlich gelten diese Überlegungen nicht nur für das hier strapazierte und alle anderen bekannten Beispiele von Tarnung und Mimikry bei Tieren und Pflanzen (1). Ich habe dieses Beispiel herausgegriffen, weil es das, worauf es mir ankommt, mit besonderer Deutlichkeit demonstriert. Alle diese Überlegungen gelten ebenso auch für andere Formen biologischer Anpassung und im Grunde sogar, wie wir noch sehen werden, ausnahmslos für den ganzen Bereich nicht nur der belebten, sondern auch der unbelebten Natur.

Daraus ergibt sich eine außerordentlich bedeutungsvolle und aufregende Schlußfolgerung, auf die wir noch wiederholt stoßen werden und die ich hier vorläufig mit der Feststellung umschreiben will, daß

Geist und Verstand offensichtlich nicht erst mit uns Menschen in diese Welt hineingekommen sind. Diese Einsicht ist, wie mir scheint, eine der wichtigsten Lehren, die wir aus den Ergebnissen der modernen Naturwissenschaft ziehen können. Zielstrebigkeit und Anpassung, Lernen und Probieren, den schöpferischen Einfall ebenso wie Gedächtnis und Phantasie, das alles gab es, wie ich in diesem Buch im einzelnen zu zeigen versuchen werde, schon lange, bevor es Gehirne gab. Wir müssen umlernen: Intelligenz gibt es nicht deshalb, weil die Natur es fertigbrachte, Gehirne zu entwickeln, die das Phänomen »Intelligenz« am Ende einer langen Entwicklungsreihe schließlich ermöglicht hätten.

Wenn man die Geschichte der Entstehung des Lebens auf der Erde, die Entstehung der Erde selbst und ihrer Atmosphäre und die kosmischen Bedingungen, die all dem zugrunde liegen, vorurteilslos so betrachtet, wie unsere heutige Wissenschaft sie in immer weiteren Einzelheiten zutage fördert, dann drängt sich eine ganz andere, eigentlich genau die entgegengesetzte Perspektive auf:

Die Natur hat nur deshalb nicht bloß Leben, sondern schließlich auch Gehirne und zuletzt unser menschliches Bewußtsein hervorbringen können, weil es Geist, Phantasie und Zielstrebigkeit in dieser Welt schon immer gegeben hat, vom ersten Augenblick ihres Bestehens an.

Dies ist der entscheidende Punkt: Daß Prinzipien, die wir im allgemeinen ganz selbstverständlich der »psychischen« Sphäre vorbehalten glauben, in Wirklichkeit schon in der vorbewußten Welt, sogar schon im Bereiche des Anorganischen wirksam und nachweisbar sind, diese Erkenntnis ist wahrscheinlich die bedeutungsvollste Konsequenz der modernen Naturwissenschaft. Die Folgerungen, die sich aus dieser Entdeckung für das menschliche Selbstverständnis und ebenso für unser Weltverständnis ergeben, sind in mancher Hinsicht revolutionierend. Daß unter diesem Aspekt der von vielen Gebildeten auch heute noch bestrittene geistige Rang der Naturwissenschaft unübersehbar hervortritt, daß aus dieser Perspektive die künstliche und wirklichkeitsfremde Aufteilung der Wissenschaft in »Geisteswissenschaft« und »Naturwissenschaft« endgültig unsinnig wird, sei nur am Rande erwähnt.

Der Angelpunkt der Geschichte, die in diesem Buch erzählt werden soll, ist die von der modernen Wissenschaft aufgedeckte Tatsache, daß sich die Spuren von Geist und Intelligenz in der Welt und in der Natur schon lange vor der Entstehung des Menschen, vor der Entstehung von Bewußtsein überhaupt nachweisen lassen. Das ist nicht etwa ideologisch gemeint (wenn diese Einsicht ganz sicher auch tiefgreifende weltanschauliche Konsequenzen haben wird). Das ist auch nicht etwa im Sinne der schwärmerisch-kurzschließenden Folgerung gemeint, daß sich hinter der Ordnung, die uns in der belebten Natur überall begegnet, ein die Natur transzendierender ordnender Geist gleichsam verberge. Diese Schlußfolgerung mag legitim und diskutabel sein. Sie ist hier aber nicht gemeint.

Erst wenn dieses naheliegende Mißverständnis ausgeschlossen ist, wird erkennbar, worum es geht: Der Wissenschaft ist es heute gelungen, den Ablauf der Geschichte der Welt in seinen wesentlichen Umrissen zu rekonstruieren. Je deutlicher das Bild des gewaltigen, über Jahrmilliarden sich hinziehenden Ablaufs dabei wird, um so deutlicher wird erkennbar, daß Lernfähigkeit, das Sammeln von Erfahrungen, Phantasie, tastendes Probieren, spontaner Einfall und ähnliche Kategorien diesen Ablauf von Anfang an regiert haben. Das ist wieder nicht etwa nur in dem Sinne gemeint, daß der komplizierte Ablauf auf den Betrachter immer von neuem zweckmäßig, sinnvoll, vernünftig oder phantasievoll »wirkt«. Gemeint ist vielmehr die bisher kaum beachtete Tatsache, daß sich die genannten Prinzipien in allen für ihre Definition wesentlichen Einzelheiten in dieser Geschichte konkret nachweisen lassen.

Offensichtlich ist es nur ein Vorurteil, wenn wir bis heute geglaubt haben, daß Leistungen dieser Art die Existenz eines Gehirns voraussetzten, das sie vollbringt. Daß insbesondere Phantasie, schöpferischer Einfall oder die Vorwegnahme zukünftiger Möglichkeiten die Existenz unseres, des menschlichen, Gehirns voraussetzen. Die Beobachtung der Raupe des indischen Kaiseratlas lehrt uns, daß derartige Leistungen in dieser Welt sehr viel älter sind als die ältesten Gehirne.

Wir neigen unausrottbar dazu, uns als Mittelpunkt zu sehen. Schritt für Schritt befreit die Erforschung der Wirklichkeit, die Naturwissenschaft, uns von dieser Illusion. Sie wies uns nach, daß wir nicht im Mittelpunkt einer Scheibe leben und daß die kugelförmige Erde um eine Sonne kreist, die nicht im Mittelpunkt des Universums steht.

Auch heute noch ist für die meisten Menschen die Erde der geistige Mittelpunkt der Welt, nämlich, wie sie allen Ernstes glauben, im ganzen unermeßlich großen Kosmos der einzige Ort, an dem sich Leben, Bewußtsein und Intelligenz entwickelt haben. Daß auch diese Überzeugung in Wahrheit nur wieder eine neue Verkleidung ist, in der uns der alte Mittelpunktswahn begegnet, diese Einsicht verbreitet sich heute langsam, aber unaufhaltsam im Zusammenhang mit dem Eindringen wissenschaftlicher Forschung in den Raum außerhalb unserer Erde.

Bei jedem dieser Schritte haben wir mit einer Denkgewohnheit brechen müssen. In jedem Falle erschien uns der neue Anblick der Wirklichkeit anfangs als absurd, schien er dem Selbstverständlichen zu widersprechen. Frühere Generationen reagierten darauf entsprechend. Giordano Bruno büßte für die fundamentale, das Bewußtsein der Menschheit zutiefst erschütternde Entdeckung, daß unsere Sonne nur einer unter unzähligen Sternen in einem unermeßlich großen Weltall ist, auf dem Scheiterhaufen.

Charles Darwin blieb ein ähnliches Schicksal nur deshalb erspart, weil man mit dem Verbrennen unliebsamer Zeitgenossen vor 100 Jahren nicht mehr so schnell bei der Hand war. Seine bedeutsame Entdeckung, daß der Mensch nicht gleichsam als ein Sonderfall »von außen« in die Natur hineingesetzt ist, sondern daß er dazu gehört, verwandt mit allem, was da kreucht und fleucht, und mit ihm zusammen im Verlaufe ein und derselben Entwicklungsgeschichte entstanden – diese radikale Umkehr der Perspektive macht den großen englischen Forscher bis auf den heutigen Tag noch bei vielen suspekt oder gar verhaßt.

So erscheint es uns auch als selbstverständlich und keiner weiteren Begründung bedürftig, daß bestimmte Leistungen, die wir als »rationale« oder »psychische« Leistungen bezeichnen, nur von unserem Gehirn vollbracht werden können und daß die Welt ohne diese Leistungen auskommen mußte, bevor es uns gab. Die Geschichte der Natur legt den Verdacht nahe, daß auch das nur wieder ein anderer Ausdruck des anthropozentrischen Mittelpunktwahns ist. In Wirklichkeit verfügen wir, wie es scheint, nur deshalb über Bewußtsein und Intelligenz, weil die Möglichkeiten von Bewußtsein und Intelligenz in dieser Welt von Anfang an angelegt waren und nachweisbar sind.

Ihren Spuren wollen wir in diesem Buch nachgehen, indem wir die Geschichte der Entstehung und Entwicklung der Welt nachvollziehen, soweit uns die Ergebnisse der Wissenschaft heute schon die Möglichkeit dazu geben. Das ist nicht einfach nur eine aufregende und faszinierende Geschichte. Weil in ihr von Anfang an auch die Wurzeln unserer eigenen Existenz enthalten sind, erfahren wir dabei auch etwas über uns selbst.

Erster Teil

Vom Urknall bis zur Entstehung der Erde

1. Es gab einen Anfang

Im Frühjahr 1965 hörten Arno A. Penzias und Robert W. Wilson als erste Menschen das Echo der Entstehung der Welt – nur: sie wußten es nicht.
Penzias und Wilson arbeiteten in der Forschungsabteilung der Elektro-Firma Bell Telephone an der Entwicklung einer Spezial-Empfangsantenne. Es war noch die Zeit der Echo-Satelliten, jener riesigen Kugeln aus papierdünner Aluminium-Folie, die man mit bloßem Auge in ihrer Umlaufbahn am Nachthimmel verfolgen konnte, weil ihre polierte Oberfläche das Licht der Sonne wie ein Spiegel reflektierte. Die »Echos« waren, wie ihr Name verrät, »passive« Satelliten. Sie konnten selbst nichts messen und keine Botschaften zur Erde zurücksenden. Sie wogen kaum mehr als 60 kg, wurden als Päckchen zusammengefaltet in 1500 km Höhe geschossen und dort durch Treibgas zu Kugeln von 30 Meter Durchmesser aufgeblasen.
Die hoch über der irdischen Atmosphäre treibenden Riesenkugeln reflektierten nicht nur das Sonnenlicht. Sie sollten vor allem Funksignale zur Erdoberfläche zurückspiegeln. Mit Hilfe dieser Signale ließ sich ihre Umlaufbahn genauestens vermessen und auf die kleinen Unregelmäßigkeiten überprüfen, die aus dem Widerstand der selbst in dieser Höhe noch vorhandenen obersten Schichten der Stratosphäre resultierten. Nach diesem Prinzip wurden mit dem Echo-Projekt in den Jahren zwischen 1960 und 1966 die Bedingungen in der obersten Erdatmosphäre erforscht.
Zum Auffangen der von diesen Ballon-Satelliten reflektierten Funksignale hatten die Wissenschaftler Spezialantennen gebaut, die auch sehr schwache Signale noch aufnehmen konnten und außerdem so beschaffen waren, daß sie Störungen nach Möglichkeit ausblendeten. Die von Penzias und Wilson zu diesem Zweck konstruierte Antenne

sah aus wie ein riesiges, mehr als 10 Meter langes Horn, an dessen einem Ende eine seitliche Öffnung mit dem beachtlichen Format von 6 mal 8 Metern klaffte, während sich das andere Ende trichterförmig verjüngte und in der eigentlichen Meßapparatur endete. Das Ganze erinnerte ein wenig an eines jener altertümlichen Höhrrohre, mit denen sich in früheren Zeiten die Schwerhörigen ausrüsteten. Es hatte grundsätzlich auch die gleiche Funktion.

Was Penzias und Wilson im Frühjahr 1965 bei ihren Versuchen fast zur Verzweiflung brachte, war ein »*excess radio noise*«, ein Störungsrauschen in ihrem Empfänger, dessen Quelle die beiden Experten trotz aller Bemühungen nicht aufspüren konnten. Dabei hätte das eigentlich relativ einfach sein müssen. Alles sprach dafür, daß die Ursache im Gerät selber liegen mußte. Die beiden Forscher konnten ihre mobile Antenne drehen, in welche Richtung sie wollten, an dem Rauschen änderte sich nichts. Eine von außen kommende Störung schien ihnen damit ausgeschlossen. Aber auch in der Empfangsapparatur ließ sich kein Fehler finden.

Durch einen Zufall hörte der Physiker Robert H. Dicke von den Schwierigkeiten der beiden Nachrichtentechniker. Dicke arbeitete an der berühmten Princeton-Universität und beschäftigte sich seit Jahren mit kosmologischen Problemen. Im Zusammenhang damit hatte man in seiner Abteilung neuartige Apparaturen zur Messung und Untersuchung kosmischer Radiostrahlung konstruiert. Dicke war daher vertraut mit den Problemen, mit denen man sich bei Bell Telephone herumschlug. Außerdem waren beide Institute nicht weit voneinander entfernt. Also nahm man eines Tages Kontakt auf.

Als Dicke die ersten Einzelheiten über den Charakter des »Störungsrauschens« erfuhr, das Penzias und Wilson seit Monaten so sehr auf die Nerven ging, alarmierte er sofort seine Mitarbeiter und fuhr mit ihnen nach Holmdel in die Forschungsabteilung von Bell Telephone. Was man ihm dort erzählte und was er an Ort und Stelle sah, beseitigte fast sofort die letzten Zweifel: Das geheimnisvolle Rauschen, das die Kollegen in Holmdel irritierte, kam doch von außen. Es war ein kosmisches Phänomen, das er selbst, Dicke, schon viele Jahre zuvor auf Grund theoretischer Überlegungen vorausgesagt hatte.

Seit Jahren hatten er und seine Mitarbeiter vergeblich versucht, genau diese Art kosmischer Strahlung nachzuweisen. Penzias und Wilson waren jetzt durch einen reinen Zufall auf das Phänomen gestoßen, ohne bis zu dem Besuch des Princeton-Teams auch nur zu ahnen, was ihnen da in den Schoß gefallen war. Was ihre Instrumente auf der Wellenlänge 7,3 cm empfingen, dieses seltsame Rauschen, das aus allen Richtungen gleichzeitig zu kommen schien, mit gleicher Stärke, wohin sie ihre Antennen auch drehten, war keine »Störung«. Es war nichts anderes als der elektronische Widerschein des gewaltigen Blitzes, des »Ur-Knalls«, mit dem vor rund 13 Milliarden Jahren das Weltall entstanden ist. Die von Penzias und Wilson entdeckte »Störung« war der erste faßbare Anhaltspunkt dafür, daß das Weltall nicht unendlich ist, weder im Raum noch in der Zeit.

Hinweise darauf hatte es schon seit mehr als 100 Jahren gegeben. Niemand hatte sie verstanden oder die naheliegende Folgerung aus ihnen gezogen, weil dieser Gedanke undenkbar erschien. Wir sind heute noch immer in der gleichen Lage. Wer hätte sich beim Anblick des nächtlichen Sternenhimmels nicht schon einmal die Frage gestellt, ob es da oben wohl bis ins »Unendliche weitergeht«. So schwer das auch vorstellbar ist, gänzlich unvorstellbar erscheint die Alternative, daß es da oben in irgendeiner noch so großen Entfernung »irgendwo aufhört«. Wie könnte eine kosmische Grenze schon beschaffen sein, angesichts derer sich nicht sofort die Frage erheben würde, wie es »hinter ihr« wohl weitergeht?

In der gleichen gedanklichen Zwickmühle befanden sich auch unsere Vorfahren, seit sie begannen, sich wissenschaftliche Gedanken über die Größe und die Dauer des Universums zu machen. Davor gab es Jahrhunderte, in denen die Menschen gar nicht darauf kamen, solche Fragen zu stellen. In der Antike und noch weit bis in das Mittelalter hinein hielt man die Welt ganz selbstverständlich für endlich. Die Frage, wodurch sie denn begrenzt sei, schien sehr einfach zu beantworten: Gleich über den Sphären der Planeten und Fixsterne begann der göttliche Himmel. Dessen Unermeßlichkeit als Wohnstätte Gottes warf aber keine Probleme auf – an Gott war alles unvorstellbar.

Es ist schwer, den Versuch zu machen, sich in die Gedanken früherer kultureller Epochen zurückzuversetzen. Aber ich glaube, wir dürfen vermuten, daß die Menschen damals die Endlichkeit der Welt nicht nur für ganz unvermeidlich, sondern auch für gut und richtig gehalten haben. Daß das Reich Gottes, des allmächtigen Schöpfers, unendlich sein müsse, bedurfte überhaupt keiner Begründung. Daß die irdische Welt der Menschen als der Gegenpol dieses Gottesreiches, als der ohnehin nur vorübergehende Aufenthaltsort der sterblichen Gotteskinder begrenzt sein müsse, erschien unter diesen Umständen ebenso angemessen.

Nur so ist wohl auch die Heftigkeit und Aggressivität zu verstehen, die Giordano Bruno mit seiner ungeheuren geistigen Entdeckung erweckte und auf sich zog. Der Gedanke, daß jeder einzelne Stern, der am Himmel steht, eine Sonne ist wie unsere eigene, kann auch uns heute noch schwindlig werden lassen. Die Überlegung, daß die Zahl dieser Sonnen, weit über die Grenze unseres Beobachtungsvermögens hinaus, in einem unendlich großen Universum in allen Richtungen unendlich groß sein muß, wirkte auf die Zeitgenossen Brunos Ende des 16. Jahrhunderts als Schock. Das Gefühl der Geborgenheit in einer wenn auch sehr großen, so doch grundsätzlich immer noch überschaubaren Welt, die wohlbehütet in die Unendlichkeit der göttlichen Allmacht eingeschlossen war, wurde erschüttert.

Vor allem aber nahm man es dem abtrünnigen Dominikaner übel, daß er die Unverfrorenheit hatte, dem Weltall eine Eigenschaft zuzusprechen, die, wie man zutiefst überzeugt war, Gott allein zustand: Unendlichkeit in Zeit und Raum. Das war eindeutige Gotteslästerung. Bruno muß den Konflikt selbst ähnlich empfunden haben. Jedenfalls hat er sich jahrelang hartnäckig geweigert, eine Messe zu besuchen. Trotzdem hielt er unbeirrbar an dem fest, was er als richtig erkannt zu haben glaubte. Daß er sich mit seiner Behauptung von der Unendlichkeit des Weltalls eines zu seiner Zeit todeswürdigen Verbrechens schuldig machte, war ihm dabei so gut bekannt wie jedem anderen seiner Zeitgenossen.

Es half dem Abtrünnigen auch nichts, daß er lehrte, der Kosmos in seiner Unendlichkeit und ewigen Unwandelbarkeit sei die Form, in der Gott selbst sich ausdrücke, das Weltall müsse also gerade deshalb unendlich sein, weil es Gott *sei*. (Wir werden gleich noch sehen, daß die Argumente dieser Auseinandersetzung erstaunlich modern sind und auch im Lichte neuester naturwissenschaftlicher Entdeckungen nichts von ihrer Aktualität eingebüßt haben.)

So hoch die geistige Ebene auch war, auf der sich der Streit zwischen Giordano Bruno und den Theologen und Philosophen seiner Zeit abspielte, so grotesk und überflüssig waren die Ereignisse, die schließlich zur Katastrophe führten. 1592 hielt der flüchtige Philosoph Vorlesungen in Helmstedt (wo es seit 1576 eine kleine, aber sehr angesehene Universität gab, die bis 1809 existiert hat) und Frankfurt am Main. Dort erreichte ihn die Einladung eines venezianischen Adligen, bei ihm zu wohnen. Warum Bruno die Einladung annahm, ist nicht bekannt. Das skurrile Motiv der Einladung ist ihm offensichtlich zu spät aufgegangen. Der Venezianer erhoffte sich von dem legendären, von Geheimnissen und Gerüchten umwitterten Flüchtling eine Einführung in die Künste der Magie. Als sein Gast ihn in dieser Hinsicht enttäuschen mußte, verriet er Bruno kurzerhand an die Inquisition. Nach einem sieben Jahre dauernden Prozeß wurde der Revolutionär am 17. Februar 1600 in Rom öffentlich verbrannt.

Das Schicksal dieses Mannes berührt uns noch heute. Es geht eine seltsame Symbolkraft von der Tatsache aus, daß der erste Mensch, der auf den ungeheuerlichen Gedanken kam, das Weltall, in dem wir leben, sei unendlich groß, von seinen Mitmenschen wegen dieser Behauptung umgebracht wurde. Aber so tragisch das ganze auch ist – wobei wir hinsichtlich der Härte des Urteils nicht übersehen dürfen, wie grausam die Strafjustiz damals für unsere Begriffe ganz allgemein gewesen ist –, wir dürfen uns durch unser Mitgefühl und unsere Achtung vor der unglaublichen Standhaftigkeit dieses Märtyrers der Wissenschaft nicht darüber hinwegtäuschen lassen, daß Giordano Bruno im Unrecht gewesen ist.

Mit Radioteleskopen und Satelliten-Observatorien führen die Astronomen heute den Beweis, daß Unendlichkeit in Zeit und Raum in der Tat nach wie vor zu den Privilegien Gottes zählt – ob man nun noch an ihn glauben will oder nicht. In dieser Welt jedenfalls ist Unendlichkeit in keiner Form verwirklicht oder auch nur möglich. Das gilt auch für das Universum als Ganzes. Die außerordentliche Bedeutung des von Penzias und Wilson 1965 zufällig entdeckten »Störungsrauschens« besteht eben darin, daß es, wie alle anschließenden Untersuchungen bisher bestätigt haben, den ersten konkreten Beweis für diesen Umstand liefert. Um zu verstehen, warum das so ist, müssen wir ein wenig ausholen.

Auch Immanuel Kant hielt es noch eineinhalb Jahrhunderte nach Giordano Bruno für selbstverständlich, daß die Welt unendlich groß und ewig unveränderlich sein müsse. Viele kennen den großen Königsberger nur als Philosophen. Seine 1755 erschienene »Allgemeine Naturgeschichte und Theorie des Himmels« ist jedoch eine (von dem ermüdend umständlichen Satzbau im Stil der damaligen Zeit einmal abgesehen) noch heute lesenswerte astronomische Schrift. Kant hat darin eine Theorie der Entstehung von Planetensystemen entwickelt – die sogenannte »Meteoriten-Hypothese« –, die sich heute nach mehr als zwei Jahrhunderten als die wahrscheinlich zutreffende Erklärung herauszuschälen beginnt. In der gleichen Arbeit sind auch die Seiten enthalten, auf denen Kant als erster die Existenz und das wahrscheinliche

Aussehen unseres Milchstraßensystems beschreibt und aus den ihm allein zur Verfügung stehenden Zeichnungen von Himmelsbeobachtern logisch zwingend schließt, daß es unzählig viele derartige Sternsysteme außerhalb unserer eigenen Milchstraße geben müsse.

Auch dieser große Mann aber hielt das Weltall für unendlich groß, wie Giordano Bruno, obwohl sich, wie wir sehen werden, durch bloßes logisches Nachdenken relativ leicht beweisen läßt, daß das nicht stimmen kann. Auch Kant glaubte an die Unendlichkeit der Welt, übrigens bezeichnenderweise mit der ausdrücklichen Begründung, daß sie die Schöpfung Gottes sei und daher ebenso unbegrenzt sein müsse wie dieser. »Aus diesem Grunde ist das Feld der Offenbarung göttlicher Eigenschaften ebenso unendlich, als diese selber sind«, heißt es bei ihm. Mit anderen Worten weicht Kant an dieser Stelle plötzlich von einer rein naturwissenschaftlichen Argumentation ab, mit der Folge, daß seine Schlußfolgerung, wie wir heute wissen, falsch ist.

Daß die Dinge in Wirklichkeit anders liegen mußten, dämmerte als erstem einem Arzt, Dr. Wilhelm Olbers, der zu Anfang des vorigen Jahrhunderts in Bremen praktizierte. Olbers muß ein sehr guter Arzt gewesen sein, wie sich daraus ergibt, daß er einen von Napoleon I. ausgesetzten Preis für die beste Arbeit über die »häutige Bräune« (so nannte man damals die Diphtherie) errang. Daneben widmete er sich in seinen freien Stunden mit Leidenschaft der Astronomie. Auch auf diesem Gebiet war Olbers überdurchschnittlich erfolgreich. Er entdeckte nicht weniger als sechs Kometen und zwei der vier ersten Planetoiden, die überhaupt entdeckt worden sind (Pallas und Vesta). Außerdem erlangte er in astronomischen Kreisen Berühmtheit durch eine neue Methode der Berechnung von Kometenbahnen.

Dieser vielseitige und einfallsreiche Mann begann eines Tages sich über ein ganz alltägliches und selbstverständliches Phänomen zu wundern: darüber, daß es nachts dunkel wird. Bei seinen astronomischen Überlegungen war Olbers auf einen seltsamen Widerspruch gestoßen, den vor ihm anscheinend niemand bemerkt hatte (2): Wenn das Weltall unendlich groß war und wenn dieses unendlich große Weltall überall gleichmäßig mit Sternen erfüllt war, dann müßte nämlich der ganze Himmel eigentlich auch nach Sonnenuntergang noch genauso hell leuchten wie die Sonne.

Die Beweisführung des Bremer Mediziners sah etwa folgendermaßen aus: Unendlich viele Sterne produzieren eine unendlich große Helligkeit. Nun nimmt zwar die Helligkeit eines Sterns mit zunehmender Entfernung ziemlich rasch ab, nämlich im Quadrat der Entfernung. Das heißt also, daß unsere Sonne uns aus doppeltem Abstand nur noch mit einem Viertel ihrer jetzigen Kraft beleuchten und erwärmen würde, oder, daß ein beliebiger Stern, der in Wirklichkeit so hell wäre wie die Sonne, aber tausendmal weiter entfernt, für uns nur noch ein Millionstel der Leuchtkraft der Sonne hätte.

Bis hierhin scheint also alles in bester Ordnung zu sein. Es sieht so aus, als ob die von unendlich vielen Sternen erzeugte unendlich große Helligkeit uns wegen der zunehmenden Entfernung der Sterne überhaupt nicht erreichen kann. Das ist aber, wie Olbers feststellte, ein Trugschluß. Die beruhigende Folgerung kann deshalb nicht richtig sein, weil die *Zahl* der Sterne bei zunehmender Entfernung noch sehr viel schneller anwächst als ihre Helligkeit abnimmt, nämlich nicht bloß im Quadrat, sondern in der dritten Potenz der Entfernung.

Versuchen wir einmal, uns anschaulich zu machen, was das heißt. Nehmen wir einmal ganz willkürlich an, in einem Raumbereich von 10 Lichtjahren rund um die Erde gebe es 100 Sterne, die unsere Nacht mit ihrem milden Licht erhellen. Jetzt gehen wir einen ersten Schritt weiter und berücksichtigen alle Sterne bis zur doppelten Entfernung, also bis zu 20 Lichtjahren. Die dabei neu hinzukommenden und durchschnittlich doppelt so weit von uns entfernten Sterne erscheinen uns dann ihrer verdoppelten Entfernung wegen zwar nur etwa ein Viertel so hell wie die 100 Sterne, von denen wir ausgegangen waren. Aber, und das ist der entscheidende Punkt: Bis zur doppelten Entfernung gibt es bei gleichmäßiger Verteilung der Sterne im Raum nicht bloß doppelt oder viermal so viele, sondern gleich achtmal so viele, also 800 Sterne. Verdoppeln wir die Entfernung abermals, indem wir jetzt eine Raumkugel mit einem Radius von 40 Lichtjahren rings um die Erdkugel betrachten, so ergibt sich, daß die Helligkeit der neu hinzukommenden Sterne zwar auf ein Sechzehntel (»Quadrat der vierfachen Entfernung«) zurückgeht, der Gesamtzahl der Sterne aber gleichzeitig auf das 64fache (nämlich die dritte Potenz der vierfachen Entfernung!) sprunghaft anwächst.

So geht das bei jeder Vergrößerung der Entfernung weiter. Die Zahl der Sterne nimmt sehr viel schneller zu, als die Helligkeit der einzelnen Sterne abnimmt. Das hängt einfach damit zusammen, daß der Inhalt der Raumkugel, die wir in unserem gedanklichen Versuch um die Erde gelegt haben, rascher anwächst als ihre Oberfläche, auf die sich die Sterne aus unserer Perspektive projizieren.

Deshalb muß, so folgerte Olbers zwingend weiter, irgendwann, und wenn auch erst in einer noch so großen Entfernung, schließlich eine Grenze erreicht sein, von der ab die überschießende Zunahme der Sternzahl die Abnahme ihrer Helligkeit nicht nur ausgleicht, sondern gewissermaßen »überkompensiert«. Da diese Grenzentfernung in einem unendlich großen Weltall auf jeden Fall überschritten sein muß, müßte der ganze Himmel eigentlich auch nachts taghell leuchten.

Glücklicherweise kann man das Problem, mit dem sich Dr. Olbers herumschlug, noch einfacher formulieren: Man braucht bloß daran zu denken, daß dann, wenn das Weltall wirklich unendlich viele (wohlgemerkt: nicht unvorstellbar viele, sondern *unendlich* viele!) Sterne enthielte, an jedem noch so winzigen Punkt des Himmels unendlich viele Sterne hintereinander stehen würden. Durch unendlich viele Sterne an jedem Punkt des Nachthimmels würde aber eine unendlich große Helligkeit produziert, die daher auch noch auf der Erde unendlich groß sein müßte, ohne Rücksicht darauf, bis in welche Entfernung sich diese Sterne gleichmäßig verteilen.

»Folglich«, so erklärte Olbers, »darf es nachts eigentlich überhaupt nicht dunkel werden.« Es gab niemanden, der ihm hätte widersprechen können. Seine Schlußfolgerungen und Berechnungen waren unwiderlegbar. Aber natürlich gab es ebensowenig auch jemanden – Olbers selbst nicht ausgenommen –, der hätte bestreiten können, daß es ungeachtet dieser unwiderleglichen Beweisführung trotzdem Abend für Abend dunkel wurde. Olbers hatte durch seine Fragestellung mit anderen Worten ein klassisches Paradoxon zutage gefördert.

Man behalf sich in dieser eigentümlichen und für Wissenschaftler auch ein wenig peinlichen Situation mit der Annahme, daß das Weltall vielleicht nicht ideal »durchsichtig« sei. Der Gedanke war grundsätzlich vollkommen richtig. Wie wir heute wissen, gibt es im Weltall tatsächlich riesige Staubmassen, die als ausgedehnte Dunkelwolken oder auch in feinster Verteilung als sogenannter interstellarer Staub das Licht weit entfernter Sterne nachweisbar dämpfen oder auch ganz verschlucken. Damit schien die Angelegenheit befriedigend aus der Welt geschafft. Wenn das Licht der Sterne uns gar nicht vollständig erreichen kann, dann waren die theoretisch so überzeugenden Voraussetzungen des Dr. Olbers in der Praxis eben gar nicht erfüllt.

So schien die gute alte Ordnung also wiederhergestellt. Es schien aber nur so. In Wirklichkeit hatte man sich mit dieser Ausflucht, ohne es zu merken, längst in ein neues Paradoxon verstrickt. Hatte das von Wilhelm Olbers aufgedeckte Problem seine Wurzeln in der unendlich großen räumlichen Ausdehnung des Weltalls gehabt, so kollidierte der Ausweg, auf den man zu seiner Auflösung verfallen war, mit der Voraussetzung der ewigen Dauer des Kosmos.

Wenn es im Weltall Dunkelwolken gab, die das von den Sternen ausgehende Licht verschluckten, dann müßte dieses Licht (so würden wir heute folgern) die Dunkelwolken längst so stark aufgeheizt haben, daß sie ebenso hell strahlten wie die Sterne. Irgendwo muß die von den Sternen abgestrahlte Energie schließlich bleiben. Im Weltall geht nichts verloren. Wenn diese Energie uns nicht trifft, weil Staubwolken sie abfangen, dann bleibt sie eben in diesen Wolken hängen. Und so schwach diese Energie auch immer sein mag, wenn die Wolken sie eine unendlich lange Zeit hindurch ansammeln, dann glühen sie selbst früher oder später unweigerlich genauso hell wie die Sterne, und wir sind, was das Problem von Olbers angeht, wieder da, wo wir waren.

Heute wissen wir, wo der Fehler steckt. Das Weltall ist eben weder unendlich groß noch unendlich alt. Damit entfällt die entscheidende Voraussetzung des Olbersschen Paradoxons. Der Angelpunkt in der Beweisführung des genialen Bremer Amateur-Astronomen ist der Begriff der kritischen »Grenzentfernung«. Wir erinnern uns: Olbers hatte aus seinen Berechnungen – vollkommen zutreffend – gefolgert, daß die Abnahme der Sternhelligkeit *von einer bestimmten Entfernung ab* durch die bei wachsender Entfernung überproportionale Zunahme der Sternzahl ausgeglichen werden müsse.

Diese Grenzentfernung läßt sich berechnen. Sie beträgt rund 10^{20} oder, anders ausgedrückt, 100 Trillionen Lichtjahre. Angesichts dieser Zahl wird einem sofort klar, warum es nachts dunkel wird. Das Weltall ist viel kleiner, als Olbers und seine Zeitgenossen es für möglich gehalten hätten. Das Weltall ist nicht nur nicht unendlich groß, sondern bei weitem zu klein, als daß die überproportionale Zunahme der Sternzahl sich überhaupt in dem von Olbers berechneten Sinne auswirken könnte. Die größte für uns reale kosmische Entfernung liegt in der Größenordnung von 13 Milliarden Lichtjahren. Das aber ist nur rund ein Zehnmilliardstel der Olbersschen Grenzdistanz. (Wir werden noch eingehend erörtern, warum wir heute glauben, daß das Weltall im Augenblick gerade diese Ausdehnung hat.) Es steht jedenfalls fest, daß wir jeden Abend, wenn es dunkel wird, den handgreiflichen Beweis dafür miterleben, daß das Weltall nicht unendlich ist, weder im Raum noch in der Zeit.

Damit sind wir nun aber wieder in der geistigen Zwickmühle angelangt, von der wir am Anfang dieses Kapitels ausgegangen waren. Wenn die Welt nicht unendlich groß ist, wie ist sie dann eigentlich begrenzt? Wie ist eine solche Begrenztheit der Welt vorstellbar, ohne daß sich sofort die Frage erhebt, wie es hinter dieser Grenze weitergeht? Wie ist, anders ausgedrückt, das Problem einer endgültigen Grenze lösbar, die alles umschließt, was es gibt, ausnahmslos, so daß es kein »Draußen« mehr gibt? Die Unvorstellbarkeit einer solchen Grenze ist letztlich ja der Grund dafür gewesen, daß unsere Vorfahren, sobald sie überhaupt anfingen, sich über die Angelegenheit Gedanken zu machen, so selbstverständlich angenommen haben, daß die Welt unendlich sei. Das galt, wie wir gesehen haben, sogar noch für Olbers, obwohl dieser bereits auf einen entscheidenden Gegenbeweis gestoßen war.

Unvorstellbarkeit ist, das war die nächste Erfahrung, die die Wissenschaftler bei ihren Überlegungen machten, ein sehr schlechtes und fragwürdiges Argument, wenn es um die Erforschung der Welt im Ganzen geht. Dies entdeckt zu haben ist die unüberschätzbare Leistung Albert Einsteins. Die Selbstverständlichkeit, mit welcher die Menschen bis zu dieser lehrreichen Entdeckung immer davon ausgegangen sind, daß die Welt und die Natur um uns herum bis in ihre letzten Tiefen und Geheimnisse hinein nicht nur verständlich, sondern außerdem auch noch so beschaffen sein müßten, daß sie sich dem Vorstellungsvermögen unseres Gehirns fügen, ist, nachträglich gesehen, auch wieder nur als Ausdruck schlichten Mittelpunktwahns zu deuten. Das gilt genauso für die Hartnäckigkeit, mit der wir alle heute noch instinktiv dazu neigen, unanschauliche Erklärungen für bestimmte Eigenschaften der Welt als falsch abzulehnen, nur weil sie für uns unbefriedigend sind.

Welche Naivität steckt im Grunde doch dahinter, wenn wir erwarten, daß diese ganze Welt, die wir um uns vorfinden, in all ihrer Fülle und mit all ihren verborgenen Ursachen, in das Volumen ausgerechnet unseres Gehirns hineinpassen müsse. Bei niemandem außer uns selbst würden wir auf diesen abenteuerlichen Gedanken kommen. Bei allen anderen Lebensformen, von denen wir wissen, leuchtet es uns ein, daß das gänzlich ausgeschlossen ist.

Wir finden nichts dabei, daß eine Ameise nichts von den Sternen weiß. Daß die Erlebnis-Wirklichkeit auch eines Affen noch unvorstellbar viel ärmer ist als die Wirklichkeit der Welt, die das Tier umgibt, erscheint uns gleichfalls naturgegeben. Wenn man einen Affen aufmerksam beobachtet, kann einen zwar ein eigenartig melancholisches Gefühl beschleichen bei dem Gedanken, wie dicht und gleichzeitig wie hoffnungslos dieses Tier in seiner geistigen Entwicklung unmittelbar vor der Möglichkeit intelligenter Überlegung stehengeblieben ist. Aber niemand von uns wird auf den Gedanken kommen, das für rätselhaft oder erklärungsbedürftig zu halten. Es erscheint uns als vollkommen natürlich, daß es so ist.

Das gilt in unseren Augen genauso auch noch für unsere eigenen Vorfahren oder andere Formen des »Vormenschen«. Der Neandertaler wußte nichts vom genetischen Code und ebensowenig etwas über die Existenz von Atomen, ganz zu schweigen von deren kompliziertem Aufbau. Dennoch sind weder der molekulare Mechanismus der Vererbung noch die Struktur der Atome erst entstanden, als wir sie viele Jahrzehntausende später entdeckten. Ohne die Existenz des genetischen Codes hätte sich auch der Neandertaler nicht fortpflanzen können. Auch zu seinen Lebzeiten schon wurden die Eigenschaften der Materialien, aus denen er seine primitiven Geräte fertigte, durch den unterschiedlichen Aufbau der Atome bestimmt, aus denen sie auch damals schon bestanden.

Von diesen Bereichen der ihn umgebenden Welt – und unzähligen anderen, die uns heute geläufig sind – ahnte der Neandertaler aber noch nichts. Nicht deshalb, weil er noch nicht darauf gestoßen war oder weil die Interessen dieses Frühmenschen in eine andere Richtung gegangen wären. Wir können vielmehr mit ausreichender Sicherheit behaupten, daß das Neandertaler-Gehirn noch nicht weit genug entwickelt war, um Teile der Wirklichkeit fassen zu können, die so weit hinter der Fassade des Augenscheins versteckt sind. Es macht uns keinerlei Schwierigkeiten einzusehen, daß große Teile der Welt für das Erleben dieses Vormenschen noch gar nicht existieren konnten, weil sein Gehirn einfach noch nicht in der Lage war, sie aufzunehmen.

Die gleiche Einsicht fällt uns erst dann mit einem Male schwer, wenn es sich um uns selbst handelt. Dann tun wir plötzlich so, als hätten die ganzen Jahrmilliarden der bisherigen Entwicklung einzig und allein dem Zwecke gedient, uns selbst in unserer augenblicklichen Entwicklungsstufe hervorzubringen. Dann argumentieren wir so, als ob ausgerechnet gerade in der Epoche, deren zufällige Zeitgenossen wir selbst sind, unser Gehirn die höchste überhaupt mögliche Entwicklungsstufe erreicht hätte, die dadurch charakterisiert wäre, daß die ganze Welt mit all ihren Eigenschaften und Gesetzen in ihm enthalten sein könnte.

Die Wahrheit ist die, daß unsere Situation sich im Vergleich zu der des

Neandertalers im Grunde überhaupt nicht nennenswert geändert hat. Wir sind mit unserem Wissen über die Eigenschaften des Kosmos in der Zwischenzeit zweifellos ein ganzes Stück weitergekommen. Unser Gehirn hat sich weiterentwickelt, und die sich im Verlaufe von Jahrhunderten ansammelnden Resultate der Arbeit von Tausenden von Forschern haben uns erste Einblicke auch in einige dem bloßen Augenschein verborgene Aspekte der Welt eröffnet. Dieser Fortschritt der letzten 100000 Jahre ist aber nur winzig im Vergleich zu der ungeheuren Ausdehnung des Kosmos und der unvorstellbaren Kompliziertheit und Fülle der in ihm zu beobachtenden Phänomene.

Wenn man sich die Maßstäbe mit Hilfe derartiger Überlegungen zurechtrückt, geht einem sofort auf, wie maßlos naiv unsere Erwartung ist, die Welt müsse in allen ihren Teilen für uns verständlich und anschaulich sein. Es fällt uns dann auch leichter einzusehen, daß sie das gerade dort nicht sein wird, wo unsere Untersuchungen sich besonders weit von den Bedingungen unserer alltäglich gewohnten Umwelt entfernen. Verwunderlich ist es daher nicht, daß die Verhältnisse im Inneren des Atoms und an den äußersten Grenzen des Universums für uns unvorstellbar oder »unanschaulich« sind. Der wirkliche Anlaß zum Staunen besteht vielmehr darin, daß wir überhaupt in der Lage sind, auch über diese Regionen des Kosmos noch sinnvolle Überlegungen anzustellen, wenn wir uns auch damit abfinden müssen, daß das nur noch mit den geistigen Krücken abstrakter Formeln und unanschaulicher Symbole gelingt.

Entdeckt zu haben, daß die Welt im Ganzen anders ist, als es unserer Gewohnheit und unserem Vorstellungsvermögen entspricht, ist die einmalige Leistung Albert Einsteins. Das Resultat seiner Überlegungen ist die legendäre Relativitätstheorie, an deren Namen so ziemlich alles irreführend ist. Sie ist keine Theorie mehr. Spätestens nicht mehr seit dem Tage im August 1945, an dem Hiroshima unterging. Denn ohne die von Einstein entdeckte Identität von Materie und Energie wäre der Bau der Atombombe nicht möglich gewesen. Eine Theorie war sie darüber hinaus von Anfang an insofern nicht, als es sich bei ihr keineswegs, wie viele Menschen noch heute glauben, um eine am Schreibtisch ausgetüftelte kühne Spekulation handelt. Ihr Ausgangspunkt waren ganz im Gegenteil experimentelle Resultate, also Fakten, die sich mit Hilfe der bis dahin bekannten Naturgesetze nicht verstehen ließen. Wichtigster Ausgangspunkt war das völlig rätselhaft wirkende Ergebnis eines Versuches, den der amerikanische Physiker Albert Michelson 1881 in Chicago durchführte.

Michelson hatte ein optisches Instrument konstruiert, das ihm durch eine ganz bestimmte Anordnung von Spiegeln die Möglichkeit gab, die Geschwindigkeit des von der Sonne kommenden Lichtes einmal senkrecht zur Laufbahn der Erde zu messen und ein zweites Mal so, daß sich die Bahngeschwindigkeit der Erde zu der des Lichtes addieren mußte. Die Geschwindigkeit des Lichtes beträgt zwar 300 000 Kilometer pro Sekunde, und die der Erde relativ zur Lichtquelle, also zur Sonne, nur 30 Kilometer in der Sekunde. Trotzdem mußten im ersten Fall eben 300 000 und in dem zweiten 300 030 Kilometer pro Sekunde herauskommen. Der Unterschied war winzig. Michelson hatte seine Versuchseinrichtung aber so großartig konstruiert, daß diese Differenz für ihn einwandfrei meßbar sein mußte.

Die historische Bedeutung dieses Versuches bestand darin, daß bei der Messung nichts herauskam. In beiden Fällen maß Michelson den gleichen Wert von 300 000 Kilometern pro Sekunde. Der Amerikaner konnte sein kostbares Gerät drehen, wie er wollte, die Eigengeschwindigkeit der Erde ließ sich dieser Geschwindigkeit des Lichtes einfach nicht hinzufügen. Da die Versuchsanordnung relativ einfach und übersichtlich war, erschien dieses Resultat völlig rätselhaft, denn an der Realität des Umlaufs der Erde um die Sonne war schlechthin nicht zu zweifeln.

Das Experiment wurde in den folgenden Jahren mehrfach mit dem gleichen (negativen) Ergebnis wiederholt und verursachte den Physikern großes Kopfzerbrechen. Erst Einstein kam 1905 auf eine zunächst aberwitzig klingende Erklärung, die ihn im weiteren Verlaufe zur Ausarbeitung seiner berühmten »Theorie« veranlaßte. Man kann sagen, daß Einstein das Problem des Michelson-Versuchs deshalb löste, weil er nicht davon ausging, wie das Ergebnis nach der Erwartung aller eigentlich hätte aussehen sollen, sondern weil er das Resultat, so seltsam es war, als Faktum hinnahm und seinen anschließenden Überlegungen zugrunde legte, obwohl es allen Regeln der Logik zu spotten schien.

Die allgemeine und selbstverständliche Erwartung war natürlich die, daß sich die Geschwindigkeit der Erde zu der des Lichtes hinzuaddieren lassen müßte. Die Situation war genauso übersichtlich wie die eines Menschen, der im Seitengang eines fahrenden D-Zug-Wagens entlangspaziert. Wenn wir einmal annehmen, der Zug fahre mit 100 Stundenkilometern durchs Gelände und der Reisende gehe mit 5 Stundenkilometern in der Fahrtrichtung, dann hat der Fußgänger relativ zur Landschaft außerhalb des Zuges eben eine Geschwindigkeit von 105 Stundenkilometern. Das kann man nachmessen und das stimmt auch.

Die beiden Einzelgeschwindigkeiten, die des Zuges und die des im Zug spazierengehenden Reisenden, addieren sich eben in der geschilderten Situation. Das Resultat entspricht damit dem völlig selbstverständlich erscheinenden Prinzip der »beliebigen Summierbarkeit von Geschwindigkeiten«, wie es aus der klassischen Bewegungslehre bekannt ist.

Im Lichte dieses Prinzips war es unverständlich, warum sich dieser Additionseffekt beim Michelsonschen Versuch nicht ergab. Die eine der beiden zu addierenden Geschwindigkeiten – die des Lichts – war bei diesem Experiment zwar außerordentlich viel größer als die in der D-Zug-Situation vorkommenden Geschwindigkeiten. Dieser Unterschied konnte aber, wie es schien, mit dem Prinzip des Versuches und dem zu erwartenden Ergebnis nichts zu tun haben.

Der geniale Einfall Einsteins bestand nun in der Annahme, daß die Größenordnungen der bei den beiden Experimenten vorkommenden Geschwindigkeiten mit dessen Prinzip vielleicht doch etwas zu tun haben könnten, so gänzlich ungewohnt und unvorstellbar das auch erschien. Vielleicht war die Welt im Bereich sehr großer Geschwindigkeiten, wie der des Lichts, anders, als wir sie aus unserer Alltagswelt kennen?

Während dieser Überlegungen entwickelte sich bei Einstein außerdem ein zunehmendes Mißtrauen gegenüber der scheinbaren Selbstverständlichkeit der »beliebigen Summierbarkeit von Geschwindigkeiten«. Auf den ersten Blick schien dieses Prinzip zwar einleuchtend und keiner Erklärung bedürftig zu sein. Wenn man es konsequent zu Ende dachte, führte es aber im Extrem zu fragwürdigen Resultaten. »Beliebig« addierbar, das hieß ja, daß man Einzelgeschwindigkeiten prinzipiell so lange müsse addieren können, bis schließlich eine unendlich große Geschwindigkeit herauskäme. Unendlich große Geschwindigkeiten aber dürfte es real eigentlich nicht geben, folgerte Einstein weiter, denn das würde bedeuten, daß sich noch so große Entfernungen im Weltraum ohne jeden Zeitaufwand, »momentan« (eben mit unendlich großer Geschwindigkeit) überbrücken ließen, eine offensichtliche Absurdität. Damit aber war der Ausgangspunkt für den entscheidenden Schritt gefunden, den Einstein als erster Mensch tat: Wenn unendlich große Geschwindigkeiten nicht existieren, dann muß es irgendeine höchste Geschwindigkeit geben, eine oberste Grenzgeschwindigkeit, die von niemandem und nichts, keiner Materie und keiner Strahlung, überschritten werden kann.

Wenn das so war, dann lag die Erklärung für den bisher so unverständlichen Ausfall des Michelson-Versuchs auf der Hand. Man brauchte sein Ergebnis dann eigentlich gar nicht mehr zu erklären. Man brauchte nur anzunehmen, daß die Lichtgeschwindigkeit selbst diese oberste, von nichts anderem im Kosmos zu übertreffende Geschwindigkeit war. Dann war es klar, warum sich zu ihr keine andere Geschwindigkeit mehr hinzuaddieren ließ. Der Michelson-Versuch ließ sich, so schloß Einstein seine Überlegungen ab, nur mit der Annahme erklären, daß nichts sich schneller bewegen könne, als es der Lichtgeschwindigkeit von rund 300 000 Kilometer pro Sekunde entspricht – auch nicht das Licht selbst. Wir haben uns im Verlaufe der Erforschung der Natur in den letzten Jahrhunderten immer wieder daran gewöhnen müssen, daß die Wirklichkeit anders ist, als wir geglaubt hatten. Wir haben gelernt, daß Blitz und Donner nicht von zornigen Göttern, sondern von unsichtbaren und nicht vorstellbaren elektromagnetischen Feldern erzeugt werden. Wir haben uns daran gewöhnt und daraus unseren Vorteil gezogen. Die Beispiele ließen sich beliebig vermehren, von der Entdeckung der Kugelgestalt der Erde bis zu der unerwarteten Feststellung, daß das Weltall endlich ist.

In keinem dieser Fälle haben wir uns lange mit der Frage aufgehalten, warum das so ist. Wir sollten es auch im Falle der Lichtgeschwindigkeit nicht anders halten. Niemand könnte uns eine Antwort darauf geben, warum nun die Lichtgeschwindigkeit die höchste aller möglichen Geschwindigkeiten ist, auch Einstein selbst nicht. Es ist eben so. Der Michelson-Versuch beweist es, und es bleibt uns nichts anderes übrig, als die Tatsache hinzunehmen – auch wenn ihre Konsequenzen unseren gewohnten Vorstellungen noch so sehr widersprechen sollten. Selbst dann, wenn sie unserer Logik widersprechen. Denn unsere Logik und unsere Vorstellungskraft sind menschlich. Die Lichtgeschwindigkeit aber und ihre Besonderheiten sind Eigenschaften des Universums. Beides braucht einander keineswegs zu entsprechen.

Diese Einsicht ist die entscheidende Wende, welche die Relativitätstheorie mit sich gebracht hat. Wer sie verstanden hat, der hat die Bedeutung dieser revolutionierenden Theorie begriffen. Seit Einstein steht fest, daß die Antwort auf die Frage danach, was die Welt im Innersten zusammenhält, anders aussieht, als die Menschen es sich seit Jahrtausenden erhofft hatten: sie ist unanschaulich. Niemand kann sagen, warum die Geschwindigkeit des Lichts im luftleeren Raum gerade 299 792,5 Kilometer pro Sekunde beträgt (das ist der genaueste heutige Wert) und warum ausgerechnet dieser Wert die höchste Geschwindigkeit bezeichnet, die in dieser Welt möglich ist (3). Wir müssen uns damit abfinden, daß es sich so verhält. Das gleiche gilt für die sich aus dieser Entdeckung unausweichlich ergebenden Konsequenzen.

Diese Konsequenzen bilden den eigentlichen Inhalt der Relativitätstheorie. Wir wollen auf sie hier nicht im einzelnen eingehen. Da sie unanschaulich sind, wäre das ohnehin nur mit Hilfe komplizierter mathematischer Formeln möglich. Nur an einem einzigen Beispiel will ich wenigstens in vereinfachter Form andeuten, warum die Tatsache, daß die Lichtgeschwindigkeit die höchste Geschwindigkeit ist, überhaupt folgenschwere Auswirkungen hat: Wenn es keine schnellere Möglichkeit im Kosmos gibt, um Kontakt herzustellen oder bestimmte Beobachtungen zu machen, dann wird zum Beispiel der Begriff der »Gleichzeitigkeit« sinnlos.

Wenn man es einmal genau nimmt, dann beobachten unsere Astronomen am Himmel eigentlich Phantome. Die Himmelskörper, die sie durch ihre Instrumente betrachten oder fotografieren, gibt es, genaugenommen, gar nicht mehr. Denn wegen der endlichen Geschwindigkeit des Lichts sehen wir einen Stern, der etwa zehn Lichtjahre von uns entfernt ist, so, wie er vor 10 Jahren war. Das ist für die Praxis der astronomischen Beobachtung gewöhnlich zwar belanglos. Aber es ist, richtig bedacht, von grundsätzlicher Bedeutung, daß wir diesen und alle anderen Sterne nie und mit keiner Methode jemals so werden sehen können, wie sie im Augenblick der Beobachtung wirklich aussehen.

Jetzt wollen wir einmal annehmen, durch einen Zufall ereigneten sich bei uns auf der Erde und »gleichzeitig« auf einem Planeten dieses 10 Lichtjahre von uns entfernten Sterns große Vulkan-Ausbrüche. Was ist mit diesem »gleichzeitig« dann eigentlich gemeint? Weder wir noch ein hypothetischer Beobachter auf dem fernen Planeten würde die Ausbrüche gleichzeitig erleben können. Das Bild der Explosion braucht zur Überwindung der Entfernung 10 Jahre, und es gibt, da die Lichtgeschwindigkeit die höchste mögliche Geschwindigkeit überhaupt ist, nichts, was uns oder den anderen Beobachter in kürzerer Zeit darüber informieren könnte, daß und wann beim Partner eine Eruption stattgefunden hat.

Allein dieser Umstand macht den Begriff »gleichzeitig«, wenn man die Situation nur nachdenklich genug betrachtet, schon zu einer recht blassen und eigentlich konstruierten Angelegenheit. Natürlich kann man nachträglich, auf Grund der bekannten dazwischenliegenden Entfernungen, von jedem der beiden Planeten aus kontrollieren, ob die beiden

Eruptionen 10 Jahre zuvor zur gleichen Zeit stattgefunden haben. Erleben oder direkt beobachten läßt sich das aber grundsätzlich nie. Diese Möglichkeit hätte nur ein Beobachter, der sich zufällig auf einem dritten Himmelskörper genau in der Mitte zwischen den beiden Planeten befände, auf denen die Vulkaneruptionen erfolgen. Dieser könnte tatsächlich beide Vulkane gleichzeitig ausbrechen sehen – allerdings würde auch er das nicht gleichzeitig mit den beiden Ereignissen erleben können, sondern auf Grund seiner mittleren Position erst 5 Jahre später.

Bevor wir uns nun wenigstens mit dieser eingeschränkten »Gleichzeitigkeit« voreilig zufriedengeben, müssen wir wissen, daß eine sehr einschneidende Komplikation noch hinzukommt. Nehmen wir an, daß an dem in der Mitte gelegenen Planeten mit dem dritten Beobachter ein sehr schnelles Raumschiff vorbeifliegt. In dem Augenblick, in dem der Beobachter auf dem Planeten die beiden Vulkanausbrüche »gleichzeitig« sich ereignen sieht (wenn auch mit 5jähriger Verspätung), ist auch das Raumschiff gerade dabei, diesen mittleren Planeten zu passieren. Sein Pilot ist in diesem Moment also ebenfalls genau in der Mitte zwischen der Erde und dem fernen Planeten. Er fliegt mit beinahe Lichtgeschwindigkeit zur Erde zurück und beobachtet ebenfalls die beiden »Ereignisse«. Was sieht er nun?

Obwohl der Mann auf seinem Raumflug in diesem Augenblick von der gleichen Stelle aus beobachtet wie sein Kollege auf dem ruhenden Planeten, sieht er die beiden Vulkanausbrüche keineswegs gleichzeitig. Wegen des riesigen Tempos, mit dem er auf den irdischen Vulkan zurast, treffen die von dort kommenden Lichtstrahlen sein Auge nämlich deutlich früher als die des anderen Vulkans, von dem er sich mit der gleichen Geschwindigkeit entfernt. Jetzt wird die Verwirrung komplett. Wer hat denn nun »recht«? Der Beobachter auf dem ruhenden Planeten oder der Pilot in seinem dahinrasenden Raumschiff? Der erste behauptet, beide Vulkanausbrüche gleichzeitig gesehen zu haben. Der Pilot widerspricht heftig und ist bereit, notfalls durch Filmaufnahmen zu beweisen, daß der Vulkan auf der Erde deutlich früher ausbrach als der andere. Wer von beiden hat recht? Wer gibt die »wirkliche Situation« zutreffend wieder?

Einstein gab die salomonische Antwort: »Beide.« Es ist nicht möglich, einen der beiden Beobachtungsplätze als privilegiert, als den »einzig richtigen« anzusehen. Es gibt kein Kriterium, das uns die Möglichkeit zu einer solchen Entscheidung gäbe. Die einzig mögliche Schlußfolgerung kann hier nur in der Einsicht bestehen, daß es »Gleichzeitigkeit«

in Wirklichkeit nicht gibt – jedenfalls dann nicht, wenn sehr große Entfernungen und sehr große Geschwindigkeiten im Spiele sind. Die Frage der Gleichzeitigkeit zweier Ereignisse hängt davon ab, ob und mit welcher Geschwindigkeit der Beobachter sich bewegt. Die Zeit hängt hier also ab vom »räumlichen Zustand« (nämlich der Geschwindigkeit) des Beobachters. Alle Aussagen über die Zeit müssen diese räumlichen Bedingungen folglich berücksichtigen. Mit anderen Worten: Die Zeit steht in Beziehung (in »Relation«) zum Raum. Daher der Name Relativitäts-Theorie. Raum und Zeit hängen wechselseitig voneinander ab.

Konsequent weiterverfolgt führte dieser Weg Einstein zu der Entdeckung, daß die Zeit bei Geschwindigkeiten, die der des Lichts nahekommen, langsamer abläuft. Daß die Materie in Wirklichkeit nur eine bestimmte Zustandsform von Energie ist. Und 10 Jahre später, 1915, zu der Einsicht, daß auch der Raum genausowenig »absolut« gesehen werden darf wie die Zeit. So wie diese vom Raum abhängt, so werden dessen Eigenschaften bestimmt (und verändert) durch die in ihm enthaltene Materie. Weil der Weltraum aber überall ziemlich gleichmäßig mit Materie erfüllt ist, muß er der Menge und Verteilung dieser Materie entsprechend »gekrümmt« sein.

Warum das so ist, das läßt sich wieder nur durch schwierige mathematische Formeln beweisen. Es dürfte uns genügen, daß es heute in der ganzen Welt keinen ernst zu nehmenden Physiker oder Mathematiker mehr gibt, der diese Konsequenzen der Relativitäts-Theorie noch bezweifelte. Wer sich eingestehen muß, daß es ihm nicht gelingen will, sich unter einem »gekrümmten Raum« irgend etwas vorzustellen, der braucht nicht zu befürchten, daß das einen Mangel an Intelligenz oder Wissen verriete. Auch Einstein ist das nicht besser ergangen. Kein Mensch kann sich die Krümmung eines Raumes vorstellen. Die Formeln zeigen aber, daß er gekrümmt ist.

Mathematische Formeln haben eine gewisse Ähnlichkeit mit Raumsonden, welche die Wissenschaftler, an der Grenze unseres Vorstellungsvermögens angelangt, in der Hoffnung abschießen, daß sie ihnen sinnvolle Antworten über die hinter dieser Grenze gelegenen Wirklichkeiten unserer Welt zurückbringen. Als Einstein versuchte, mit seinen Formeln etwas über die gänzlich unvorstellbare Art und Weise zu erfahren, in der das nicht unendliche Weltall begrenzt sein könne, bekam er zur Antwort, daß der Raum dieses Weltalls gekrümmt sei und deshalb gar keine Grenzen brauche.

So völlig unanschaulich diese Auskunft auch ist, sie ist außerordentlich befriedigend. Warum, das kann man sich in diesem Falle immerhin an einem Vergleich vor Augen führen. Es gibt, gleichsam auf der nächst niedrigeren Ebene, nämlich eine ganz analoge anschauliche Raumsituation: die Kugeloberfläche. Die Oberfläche einer Kugel läßt sich als eine zweidimensionale Ebene betrachten, die in der nächst höheren (also der dritten) Dimension so gekrümmt ist, daß sie in sich geschlossen verläuft. Als Ergebnis dieser Krümmung ist die Kugelfläche nicht unendlich groß, obwohl sie keine Grenzen hat. So paradox die Verbindung dieser beiden Eigenschaften im ersten Augenblick auch zu sein scheint, jeder kann sich durch den Anblick eines gewöhnlichen Globus selbst leicht davon überzeugen, daß das stimmt.

Genau in der gleichen Weise, so behaupteten die Formeln Einsteins nun, sei auch unser dreidimensionales Weltall in der nächst höheren (das wäre in diesem Fall eine vierte) Dimension so gekrümmt, daß es rundum in sich geschlossen sei, ohne eine Grenze zu haben. Diese Auskunft ist deshalb so befriedigend, weil sie uns endlich von der wiederholt erwähnten geistigen Zwickmühle befreit. Wenn es uns auch nicht vorstellbar ist, so können wir jetzt wenigstens wissen, daß das Weltall gleichzeitig unbegrenzt und doch nicht unendlich groß sein kann. Die Unanschaulichkeit der Lösung dieses Problems mag von vielen als bedauerlich empfunden werden. Nach alldem, was wir inzwischen erörtert haben, sollte dieser Umstand uns aber nicht mehr allzusehr erstaunen. Bei der Frage nach den Grenzen des Weltalls bewegen wir uns ja nun wirklich am äußersten Rand des Fassungsvermögens unserer auf irdische Bedingungen gezüchteten Gehirne.

Deshalb müssen wir uns auch davor hüten, aus dem Vergleich, mit dem wir uns die Auskunft unserer »mathematischen Raumsonden« verständlich zu machen versucht haben, noch mehr herauszulesen. Es liegt nahe, ihn als einen Beweis für die Realität einer vierten Dimension anzusehen. Wenn unser dreidimensionales Weltall »in der nächst höheren Dimension« gekrümmt sein soll, so muß es diese »nächst höhere« Dimension doch wohl auch wahrhaftig geben, so sollte man meinen. Trotzdem ist hier Zurückhaltung am Platze. Durch unseren Vergleich mit der Kugeloberfläche haben wir die uns unverständliche Information der Formeln bereits einmal übersetzt, und niemand weiß, ob wir die originale Botschaft dabei nicht schon verfälscht haben. Deshalb wäre es verkehrt, sich darauf zu verlassen, daß sich aus der schon übersetzten Nachricht – also dem Gedanken-Modell der Kugeloberfläche – nun noch weitere zutreffende Auskünfte ablesen lassen müßten. Wir sind hier wohl endgültig an einer für unsere Gehirne unübersteigbaren Grenze angekommen, über die hinaus auch die von der Mathematik gelieferten »Sonden« keine Informationen mehr in die uns gewohnte Welt zurückbringen.

Ich ertappe mich allerdings, wie ich gestehen muß, gelegentlich bei dem Gedanken, daß uns manchmal vielleicht doch ein Beobachter aus der vierten Dimension dabei zuschaut, wie wir uns vergeblich damit abmühen, uns einen »gekrümmten Raum« vorzustellen, um dabei nur immer wieder an die Grenzen nicht des Weltalls, sondern unseres eigenen Gehirns zu stoßen. Vielleicht beschleicht auch ihn dann ein melancholisches Gefühl, wenn er gewahr wird, wie dicht und gleichzeitig wie hoffnungslos wir in unserer geistigen Entwicklung unmittelbar vor der Möglichkeit stehengeblieben sind, uns auch eine vierte Dimension noch vorzustellen zu können.

Mehr als 300 Jahre nach dem gewaltsamen Tod Giordano Brunos (dessen Hinrichtungsstätte längst, seit 1889, durch ein Denkmal geehrt worden war) hatte menschliche Wissenschaft damit eine Antwort gefunden auf die Frage, wie das Weltall im Ganzen beschaffen ist. Es ist in sich geschlossen und daher unbegrenzt, aber endlich (4).

Ein utopisches Raumschiff, das mit Lichtgeschwindigkeit hinreichend lange genau geradeaus fliegen könnte, würde aufgrund dieses Baus des Universums nach sehr langer Zeit (wahrscheinlich nach 25 bis 30 Milliarden Jahren) unweigerlich wieder an seinem Startplatz eintreffen. Pilot und Kapitän könnten noch so exakt geradeaus steuern, das Ergebnis würde sich nicht ändern, aus dem gleichen Grunde nicht, aus dem man es auch auf der Oberfläche einer Kugel, etwa unseres Globus, nicht vermeiden kann, daß man, wenn man nur genau genug geradeaus geht, wieder zum Ausgangspunkt zurückkehrt.

Wohin sie auch fliegen würden, zu keiner Zeit würden die Insassen dieses utopischen Raumschiffs sich in ihrer Bewegungsfreiheit eingeengt fühlen. Von jedem Punkt ihrer Reise aus würden sie das gleiche Bild sehen: Unzählig viele Sterne und Milchstraßen, gleichmäßig in allen Richtungen im Raum verteilt, so weit ihre Beobachtungsmöglichkeiten reichen. Daß sie auf ihrer Reise infolge der besonderen Eigenschaften des Raumes, den sie durchqueren, immer nur auf Kursen fliegen können, die in der vierten Dimension gekrümmt sind und in sich zurücklaufen, davon merken die Passagiere nichts. Zur Erfassung einer solchen »Raumkrümmung« sind ihre Gehirne nicht in der Lage.

Alle Probleme schienen folglich befriedigend gelöst, alle Widersprüche

beseitigt. Die Einsteinsche Antwort auf die uralte Frage ist eine der großartigsten Leistungen des menschlichen Geistes. Sie ist um so bewundernswerter, als sie eigentlich fast schon außerhalb der Reichweite unseres Verstandes liegt. Es gab nur noch ein kleines Detail, das Einstein irritierte. Wenn er sich mit der neuen Formelsprache beschäftigte, mit der das gekrümmte Weltall beschrieben werden konnte, dann ergab sich bei genauerer Betrachtung jedesmal, daß dieses Weltall eigentlich nicht stabil sein konnte. Wie immer er auch rechnete, das Resultat blieb das gleiche. So, wie die Formeln aussahen, konnte ein in der beschriebenen Weise gekrümmtes Weltall nicht dauerhaft sein. Entweder, so besagten die mathematischen Symbole, in denen seine Eigenschaften verschlüsselt vorlagen, müßte dieses endliche und gekrümmte Weltall in sich zusammenbrechen, oder es müßte nach allen Seiten auseinanderfliegen.
Es ist sehr aufregend, daß sich diese Information aus den Formeln Einsteins schon ablesen ließ, bevor es auch nur den geringsten Hinweis darauf gegeben hätte, daß es so sein könnte. Wenn man den weiteren Verlauf kennt, ist diese historische Begebenheit ein geradezu atemberaubendes Beispiel für die mitunter fast unheimliche Wirksamkeit, mit der die »mathematischen Raumsonden« Gefilde erkunden können, die unserer Vorstellungskraft verschlossen bleiben.
Einstein selbst traute seinen Formeln damals so weit denn doch nicht. Die Auskunft erschien ihm zu phantastisch. Er zog es vor, in seine Gleichungen eine zusätzliche Zahl künstlich einzusetzen, die er ganz bewußt so wählte, daß die Aussage, die ihn störte, beseitigt wurde. Diese Zahl, die er zwischen die vielen anderen Glieder seiner komplizierten Gleichungen einschob, nannte er das »kosmologische« Glied. (»Kosmologie« ist das, wovon hier die ganze Zeit die Rede ist: die Wissenschaft vom Bau des Weltalls.) Die Manipulation erschien auch den Fachkollegen einleuchtend und zulässig. An der Beständigkeit der Welt war, so schien es, nicht zu zweifeln. Also mußte es irgendeine Naturkraft geben, die dem von Einstein nachträglich eingefügten »kosmologischen Glied« entsprach, und die dafür sorgte, daß das Weltall trotz seiner Krümmung von Dauer war. Irgendwann würde man diese Kraft schon noch entdecken.
Es ist nach allem, was wir erörtert haben, nicht ohne Pikanterie, daß der große Einstein das »kosmologische Glied« letzten Endes also deshalb in seine Formeln nachträglich einsetzte, weil er – fast ist es peinlich, es so offen auszusprechen – es sich nicht »vorstellen« konnte, daß die Welt nicht von Dauer sei. Die Strafe für diese Inkonsequenz folgte, so ist man versucht zu sagen, fast auf dem Fuße.

Kurz vor dem Ende des Ersten Weltkrieges wurde auf dem Mount Wilson in Kalifornien nach zehnjähriger Bauzeit ein neues Spiegelteleskop eingeweiht. Das Instrument hatte einen Spiegeldurchmesser von zweieinhalb Metern und war 30 Jahre lang das größte Fernrohr der Erde. Mit ihm gelang 1926 dem Chef des Observatoriums, Edwin P. Hubble, die »Auflösung« des Andromeda-Nebels in Einzelsterne. Damit war erstmals bewiesen, daß die mit bloßem Auge gar nicht mehr sichtbaren sogenannten Spiralnebel, die sich in unzählbaren Mengen auf den fotografischen Platten der Astronomen fanden, weit außerhalb unserer eigenen Milchstraße gelegene Milchstraßensysteme (Galaxien) sind.

Kein Wunder, daß sich die Aufmerksamkeit der Astronomen, denen das neue Riesenteleskop zur Verfügung stand, in den folgenden Jahren vor allem auf diese Himmelsobjekte konzentrierte. Wieder war es Hubble, dem dabei die nächste sensationelle Entdeckung gelang: die Feststellung der berühmten »Expansion des Weltalls«.

Schon seit 1912 hatten sich Beobachtungen angesammelt, die dafür sprachen, daß die Spektrallinien in den Spiralnebeln anscheinend generell zu weit im langwelligen, also im roten Teil des Spektrums lagen. Diese »Rotverschiebung« wurde nun von Hubble und seinen Mitarbeitern in systematischen Untersuchungen genau analysiert. Dabei bestätigte sich, daß die Rotverschiebung bei praktisch allen Spiralnebeln nachweisbar ist. Der wichtigste Teil der Entdeckung Hubbles bestand aber in dem Nachweis, daß die Verschiebung der Spektrallinien zum Roten hin um so ausgeprägter ist, je größer die Entfernung des untersuchten Nebels ist. Hubble zog aus dem Ergebnis seiner jahrelangen Untersuchungen 1929 schließlich den einzig möglichen, bis heute gültigen Schluß: Die Rotverschiebung muß nach dem sogenannten Doppler-Prinzip als Ausdruck einer Fluchtbewegung angesehen werden, die alle Nebel ausführen (5). Alle Spiralnebel entfernen sich folglich mit großen Geschwindigkeiten in allen Richtungen voneinander. Dabei ist ihre Geschwindigkeit relativ zueinander um so größer, je weiter sie voneinander entfernt sind.

In den extremen Fällen sind diese Fluchtgeschwindigkeiten unglaublich hoch. Die von uns am weitesten entfernten Objekte sind dabei seit mehreren Jahren gar nicht mehr irgendwelche Spiralnebel, sondern die recht geheimnisvollen sogenannten »Quasare«. Quasar ist ein aus einer englischen Abkürzung abgeleiteter Phantasiename, der im wesentlichen ausdrücken soll, daß es sich um einen Radiostrahler von sternähnlichem Aussehen handelt. Die Quasare sind ganz sicher keine Sterne, aber man weiß bis heute nicht, um was für eine Art von Himmelskörper es sich bei ihnen handeln könnte. Manche Astrophysiker vermuten, daß wir mit ihnen »am Rande der Welt« auf Galaxien in einem sehr frühen Entwicklungsstadium gestoßen sind. Wichtig ist für uns hier allein, daß diese Quasare eine so enorm starke Radiostrahlung abgeben, daß man sie noch in Entfernungen nachweisen kann, die um vieles größer sind als die der entferntesten auf der fotografischen Platte bei stundenlanger Belichtung eben noch aufspürbaren Spiralnebel.

Die weitesten Spiralnebel, die sich auf der Fotoplatte noch eben abzeichnen, sind von uns rund ein bis zwei Milliarden Lichtjahre entfernt. Ihre Fluchtgeschwindigkeit liegt bereits bei etwa 50000 bis 60000 Kilometer pro Sekunde. So phantastisch eine solche Geschwindigkeit auch anmutet, die Quasare übertreffen das noch bei weitem. Den Rekord hält eine »quasistellare Radioquelle«, die rund acht Milliarden Lichtjahre von uns entfernt ist. Ihre Fluchtgeschwindigkeit beträgt 80 Prozent der Lichtgeschwindigkeit: 240000 Kilometer in jeder Sekunde.

Wenn wir das Bild, das unser Weltall im Lichte der Entdeckung Hubbles bietet, zusammenfassend betrachten, so ergibt sich der Anblick einer gewaltigen, in ihren Ausmaßen alle Vorstellungskraft übersteigenden Explosion. Als Einstein von der Hubbleschen Entdeckung hörte, nahm er das »kosmologische Glied« stillschweigend aus seinen Gleichungen wieder heraus. Die Korrektur war nicht mehr notwendig. Seine Formeln hatten die Wahrheit gesagt: Das Weltall ist nicht nur endlich, sondern auch nicht beständig. Es nimmt nicht nur keinen unendlichen Raum ein, sondern es dauert auch nicht ewig.

Es bedarf in der Tat keiner Begründung, daß ein explodierendes oder, wie es die Astronomen in der leicht unterkühlten Art der Wissenschaftler zu nennen pflegen, »expandierendes« Weltall das Gegenteil eines stabilen Universums ist. Daß es sich mit jedem Augenblick, der verstreicht, in seinen Eigenschaften ändert, und sei es nur darin, daß sich die Materie, die in ihm enthalten ist, als Folge seiner rasch zunehmenden Ausdehnung fortlaufend verdünnt. Es bedarf, noch einschneidender, auch keiner Begründung, daß die Explosionsbewegung des Weltalls nicht schon seit beliebig langer oder gar seit unendlicher Zeit andauern kann. Mit anderen Worten: Die Wissenschaftler waren hier auf Fakten gestoßen, die den Gedanken nahelegten, daß die Welt einen Anfang gehabt haben muß.

Diese Möglichkeit erschien vielen von ihnen als so revolutionär, als so »unwissenschaftlich« oder, um einen Lieblingsausdruck vieler Wissenschaftler anzuführen, »singulär«, daß eine Fülle von Theorien entwickelt wurde, um dieser sensationellen, an uralte Mythen und religiöse Aussagen erinnernden Konsequenz auszuweichen. Wir brauchen auf diese zum Teil sehr komplizierten Theorien und »Weltmodelle« hier aber gar nicht mehr einzugehen, weil die eingangs erwähnte Entdeckung von Penzias und Wilson die Frage inzwischen ein für alle Male entschieden haben dürfte. Die Welt hat wirklich einen Anfang gehabt.

Jetzt können wir verstehen, warum die im Frühjahr 1965 im Laboratorium von Bell Telephone entdeckte Strahlung mit ihren seltsamen Eigenschaften bei den Wissenschaftlern eine solche Aufregung hervorrief. Man braucht bloß einmal die Möglichkeit einer Rückrechnung aus den bisher gemessenen Fluchtbewegungen der einzelnen Spiralnebel zu denken. Das ist bisher in Hunderten von Fällen geschehen. Wir erinnern uns: Die nächstgelegenen Nebel sind die langsamsten, je größer ihre Entfernung ist, um so größer ist auch ihre Geschwindigkeit.

Vielleicht ist das einfach deshalb so, weil die schnellsten Nebel von Anfang an die schnellsten waren und daher eben am weitesten geflogen sind? Als man auf die Idee erst einmal gekommen war und aufgrund der Entfernungen und Geschwindigkeiten der verschiedenen Nebel zu rechnen begann, zeigte sich sofort, daß das Bild von der Explosion tatsächlich wörtlich zu verstehen ist. Vor rund 13 Milliarden Jahren müssen alle diese Nebel, muß alle in diesem Universum enthaltene Materie (und mit ihm der Raum des Universums selbst) auf einem Punkt konzentriert gewesen sein. Mit einer von diesem Punkt ausgehenden gewaltigen Explosion, deren Fortsetzung wir in der beschriebenen Expansion des Weltalls heute noch miterleben, hat die Welt vor rund 13 Milliarden Jahren zu existieren begonnen (6).

Bis 1965 war das alles noch Theorie. Alle Einzelheiten paßten zwar wunderbar zusammen und fügten sich zu einem einheitlich geschlossenen Bild. Nachträglich konnte die sich aus den Einsteinschen Formeln ergebende Vorhersage, die Welt müsse entweder in sich zusammenstürzen oder sich ausdehnen, auch als eindrucksvolle Stütze für die Richtigkeit der Theorie vom »Ur-Knall« (oder »Big Bang«, wie die englischsprachigen Wissenschaftler das dramatische Ereignis lautmalerisch getauft haben) angesehen werden. Trotzdem suchte man geduldig nach einem direkten Beweis.

Ausdenken kann man sich vieles. Was bündig und schlüssig ist, braucht deshalb noch lange nicht zu existieren. Das ist, am Rande vermerkt, ein Gesichtspunkt, den viele Menschen übersehen, die sich aus Liebhaberei und Interesse mit naturphilosophischen Überlegungen beschäftigen. Sehr zu ihrem Leidwesen. Denn sie können oft gar nicht recht verstehen, warum sie mit ihren Theorien und Gedankengebäuden bei den »Profis« der Wissenschaft keinen Anklang finden.

Das ist sehr einfach zu erklären. Es liegt nicht, wie die meisten glauben, daran, daß die Wissenschaftler zu hochnäsig sind, um die Arbeit eines Außenseiters anerkennen zu können. Es liegt allein daran, daß jeder Wissenschaftler aus bitterer eigener Erfahrung weiß, wie nutzlos es ist, Theorien aufzustellen und Gedankengebäude mühsam zu errichten, die in sich logisch zusammenhängend und widerspruchsfrei sind.

In manchen Fällen ist es fast tragisch, wieviel Zeit und Energie Menschen darauf verwenden, um »Theorien« über das Geheimnis des Lebens, die Entstehung der Materie oder ähnliche Fragen auszuarbeiten. Selbstverständlich muß eine Theorie in sich widerspruchsfrei und einleuchtend sein. Ob ihr auch nur der geringste Wert beizumessen ist, hängt aber ganz allein davon ab, ob es irgendeine Tatsache gibt, ein beobachtbares Faktum in der uns umgebenden Welt, auf das sie sich stützen kann, oder ob sich aus ihr eine Voraussage ableiten läßt, die experimentell nachgeprüft werden kann.

Deswegen waren die Wissenschaftler trotz Rotverschiebung und trotz der Formeln Einsteins nicht zufrieden. Alle Indizien sprachen zwar dafür, daß unsere Welt mit einem gewaltigen Blitz aus dem Nichts entstanden war. Aber wer konnte absolut sicher sein, daß die Rotverschiebung der Spiralnebel vielleicht doch nicht auf dem Doppler-Prinzip, sondern auf einer anderen, noch unerklärten Ursache beruhte? Vielleicht hatte Einstein doch recht gehabt, als er das »kosmologische Glied« in seine Gleichungen eingefügt hatte? Was man brauchte, war ein Beweis.

Wenn man etwas finden will, muß man zunächst einmal wissen, wonach man suchen soll. Wie konnte der Beweis für die Realität des 13 Milliarden Jahre zurückliegenden »Big Bang« aussehen? Einer der Physiker, die sich darüber den Kopf zerbrachen, war Robert H. Dicke in Princeton. Er versuchte die Bedingungen zu berechnen, die in den ersten Sekunden der Existenz der Welt geherrscht haben mußten. Anschließend versuchte er, daraus irgendwelche Symptome abzuleiten, die sich heute noch nachweisen lassen könnten.

Dicke bekam dabei schließlich heraus, daß von dem Explosionsblitz des »Ur-Knalls« heute noch eine Strahlung von etwa 3 Grad Kelvin übrig sein müßte. Das sind nur 3 Grad über dem absoluten Nullpunkt von minus 273,15 Grad Celsius. »3 Grad mehr als nichts.« Abgesehen von dieser Temperatur müßte die Strahlung ferner der Besonderheit ihrer Entstehung entsprechend »isotrop« sein. Sie müßte, mit anderen Worten, das ganze heutige Weltall vollkommen gleichmäßig erfüllen und für den Beobachter scheinbar aus allen Richtungen gleichzeitig kommen (7).

Wie Dicke zu dieser zweiten Voraussage kam, können wir an dieser Stelle schon verstehen. Wir dürfen dazu nur nicht auf den verführerischen Trugschluß hereinfallen, es gebe heute irgendwo im Universum einen Punkt, von dem aus sich die Welt bis zu ihrer jetzigen Größe aufgebläht habe. So unvorstellbar das für uns Menschen auch ist und bleiben wird, wir dürfen nicht vergessen, daß der Kosmos selbst damals nur ein Punkt war, und daß es dieser Punkt gewesen ist, der sich ausgedehnt hat. Deshalb müßte das Weltall von der Reststrahlung des Ur-Knalls heute vollkommen gleichmäßig ausgefüllt sein, behauptete Dicke.

In der konkreten Beobachtungssituation mußte das bedeuten, daß die Instrumente die Strahlung aus allen Richtungen in gleicher Stärke anzeigen würden. Grundsätzlich müßte das schließlich an jeder beliebigen Stelle des Weltalls genauso sein: Für diese eine Strahlung aus dem Anfang der Welt könne es logischerweise im ganzen Kosmos keinen bevorzugten Punkt geben, fügte Dicke noch hinzu. Theoretisch war das ebenfalls vollkommen richtig. Es klang nur ein wenig akademisch, da es sich um eine Folgerung handelte, die, wie es schien, niemals nachzuprüfen sein würde.

Eine Intensität von 3 Grad Kelvin also und die beschriebene »Isotropie« bildeten den Steckbrief der Strahlung, nach der man suchen mußte. Die technischen Schwierigkeiten waren beträchtlich. In Princeton begann man alsbald mit der Konstruktion von Spezial-Antennen. Während man damit noch beschäftigt war, hörte Dicke durch einen Zufall von dem seltsamen Störungsrauschen, mit dem sich das Team bei der Bell Telephone herumschlug. Den Rest kennen wir schon. Penzias und Wilson hatten, ohne es zu wissen oder zu beabsichtigen, die gesuchte Strahlung entdeckt.

Ganz so groß, wie dieser Zufall zu sein scheint, ist er nicht. Denn er besteht nicht darin, daß die Mitarbeiter von Bell Telephone die Reststrahlung des Ur-Knalls in ihrem Gerät auffingen, sondern darin, daß Dicke davon hörte und den beiden sagen konnte, worum es sich handelte. So schwer ist diese Reststrahlung nun auch wieder nicht nachzuweisen. Heute weiß man, daß sie sogar einen Teil des »optischen Rauschens«, des »Schneefalls«, verursacht, den wir auf den Bildschirmen unserer Fernsehgeräte sehen, wenn das Gerät nach Programmschluß eingeschaltet bleibt und gleichsam »leer« läuft. In dieser Form kommt das Echo der Entstehung der Welt heute also noch bis in unser Wohnzimmer.

In den vergangenen Jahren haben die Astrophysiker es außerdem fertiggebracht, das Gleichmaß, die »Isotropie«, dieser 3-Grad-Kelvin-Strahlung tatsächlich auch noch an ganz verschiedenen Stellen des Weltalls nachzuweisen, und damit auch noch die so akademisch anmutende letzte Voraussage von Dicke zu bestätigen. Es gelang ihnen, in Hunderte von Lichtjahren entfernten Gas-Nebeln Zyan-Moleküle nachzuweisen und deren physikalischen Zustand mit Hilfe des durchscheinenden Lichtes dahinter liegender Sterne spektralanalytisch zu untersuchen. Das ist inzwischen bei mindestens acht verschiedenen und weit auseinanderliegenden kosmischen Gas-Nebeln geschehen. Ausnahmslos in allen Fällen befanden sich die analysierten Moleküle in einem Anregungszustand, welcher der Einwirkung einer Temperaturstrahlung von ausgerechnet 3 Grad Kelvin entsprach.

Seit 1965 wissen wir daher, daß unsere Welt einen Anfang gehabt hat, der wahrscheinlich rund 13 Milliarden Jahre zurückliegt. Damals entstand, nach allem was wir wissen, der Kosmos mit einem Blitz, der so gewaltig war, daß die Wissenschaftler sein Echo heute noch »hören« können. Welche Ursachen hatte dieser Blitz, und was war vor ihm?

Manche Wissenschaftler rechnen mit der Möglichkeit, daß die gegenwärtige Ausdehnung des Weltalls »gebremst« verläuft. Vieles spricht für die Möglichkeit einer Verlangsamung der Expansion, einfach als Folge der gegenseitigen Anziehung aller im Kosmos enthaltenen Massen. So gering diese Anziehungskraft über so große Entfernungen hinweg auch sein mag, in sehr langen Zeiträumen macht ihre Einwirkung sich unweigerlich bemerkbar.

Mit den größten Radioteleskopen versucht man daher heute schon, in die Vergangenheit zu sehen und festzustellen, ob die Fluchtgeschwindigkeit der Nebel in den ersten Jahrmilliarden des Bestehens der Welt vielleicht größer war als heute. Dieser Nachweis wäre ein Beweis für den »gebremsten« Ablauf der Expansion. Die Untersuchung ist grundsätzlich leichter möglich und weniger geheimnisvoll, als es im ersten Augenblick klingen mag. Man braucht dazu nur weit genug in den Raum hinauszugreifen. Dort sieht man die Nebel und Quasare mit den

Eigenschaften, die sie vor 2, 6 oder mehr Milliarden Jahren gehabt haben, damals, als das Licht von ihnen ausging, das wir heute empfangen. Mit Untersuchungen dieser Art beschäftigen sich vor allem Martin Ryle und seine Mitarbeiter in England. Ihre Befunde sind noch nicht eindeutig. Die Ergebnisse hängen sehr von einer möglichst präzisen Entfernungsbestimmung der Nebel ab, die gerade bei den weitesten Objekten heute noch sehr unsicher ist.

Bei einer gebremsten Expansion würde die Fluchtbewegung ganz allmählich, im Verlaufe vieler Milliarden Jahre, zum Stillstand kommen, um dann ins Gegenteil umzuschlagen. Unter dem alleinigen Einfluß der Gravitation würden alle Massen im ganzen Universum von da ab anfangen, mit zunehmender Geschwindigkeit aufeinander zuzufallen. Der Expansion würde somit eine Kontraktion des Weltalls folgen. Die Astronomen würden in dieser Phase bei der Untersuchung des Spektrums sehr weit entfernter Galaxien keine Rotverschiebung, sondern eine scheinbare Verkürzung der Wellenlängen feststellen, also eine »Blauverschiebung« der Spektrallinien.

Die Geschwindigkeit der aufeinander zustürzenden Massen würde im Verlauf dieser Kontraktion stetig zunehmen. Zuletzt würden all die unzählig vielen Galaxien des Weltalls, jede von ihnen aus 100 oder mehr Milliarden Sonnen bestehend, jede von ihnen millionenfach Leben in einer unvorstellbaren Fülle von Formen enthaltend, in einer einzigen riesigen Kollision miteinander verschmelzen. Das ganze Universum würde in einer gigantischen Explosion zugrunde gehen.

Der gleiche Blitz aber würde, wieder einige Milliarden Jahre später, wenn sich aus der durch die Gewalt der Explosion auseinandergetriebenen kosmischen Materie neue Sterne in einem neuen Himmel gebildet haben, und auf diesen wiederum Leben und neue Kulturen, von deren Astronomen entdeckt und ganz anders gedeutet werden: nicht als der Untergang einer vorangegangenen Welt, sondern als der Anfang des eigenen Kosmos.

Ist es vielleicht wirklich so? Gab es vor dem »Big Bang« schon einmal ein anderes Universum? Haben wir uns auf den Trümmern seines Untergangs eingerichtet? Und werden die Trümmer unserer Welt in einer unvorstellbar weiten Zukunft dereinst als Ausgangsstoff eines neuen Kosmos dienen, den es noch nicht gibt?

Die Wissenschaftler halten dieses »Modell des pulsierenden Weltalls« für plausibel. Sie schätzen seine Pulsationsdauer auf rund 80 Milliarden Jahre. Diese Zeit würde dann also zwischen zwei kosmischen Explo-

sionen liegen. Sie wäre gewissermaßen die Lebensdauer eines einzelnen, »individuellen« Universums. Und es ist kein Grund zu sehen, warum es so nicht immer weitergehen sollte, warum sich Universum auf Universum in dieser Weise nicht die Hand reichen sollten in einer unendlichen Kette bis ans Ende der Zeit. Vielleicht ist es so.
Unsere Frage nach dem Anfang ist damit aber wieder nur hinausgeschoben und nicht beantwortet. Wenn es vor unserer Welt eine andere Welt gab, von der wir durch die unüberwindliche Schranke des Big Bang getrennt sind, und vor dieser wieder eine und so fort, dann scheint sich die Ursachenkette in der Richtung auf den Anfang im Unendlichen zu verlieren. Vielleicht hat es, so gesehen, doch keinen Anfang gegeben. Zwar sind wir, nach alledem, was wir darüber in diesem Kapitel schon erörtert haben, dem Begriff »unendlich« gegenüber inzwischen etwas mißtrauisch geworden. Wie es sich mit ihm jedoch verhält, wenn wir versuchen, die Ursachenreihe bis zum ersten Anfang der ersten Welt zurückzudenken, kann uns niemand sagen. Hier verlieren sich unsere Fragen endgültig im Ungewissen.
Aber die Frage nach dem Anfang hat für jeden von uns noch einen ganz anderen Sinn. Wir wollen nicht nur wissen, wann und auf welche Weise, sondern wir wollen auch wissen, warum die Welt entstanden ist. »Warum gibt es überhaupt etwas?« oder, anders ausgedrückt: »Warum ist nicht nichts?«
Wenn man einem Naturwissenschaftler diese Frage stellt, so gibt er die lakonische Antwort, sie sei unbeantwortbar. Dringt man weiter, so wird der Befragte womöglich unwirsch. Es hängt dann von seinem Temperament ab, ob er unsere Frage als »unsinnig« abtut, ob er uns auslacht oder ob er sich weitere Fragen als zu laienhaft verbittet. Diese Reaktion hängt mit einer Berufskrankheit zusammen, an der die meisten Naturwissenschaftler unserer Generation leiden, und die als Spätfolge ihrer jahrhundertelangen erbitterten Auseinandersetzungen mit Theologen und Philosophen zu verstehen ist.
Wenn man mit Vertretern der Naturwissenschaft über derartige Fragen spricht, muß man die Entwicklung bedenken, welche die Naturforschung hinter sich hat. Giordano Bruno und Galilei sind nicht die einzigen, sondern nur die berühmtesten Wissenschaftler gewesen, die durch ihre Untersuchungen in Lebensgefahr kamen. Gefährlicher noch, nicht für die Forscher persönlich, wohl aber für die Entwicklung ihrer Wissenschaft, ist die auch heute noch bei allen Menschen bestehende Neigung, bei Diskussionen über naturwissenschaftliche Probleme bei

jeder größeren gedanklichen Schwierigkeit einfach das weitere Nachdenken aufzugeben zugunsten irgendeiner metaphysischen oder »übernatürlichen« Scheinlösung.
Jahrhundertelang waren alle Chemiker, ohne darüber nachzudenken, fest davon überzeugt, daß es zur Entstehung organischer Substanzen (im Gegensatz zu den Salzen, Säuren, Mineralien usw.) einer geheimnisvollen, wissenschaftlich nicht faßbaren »Lebenskraft« bedürfe, die nur in lebenden Organismen wirksam sei. Bis Friedrich Wöhler 1828 dann den Harnstoff als erste organische Verbindung in seinem Laboratorium künstlich herstellte.
Es gibt zahllose Beispiele. Ob man nun an die raffinierte Mimikry der indischen Raupe denkt, von der in der Einleitung die Rede war, oder das Problem der Entstehung des Lebens auf der Erde behandelt, wie wir das auch noch tun werden – bei diesen und allen ähnlichen Fragen lauert ständig die Versuchung, der Anstrengung weiteren Nachdenkens, der Notwendigkeit, weitere mühsame Untersuchungen mit Geduld abwarten zu müssen, auf sehr einfache Weise dadurch zu entgehen, daß man diese Probleme einfach für »wissenschaftlich nicht erklärbar« hält und sich mit einer übernatürlichen »Erklärung« zufriedengibt.
Da auch die Naturwissenschaftler Menschen sind, waren auch sie selbst gegen diese Versuchung zu keiner Zeit gefeit. Auch sie sind dieser Gefahr immer wieder erlegen. Im Laufe der Zeit merkten sie dann aber, daß sie ihre größten Entdeckungen in der Regel dann machen konnten, wenn sie nicht nachgaben, wenn sie nicht zu früh aufsteckten, wenn sie im Gegenteil gerade auch dann geduldig weiter nach Ursachen forschten, wenn ein »Wunder« die einzige Antwort zu sein schien. Nur so ist die Hartnäckigkeit zu verstehen, die über Generationen hinweg geübte Selbstdisziplin, mit der sie sich konsequent dazu erzogen haben, jedem »Wunder« zu mißtrauen, und jede »übernatürliche« Erklärung abzulehnen. Sie haben zu viele schlechte Erfahrungen hinter sich.
Deshalb gehört mit völliger Berechtigung zum Wesen der naturwissenschaftlichen Methode die Haltung, »so zu tun, als ob es nur objektiv Meßbares gibt, und zu versuchen, wie weit man damit kommt«. Seit die Wissenschaftler diese im Grunde simple (der menschlichen Natur von Hause aus aber eher fremde) Haltung konsequent einzunehmen begannen, machten sie die Erfahrung, daß sie erstaunlich weit kamen, viel weiter, als sie selbst es zu hoffen gewagt hatten.
Das aber hat inzwischen dazu geführt, daß diese Einstellung bei vielen von ihnen zu einer Art »fixer Idee« geworden ist, eben zu einer

»professionellen Neurose«, einer Berufskrankheit. Auch außerhalb der Wissenschaft hat diese historische Entwicklung auf die Haltung vieler gebildeter »moderner« Menschen abgefärbt, ohne daß diese sich über ihre Wurzeln noch irgendwelche Gedanken machen. Die meisten Menschen haben längst vergessen, daß es sich bei dieser inneren Einstellung ursprünglich um eine bewußt und aus guten Gründen gewählte Arbeitsmethode gehandelt hat. Sie reagieren ablehnend oder spöttisch, wenn sie mit Fragen konfrontiert werden, die sich auf Probleme außerhalb des Bereiches wägbarer und meßbarer Dinge beziehen, weil sie glauben, sich einreden zu müssen, daß es diese Bereiche in Wirklichkeit überhaupt nicht gebe.

Es ist absolut richtig, daß metaphysische Überlegungen in naturwissenschaftlichen Untersuchungen nichts zu suchen haben. Ein Naturwissenschaftler, der gegen diese Regel verstößt, wird zum bloßen Schwätzer. Aber die Naturwissenschaft umspannt noch nicht die ganze Wirklichkeit. Immerhin ist es Albert Einstein gewesen, der diese Einsicht sogar als Prinzip in die Forschung eingeführt hat.

Deshalb steht es jedem frei, sich seine eigenen Gedanken zu machen angesichts der Frage, warum es die Welt gibt und nicht einfach nichts. Die Naturwissenschaft kann darauf keine Antwort mehr geben. Und wenn jemand aus der unbezweifelbaren Tatsache, daß die Welt existiert, auf eine Ursache für diese Existenz schließen will, dann widerspricht diese Annahme unserer wissenschaftlichen Erkenntnis in keinem einzigen Punkt. Kein Wissenschaftler verfügt auch nur über ein einziges Argument oder irgendein Faktum, mit denen er einer solchen Annahme widersprechen könnte. Auch dann nicht, wenn es sich dabei um eine Ursache handelt, die – wie sollte es anders sein – offensichtlich außerhalb dieser unserer dreidimensionalen Welt zu suchen ist.

Gleich aus welchem Grunde, fest steht, daß diese Welt existiert. Sie existiert schon so lange, daß ebenso, wie ohne jeden Zweifel auf unzähligen anderen Himmelskörpern auch, hier auf der Erde Leben und Bewußtsein und schließlich eine Kultur entstehen konnten. Diese Kultur hat nun gerade in unserer Epoche eine Stufe erreicht, die uns erstmals erlaubt, diesen seit Jahrmilliarden ablaufenden Entwicklungsprozeß bewußt zu erkennen. Nach unvorstellbaren Zeiträumen der Bewußtlosigkeit sind wir, jedenfalls auf diesem Planeten, die ersten Lebewesen, die sich als die vorläufigen Endprodukte dieser gewaltigen Geschichte entdeckt haben. Wir sind die ersten Menschen, denen die Möglichkeit gegeben ist, das, was hinter uns liegt bis zurück zum Anfang der Welt,

wenigstens in Umrissen zu rekonstruieren, um dabei die Bedingungen kennenzulernen, denen wir selbst und unsere Umwelt ihre Entstehung verdanken.
Damit aber steht uns ein völlig neuer Weg des Selbstverständnisses offen. Bisher haben wir das Wesen des Menschen immer nur aus dem Ablauf dessen zu erkennen versucht, was man gedankenlos als »die Geschichte« oder gar »Weltgeschichte« zu bezeichnen pflegt. Es gab keine andere Quelle. Die Entdeckung der Geschichte der Natur in ihrem gewaltigen Ablauf vom Ur-Knall bis zu unserem Bewußtsein zeigt uns jetzt, wie winzig klein das Bruchstück war, aus dem wir bisher auf das Ganze zu schließen versucht haben.
Geschichte, das ist nicht nur die Aufeinanderfolge von Dynastien, Feldzügen und Kulturen. Die wirkliche Geschichte reicht darüber weit hinaus. Sie beginnt mit dem Big Bang, der Entstehung von Wasserstoff und ersten Himmelskörpern und läuft von da aus nahtlos und folgerichtig ab über die Bildung von Planeten mit ihrer Atmosphäre, die Entstehung von Leben und Gehirnen bis zum Auftreten von Bewußtsein und Intelligenz, bis zur Entstehung von »Geschichte« im Sinne der konventionellen Historie und der Entstehung von Wissenschaft. Es ist eine von den Historikern noch gar nicht erkannte Zukunftsaufgabe, ihren Forschungsbereich an den Ablauf von Geschichte in diesem naturwissenschaftlichen Sinne anzuschließen und den Versuch zu machen, aus dieser wirklichen Geschichte der Welt die grundlegenden Gesetze »historischer« Entwicklungen abzuleiten.
Denn diese alles umfassende »natürliche Geschichte«, wie ich sie nennen möchte, enthält die Wurzeln unserer Existenz und damit den Schlüssel zu ihrem Verständnis. Das, was sich damals abgespielt hat, vor unvorstellbar langer Zeit, als es noch keinen Gedanken gab, geschweige denn den Gedanken an uns Menschen, das hat dennoch schon den Grund gelegt und auch den Rahmen für alles, was später aus diesem Anfang hervorgehen sollte. Das, was damals geschah, bildet die Form, die uns und unsere Umwelt geprägt hat. Wir sind nicht, wie wir jahrhundertelang glaubten, gleichsam fix und fertig in diese Welt hineinversetzt worden. Diese Welt hat uns vielmehr im Verlaufe ihrer Entstehung als einen ihrer Teile hervorgebracht.
Aus diesem Grunde wurden wesentliche und elementare Bedingungen unserer Existenz schon im Beginn der Welt im voraus festgelegt und entschieden. Als sich in der Explosionswolke des Big Bang in den ersten Minuten nach dem Anfang Protonen und Elektronen zu Wasser-

stoffatomen zusammenfügten, dem so wunderbar entwicklungsfähigen Ur-Stoff alles Kommenden, stand bereits fest, daß Beständigkeit und Dauer nicht von dieser Welt sein würden. Die Eigenschaften fortwährender Veränderung und Entwicklung, die diesem sich explosionsartig entfaltenden Universum zukamen, mußten sich zwangsläufig auf alles beziehen, das dieses eben geborene Universum jemals hervorbringen würde.

Eine Welt, die selbst endlich ist und sich ständig wandelt, kann Unendliches und Beständiges schlechthin nicht enthalten.

2. Ein Platz an der Sonne

Wir wissen nicht genau, wie die Erde entstanden ist. Das ist eine Feststellung, die viele Menschen überraschen wird. Durchaus zu Recht. Eine Wissenschaft, die immerhin so weit gediehen ist, daß sie heute schon den Spuren des Anfangs der Welt durch Beobachtung nachzugehen in der Lage ist, sollte doch über den kleinen Planeten, auf dem sie selbst sitzt, weitaus mehr in Erfahrung gebracht haben. Trotzdem ist der Anfang der Erde, wie die Entstehung des Sonnensystems überhaupt, noch weitgehend in Dunkel gehüllt und unverständlich.
Paradoxerweise hängen die Schwierigkeiten bei der Erforschung der Entstehung unseres eigenen Planeten sogar gerade damit zusammen, daß wir auf ihm sitzen und daß uns auch die übrigen Planeten unserer Sonne verhältnismäßig nahe und unseren Instrumenten daher gut zugänglich sind. Denn eben deshalb kennen wir sie in allen ihren sehr unterschiedlichen Eigenschaften sehr gut. Alle diese Eigenschaften müssen aber durch eine Theorie der Entstehung dieser Himmelskörper berücksichtigt und erklärt werden. Nun könnte man zunächst annehmen, daß die Fülle der Einzelheiten und Daten, die uns von diesen uns nächsten Himmelskörpern bekannt sind, eine genauso große Fülle von Hinweisen bedeuten müßten auf die Art und Weise, in der sie entstanden sind.
Das aber ist nicht der Fall. Denn unser Planetensystem ist das einzige, das wir kennen. Planeten leuchten nicht selbst, sondern, wie unser Mond auch, nur im Widerschein des auf sie fallenden Sonnenlichts. Außerdem sind auch die größten von ihnen mindestens zehnmal kleiner als ein selbstleuchtender Fixstern wie die Sonne. Deshalb ist es bis heute auch mit den empfindlichsten Beobachtungsinstrumenten noch nicht möglich, Planetensysteme anderer Sterne zu untersuchen. Genaugenommen müssen wir unter diesen Umständen sogar einräumen, daß wir bis heute

noch nicht direkt beweisen können, daß es überhaupt andere Sterne gibt, die wie unsere Sonne von nicht glühenden Planeten umkreist werden. Grundsätzlich wäre es also möglich, daß unser Planetensystem nicht nur das einzige ist, das wir kennen, sondern sogar das einzige, das im Kosmos überhaupt existiert. Allerdings ist es eine erprobte und bewährte Praxis der Wissenschaftler, die Wahrscheinlichkeit der »Einzigartigkeit« irgendeines von ihnen beobachteten Phänomens sehr gering anzusetzen. Anders gesagt ist es extrem unwahrscheinlich, daß unsere Sonne unter den Milliarden Fixsternen allein unseres Milchstraßensystems – von den unzähligen anderen Milchstraßensystemen oder Galaxien ganz zu schweigen – eine solche Sonderstellung einnehmen sollte.

Bei dieser Lage der Dinge können die Forscher angesichts der zahllosen Fakten, die ihnen über die Planeten unserer Sonne bekannt sind, keine »statistischen Aussagen« machen. Sie wissen mit anderen Worten nie, ob irgendeine Zahl oder irgendein anderes Faktum, das sie im Sonnensystem feststellen, nun »typisch für ein Planetensystem« ist oder vielmehr irgendein durch einen bloßen Zufall nur in unserem Sonnensystem zustande gekommener Sachverhalt. Im ersten Falle würde die betreffende Eigenschaft dann einen brauchbaren Mosaikstein für eine Entstehungstheorie abgeben. Im zweiten Falle aber müßte man sich umgekehrt gerade davor hüten, sie in die Theorie einzubauen, weil sie eben nur »zufällig« vorhanden ist und mit den Gesetzen, die zur Entstehung des Systems geführt haben, daher nicht notwendig zusammenhängt.

Weil das so ist, beschert die Fülle der Daten und Phänomene den Astronomen mehr Verwirrung als Orientierung, wenn es um die Frage geht, wie die Erde und alle anderen Planeten entstanden sein mögen. Über unser Milchstraßensystem wissen wir in dieser Hinsicht vergleichsweise viel mehr, obwohl es so unvorstellbar viel größer ist und obwohl wir an Einzelheiten so sehr viel weniger wissen. Dafür haben die Astronomen aber schon ungezählte Tausende solcher Milchstraßensysteme fotografiert und mit den verschiedensten Methoden untersuchen und analysieren können. Das gibt ihnen die Möglichkeit, die Galaxien in Gruppen zusammenzufassen, ihre Eigenschaften zu vergleichen und sich ein verläßliches Bild darüber zu verschaffen, wie ein »typisches« Milchstraßensystem aussieht und welche Gesetze seinen Eigenschaften zugrunde liegen.

Halten wir uns einmal einige der Fakten vor Augen, die wir erklären müssen, wenn wir eine Theorie der Entstehung des Sonnensystems und damit unserer Erde entwerfen wollen. Der wichtigste Umstand ist zweifellos der, daß alle bekannten neun Planeten, vom Merkur bis zum Pluto, in der gleichen Richtung um die Sonne laufen, und daß die Kreise, die sie dabei im Raum beschreiben, sämtlich in der gleichen Ebene liegen *(linke Skizze)*. Es wäre bei allem, was wir heute über die Gesetze der Himmelsmechanik wissen, theoretisch ebensogut möglich gewesen, daß die Planeten die Sonne in ganz verschiedenen Ebenen und mit unterschiedlicher Richtung umkreisten *(rechte Skizze)*. Daß sie das nicht tun, und daß die gemeinsame Ebene aller ihrer Umlaufbahnen zudem noch fast übereinstimmt mit dem Äquator der Sonne, kann kaum auf einem Zufall beruhen.

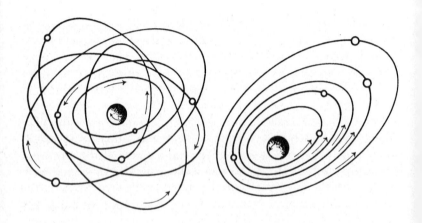

Es ist, darin sind sich alle Wissenschaftler einig, nur mit der Annahme zu erklären, daß die Sonne selbst mit ihrer Umdrehung an der Entstehung des Planetensystems, das sie heute umgibt, maßgeblich mitgewirkt hat. An diesem Punkt beginnen dann aber auch prompt die Schwierigkeiten. Die scheinbar nächstliegende Annahme wäre ja die, daß Sonne und Planeten in ein und demselben Ablauf aus einer sich allmählich unter der Einwirkung ihres eigenen Gewichtes zusammenziehenden riesigen Wolke aus Gas und interstellarem Staub entstanden sind. Da eine sich auf diese Weise kontrahierende Wolke zwangsläufig in eine immer schnellere Umdrehung gerät – aus den gleichen Gründen wie eine Eisläuferin, die bei einer Pirouette die Arme anzieht –, entstehen entsprechend starke Zentrifugalkräfte, die das immer rascher kreiselnde Gebilde langsam, aber sicher zu einer rotierenden Scheibe deformieren.

Nichts scheint einfacher verständlich zu sein als der weitere Ablauf: Durch eben die gleichen Zentrifugalkräfte löst sich am äußeren Rand der Riesenscheibe nach und nach gasförmige Materie ab. Die losgelösten Teile bewegen sich nach der Abtrennung weiter alle in der gleichen Richtung und in der gleichen Ebene. Sie beginnen, mit anderen Worten, in der beschriebenen Weise um den Mittelpunkt der sich im Zentrum des Systems weiter kontrahierenden Scheibe umzulaufen. Auch sie selbst ziehen sich dabei in der Richtung auf ihren eigenen Schwerpunkt mehr und mehr zusammen und bilden so die Keime für die späteren Planeten, während die Hauptmasse der Scheibe schließlich zur Sonne wird.

So schön und einleuchtend diese Schilderung sich auch ausnimmt, so falsch muß sie sein. Denn unter den vielen Eigenschaften, die über unser Sonnensystem bekannt sind, gibt es leider auch einige, die mit dieser Theorie gänzlich unvereinbar sind. Die wichtigste ist das sogenannte »Drehimpuls-Paradoxon«. Die Astronomen meinen damit die himmelsmechanisch kaum befriedigend zu erklärende Tatsache, daß die Sonne in ihrer Riesengröße zwar fast 99,9 Prozent der gesamten Masse des ganzen Sonnensystems ausmacht, aber nur knapp zwei Prozent von dessen »Drehimpuls« enthält.

Sehen wir uns näher an, was damit gemeint ist, damit wir verstehen, warum das ein so gewichtiges Argument gegen die eben skizzierte und sonst so einleuchtende Entstehungstheorie ist. Die Sache ist im Grunde sehr einfach. Wenn sich von einer rotierenden Scheibe durch Zentrifugalkräfte nach und nach Massebrocken ablösen, dann muß nach den Gesetzen der Mechanik die Umdrehungsgeschwindigkeit der Zentralscheibe aufgrund des schon erwähnten Pirouetten-Effektes größer sein als die Umlaufgeschwindigkeit der losgelösten Brocken. Diese haben bei der Abtrennung die ihrem Platz am Außenrand der Scheibe entsprechende Geschwindigkeit bekommen. Es sind keine Kräfte zu entdecken, die ihre Umlaufgeschwindigkeit nachträglich noch erhöhen könnten. Die zentrale, scheibenförmige Hauptmasse des Systems aber, aus der nach der Theorie dann schließlich die Sonne entstehen soll, konzentriert sich nach der Abtrennung der einzelnen Planetenkeime ja weiter. Ihre Umdrehungsgeschwindigkeit müßte also auch nachträglich noch zunehmen. Im Endzustand müßte daher das Drehmoment des Zentralkörpers, also der Sonne, das aller Planeten auf ihren verschiedenen Umlaufbahnen beträchtlich übersteigen.

Leider ist beim Sonnensystem das Gegenteil der Fall. »Leider« deshalb, weil die so einleuchtende und einfache Theorie von der gemeinsamen Entstehung aus einer geschlossenen, rotierenden Ur-Wolke ohne Einwirkung von außen damit erledigt ist. Die Sonne müßte sich, so haben die Astronomen ausgerechnet, mindestens 200mal schneller drehen, als sie es tut, wenn die Erklärung richtig wäre.

Wie also ist das Sonnensystem entstanden? Es gibt heute mehr als 30 (dreißig!) verschiedene Theorien, die eine Antwort auf diese Frage zu geben versuchen. Die Zahl allein ist ein unverkennbarer Ausdruck der Hilflosigkeit. Sie kommt dadurch zustande, daß jede dieser Theorien eine ganz bestimmte Besonderheit unseres Systems zu erklären sich bemüht. Was dabei herauskommt, widerspricht in der Regel dann aber irgendwelchen anderen Eigenschaften. Zu deren Erklärung wird dann wieder eine neue Theorie ausgearbeitet und so fort. Keiner dieser zahlreichen Versuche hat es bisher geschafft, eine einleuchtende und überzeugende Erklärung des Ganzen zu geben.

Trotzdem müssen zwei dieser Theorien hier kurz erwähnt werden. Die erste deshalb, weil sie auch außerhalb der Fachkreise seinerzeit lebhaft diskutiert wurde und selbst heute noch in weiten Kreisen als gültig angesehen wird. Daß auch sie in Wirklichkeit längst widerlegt ist, erscheint mir vor allem deshalb wichtig, weil sie indirekt eng mit der Frage verknüpft ist, ob auch in anderen Regionen des Kosmos Leben entstanden ist. Es handelt sich um eine von dem bekannten englischen Astronomen James Jeans entwickelte »Katastrophen-Theorie«.

Jeans war vor allem daran gelegen, den »überschüssigen« Drehimpuls der Planeten zu erklären. Da dieser, wie wir gesehen haben, aus dem Ablauf der Ereignisse im System selbst nicht zu verstehen war, erschien es logisch, nach einer Kraft Ausschau zu halten, die von außen gekommen sein könnte. In Betracht kam da eigentlich nur ein anderer Fixstern. Diese Überlegung brachte Jeans auf den Gedanken, daß vor vielen Milliarden Jahren vielleicht eine fremde Sonne auf ihrem Flug durch den Weltraum unserer eigenen Sonne zufällig so nahe gekommen sein könne, daß die gegenseitige Anziehungskraft der beiden Gestirne glühende Massen aus ihren Körpern gerissen habe. Diese Massen wären durch den Schwung der Begegnung alle in der gleichen Richtung auf eine Umlaufbahn um die Sonne geschickt worden und hätten sich, abgekühlt, später zu den heutigen Planeten verdichtet.

Wie man sieht, löst die Jeanssche »Begegnungshypothese« das Problem des Drehimpuls-Paradoxons auf sehr elegante Weise. Hier ist es einfach der durch den rasenden Vorüberflug des fremden Gestirns gegebene und durch seine Anziehungskräfte übertragene Impuls, der den aus der Sonne hervorbrechenden Gasmassen, die später zu Planeten werden, zusätzlichen Schwung verleiht. Aber auch die gleichsinnige Umlaufrichtung aller Planeten um die Sonne ist mit dieser Theorie gut zu erklären. Das gleiche gilt für die Tatsache, daß alle Planetenbahnen in der gleichen Ebene liegen. Und sogar die Tatsache, daß die Rotationsachse der Sonne gegenüber der Ebene der Planetenbahnen um etwa sechs Grad geneigt ist, läßt sich im Lichte dieser Theorie besser verstehen als ohne störende Einwirkung von außen. So gering diese Schiefstellung nämlich auch sein mag, es dürfte sie eigentlich nicht geben, wären die Massen der späteren Planeten einfach durch Zentrifugalkräfte aus dem Sonnenkörper herausgeschleudert worden.

So ist es kein Wunder, daß die Hypothese des Engländers seit den dreißiger Jahren große Beachtung fand. Lebhaft diskutiert wurde dabei sogleich auch eine Konsequenz, die sich unausweichlich aus ihr zu ergeben schien. Wenn Jeans recht hatte – und alle Welt glaubte damals, daß das wahrscheinlich sei –, dann gab es im ganzen Kosmos vielleicht nur in unserem Sonnensystem Leben. Denn die Sterne sind im Weltraum in so riesigen Abständen voneinander verteilt, daß ein solcher kosmischer »Fast-Zusammenstoß« extrem selten sein mußte. Die Berechnungen der Astronomen zeigten, daß der fremde Stern unsere Sonne fast gestreift haben mußte, um genügend Materie weit genug aus ihr herausbrechen zu können. Bei den ungeheuren Abständen zwischen den Sternen konnte es zu einer solchen »streifenden Begegnung« in unserer ganzen Milchstraße mit ihren 200 Milliarden Sonnen seit dem Bestehen des Universums höchstens einige wenige Male, vielleicht sogar nur dieses eine Mal gekommen sein.

Wenn ein »typisches« Planetensystem nur durch ein solches Ereignis erklärt werden konnte, dann war unser System also das Resultat eines ganz und gar unwahrscheinlichen Zufalls. Vielleicht war es das einzige im ganzen Kosmos. (Nachträglich können wir heute allerdings hinzufügen, daß es selbst bei dieser extrem pessimistischen Perspektive mindestens zwei Planetensysteme hätte geben müssen: Außer unserem eigenen noch das des Sterns, der vor unbekannter Zeit mit unserer Sonne so nahe Berührung gehabt haben sollte, denn ihm mußte bei dieser Begegnung das gleiche widerfahren sein wie unserem Zentralgestirn.) Da aber nur auf den aus fester, kalter Materie bestehenden Planeten Leben denkbar ist und nicht auf der atomar glühenden Gaswolke eines Fixsterns, hatte Jeans mit seiner Erklärung, wie es schien, gänzlich ungewollt auch einen überzeugenden Beweis für die Einzigartigkeit unserer Existenz im Kosmos, zumindest aber in unserer eigenen Galaxie, vorgelegt.

Heute wissen wir allerdings, daß auch die Jeanssche Begegnungs-Theorie nicht stimmt. Es gibt eine ganze Reihe von Einwänden gegen sie. Die beiden wichtigsten: Die genaue Durchrechnung der bei der vermuteten kosmischen Katastrophe auftretenden Kräfte und Wechselwirkungen hat längst gezeigt, daß unser Planetensystem viel kleiner ausgefallen wäre, verdankte es seine Existenz dem Vorüberziehen eines fremden Sterns. Es könnte kaum über die Merkur-Bahn hinausreichen – der äußerste Planet, Pluto, zieht jedoch in einer Entfernung um die Sonne, die rund hundertfach größer ist.

Der zweite Einwand ist nicht weniger gravierend. Materie, die aus der Sonne herausgerissen wird, muß sonnenartig heiß sein. Nun sind die Temperaturen in der Sonne sehr verschieden, je nachdem in welcher Tiefe man sie »mißt« (8). Im Mittelpunkt der Sonne, also im Zentrum des dort brodelnden atomaren Feuers, betragen sie unvorstellbare 15 Millionen Grad. An der Sonnenoberfläche sind es »nur« 5000 bis 6000 Grad. Da die Temperatur allerdings schon dicht unter der Oberfläche sehr rasch anzusteigen beginnt, muß gasförmige Materie, die durch von außen wirkende Gravitationskräfte aus der Sonne herausgerissen wird, mindestens etwa 100000 Grad heiß sein.

Eine Gaswolke, die so heiß ist, ist im freien Weltraum aber nicht beständig. Sie hätte nicht die geringste Chance, sich zu einem Planeten zusammenzuziehen. Längst bevor sie dazu weit genug abgekühlt wäre, hätte sie sich nach allen Seiten ins Leere verflüchtigt. Erst ein gasförmiger Körper von der Größe der Sonne ist bei diesen oder noch höheren Temperaturen stabil, weil erst bei der Ansammlung so gewaltiger Massen die eigene Gravitation stark genug ist, um dem nach außen drängenden Strahlungsdruck Widerpart leisten zu können.

Mit der »Begegnungs-Theorie« ist es also auch nichts, sosehr sie die Gemüter vorübergehend beschäftigte. Unter diesen Umständen beginnen die Gelehrten heute sich von neuem mit einer Theorie anzufreunden, deren Kern schon vor über 200 Jahren von Immanuel Kant entwickelt wurde und der man den etwas mißverständlichen Namen »Meteoriten-Hypothese« gegeben hat. Wir wollen sie hier kurz in der Form skizzieren, in der sie heute bei den Fachleuten im Gespräch ist, also mit all den modernen Zutaten und Abwandlungen, die sie inzwischen erfahren hat, vor allem durch Arbeiten von C. F. v. Weizsäcker, durch den Russen O. J. Schmidt und den Engländer Fred Hoyle.

Der entscheidend andere Ausgangspunkt dieser Theorie ist die Annahme, daß die Erde ebenso wie alle anderen Planeten »kalt« entstanden ist. Ob die Gas- und Staubpartikel, aus denen sie sich gebildet hat, nun durch irgendwelche Ereignisse aus der Sonne freigesetzt wurden, ob sie bei der Entstehung der Sonne gleichsam übriggeblieben waren oder ob sie, wie der russische Astrophysiker Schmidt vermutet hat, aus den Tiefen des Kosmos stammen und von der Sonne nur eingefangen wurden, ist noch unklar. Jedenfalls ist es, übrigens auch schon in der von Kant selbst stammenden Version dieser Theorie, ein chaotischer Ur-Nebel aus Wasserstoffgas und Staubpartikelchen gewesen, aus dem sich Sonne und Planeten parallel und gleichzeitig bildeten.

Vor allem die chemische Zusammensetzung der Erde spricht sehr dafür, daß die Oberfläche unseres Planeten während seiner ganzen Lebensgeschichte niemals heißer als einige hundert Grad Celsius gewesen sein kann. Gas und Staub also bildeten den Keim unserer Erde. Das Gas – fast ausschließlich Wasserstoff – verflüchtigte sich dabei durch einfache Diffusion zum größten Teil in den Weltraum, so daß der relative Anteil an festem Staub, bestehend aus den verschiedensten Elementen, im Laufe der Zeit immer mehr zunahm (9). Deshalb kam es immer häufiger vor, daß Staubteilchen zufällig aufeinandertrafen und dann »zusammenpappten«. Als auf diese Weise erst einmal einige größere Brocken entstanden waren, kam die Wirkung der Anziehungskraft dazu mit der Folge, daß der Prozeß sich rasch beschleunigte.

Der ganze Vorgang dürfte sich vor etwa 5–6 Milliarden Jahren abgespielt haben. Wie lange er gedauert haben mag, ist sehr schwer abzuschätzen. Die Größenordnung liegt aber sicher bei »vielen Millionen Jahren«. Die Schlußphase allerdings, das »Einsammeln« der letzten entstandenen Brocken durch den größten von ihnen, der zum Keim für die spätere Erde werden sollte, war dann für astronomische Begriffe recht kurz, sie dauerte vielleicht nur 80 000 bis 100 000 Jahre.

Nach Ansicht des amerikanischen Astronomen Harold C. Urey können wir alle heute noch die Spuren dieser letzten Phase der Erdentstehung mit eigenen Augen sehen: auf dem Mond. Urey behauptete schon lange vor den ersten Mondflügen, daß die Krater auf dem Mond durch den Einschlag von Materiebrocken verursacht worden seien, die bei der Entstehung der Erde übriggeblieben waren. Wir wissen heute, daß die überwiegende Mehrzahl der Mondkrater tatsächlich nicht, wie man früher glaubte, vulkanischen Ursprungs ist, sondern die Folge von kosmischen Treffern. Außerdem hat die inzwischen möglich gewordene Altersbestimmung der Gesteine an der Mondoberfläche zur Überraschung der Experten (die mit rund zehnfach niedrigeren Werten gerechnet hatten) ergeben, daß der auf dem Mond herumliegende Trümmerschutt just so alt ist wie unsere Erde. Möglicherweise hat Urey, dessen Vermutung seinerzeit auf lebhaften Widerspruch stieß, also doch recht gehabt.

C. F. v. Weizsäcker hat mit einer ziemlich komplizierten Zusatztheorie plausibel machen können, wie durch Wirbelbildung und Reibungswirkung trotz der unabhängigen Bildung der einzelnen Planeten letztlich dann doch gemeinsame Umlaufrichtungen in der gleichen Bahnebene herauskamen. Und Fred Hoyle hat neuerdings die ersten Ansätze zu einer Hypothese ausgearbeitet, die es in Zukunft vielleicht verstehen lassen könnte, wie der erwähnte »überschüssige« Drehimpuls der Planeten durch gewaltige Magnetfelder noch während der gasförmigen Frühphase unseres Systems von der Sonne auf die äußeren Bezirke übertragen wurde.

Alles in allem besteht damit vielleicht die Aussicht, daß wir jetzt in absehbarer Zeit endlich über ein Gedankenmodell verfügen werden, das eine Vorstellung davon vermittelt, wie vor rund sechs Milliarden Jahren unser Sonnensystem mit seinen neun Planeten entstanden ist. Noch ist hier aber alles so im Werden, daß Überraschungen auch in Zukunft keineswegs auszuschließen sind. Das einzige, was definitiv festzustehen scheint, ist die Einsicht, daß alle früheren Vermutungen über einen »sternartigen Lebensabschnitt« in der Frühzeit unserer Erde, von einem glühenden Anfangsstadium unseres Planeten, endgültig überholt sind. Wir werden noch sehen, daß dieser Umstand für unser heutiges Wohlbefinden, präziser gesagt: für die Bewohnbarkeit der Erde, von entscheidender Bedeutung ist.

In der Reihe ihrer Geschwisterplaneten hat unsere Erde ohne jeden Zweifel einen bevorzugten Platz zugeteilt erhalten. Sie ist an der günstigsten Stelle lokalisiert, die es in unserem System gibt. Vielleicht müßte man gerechterweise zugeben, daß das vielleicht auch noch für ihre beiden Nachbarn gilt, Venus und Mars. Zwar ist es auf diesen beiden Planeten für unsere Begriffe höchst ungemütlich. Auf keinem von ihnen könnten wir ohne aufwendige Schutzvorrichtungen auch nur für kurze

Zeit überleben. Aber daß Leben auf ihnen grundsätzlich und für alle Zeiten unmöglich sein sollte, können wir nicht ernstlich behaupten. Wir müssen nur im Auge behalten, daß unser irdischer Maßstab kein kosmisch verbindlicher Maßstab ist. Was uns unzuträglich erscheint, könnte für einen Organismus mit anderer Konstruktion sehr wohl noch bekömmlich oder sogar vorzuziehen sein.

Allerdings gibt es für die Phantasie in diesem Punkt bestimmte Grenzen, wenn man sich nicht gänzlich uferlos in unkontrollierbaren Spekulationen verlieren will. So ist es sicher vernünftig, wenn man davon ausgeht, daß Leben in welcher Form auch immer, auch in einer uns gänzlich ungewohnten und unvorstellbaren Form, an »Stoffwechsel« gebunden ist. Wie immer man Leben auch definieren mag, denkbar ist es nur als Äußerungsform einer sehr kompliziert gebauten materiellen (körperlichen) Struktur, in oder an der sich fortwährend sehr zahlreiche Prozesse und Veränderungen abspielen. Eine solche komplizierte Struktur setzt die Beständigkeit entsprechend kompliziert gebauter und großer Moleküle voraus. Damit aber ist schon einmal eine obere Grenze für die Temperatur gegeben. Bei sehr hohen Temperaturen lösen sich alle Moleküle wieder in ihre einzelnen Atombestandteile auf.

Aufgrund ähnlicher Überlegungen läßt sich auch ein Anhaltspunkt für eine untere Temperaturgrenze ableiten. »Leben« setzt, wie gesagt, die Möglichkeit ständiger Veränderungen, einen fortlaufenden Wechsel körperlicher Zustände voraus. Leben in der uns vorstellbaren Form ist daher an flüssiges Wasser als Lösungsmittel, als das »Medium«, in dem diese fortlaufenden, vor allem chemischen Prozesse sich abspielen können, ganz offensichtlich gebunden. Um Leben tragen, vor allem aber überhaupt erst einmal hervorbringen zu können, muß ein Planet also zunächst einmal ein »Temperatur-Milieu« zur Verfügung stellen, in dem Wasser wenigstens zeitweise (etwa während bestimmter Jahreszeiten oder geologischer Entwicklungsphasen) in flüssigem Zustand vorkommt.

An einer späteren Stelle der Geschichte, die wir in diesem Buche zu rekonstruieren versuchen, werden wir uns noch mit der Frage auseinanderzusetzen haben, wie das Leben auf der Erde entstanden sein kann, und ob es dabei natürlich oder »übernatürlich« zugegangen ist. Dann werden wir auch die Möglichkeit erörtern, wie sich Leben unter anderen als irdischen Bedingungen entwickeln könnte.

Hier aber, wo es um die Rekonstruktion des Systems geht, das unsere eigene kosmische Heimat darstellt, ist es legitim, wenn wir nur die speziell für uns geltenden Bedingungen zugrunde legen. Das heißt dann also, daß das benötigte Temperatur-Milieu, grob gesprochen, irgendwo zwischen dem Gefrierpunkt und dem Siedepunkt von Wasser liegen muß, wenn Leben möglich sein soll. Die einzige in Betracht kommende Wärmequelle ist der im Zentrum des Systems stehende Stern, den wir »Sonne« getauft haben (10). Da seine Strahlung seit mehreren Milliarden Jahren praktisch konstant geblieben ist, wie unter anderem die fossilen Spuren in der Erdkruste zeigen, hängt das Temperatur-Milieu im wesentlichen von der Entfernung ab, die zwischen der Sonne und ihren verschiedenen Planeten jeweils liegt, daneben gegebenenfalls aber auch noch von der Atmosphäre des betreffenden Planeten.

Wenn wir die einzelnen Mitglieder unseres Systems unter diesem Gesichtspunkt Revue passieren lassen, geht uns erst richtig auf, wie ideal die Stelle ist, an der sich die Erde befindet. Diese Privilegiertheit der Lokalisation ausgerechnet unseres eigenen Planeten braucht uns in diesem speziellen Zusammenhang übrigens nicht mißtrauisch werden zu lassen gegenüber dem Gedankengang, den wir hier verfolgen. Denn da es uns nun einmal gibt, vielleicht als einzige, zumindest aber als einzige höhere Lebensform in unserem System, und da wir auf der Erde entstanden sind, muß die Situation dieses Planeten im Sonnensystem von Anfang an bevorzugt gewesen sein. Anderenfalls hätten wir uns auf einem anderen Planeten entwickelt, oder wir hätten heute gar nicht die Möglichkeit, uns über dieses Phänomen Gedanken zu machen.

Beginnen wir unsere kurze Durchmusterung mit dem innersten, sonnennächsten Planeten, dem Merkur. Er zieht auf einer Bahn, die von der Sonne einen durchschnittlichen Abstand von nur 58 Millionen Kilometern einhält. Im Vergleich dazu sind wir auf der Erde von der Sonne fast dreimal so weit entfernt, nämlich rund 150 Millionen Kilometer. Entsprechend hoch ist auch die Temperatur auf der Sonnenseite des Merkur. Sie liegt zwischen 300 und 400 Grad Celsius. Da dieser Planet außerdem zu klein ist (nur eineinhalbmal größer als unser Mond), um eine Temperaturschwankungen dämpfende Atmosphäre festhalten zu können, stürzen die Temperaturen auf seiner Nachtseite bis auf minus 120 Grad ab. Derartig barbarischen Schwankungen wäre selbst ein Astronaut, der einen der heutigen Raumanzüge trüge, nicht gewachsen.

Auf unserem »inneren« Nachbarplaneten Venus herrschen zwar auch Temperaturen von mindestens 400, wahrscheinlich über 500 Grad. Trotz der größeren Entfernung von etwas über 100 Millionen Kilometern von der Sonne wird die Temperatur hier durch eine überdichte Atmosphäre, die mit einem Druck von rund 100 Atmosphären auf dem Venusboden lastet, bis zu dieser Höhe aufgeheizt. Blei mit seinem Schmelzpunkt von 327,5 Grad Celsius wäre auf der Venusoberfläche also schon flüssig!

An eine bemannte Landung ist unter diesen Umständen zu unseren Lebzeiten sicher nicht zu denken. Sie wäre wohl auch in fernerer Zukunft nicht sinnvoll. In diesem extremen Milieu würden Roboter ausnahmsweise wirklich einmal bessere Erkundungsmöglichkeiten haben als ein noch so gut geschützter Mensch. Ein Mensch müßte sich hier in einen so dicken, wärmegeschützten Panzer verkriechen, daß er die fremdartige Umwelt auf der Venus ohnehin nur durch künstliche Sinnesorgane, also nur indirekt beobachten könnte. Das aber ist ohne jede Einschränkung ebensogut auch mit Hilfe des Nachrichtensystems einer entsprechend konstruierten Roboter-Sonde möglich. So ist eigentlich kein rechter Grund einzusehen, aus dem jemals ein Mensch daran interessiert sein sollte, den Boden dieses Planeten zu betreten.

Trotz ihres höllischen Milieus aber dürfen wir die Venus gerade dann, wenn wir hier die Möglichkeit der Entstehung von Leben in der uns gewohnten Form bedenken, keineswegs etwa als lebensfeindlichen oder für alle Zeiten unbewohnbaren Planeten einstufen. Wie wir noch sehen werden, hat unsere Erde in ihrer Anfangsphase wahrscheinlich einen ganz ähnlichen Entwicklungszustand durchgemacht. Manches spricht daher dafür, daß die Venus gleichsam als ein »lebentragender Planet im Embryonalstadium« angesehen werden muß. Eine ungestörte Entwicklung vorausgesetzt, würde man die Prophezeiung wagen können, daß sich auch an dieser Stelle unseres Sonnensystems im Verlaufe weiterer 1 –.2 Milliarden Jahre möglicherweise organisches Leben entfalten könnte.

Das ist freilich eine sehr lange Zeit. Und ein präbiologisches System im Stadium der Venus ist wahrscheinlich durch von außen kommende biologische Verunreinigungen besonders leicht störbar. Die Venus hat dabei das Pech, in der unmittelbaren Nachbarschaft eines Planeten zu existieren, der bereits von einer besonders neugierigen und aktiven Rasse besiedelt ist. Aus allen diesen Gründen ist die Chance, daß die Entwicklung auf der Oberfläche der Venus über den erforderlichen riesigen Zeitraum hinweg ungestört wird verlaufen können, sicher nur gering. Lange bevor dieser Planet sein theoretisch mögliches Ziel erreichen könnte, dürften irdische Raumsonden, Forschungsroboter und exobiologische Experimente hier so etwas wie einen »kosmischen Abort« eingeleitet haben.

Auf der Oberfläche unseres äußeren Nachbarn Mars (durchschnittlicher Sonnenabstand 228 Millionen Kilometer) schwanken die Temperaturen am Äquator zwischen plus 25 und minus 70 Grad Celsius. Das klingt vergleichsweise annehmbar. Die Atmosphäre ist zwar extrem dünn. Ihr Druck entspricht dem der irdischen Atmosphäre in 30 bis 40 Kilometer Höhe. (Bereits ab etwa 4 Kilometer Höhe benötigen Bergsteiger eine Sauerstoffmaske.) Wir würden also schon aus diesem Grunde auf dem Mars nicht atmen können, ganz abgesehen einmal davon, daß seine Atmosphäre fast keinen Sauerstoff, sondern ganz überwiegend nur Kohlendioxid und (wahrscheinlich) Stickstoff enthält.

Alles in allem aber sind die Verhältnisse hier doch wesentlich weniger extrem als beispielsweise auf dem Mond, also auf einem Himmelskörper, auf dem sich Menschen nun schon wiederholt aufgehalten und aktiv betätigt haben. Trotzdem ist natürlich auch auf dem Mars nur ein vorübergehender Aufenthalt zu Forschungszwecken im Schutze komplizierter Raumanzüge mit abgeschlossenen Klima- und Atmungssystemen möglich.

Daraus dürfen wir aber keineswegs den Schluß ziehen, daß sich dort nicht womöglich eigenständige marsianische Lebensformen gebildet haben. Wir sind in einem ungeheuer langwierigen biologischen Entwicklungsprozeß so präzise an die besonderen Bedingungen angepaßt worden, die hier auf der Erde herrschen, daß wir dazu neigen, jede noch so kleine Abweichung von ihnen von vornherein für nachteilig für alles Leben zu halten. Das ist nichts anderes als ein durch Gewohnheit sanktioniertes, aber dennoch irreführendes Vorurteil. Ob es auf dem Mars Leben gibt, werden wir vielleich schon erfahren, wenn die erste unbemannte Sonde auf dem Planeten landet und die Ergebnisse automatischer Bodenuntersuchungen zurückmeldet oder gar mit einer Rückkehrstufe Bodenproben zur Erde zurückbringt.

Weil den meisten Menschen nicht recht verständlich ist, wieso die Untersuchung einer Probe marsianischen Bodens eine aussichtsreiche Methode darstellt, Hinweise auf die Existenz marsianischer Lebensformen zu finden, hier ein Wort der Erklärung. Nach allem, was wir wissen, kann keine Organismenart isoliert entstehen oder überleben. Der Lebensraum, in dem sie existiert, muß stabil bleiben und ihr immer die gleichen Lebensbedingungen bieten, obwohl die einzelnen Organismen selbst lebhaften Stoffwechselprozessen unterliegen und immer von neuem entstehen und vergehen. Das ist nur möglich, wenn sich große Kreisläufe ausbilden, in denen immer neue Nahrung erzeugt und die organische Substanz abgestorbener Individuen immer wieder abgebaut, in ihre Bausteine zerlegt und auf diese Weise für den Aufbau neuer Individuen zur Verfügung gestellt wird. Zur Aufrechterhaltung der komplizierten Kette derartiger Kreisläufe gehört aber eine fast unübersehbare Vielzahl der verschiedensten Arten von Lebewesen. Auf der Erde ziehen sich diese Ketten von den Pflanzen über die abbauenden (»kompostierenden«) Bodenbakterien und die unterschiedlich angepaßten und spezialisierten tierischen Pflanzen- und Fleischfresser praktisch lückenlos bis in den letzten Winkel des zur Verfügung stehenden Lebensraumes.

Wenn es daher auf dem Mars Leben gibt, das auch nur entfernt ähnlichen biologischen Gesetzen unterworfen ist, wie sie für die uns bekannten irdischen Lebewesen verbindlich sind, dürfte es kaum eine an geeigneter Stelle entnommene Probe marsianischen Bodens geben, in der sich nicht wenigstens Mikroorganismen nachweisen lassen würden. Da auch diese Mikroorganismen ihrerseits auf das Vorhandensein biologischer Kreisläufe in ihrer Umwelt angewiesen sind, würde eine positiv ausfallende Untersuchung einer solchen Probe dafür sprechen, daß wir uns bei der genaueren Erforschung des Mars mit anderen Methoden noch auf einige Überraschungen gefaßt machen dürften.

Umgekehrt würde ein negatives Untersuchungsergebnis noch nichts endgültig beweisen. Denn, so unvorstellbar uns das auch erscheinen mag, niemand kann die Möglichkeit bestreiten, daß auf dem Mars Lebewesen entstanden sein könnten, die ganz anderen Gesetzen gehorchen, als unsere irdische Biologie sie kennt. In diesem Falle brauchten sich ihre Spuren vielleicht im Marsboden gar nicht aufspüren zu lassen. Allein schon die vielleicht bevorstehende Beantwortung dieser durch noch so scharfsinnige Überlegungen völlig unbeantwortbaren Frage, ob die Form der Biologie, die wir bisher ausschließlich kennen, die einzig mögliche ist, oder ob sie nur einen irdischen Sonderfall darstellt, könnte die kommenden Mars-Expeditionen zu einem unvergleichlichen geistigen Abenteuer werden lassen. Eine sichere Antwort werden uns erst die bemannten Marsflüge bringen, die für das nächste Jahrzehnt geplant sind.

Daß sich auf den Fotos, die von den bisherigen Marssonden zurückgefunkt worden sind, keine Lebensspuren entdecken lassen, besagt überhaupt nichts. Mit Recht hat man hier zum Vergleich auf die von Nimbus, Tiros und all den anderen Wettersatelliten gelieferten Fotos der Erdoberfläche hingewiesen. Unter den Abertausenden von Bildern, die auf diese Weise entstanden sind, gibt es nur eine Handvoll, auf denen ein erfahrener Auswerter Hinweise darauf entdecken könnte, daß die Erde anscheinend bewohnt ist, obwohl unsere Zivilisation die Oberfläche dieses Planeten in einem kaum mehr zu überbietenden Ausmaß umgestaltet hat.

Wenn wir uns die Frage vorlegen, wo im Sonnensystem außer auf unserer Erde Leben existieren könnte, dann heißen die beiden einzigen vernünftigen Antworten, die wir gegenwärtig geben können: in einer unvorstellbar fernen Zukunft vielleicht auf der Venus und mit einer sehr geringen Wahrscheinlichkeit bereits heute auf dem Mars. Denn wenn wir über den Mars hinausgehen bis zum Jupiter, dann sind die Bedingungen, die dort, in mehr als 770 Millionen Kilometer Entfernung von der Sonne herrschen, schon so extrem, daß Leben in einer uns noch so entfernt verwandten Form unmöglich wird. Dieser größte aller Planeten ist von einer dicken, für unsere Instrumente undurchdringlichen Atmosphäre umgeben, deren obere Schichten minus 120 Grad kalt sind und die im wesentlichen aus gefrorenem Ammoniak und Methan bestehen dürfte. Für die folgenden Planeten Saturn, Uranus, Neptun und Pluto (der letzte ist bereits fast 6 Milliarden Kilometer von der Sonne entfernt, die von ihm aus nur noch wie ein heller Stern aussieht) gilt grundsätzlich das gleiche.

Auf dem Platz Nummer 3 also, von der Mitte aus gerechnet, angenehme und passende 150 Millionen Kilometer von dem Schwerpunkt des entstehenden Systems entfernt, bildete sich vor etwa 5 – 6 Milliarden Jahren aus interstellaren Staubmassen der Planet, auf dem wir heute leben. In der ersten Phase seiner Existenz war er ein nur locker zusammengefügter Ball von vielfacher Erdgröße. Aber die zunehmende Schwere ließ ihn nicht nur mehr und mehr zusammensinken und dabei immer dichter werden. Der zunehmende Druck bewirkte gleichzeitig eine immer stärker werdende Erhitzung, die noch unterstützt wurde durch den Zerfall der in dem vorerst noch chaotischen Massenkonglomerat enthaltenen radioaktiven Elemente.

Erhitzung hat meist Unordnung zur Folge. Hier war ausnahmsweise das Gegenteil der Fall. Denn als sich die Materie des entstehenden Planeten immer weiter erwärmte, bis sie im Inneren schließlich glühendflüssig wurde, begann die Schwerkraft die verschiedenen Substanzen, die in dem riesigen Ball enthalten waren, nach ihrem Gewicht zu sortieren.

So ist es zu erklären, warum die Erde einen Kern aus Schwermetallen hat. Aber nicht nur im Inneren, sondern ebenso auch in allen anderen Schichten des neuen Himmelskörpers muß damals eine allmähliche, aber gründliche Durchmischung aller der bunt zusammengewürfelten Bestandteile erfolgt sein, die in seinen Anziehungsbereich geraten waren und dadurch zu seiner Entstehung beigetragen hatten.

Das galt auch für seine Oberfläche. Zwar gibt es, wie schon erwähnt, in der festen Erdkruste eine Vielzahl chemischer Verbindungen, die nicht hätte bestehen bleiben können, wenn die Temperaturen auch hier solche Grade erreicht hätten, wie sie in größeren Tiefen der Erde heute noch herrschen. Die bestehenden geologischen Strukturen zeigen andererseits aber, daß auch die äußersten Schichten der Erde wenigstens vorübergehend so heiß gewesen sein müssen, daß sie sich in einem zähflüssigen Zustand befanden, den man sich am ehesten vielleicht wie den frisch ausgeflossener Lava vorzustellen hat.

Es ist nachgerade aufregend, wenn man sich im nachhinein darüber klar wird, daß jeder einzelne dieser Faktoren angesichts der späteren Entwicklung von wahrhaft entscheidender Bedeutung gewesen ist. Ein Sonnenabstand von 150 Millionen Kilometer. Eine Größe, welche infolge der aus ihr resultierenden Erwärmung die Entstehung eines metallischen Erdkerns ermöglichte. Ein Gehalt an radioaktiven Elementen, der zu dieser Erwärmung gerade so viel beitrug, daß die Bestandteile der Erdrinde zu einer zusammenhängenden Oberfläche verschmelzen konnten. Der andererseits aber doch so gering war, daß die hier entstehenden chemischen Verbindungen sich nicht durch zu starke Erhitzung wieder restlos in ihre Bestandteile auflösten.

Warum gerade der letzte Punkt so bedeutsam ist, wird sofort einsichtig, wenn man bedenkt, daß die Erde bis zu diesem Punkt ihrer Entwicklung nicht den geringsten Nutzen aus dem ihr zugefallenen Vorzugsplatz im Sonnensystem ziehen konnte. Was wir bis jetzt in groben Umrissen zu rekonstruieren versucht haben, ist die Entstehung eines annähernd kugelförmigen Planeten mit einer durch Schmelzvorgänge leidlich geglätteten und durchmischten Oberfläche aus basaltischen und granitartigen Gesteinsmassen.

Eine an noch so günstiger Stelle im freien Raum schwebende Kugel mit einer Oberfläche aus nacktem Fels aber ist nicht nur steril. Sie bleibt es auch. Was der Erde jetzt noch fehlte, war eine Atmosphäre. Woher sollte sie kommen? Die Antwort ist ebenso einfach wie verblüffend: Die Erde hat sie ausgeschwitzt.

3. Die Evolution der Atmosphäre

Daß die Erde an dem Punkt ihrer Entwicklung, an dem wir jetzt angelangt sind, zunächst keine Atmosphäre haben konnte, liegt auf der Hand. Alle gasförmigen Bestandteile hatten sich nahezu restlos in den freien Weltraum verflüchtigt, während sich die unzähligen Staubpartikel während langer Jahrmillionen zu einem Körper von Planetengröße zusammengeballt hatten. Bis auf winzige Spuren waren überhaupt alle leichten Elemente auf diese Weise verlorengegangen, soweit sie nicht, und das ist der entscheidende Punkt, durch chemische Bindung an schwerere Elemente festgehalten worden waren.

Dies ist allem Anschein nach die sehr einfache Erklärung dafür, warum die Erde so sehr viel höhere Anteile an schweren Elementen enthält, als es der durchschnittlichen Verteilung im Kosmos entspricht. Die Sonne z. B. besteht zu mehr als der Hälfte ihrer Masse aus Wasserstoff und zu fast 98 Prozent allein aus den beiden leichtesten Elementen Wasserstoff und Helium. Nur rund 2 Prozent ihrer gesamten Masse bleiben für alle anderen Elemente übrig. Demgegenüber hat allein schon der aus Schwermetallen, wahrscheinlich vor allem aus Eisen und Nickel bestehende Erdkern eine Größe, die rund dem halben Erddurchmesser entspricht.

Aber auch der Anteil der leichten und leichtesten Elemente in der Erdkruste sowie, heute, in den Meeren und der Atmosphäre ist beträchtlich. Es gibt dabei nur eine bezeichnende Ausnahme. Das sind die Edelgase. Deren wichtigste Eigenschaft ist aber die Unfähigkeit, mit anderen Elementen chemische Verbindungen einzugehen. Die relative Seltenheit der Edelgase stellt damit einen indirekten Beweis für die geschilderte Entstehung der Erde »auf kaltem Wege« dar. Sie belegt noch heute die Tatsache, daß alle leichteren Elemente in dieser Phase der Erdentwicklung nur durch Bindung an schwerere Elemente festgehalten werden konnten. (Eine Chance, die die Edelgase nicht hatten.) Das Überdauern derartiger Verbindungen kann aber nur möglich gewesen sein, wenn sich die Temperaturen wenigstens in der Erdkruste in mäßigen Grenzen gehalten haben.

Diese Überlegungen ergeben insgesamt das Bild einer Erde, deren Inneres schließlich rotglühend verflüssigt war, während die dem leeren Raum ausgesetzte Kruste bereits langsam abzukühlen begann. Dieses Bild steht nun bereits wieder auf zuverlässigen Füßen. Nicht zuletzt deshalb, weil diese Schilderung noch heute zutrifft. Der äußere Teil des Erdkerns ist heute noch glühend-flüssig. Und die unteren Schichten der Erdkruste sind auch heute noch heiß genug, um zahlreiche über die ganze Erdoberfläche verteilte Vulkane zu speisen.

Tatsächlich verdankt die Erde bis auf den heutigen Tag ihre Wärme nicht ausschließlich der Sonne. Die Gluthitze ihres durch Druck und Radioaktivität aufgeheizten Inneren erzeugt auch in unseren Tagen noch einen Wärmestrom, der bis zur Oberfläche reicht. Selbst ohne die Existenz der Sonne würde die Temperatur auf der Erdoberfläche daher nicht bis auf Weltraumkälte absinken. Allerdings wäre uns damit nicht viel geholfen, denn die Eigenwärme der Erde ist minimal. Ihre Wärmestrahlung wird auf höchstens etwa eine millionstel Kalorie pro Quadratzentimeter der Oberfläche in der Sekunde geschätzt. Dieser Wärmeverlust wird von der Wärmeaufnahme durch die Einstrahlung der Sonne im Tagesmittel 3000fach übertroffen. Letztlich ist für die Wärmebilanz an der Erdoberfläche also doch die Kraft der Sonne allein ausschlaggebend.

Aber diese Eigenwärme der Erde hatte damals wie heute noch eine andere, weitaus wichtigere Konsequenz: den Vulkanismus. Wir kennen die Tätigkeit der Vulkane heute nur noch unter dem Aspekt touristischer Attraktion oder aus Katastrophenmeldungen in den Nachrichten. Daher wird es manchen vielleicht überraschen zu erfahren, daß die Erde sich nie mit Leben hätte überziehen können, wenn sie nicht von Anfang an Vulkane gehabt hätte.

Was diese »feuerspeienden Berge« nämlich ausspeien, das sind nicht nur glühende Lavamassen, sondern außerdem, damals wie heute, große Mengen an Wasserdampf und daneben Stickstoff, Kohlendioxid, Wasserstoff, Methan und Ammoniak. Mit anderen Worten: die Vulkane waren die Poren, durch welche die in der Erdkruste festgehaltenen leichten Elemente, die jetzt so dringend an der Oberfläche der erkaltenden Erde benötigt wurden, von unserem Planeten buchstäblich ausgeschwitzt worden sind. Ohne Vulkane hätte die Erde niemals eine Atmosphäre aus leichten, gasförmigen Substanzen bekommen, und ohne Vulkanismus gäbe es auch keine Weltmeere.

Die durch den Vulkanismus aus dem Erdinnern transportierten Stoffmengen sind größer, als die meisten Menschen sich klarmachen. Die Geologen schätzen die Zahl der aktiven Vulkane in der Gegenwart auf rund 500 und die von diesen jährlich an die Oberfläche geförderten Gesteinsmengen auf mehr als 3 Kubikkilometer. In den 4 – 4,5 Milliarden Jahren, die seit der Verfestigung der Erdkruste vergangen sein dürften, kommt dadurch eine Menge zusammen, die dem Gesamtvolumen aller Kontinente entspricht. Die vulkanische Gasproduktion liegt aber in der gleichen Größenordnung. Da sie zu 97 Prozent aus Wasserdampf besteht, der sich im Laufe der Zeit in den großen Senken der Erdoberfläche niederschlug, bestehen keine Schwierigkeiten, sich die Entstehung der Ozeane durch diesen Mechanismus vorzustellen. Dabei wird man noch annehmen dürfen, daß die Zahl der Vulkane und ihre Aktivität in der Urzeit, als die Erde noch heißer gewesen sein muß, ungleich größer waren als heute.

Der aus den »Vulkane« genannten Ventilen der langsam erkaltenden Kruste entweichende Wasserdampf schlug sich also in den großen Senken der Erdoberfläche nieder und bildete so die ersten Ur-Ozeane. Diesen Vorgang, der sicher einige Jahrzehntausende in Anspruch genommen haben dürfte, hat man sich wahrscheinlich ziemlich dramatisch vorzustellen. Denn als der Wasserdampf der Ur-Atmosphäre zu kondensieren und schließlich sogar in Tropfenform nach unten zu fallen begann, war die Kruste noch weit über 100 Grad Celsius heiß. Als es damals zum erstenmal in der Erdgeschichte zu regnen begann, wurde die Erde daher noch nicht naß: Die herabfallenden Tropfen verwandelten sich beim Aufprall auf die Oberfläche wie auf einer heißen Herdplatte sofort wieder in Wasserdampf, der erneut nach oben stieg. Auf diese Weise wurde die in der Erdkruste noch vorhandene Wärme noch wirkungsvoller und rascher als bisher in die oberen Schichten der Atmosphäre transportiert, wo sie in den freien Weltraum abstrahlen konnte. Mit Hilfe des aus den Vulkanen entweichenden Wasserdampfs beschleunigte unser Planet in dieser Phase seiner Geschichte so seine eigene Abkühlung.

Wäre in dieser Übergangsepoche alles heute auf der Erdoberfläche vorhandene Wasser als Dampf in der Atmosphäre gewesen, so hätte der Luftdruck am Boden damals fast 300 Atmosphären betragen, 300mal mehr als heute. Wir werden daran jedoch einige Abstriche machen müssen, denn die Wassermenge muß damals noch geringer gewesen sein als in der Gegenwart. Trotzdem ergibt sich, wenn wir versuchen, uns eine Anschauung von dem Zustand auf der Erdoberfläche in dieser Epoche zu machen, ein alptraumhaftes Bild: Eine unglaublich dichte Atmosphäre, deren hoher Wasserdampfgehalt nicht einen Schimmer Sonnenlicht durchdringen ließ. Jahrtausendelang ununterbrochen anhaltende Wolkenbrüche, deren Gewalt wir uns nicht mehr vorstellen können. Dazu Temperaturen von mehr als 100 Grad Celsius und eine ununterbrochen in kochenden Wasserdampf eingehüllte Erdoberfläche. Die einzige Lichtquelle bildeten die Blitze pausenlos tobender Gewitter. Ein Astronaut, der jemals auf einen Planeten stieße, auf dem solche Bedingungen herrschen, würde wohlweislich einen großen Bogen machen. Er würde sich nicht nur hüten, auf einem solchen Himmelskörper zu landen, er würde das Objekt außerdem sicher auch von der Liste der möglicherweise bewohnbaren Planeten streichen.

Und doch ist eben dieser Zustand der eines Planeten, der im Begriff steht, sich mit Leben zu überziehen. Im Falle der Erde ist es nachweislich dazu gekommen, und die Fülle der Parallelen läßt uns hier nochmals daran denken, daß es sich auch im Falle unseres Nachbarplaneten Venus heute um das gleiche Stadium der Vorbereitung handelt.

Der Weg bis zum Leben ist weit und verbraucht Jahrmilliarden. Aber die Natur hat einen langen Atem. Die Zahl der Faktoren, die zusammentreffen müssen, damit er in ganzer Länge durchschritten werden kann, die Zahl also der »glücklichen Zufälle« ist schon bis zu dem Stadium, bis zu dem wir die Geschichte der Erde an diesem Punkt verfolgt haben, bedenklich groß geworden: Der richtige Abstand von einem energieliefernden Stern, der für einige Jahrmilliarden in ein stabiles Stadium eingetreten sein muß. Eine nicht zu exzentrische (also leidlich kreisförmige) Umlaufbahn, um ein Minimum an Gleichmaß der Oberflächenbedingungen zu gewährleisten. Eine Größe, die nicht zu gering sein darf, um das Aufheizen des Planetenkörpers zu ermöglichen, aber auch nicht zu mächtig, weil ein Übermaß an Erhitzung den Verlust der meisten leichten Elemente zur Folge haben würde, die später eine so entscheidende Rolle spielen.

Die Zahl der notwendigen Faktoren, die Kompliziertheit der Konstellationen, die erfüllt sein müssen, damit die Entwicklung über diesen Punkt hinaus weitergehen kann, nimmt, wie wir sehen werden, von hier ab noch rapide und schließlich schwindelerregend zu.

Wenn wir jetzt zunächst den Faden der Geschichte wiederaufnehmen und uns die Zusammensetzung der Atmosphäre betrachten, welche die Erde kurz nach ihrer Geburt mit Hilfe ihrer Vulkane produzierte, dann fällt uns auf, daß diese Atmosphäre keinen freien Sauerstoff enthalten haben kann. Wasserdampf, gasförmiger Wasserstoff, Stickstoff, Kohlendioxid, Methan, Ammoniak, wahrscheinlich auch Schwefeldioxid, das war alles, was an Gasen aus den glühenden Tiefen des Erdinneren an die Oberfläche quoll, um die erste Lufthülle unseres Planeten zu bilden. Freier Sauerstoff war nicht darunter.

Eine Atmosphäre dieser Zusammensetzung erscheint uns heute nicht nur als tödlich, sondern als absolut lebensfeindlich. In Wirklichkeit war ein Anfang unter anderen Startbedingungen gar nicht möglich. In Wirklichkeit ist gerade das Fehlen von freiem Sauerstoff in der irdischen Ur-Atmosphäre eine der vielen und scheinbar willkürlichen Bedingungen gewesen, die erfüllt sein mußten, wenn die Entwicklung bis zur Hervorbringung von Leben weiterlaufen sollte. Wir heutigen Menschen würden in einer im wesentlichen aus Stickstoff, Kohlendioxid und Methan bestehenden Atmosphäre keinen Augenblick überleben können. Das gleiche gilt für alle anderen der vielen Lebensformen, die mit uns zusammen auf der Erde existieren. Aber die Geschichte des Lebens ist nicht, wie auch die Wissenschaft noch bis vor kurzem glaubte, die Geschichte eines ersten, primitiven Lebenskeimes, einer Urzelle etwa, die sich auf der Bühne eines Planeten weiter und weiter entfaltete, dessen Oberfläche zufällig »lebensfreundlich« war und die das während des ganzen Ablaufs weiterhin unverändert blieb.

»Lebensfreundlich« ist ein durchaus relativer und wandelbarer Begriff. Wir dürfen nur nicht immer wieder in den Fehler verfallen, allein das, was uns bekömmlich ist, für lebensfreundlich zu halten und jede noch so geringe Abweichung davon gleich für eine grundsätzliche Verschlechterung der Situation. Außerdem ist der heutige Zustand der Erde in allen Einzelheiten das Resultat einer Entwicklung, im Verlaufe derer, von Anfang an, das Leben und die irdische Umwelt sich gegenseitig in der Form eines kontinuierlichen Rückkopplungsprozesses, gleichsam nach einer Art Ping-Pong-Prinzip, bedingt, beeinflußt und verändert haben.

Als Folge davon ist nicht nur die Abstimmung aller uns bekannten Lebensformen an ihre Umwelt optimal ausgefallen. Als Folge des gleichen Prozesses ist auch die Erdoberfläche von den auf ihr entstandenen biologischen Prozessen in einer Weise und in einem Ausmaß umgestaltet worden, das auch den Wissenschaftlern heute erst nach und nach aufgeht. Die Erde, wie wir sie kennen, hat sich als das Produkt dieser Entwicklung von dem »natürlichen« Zustand, in dem sie sich vor dem Einsetzen der Lebensgeschichte auf ihrer Oberfläche befand, wahrscheinlich nicht minder weit entfernt wie eines der heute auf ihr existierenden vielzelligen Lebewesen von dem kambrischen Organismus, der sein direkter Vorfahre gewesen ist. Das »Leben« ist in einem verblüffenden Maße imstande, die Bedingungen, die seine Entfaltung fördern, selbst aktiv herbeizuführen. Wir werden darauf noch ausführlich eingehen.

»Lebensfreundlichkeit« ist also auch keineswegs, wie die meisten Menschen glauben, eine Eigenschaft, besser: eine ganz bestimmte Kombination ganz bestimmter Eigenschaften, die ein Planet entweder hat oder nicht hat. Die Kombinationen von Umweltfaktoren, die Leben ermöglichen, sind dann, wenn wir nicht ausschließlich an die uns bekannten Lebensformen denken, aller Wahrscheinlichkeit nach sehr viel zahlreicher, als unsere irdische Phantasie es sich träumen läßt.

Anders ausgedrückt: Wir werden im Laufe unserer Geschichte noch auf Indizien stoßen, die uns die Augen dafür öffnen können, daß die Anpassungsfähigkeit des Phänomens, das wir »Leben« nennen, auch an uns extrem und abwegig erscheinende Umweltbedingungen das, was wir in dieser Beziehung bisher für möglich gehalten haben, in einem phantastischen Maße übertreffen dürfte.

Aus allen diesen Gründen wäre das Urteil, die sauerstofflose Kohlendioxid-Methan-Wasserstoff-Atmosphäre der noch unbelebten Ur-Erde sei giftig und lebensfeindlich, selbst dann voreilig und falsch, wenn wir nicht im nachhinein ganz genau wüßten, daß der Planet, auf dem diese Zustände einst herrschten, später Leben in Hülle und Fülle hervorgebracht hat. Tatsächlich hat die relativ neue Entdeckung, daß die irdische Lufthülle ursprünglich keinen Sauerstoff in nennenswerten Mengen enthalten haben kann, den Biochemikern die Auflösung eines alten Paradoxons beschert und gleichzeitig damit noch die Antwort auf eine seit Jahrhunderten lebhaft diskutierte Grundfrage der Lebensforschung.

Die Paradoxie bestand in dem folgenden, scheinbar unauflösbaren Widerspruch: Alle irdischen Lebewesen (von einigen bestimmten Parasiten und einigen wenigen Bakterienarten abgesehen) sind auf Sauerstoff als Energieproduzenten für ihren Stoffwechsel angewiesen. Alle nichtbelebte organische Substanz wird andererseits von freiem Sauerstoff (eben wegen dessen außerordentlich hoher chemischer Aktivität) oxydiert, also zerstört. Wie konnte aber unter diesen Umständen Leben überhaupt erstmals entstehen? Wie immer man sich diesen Vorgang als Wissenschaftler auch vorzustellen versuchte, in jedem Falle mußte der Entstehung des ersten lebenden Organismus eine lange Epoche einer »abiotischen Genese organischer Makromoleküle« vorangegangen sein, auf deutsch also eine Zeit, in der alle die vielen komplizierten und empfindlichen organischen Moleküle entstanden waren, die gewissermaßen als Bausteine die Voraussetzung bildeten zur Entstehung der ersten, noch so primitiven lebenden Struktur.

Wie aber hatten diese komplizierten Moleküle, Aminosäuren und Polypeptide, Nukleinsäuren und Porphyrine, wie hatten sie eigentlich stabil bleiben und überdauern können, bis sie sich dann in einem zweiten und nicht weniger rätselhaften Schritt schließlich zu lebenden Organismen zusammenschlossen? Der freie Sauerstoff der irdischen Lufthülle hätte sie nach allen Regeln der Chemie schneller zersetzen müssen, als jeder beliebige nichtbiologische Vorgang sie hervorbringen konnte.

Die Antwort ergab sich aus der Untersuchung sehr alter Erzlager. Den Geologen gelang es, in derartigen Ablagerungen Verwitterungsspuren nachzuweisen. Tief unter der Oberfläche fanden sich also Spuren, aus welchen einwandfrei hervorging, daß die untersuchten Proben vor sehr langer Zeit den klimatischen Einflüssen an der Erdoberfläche frei ausgesetzt gewesen sein mußten. Trotzdem fehlten in diesen Gesteinen, die vor zwei bis drei Milliarden Jahren durch Faltungsvorgänge in der Erdkruste in die Tiefe geraten und dort unter Luftabschluß zur Ruhe gekommen waren, die chemischen Veränderungen, die sich unter den gleichen Bedingungen infolge des Sauerstoffgehalts der heutigen Atmosphäre sofort hätten bilden müssen. Das in diesen ehemaligen Oberflächengesteinen z. B. enthaltene Eisenoxid war zweiwertig. Heute besteht einer der ersten Verwitterungsvorgänge darin, daß eine solche Verbindung in dreiwertiges Eisenoxid umgewandelt wird. Ebenso verhielt es sich mit einigen anderen Verbindungen, z. B. eisen- und schwefelhaltigen Mineralien.

Auf diese Weise wurde vor einigen Jahren die gänzlich unerwartete Tatsache entdeckt, daß die heutige Atmosphäre unserer Erde gar nicht die ursprüngliche ist. Weitere Überlegungen und Untersuchungen führten dann zu der schon geschilderten Erkenntnis der Entstehung dieser Atmosphäre durch den Vulkanismus.

Jetzt endlich wurde verständlich, wie es möglich gewesen war, daß die biologisch notwendigen Großmoleküle hatten entstehen und vor allem beständig bleiben können. Jetzt endlich konnten die Biochemiker auch die alte Frage beantworten, warum sich trotz angestrengter Suche nirgends auf der Erde Spuren fanden, die darauf hindeuteten, daß hier auch heute noch, vor unseren Augen, »Ur-Zeugung« stattfand, also die Entstehung primitiver Organismen aus anorganischen Bausteinen und nicht durch die Teilung lebender Zellen.

Die Unmöglichkeit, eine solche kontinuierliche Ur-Zeugung auch in der Gegenwart nachzuweisen, hatte die Biologen lange Zeit hindurch mit nicht geringer Verlegenheit erfüllt. Denn wenn es bei dieser Ur-Zeugung mit rechten Dingen zugegangen war, also nicht »übernatürlich«, wenn also auch alle lebende Substanz auf der Erde unter dem Einfluß der Naturgesetze entstanden war, dann gab es eigentlich keinen Grund, warum das nicht auch heute noch fortwährend geschehen sollte. Jetzt endlich kannte man den Grund, warum das nicht der Fall war: Der Sauerstoff in der heutigen Erdatmosphäre machte eine Wiederholung dieser Phase der Evolution des Lebendigen ein für allemal unmöglich.

Da aber, wie man heute ebenfalls weiß, aller in unserer Atmosphäre heute enthaltener Sauerstoff im Laufe der Erdgeschichte von den grünen Pflanzen durch Photosynthese erzeugt worden ist, war es niemand anderer als das Leben selbst, das, sobald es auf der Erde erst einmal Fuß gefaßt hatte, auf diese Weise die Möglichkeit zu einem Neuanfang, einem nochmaligen Start der Lebensentwicklung mit einem, wer weiß, vielleicht ganz anderen biologischen Konzept abgeschnitten hatte. So, als gälte es, möglichen Konkurrenten oder Widersachern den Auftritt in der einmal mit Beschlag belegten Umwelt unmöglich zu machen. Alle anderen biologischen Möglichkeiten sind auf der Erde seitdem bis in alle Zukunft ohne Chance. Metaphorisch gesprochen hat Kain damals Abel zum erstenmal umgebracht.

Ich sagte schon, daß die Entfaltung des Lebens, die »biologische Evolution«, außerordentlich eng verquickt war mit einer parallellaufenden Evolution auch der Umwelt, in der sich das Leben auszubreiten begann. Daß Evolution, daß die Entfaltung des Lebens weitgehend identisch ist mit einer sich immer feiner differenzierenden und nuancierenden Anpassung der jeweils existierenden Organismen an die vielfältigen Möglichkeiten und Notwendigkeiten ihrer Umwelt, ist für den Biologen heute eine Binsenweisheit.

Nicht so allgemein durchgesetzt hat sich bis heute aber die Einsicht, daß hier, jedenfalls für die Frühphase der Lebensentwicklung, auch das Umgekehrte gilt: In dieser allerersten Epoche der Evolution hat sich, man kann es nicht anders ausdrücken, auch die Umwelt in einem ganz erstaunlichen Maße an die Erfordernisse des neu auf den Plan tretenden Lebens angepaßt. Damit meine ich keineswegs nur die sehr ausgeprägten Veränderungen, welche das Leben in diesem ersten Kapitel seiner Geschichte in der Umwelt bewirkte, indem es diese in eine Form brachte, die ihm selbst bessere Möglichkeiten der Entfaltung eröffnete. Davon wird auch noch die Rede sein.

Noch wichtiger und bedeutsamer aber ist der Umstand, daß auf der Oberfläche der Ur-Erde schon lange, mit Sicherheit viele hundert Jahrmillionen vor dem Auftreten der ersten als belebt anzusehenden organischen Strukturen, eine Entwicklung einsetzte, welche so verlaufen zu sein scheint, daß sie die Entstehung von Leben nicht nur ermöglichte, sondern sogar geradezu unausbleiblich machte.

Hier müssen wir sehr vorsichtig sein in unseren Überlegungen. Nichts verstößt mehr gegen die Regeln wissenschaftlichen Denkens als die »teleologische« Deutung eines Sachverhalts. »Teleologisch« heißt soviel wie »zielgerichtet«. Wir würden den Boden wissenschaftlicher Argumentation verlassen, wenn wir die Möglichkeit in Erwägung zögen, die Veränderungen auf der noch unbelebten Ur-Erde seien erfolgt, um die Entstehung des Lebens herbeizuführen, wenn wir glaubten, sie damit »erklären« zu können, daß wir sagen, die Entstehung des Lebens sei ihr »Ziel« gewesen.

»Erklären« heißt in der Wissenschaft immer nur etwas auf Ursachen zurückzuführen, es aus diesen Ursachen abzuleiten. Ursachen aber stehen zeitlich immer und ausnahmslos vor den Wirkungen, die sich aus ihnen ergeben. Daher kann eine Ursache zwar eine Folge haben. Keine Macht der Welt ist aber imstande, einen Einfluß welcher Art auch immer zwischen einer Wirkung und der ihr zugrundeliegenden Ursache herzustellen. Der Weg führt immer und ausschließlich von der Ursache zur Wirkung. In umgekehrter Richtung gibt es keine Verbindung. Dies besagen die unaufhebbaren Gesetze der Logik. Daher »weiß« eine Ursache nichts von der Wirkung, die sie haben wird. Und daher kann man einen Vorgang niemals durch das Ergebnis »erklären«, das er herbeiführt. Es macht die ganze Größe, aber auch die Beschränkung der Naturwissenschaft aus, daß sie mit einem so beschaffenen begrifflichen Instrumentarium vor der Aufgabe steht, eine Natur erklä-

ren zu müssen, in der es Leben gibt. Eine Natur also, in der Evolution abläuft als ein Prozeß, bei dem, rückblickend betrachtet, mit lückenloser Folgerichtigkeit immer kompliziertere organische Strukturen entstehen, mit immer leistungsfähigeren Funktionen und zunehmender Selbständigkeit gegenüber der nicht belebten Umgebung. Hier klafft ein Widerspruch, der uns noch wiederholt beschäftigen wird.
Zunächst aber müssen wir uns das Phänomen selbst vor Augen führen: Wie schon gesagt: Die scheinbaren Widersprüche treten keineswegs erst im Zusammenhang mit der Entfaltung des Lebens auf. Schon vorher kam eine Entwicklung in Gang, ohne die es zum Einsetzen einer biologischen Evolution gar nicht erst hätte kommen können. Besonders deutlich wird das an einem Phänomen, das die Wissenschaftler seit einigen Jahren als »Evolution der Atmosphäre« bezeichnen. Sehen wir uns einmal an, was damit gemeint ist, und versuchen wir dann, uns einen Vers darauf zu machen.
Wir müssen die Schilderung der Geschichte, von der dieses Buch handelt, an der Stelle wiederaufnehmen, an der von der venusähnlichen Entwicklungsphase der Erde die Rede war. Niemand weiß, wie lange unser Planet in diesem Zustand blieb. Möglicherweise hat es sich nur um eine relativ kurze Übergangsphase gehandelt. Manche Geologen, so die Franzosen André Cailleux und A. Dauvilier, schätzen, daß sie nur 100 000, vielleicht sogar nur 60 000 Jahre gedauert hat.
Danach war die Abkühlung der Kruste so weit fortgeschritten, daß das aus der mit Wasserdampf übersättigten Atmosphäre herabregnende Wasser nicht mehr sofort wieder verdampfte. Es begann, sich in flüssiger Form anzusammeln und so die Ur-Ozeane zu bilden. Als das geschehen war, muß das Aussehen der Erde, vor rund 4,5 Milliarden Jahren, in großen Zügen schon dem Bild geglichen haben, das unser Planet heute aus größerer Entfernung bietet, etwa auf den Aufnahmen, die uns unsere Raumsonden in den letzten Jahren geliefert haben.
Die Atmosphäre war jetzt klar und durchsichtig. Es gab Wolken an einem blauen Himmel. Die Ozeane hatten, ebenso wie die Kontinente, etwa die gleiche Ausdehnung wie heute. Allerdings war das trockene Land damals sicher noch ganz anders auf der Erdoberfläche verteilt, als wir es vom Anblick unserer Karten und Globen gewohnt sind. Unter anderem hatte die »Kontinentalwanderung« noch nicht begonnen. Leben gab es noch nicht. Das Land bestand im wesentlichen noch immer aus erkalteten vulkanischen Ausbruchsmassen, aus nackten Felsen von Granit und Basalt. Wind und Regen hatten eben erst mit der Zerkleine-

rungsarbeit, der Erosion, begonnen, mit der Verwitterung, welche die Oberfläche des Ur-Gesteins langsam in Staub und Sand verwandelte.
In der Atmosphäre fehlte, wie schon begründet, der Sauerstoff. Das aber war nicht nur, wie ebenfalls schon erläutert, für die Lebensfähigkeit der ersten organischen Bausteine von Belang. Es machte auch ihre Entstehung wahrscheinlich überhaupt erst möglich. Denn Sauerstoff ist der wirksamste atmosphärische Filter zur Abschirmung der von der Sonne kommenden ultravioletten Strahlung.
Diese, kurzwelliger als das sichtbare Licht, ist besonders energiereich. Würde sie heute nicht zum größten Teil durch unsere sauerstoffhaltige Atmosphäre von der Erdoberfläche abgehalten werden, könnten wir hier nicht überleben. Der vergleichsweise winzige Anteil, der immer noch hindurchdringt, ist es bekanntlich, der uns, wenn wir an Sonnenbestrahlung nicht gewöhnt sind, einen schmerzhaften Sonnenbrand bescheren kann. Die altbekannte Erfahrung, daß dieses Risiko im Hochgebirge noch wesentlich größer ist, unterstreicht die Bedeutung der Atmosphäre als Ultraviolett- oder UV-Filter, wie die wissenschaftlich übliche Abkürzung lautet.
Für die UV-Strahlung, die durch Sauerstoff abgefiltert werden kann, gilt nun hinsichtlich der Vorgeschichte des Lebens eine ähnliche Regel wie für den Sauerstoff selbst. UV-Strahlen sind für alle aus Eiweiß aufgebauten Organismen (und andere kennen wir nicht) so gefährlich, daß man in Operationssälen und bestimmten mikrobiologischen Laboratorien Ultraviolett-Lampen mit Erfolg zur Desinfektion, also zur Zerstörung bakterieller Mikro-Organismen einsetzt. In der Urzeit der Erde aber wurde andererseits gerade dieser Teil der Sonnenstrahlung zunächst unbedingt gebraucht. Nur er konnte die Energie liefern, die notwendig war, um die in der damaligen Atmosphäre enthaltenen anorganischen Verbindungen zu jenen Großmolekülen zusammenzuschweißen, die später die Bausteine der lebenden Organismen bildeten.
Kurz gesagt: Die UV-Strahlung war als Energiequelle zum Aufbau der ersten organischen Lebensbausteine notwendig. Sobald diese aber existierten, mußten sie dem Einfluß der gleichen Strahlung sogleich wieder entzogen werden, da sie von ihr sonst im nächsten Augenblick wieder zerlegt worden wären. Auch dieses Beispiel zeigt eindrucksvoll, wie außerordentlich kompliziert und eng die Bedingungen schon in diesem Entwicklungsstadium waren, lange Zeit, bevor die ersten Lebensspuren auf der Erde auftraten.
Es ist faszinierend, angesichts der Rekonstruktionsversuche der moder-

nen Wissenschaft mitzuerleben, auf welche Weise die tote Materie auf der Oberfläche der Ur-Erde, durch keine andern Kräfte gelenkt als die Naturgesetze, eine Entwicklung durchmachte, die alle erforderlichen Bedingungen erfüllte. Sehen wir uns an, wie es an dem Punkt, an dem wir angelangt sind, dabei im einzelnen zuging.

Die ultraviolette Strahlung der Sonne traf fast ungehindert auf die Erdoberfläche und damit auch auf die Oberfläche der Ur-Ozeane. Das hatte sofort eine doppelte Konsequenz. Die in der Atmosphäre reichlich enthaltenen kohlenstoff-, stickstoff- und wasserstoffhaltigen Moleküle Methan, Kohlendioxid und Ammoniak sowie noch einige andere einfache Verbindungen waren längst auch in ziemlich konzentrierter Form in allen stehenden Gewässern, also Ozeanen und Seen, enthalten. Zum Teil waren sie dorthin dadurch gelangt, daß Wind und Wellen für eine ständige Durchmischung der obersten Wasserschichten mit der darüberliegenden Luft sorgten. Zum größten Teil dürften sie aber während der schon erwähnten jahrtausendelang anhaltenden Wolkenbrüche der vorangegangenen erdgeschichtlichen Epoche aus der Atmosphäre herausgewaschen worden sein.

In das mit diesen Molekülen angereicherte Wasser drang die UV-Strahlung sicher mehrere Meter tief ein. In einer Schicht dieser Dicke wurden die genannten Moleküle deshalb angeregt, sich zu größeren Bausteinen zusammenzufügen. Die gleiche Energie, die das bewirkte, zerlegte die eben erst entstandenen Großmoleküle jedoch jeweils im nächsten Augenblick immer wieder zurück in ihre Ausgangsbestandteile. Es kam somit ein kreislaufartiger Prozeß fortwährenden Auf- und Wiederabbaus in Gang, der sich an der Oberfläche aller Gewässer abgespielt haben muß.

Nun ist ein Kreislauf dieser Art eigentlich ein Schulbeispiel für eine Sackgasse. Dafür, daß die Entwicklung in diesem besonderen Falle dennoch nicht steckengeblieben ist und über dieses Stadium hinausgelangen konnte, gibt es, soweit die Wissenschaft das heute schon übersehen kann, zwei Gründe. Einmal spielte sich der Kreislauf, wie schon erwähnt, nur in der Nähe der Wasseroberfläche ab, in einer Schicht, die vielleicht zehn, sicher aber nicht mehr als fünfzehn Meter dick gewesen ist. In größeren Tiefen konnte auch die UV-Strahlung nicht mehr mit ausreichender Kraft wirken, da die darüberliegenden Wasserschichten dann ein ausreichendes Schutzfilter abzugeben beginnen.

Damit aber konnte sich ein Teil der vom UV-Licht zusammengebackenen Großmoleküle immer in diesen größeren Wassertiefen in Sicherheit bringen. Genauer gesagt war es unausbleiblich, daß laufend ein Teil von ihnen, bevor sie wieder auseinanderbrachen, durch die normalen Turbulenzbewegungen des Wassers in Tiefen abgetrieben wurden, welche die UV-Strahlung nicht mehr erreichte. Ungeachtet der Kreislaufnatur des Prozesses ihrer Entstehung, der sich im obersten Stockwerk abspielte, müssen sich die für die spätere Entwicklung so wichtigen Großmoleküle daher unterhalb der von der UV-Strahlung durchdrungenen Wasserschichten immer mehr angereichert haben.

Dafür, daß sie nicht für alle Zeiten in diese Tiefen verbannt blieben, sorgte ein zweiter Prozeß, den die UV-Strahlung gleichzeitig und ebenfalls an der Wasseroberfläche in Gang brachte. Die Energie dieser kurzwelligen Strahlen ist so groß, daß sie selbst Wassermoleküle in ihre Bestandteile zerlegen kann. Daher muß es an der Oberfläche der Seen und Ozeane der Ur-Erde zu dem gekommen sein, was die Wissenschaftler als Photodissoziation (wörtlich »Zerlegung durch Licht«) des Wassers bezeichnen: Die Verbindung H_2O wurde in freien Wasserstoff und freien Sauerstoff aufgespalten.

Der freigesetzte Wasserstoff, das leichteste aller Elemente, stieg praktisch ungehindert in der Atmosphäre nach oben, bis er sich zuletzt im freien Weltraum verlor. Der Sauerstoff blieb übrig. Sauerstoff aber ist, wir sagten es schon, ein besonders stark wirksamer UV-Filter. Deshalb verlief dieser Prozeß der Photodissoziation nicht kontinuierlich, auch nicht in der Art eines Kreislaufs, sondern nach den Gesetzen der Rückkopplung: Er stoppte sich selber ab, sobald ein ganz bestimmter Sauerstoffgehalt in der Atmosphäre erreicht war, ein Gehalt, der groß genug war, um die UV-Strahlung so stark abzuschirmen, daß die weitere Produktion von Sauerstoff durch Photodissoziation zum Erliegen kam.

Die selbstregulatorische Natur dieses Prozesses brachte es ferner mit sich, daß der resultierende Sauerstoffgehalt der Atmosphäre sich mit großer Genauigkeit auf einen ganz bestimmten Wert eingespielt haben muß. An einem ganz bestimmten Punkt erlosch die Sauerstofferzeugung. Sank die Sauerstoffkonzentration erneut unter diesen Betrag (etwa durch Oxidationsvorgänge an der Oberfläche, die der Atmosphäre Sauerstoff entzogen), so hieß das gleichzeitig, daß die Wirksamkeit des UV-Filters nachließ. Folglich kam dann die Photodissoziation des Wassers sofort wieder in Gang. Sie hielt so lange an, bis die ursprüngliche Sauerstoffkonzentration exakt wieder erreicht war.

Dieses Musterbeispiel eines Rückkopplungseffektes haben die Wissenschaftler »Urey-Effekt« getauft, zu Ehren des amerikanischen Chemikers und Nobelpreisträgers Harold C. Urey, der diesen entscheidenden Schritt in der Evolution der irdischen Atmosphäre aufdeckte.

An dieser Stelle ist vielleicht ein kurzes Wort angebracht über die Art und Weise, in der diese Prozesse heute erforscht werden, die sich vor vier und mehr Milliarden Jahren in der Lufthülle unseres Planeten abgespielt haben. Trotz der Flüchtigkeit dieses Mediums hat die Entwicklung Spuren hinterlassen, vor allem in den Steinen der damaligen Erdoberfläche, die zum Teil als Sedimente in großen Tiefen konserviert worden sind. Wie man mit ihrer Hilfe z. B. die gänzlich unerwartete Tatsache entdeckte, daß unsere Atmosphäre ursprünglich überhaupt keinen Sauerstoff enthalten hat, wurde schon erzählt. Weitere Rückschlüsse ergeben sich indirekt aus dem Ablauf der biologischen Evolution, die (in geologischen Zeiträumen gedacht) kurz darauf einsetzte. Sie ist, wie sich bei ihrer Schilderung noch zeigen wird, so eng mit der Evolution der Atmosphäre verbunden gewesen, daß bestimmte Besonderheiten ihres Ablaufs Schlußfolgerungen auf deren Zusammensetzung zulassen.

Alle darüber hinausgehenden Feststellungen, und so auch die Entdeckung des Urey-Effektes, sind das Resultat theoretischer Ableitungen. Deshalb mögen die Einsichten, die die Wissenschaftler bisher über diese so unvorstellbar lange Zeit zurückliegenden Ereignisse erarbeitet haben (und die ich hier im Zusammenhang nachzuerzählen versuche), das, was damals wirklich geschah, in vielen Details vielleicht falsch oder ungenau wiedergeben. Dabei kann es sich aber wirklich nur um Einzelheiten handeln, die den grundsätzlichen Ablauf der Ereignisse nicht berühren. Denn einige greifbare Spuren haben wir heute in der Hand, und damit feste Zahlen und Daten, von denen wir ausgehen können. Und schließlich wissen wir, was bei diesem langen Entwicklungsprozeß bisher herausgekommen ist.

Es geht also darum, zwischen dem, was wir über die Vergangenheit sicher wissen, und der Gegenwart eine Entwicklung zu rekonstruieren, die den Naturgesetzen folgt. Das ist schwierig und mühselig genug. Aber soweit es bis heute überhaupt gelungen ist, dürfte der Spielraum für grundlegende Irrtümer nicht mehr allzu groß sein. Die vielfältigen Aspekte und Unterströme der Entwicklung sind von Anfang an viel zu kompliziert und viel zu sehr ineinander verwoben gewesen, als daß ihr Ablauf beliebig viele verschiedene Erklärungen zuließe. Wo die Wissenschaft für irgendeine Teilstrecke des Ablaufes nach geduldigem Suchen und Probieren daher überhaupt schon eine Erklärung gefunden hat, da ist das Vertrauen berechtigt, daß es sich um die zutreffende Erklärung handelt.

Aber zurück zur »Evolution der Atmosphäre«. Der Urey-Effekt war es also, durch den sich die Einwirkung der UV-Strahlen auf die Erdoberfläche früher oder später selbst ausschloß. Von diesem Augenblick ab waren folglich die bis dahin im Wasser produzierten Großmoleküle vor der Wiederzerlegung durch diese Frequenz des Sonnenlichts geschützt. Die Phase des Kreislaufprozesses ständigen Auf- und Wiederabbaus war vorüber. Wie ging es weiter?

Der nächste Schritt, der sich wiederum aus der bis jetzt entstandenen Situation einfach durch die Eigenschaften des nunmehr vorliegenden »Materials« und dessen Reagieren auf die Naturgesetze ergibt, ist in seinen Konsequenzen atemberaubend. Er zwingt uns erstmals unausweichlich, über die Fragen wissenschaftlichen Verstehens hinaus philosophisch Stellung zu beziehen.

Die Geophysiker Lloyd V. Berkner und Lauriston C. Marshall von der Universität Dallas, Texas, unterzogen sich vor einigen Jahren der Mühe, den Mechanismus des Urey-Effektes in konkrete Zahlen zu übersetzen. Urey selbst hatte sich damit begnügt, die Unausbleiblichkeit nachzuweisen, mit der es unter den gegebenen Umständen zu dem sich selbst abbremsenden Rückkopplungsmechanismus kommen mußte. Ihm und seinen Fachkollegen war außerdem klar, daß der Sauerstoffgehalt der Atmosphäre sich durch diesen Selbstregelungsmechanismus auf einen ganz bestimmten Wert eingependelt haben mußte. Welcher Wert das aber gewesen war, in konkreten Zahlen und Prozenten ausgedrückt, das wußte niemand, und das schien auch nicht von entscheidender Wichtigkeit zu sein.

Erst Berkner und Marshall machten sich mit der Hilfe von Computern an die komplizierte Berechnung dieses Wertes. Auch sie versprachen sich von der Kenntnis dieser Zahl selbst keine aufregenden Einsichten. Sie brauchten sie einfach. Die beiden amerikanischen Gelehrten sind die Urheber der Theorie von der Evolution der Erdatmosphäre in der Form, in der sie hier dargestellt und heute von den meisten Wissenschaftlern anerkannt wird. Für die Entwicklung einer so umfassenden Theorie aber bedeutete die genannte Zahl natürlich eine unschätzbare Hilfe. Sie war als fester Ausgangspunkt für weitere Überlegungen und zur Überprüfung der inneren Geschlossenheit des ganzen Gedankengebäudes von größter Bedeutung.

Die Berechnungen ergaben, daß der Urey-Effekt eine Sauerstoffkonzentration in der Ur-Atmosphäre hergestellt haben mußte, die ziemlich genau 0,1 Prozent, also rund 1 Tausendstel, des heutigen Betrags ausmachte. Daß der Wert so klein war, wunderte niemanden. Die Photodissoziation von Wasser ist keine sehr ergiebige Sauerstoffquelle. Außerdem ist Sauerstoff eben ein so wirksamer UV-Filter, daß schon geringe Konzentrationen genügten, um die Sauerstoffproduktion abzustoppen. Auch mit der Zahl selbst schien es zunächst keine besondere Bewandtnis zu haben. Die Überraschung kam, als die beiden Amerikaner anschließend darangingen, mit Hilfe des gefundenen Resultats das Frequenzprofil des resultierenden atmosphärischen UV-Filters zu berechnen.

Damit ist folgendes gemeint: UV-Licht besteht keineswegs nur aus einer einzigen Wellenlänge, sondern aus einem ganzen, sogar ziemlich breiten Frequenzband. Die Wellenlänge des Lichts wird in der Wissenschaft in »Angström« gemessen. 1 Angström entspricht einem zehnmillionstel Millimeter. Der Bereich des sichtbaren Lichts ist innerhalb des gesamten Spektrums elektromagnetischer Strahlung ein vergleichsweise nur winzig schmales Band. Wir sehen nur elektromagnetische Schwingungen, deren Wellen mindestens 4000 Angström lang sind (diese Wellenlänge erleben wir als violett). Die längsten Wellen, die uns unsere Augen noch als Licht signalisieren, sind nicht einmal doppelt so lang, rund 7000 Angström, von uns als dunkles Rot wahrgenommen.

Das energiereiche und kurzwellige ultraviolette Licht, für unsere Augen nicht mehr sichtbar (11), schließt an die von uns als violett gesehene Frequenz an (daher sein Name) und erstreckt sich von da aus über ein sehr viel breiteres Wellenband, das bis zu einer Länge von nur noch 100 Angström reicht. Darauf folgen dann mit fließender Grenze die noch kurzwelligeren Röntgenstrahlen.

Ultraviolettes Licht ist also alles andere als eine einheitliche Energieform. Die verschiedenen Frequenzbereiche werden z. B. von Bienen in Dressurversuchen sehr wohl unterschieden. Man muß daher annehmen, daß diese Tiere die verschiedenen innerhalb des ultravioletten Spektrums gelegenen Frequenzen in einer Weise unterschiedlich wahrnehmen können, die unserem Farberleben entspricht. UV-Licht unterschiedlicher Frequenz hat vor allem aber auch ganz unterschiedliche Wirkungen auf verschiedene Moleküle. Die wiederholt erwähnte Photodissoziation von Wasser z. B. wird bevorzugt von UV-Strahlung einer ganz anderen Wellenlänge bewirkt als etwa die Zerstörung eines Eiweißmoleküls oder einer bestimmten chemischen Verbindung. Anders ausgedrückt sind die chemischen Konsequenzen der Einwirkung von UV-Strahlung also davon abhängig, welche Frequenzen in der vorliegenden Strahlung überwiegen.

Es leuchtet unter diesen Umständen sofort ein, warum Berkner und Marshall so sehr daran interessiert sein mußten, herauszufinden, wie stark die durch den Urey-Effekt veränderte Ur-Atmosphäre das von der Sonne kommende UV-Licht in seinen verschiedenen Wellenbereichen abgeschirmt hat (nichts anderes ist mit dem »Frequenzprofil« eines Filters gemeint). Denn wenn sie das herausbekommen konnten, dann waren sie bei der Ausarbeitung ihrer Theorie sofort einen entscheidenden Schritt weitergekommen. Sie wußten dann, welche der in den Ur-Meeren und der Atmosphäre angereicherten Großmoleküle von den in geringerer Dosierung noch immer durchdringenden UV-Frequenzen weiterhin am stärksten gefährdet waren. Und umgekehrt mußte es ebenso interessant sein zu erfahren, welche UV-Frequenzen am zuverlässigsten abgeschirmt wurden, da sich daraus sofort ablesen lassen würde, welche chemischen Verbindungen unter den Bedingungen dieser Entwicklungsphase die größten Chancen zur »Vermehrung«, also zur chemischen Anreicherung hatten, einfach deshalb, weil sie den wirksamsten Schutz genossen.

Man wird nachträglich vermuten dürfen, daß die beiden amerikanischen Forscher doch ein wenig Herzklopfen bekommen haben, als ihre Computer das Ergebnis schließlich auswarfen. Es zeigte sich nämlich, daß der durch den Urey-Effekt automatisch und unausweichlich erzeugte Sauerstoffgehalt in Höhe von 0,1 Prozent des heutigen Wertes zusammen mit den übrigen in der damaligen Atmosphäre herrschenden Bedingungen einen UV-Filter gebildet hatte, der den stärksten und zuverlässigsten Schutz in einem Wellenlängenbereich zwischen 2600 und 2800 Angström geboten hatte. Das aber ist nun kein beliebiger Wert mehr. Das sind Zahlen, die jedem modernen organischen Chemiker oder Biochemiker geläufig sind. Es ist exakt der Bereich, in dem Proteine (Eiweißkörper) und Nukleinsäuren (die im Zellkern den Bauplan eines Organismus, den »genetischen Code«, speichern) am strahlenempfindlichsten sind.

Man muß sich einmal klarmachen, was das bedeutet. An der Stelle der Geschichte, an der wir jetzt angelangt sind, liegt die Entstehung der Erde, ihre Erstarrung zu etwa ihrer heutigen Form, schon gut eine Milliarde Jahre zurück. Das Material, das zu ihrer Entstehung gedient hatte, stammte aus den Tiefen des Weltraums. Es bestand aus den

Konglomeraten einfacher anorganischer Verbindungen, die ihrerseits alle die Elemente enthielten, die es heute noch auf der Erde gibt. Diese Elemente selbst wieder waren die Abkömmlinge des Urelementes Wasserstoff, des ersten und leichtesten aller Elemente. Ihm gebührt die Rolle des Urstoffs deshalb, weil, nach allem was wir wissen, Wasserstoff das erste und einzige Element war, das aus dem Anfang des Big Bang hervorgegangen ist. Alles begann mit dem Wasserstoff, mit riesigen Wasserstoffwolken, die sich unter ihrem eigenen Gewicht zu Sternen der ersten Generation zusammenballten. Im Zentrum dieser Sonnen der ersten, längst vergangenen Sterngeneration wurden dann Schritt für Schritt in gewaltigen Zeiträumen alle schwereren Elemente durch atomare Fusion leichterer Atomkerne zusammengebacken. Die gewaltigen Katastrophen, mit denen ein Teil der alten Sterne schließlich in Supernova-Explosionen wieder zugrunde ging, gaben diese Elemente dann als feinen Staub wieder an den freien Weltraum ab.

Nach dem Big Bang vergingen zehn Milliarden Jahre, bis sich aus solchem Staub dann schließlich auch unsere Sonne mit ihren Planeten bildete, und damit auch unsere Erde, auf der wir heute bis zu einer Entwicklungsstufe gediehen sind, die uns die Möglichkeit gibt, uns den Kopf darüber zu zerbrechen, wie das alles gekommen ist. Nach der Entstehung der Erde wurden die Bedingungen für den weiteren Ablauf sofort sehr viel enger und spezieller. Es war jetzt ein Himmelskörper ganz bestimmter Masse, dessen dadurch festgelegte Gravitation die seine Oberfläche umgebende Gashülle mit einem ganz bestimmten Druck zusammenpreßte. Sein ebenso festliegender Abstand von der Sonne sowie deren Spektrum, Größe und Energieproduktion führten zu ganz speziellen Temperatur- und Strahlungsverhältnissen auf dem neuen Planeten. Entscheidend war auch die chemische Zusammensetzung der atmosphärischen Hülle, welche den Vulkanen seiner erkalteten Kruste entquoll: Soundso viel Wasserdampf, soundso viel Kohlendioxid, diese Menge Methan und jenes ganz bestimmte Quantum Ammoniak.

Alle diese Werte lagen fest. Sie waren die unabänderlichen Folgen der langen Geschichte, die bis dahin schon abgelaufen war. Eine nicht mehr rekonstruierbare Zahl von Zufällen hatte ihnen in diesem Augenblick diesen oder jenen Wert, diese eine ganz bestimmte Größenordnung zugemessen und keine andere. All das war selbsttätig geschehen, gesteuert nur von den sich aus dem atomaren Aufbau der beteiligten Materialien ergebenden Eigenschaften und den Naturgesetzen.

Und jetzt hatten alle diese vielfältig verschlungenen Ereignisketten, vollzogen von bewußtloser und toter Materie, gelenkt von Zufall und Naturgesetz, den Urey-Effekt in der irdischen Ur-Atmosphäre herbeigeführt. Und da ergab es sich plötzlich, daß alle die vielen Bedingungen, Zufälle und Einflüsse in ihrem nicht mehr zu analysierenden Zusammenwirken eine Zahl produziert hatten: 0,1 Prozent Sauerstoffgehalt (im Vergleich zum heutigen Wert), nicht mehr und nicht weniger. Eine Zahl, die im Zusammenwirken mit den besonderen Eigenschaften unserer Sonne (auch Fixsterne haben ihre unverwechselbaren, individuellen Eigenarten) bedeutete, daß auf der Erde nunmehr Bedingungen eingetreten waren, die eine eindeutige Begünstigung der beiden wichtigsten Bausteine alles späteren Lebens bedeuteten, der Eiweiße und der Nukleinsäuren. Es ist wichtig, dabei nicht zu vergessen, daß es diese beiden unentbehrlichen Lebensbausteine oder, wissenschaftlich gesprochen, »Biopolymere« in diesem erdgeschichtlichen Augenblick überhaupt noch nicht gab. Es existierten noch nicht einmal ihre unmittelbaren Vorläufer.

Man versteht, um es noch deutlicher auszudrücken, die hier geschilderte Phase des Ablaufs in ihrer vollen Bedeutung überhaupt erst dann, wenn man sich vor Augen hält, daß diese beiden fundamentalen Polymere, Eiweiße und Nukleinsäuren, bis zu diesem Augenblick nicht die geringste Chance hatten, jemals in ausreichender Menge zu entstehen. Sie sind so kompliziert gebaut, ihre Struktur ist gleichzeitig so hochspezifisch, daß ihre rein zufällige Anreicherung von mehr als astronomischer Unwahrscheinlichkeit gewesen wäre. Sie war undenkbar.

Hier haben wir ein konkretes Beispiel für die schon kurz erwähnte Paradoxie, mit der sich die Naturforscher bei der Untersuchung der Lebensvorgänge fortwährend konfrontiert sehen. Es ist gleichzeitig ein Beispiel für einen der typischen, bis zum Überdruß wiederholten Einwände all derer, die es von vornherein ablehnen, sich über Möglichkeiten einer naturwissenschaftlichen Erklärung der Lebensentstehung den Kopf zu zerbrechen. Ihre wahren Motive sind vielfältig. Meist ist es das von einer langen Tradition eingetrichterte Vorurteil, daß die Möglichkeit einer wissenschaftlich-kausalen Erklärung des Lebens und des Menschen das Konzept einer »Seele« im religiösen Sinne und darüber hinaus auch noch die Möglichkeit der Existenz eines Gottes und damit den Sinn von Religiosität überhaupt widerlegen würde.

Es ist eigenartig, wie viele Menschen es aus dieser kaum bewußten Befürchtung heraus (meist werden andere Gründe vorgeschoben) rundheraus ablehnen, sich mit den Tatsachen und Überlegungen überhaupt näher zu beschäftigen, deren angebliche »Geistlosigkeit«, Unzulänglichkeit und »materialistische Tendenz« sie gleichzeitig leidenschaftlich verurteilen. Ich habe bei unzähligen Gelegenheiten immer wieder die Erfahrung gemacht, daß die Menschen, die etwa den Darwinismus mit den genannten Argumenten ablehnten, das, was sie da attackierten, in Wirklichkeit überhaupt nicht genau genug kannten, um sich ein eigenes Urteil bilden zu können. In jedem Fall ergab sich, daß sie einfach ablehnende Vorurteile bereitwillig aufgegriffen und ohne eigene Begründung wiederholt hatten.

So legitim und verständlich die genannten Befürchtungen auch sein mögen, so eigenartig ist diese Reaktion. Man kann sich nur darüber wundern, daß sich diese Menschen nicht selbst die Frage vorlegen, was denn ein Geheimnis oder ein »Wunder« wert sein mag, das nur so lange ein Geheimnis bleibt, wie man es ablehnt, die Versuche zu seiner natürlichen Erklärung zur Kenntnis zu nehmen. Am erstaunlichsten ist dabei immer wieder die Selbstverständlichkeit, mit der so viele Menschen davon ausgehen, daß ein Naturphänomen, dessen wissenschaftliche Erklärung gelungen ist, von da ab keinen Anlaß mehr zum Staunen oder zur Bewunderung geben könne.

Ist nicht allein die Fülle der wechselseitigen Beziehungen und die unübersehbare Zahl der Naturerscheinungen, von denen wir ohne die jahrhundertelangen Anstrengungen unserer Wissenschaftler bis heute nichts ahnten, eine ständige Quelle des Staunens und der Bewunderung? Von den Ausmaßen des Kosmos und den Entwicklungsgesetzen der Sterne bis zur Struktur der Atome und der geheimnisvollen Beziehung zwischen Materie und Energie, von den Vorgängen im Zellkern, in denen der Bauplan eines lebenden Organismus gespeichert ist, bis zur Entdeckung der elektrischen Abläufe in unserem eigenen Gehirn – unerschöpflich ist die Zahl der Beispiele für bewundernswerte Naturerscheinungen, die uns allein als Resultate wissenschaftlicher Untersuchungen bekanntgeworden sind. Ungeachtet dieser Tatsachen wird eine erstaunlich hohe Zahl von Menschen nicht müde, die unsinnige Formel zu wiederholen, Wissenschaft entzaubere die Welt und entkleide sie des Wunderbaren. Das ganze staunenswerte Ausmaß dessen, was »Natur« überhaupt bedeutet, hat uns dabei doch allein die Wissenschaft erst aufgehen lassen.

Geradezu begierig stürzen sich diese ideologischen Gegner des naturwissenschaftlichen Denkens vor allem auf jedes Argument, das die wissenschaftliche Unerklärbarkeit irgendeines beliebigen Phänomens zu beweisen scheint. Die statistische Unmöglichkeit der rein zufälligen Entstehung belebter Strukturen ist ein beliebtes und bei dem augenblicklichen Stand der Wissenschaft auch aktuelles Beispiel. Tatsächlich ist es bei der außerordentlichen Spezifität des Aufbaus eines einzigen Eiweißmoleküls mit biologischer Funktion nicht möglich, sich seine Entstehung durch ein zufälliges Zusammentreffen der vielen einzelnen Atome, aus denen es sich zusammensetzt, die alle in der richtigen Reihenfolge, im richtigen Augenblick, an der richtigen Stelle und mit den richtigen elektrischen und mechanischen Eigenschaften aufeinandertreffen müßten, zu erklären.

Aber wie wir gesehen haben, hob eben die große Zahl der Zufälle in letzter Konsequenz dann das blinde Fortwirken des Zufalls an einem bestimmten Punkt auf. Trotz der außerordentlichen Unvollständigkeit und Vorläufigkeit des heutigen Standes unserer wissenschaftlichen Einsichten über den Ablauf der Geschichte, die ich hier nachzuerzählen versuche, entdecken wir an dieser Stelle des Ablaufs eine Konstellation, die uns blitzartig eine Ahnung davon verschafft, wie die Natur das große Paradoxon der Verbindung von Zufall und Entwicklung überwunden hat: In der schon geschilderten Art und Weise hatte sich auf der Erdoberfläche vor rund 4 Milliarden Jahren eine Situation eingestellt, welche ausgerechnet die Entstehung der beiden wichtigsten Lebensbausteine einseitig begünstigte und damit ihre zunehmende Ansammlung auf der Erdoberfläche geradezu provozierte.

Was soll man von dieser überraschenden Konsequenz des bisherigen Ablaufs der Ereignisse halten? Wie ist sie zu erklären? Ich glaube, daß es dafür grundsätzlich drei verschiedene Möglichkeiten gibt, die dem, was wir über diese Welt wissenschaftlich bisher erfahren haben, nicht widersprechen. Es bleibt damit jedem selbst überlassen, welche dieser Erklärungen ihm am plausibelsten erscheint. Ich will die drei Möglichkeiten jetzt der Reihe nach kurz anführen. Ich werde das so objektiv wie möglich tun, wobei ich aber schon jetzt darauf hinweisen möchte, daß ich unter ihnen einen Favoriten habe, dessen Wahl ich anschließend begründen werde.

Die erste Möglichkeit besteht darin, daß man sich damit begnügt, auch diese Konsequenz des rein zufälligen Ablaufs der Welt- und Erdgeschichte bis zu diesem Punkt für zufällig zu halten. So astronomisch unwahrscheinlich die Konstellation, die hier die Entstehung von Eiweiß und Nukleinsäuren als nahezu unvermeidlich erscheinen läßt, auch immer sein mag, das Universum ist so riesengroß, daß sich auch diese Möglichkeit nicht beweiskräftig ausschließen läßt. Die Zahl der Planeten im Weltall ist so ungeheuer groß, daß dieser Zufall sich nach 10 oder mehr Milliarden Jahren irgendwo im Kosmos schon einmal ereignen könnte. So überwältigend die statistischen Überlegungen gegen diese Annahme auch sprechen mögen, ein einzelnes Zufallsereignis läßt sich durch Statistik grundsätzlich nicht ausschließen.

Wenn es so sein sollte, liegen die Konsequenzen auf der Hand. Die Erde wäre dann mit nahezu absoluter Sicherheit der einzige belebte Himmelskörper in all den Milliarden Milchstraßensystemen mit ihren – pro Milchstraße – Hunderten von Milliarden Sonnen, die es im Weltall gibt. Denn der Zufall der Entstehung von Eiweiß und Nukleinsäuren wäre dann in solchem Maße unwahrscheinlich, daß er sich im ganzen Kosmos, so groß dieser auch ist, kaum ein zweitesmal wiederholt haben dürfte. Diese Schlußfolgerung ist denn auch gerade von Wissenschaftlern gelegentlich gezogen worden. Zwar kann uns die Vorstellung einer solch unausdenkbaren, unüberbietbaren Einsamkeit und Isoliertheit in den riesigen Tiefen des Kosmos kalt und beängstigend erscheinen. Aber das ist kein gewichtiger Einwand. Die Natur richtet sich nicht nach unseren Wünschen.

Daß die Geschichte der Entstehung der Erde in allen Einzelheiten ausgerechnet so verlaufen ist, daß die Entstehung der komplizierten Bausteine für lebende Organismen gewissermaßen zwangsläufig dabei herausspringen mußte, kann man sich zweitens selbstverständlich auch durch das unmittelbare Eingreifen einer übernatürlichen Kraft erklären. Man kann selbstverständlich davon ausgehen, daß diese so erstaunliche vorwegnehmende Anpassung der Bedingungen auf der Erdoberfläche an die Bedürfnisse des erst so viel später auftretenden Lebens nur dadurch zustande gekommen sein könne, daß ein außerhalb der Natur stehender allmächtiger Schöpfer die Absicht gehabt habe, auf der Erde Leben entstehen zu lassen. Niemand, auch kein Wissenschaftler, kann bestreiten, daß ein Gott die Macht hätte, die Entwicklung dann dieser seiner Absicht entsprechend zu beeinflussen.

So grundverschieden diese beiden Erklärungen sich auch ausnehmen, sie gehen dennoch beide von einer gemeinsamen Voraussetzung aus. Vorausgesetzt wird in beiden Fällen, daß die Polymere, deren Entstehung durch den Urey-Effekt und seine Konsequenzen unter den Bedingungen der Ur-Erde begünstigt wurde, die einzigen Bausteine sind, mit Hilfe derer das Leben später dann auf der Erde hätte Fuß fassen können. Das Problem, die ganze Paradoxie des Wendepunktes der Erdgeschichte, von dem hier so ausführlich die Rede ist, kommt doch einzig und allein dadurch zustande, daß wir bisher stillschweigend vorausgesetzt haben, Leben sei ohne die elementaren Bausteine Eiweiß und Nukleinsäuren nicht denkbar. Nur deshalb ist es doch so verblüffend, daß die Entwicklung unter allen denkbaren Möglichkeiten gerade den Verlauf nahm, der diese beiden Bausteine favorisierte und nicht irgendwelche anderen unter den fast beliebig vielen Atomkombinationen, die es außer ihnen noch gibt.

Nun ist uns Leben, das nicht auf Eiweiß aufgebaut ist, und das sich zu seiner Vermehrung nicht der Nukleinsäureverbindungen bedient, die den Bauplan der lebenden Struktur über die Generationen hinweg weiterreichen, unbekannt und unvorstellbar. Aber ist das etwa ein Einwand von ausreichendem Gewicht? Ist es nicht nur abermals ein Schulbeispiel für eine anthropozentrische Deutung der Situation? In dem Augenblick, in dem wir die letzte Frage bejahen, geht uns auf, daß es noch eine dritte Erklärung gibt.

Vielleicht ist die Besonderheit der erdgeschichtlichen Situation, die aus den Folgen des Urey-Effektes resultierte, gar nicht so unwahrscheinlich, gar nicht so »zielgerichtet«, wie wir es bisher angenommen hatten? Alle Probleme und Paradoxien lösen sich in dem Augenblick auf, in dem wir uns von der einseitigen Perspektive des anthropozentrischen Standpunktes lösen. In dem Augenblick, in dem wir uns von unserem »irdischen« Standpunkt trennen, der uns weismacht, daß Leben nur möglich sei, wenn Proteine und Nukleinsäuren als materielle Bausteine zur Verfügung stehen. Dann nämlich bietet sich unserem Verständnis plötzlich eine sehr naheliegende, sehr einfache Erklärung an, die dennoch bedeutsame Konsequenzen nach sich zieht.

Wir benötigen für diese Erklärung weder einen »gezielten« übernatürlichen Eingriff, noch die unbefriedigende Annahme eines zwar nicht beweiskräftig zu widerlegenden, dennoch aber extrem unwahrscheinlichen Zufalls. Die einfachste Erklärung besteht in der schlichten Annahme, daß auch in diesem Falle alles mit natürlichen Dingen zugegangen ist: Als die Entwicklung auf der Erde vor 4 Milliarden Jahren eine Situation hatte entstehen lassen, durch welche die Bildung von Eiweißen und Nukleinsäuren begünstigt wurde, da entstanden im weiteren Verlauf diese beiden Polymere unausbleiblich in überdurchschnittlicher Häufigkeit. Und als sich später dann das Leben auf der Erde entwickelte, da baute es auf diesen beiden Bausteinen einzig und allein deshalb auf, weil sie die beiden einzigen Molekülarten von ausreichender Kompliziertheit und damit Wandlungsfähigkeit waren, die in genügender Menge zur Verfügung standen.

An dieser Abfolge ist nichts mehr paradox oder unerklärlich, sobald wir die einzige zusätzliche Annahme machen, daß das Leben den gleichen Entwicklungsschritt auch mit einer ganzen Reihe anderer (ausreichend komplizierter und wandlungsfähiger) Moleküle hätte tun können. Diese Annahme ist unserer Vorstellung zwar ungewohnt. Aber sie ist weitaus plausibler und weniger gewaltsam als die Annahmen, die wir bei den beiden ersten Erklärungsversuchen hatten machen müssen.

Wenn wir das Problem von dieser Seite aus betrachten, entfällt die Notwendigkeit einer Erklärung, wie es kommen konnte, daß die Entwicklung auf der Oberfläche der Ur-Erde gerade den Verlauf nahm, welcher ausgerechnet zur Entstehung der »unentbehrlichen« Lebensbausteine Eiweiß und Nukleinsäuren führte. Daß und warum die Entwicklung diese beiden Moleküle hervorbrachte, haben wir ausführlich geschildert. Daran ist nichts geheimnisvoll oder paradox. Das Leben aber hat sich dieser beiden Bausteine eben deshalb bedient, weil andere nicht zur Verfügung standen.

Die bedeutsame Konsequenz dieser bei weitem befriedigendsten und plausibelsten Erklärung ergibt sich aus der Umkehrung unserer Schlußfolgerung. Sie besagt, daß sich die Erde offensichtlich nicht deshalb mit Leben überzogen hat, weil ausgerechnet und womöglich allein an dieser Stelle des Kosmos als Folge einer unwahrscheinlichen Verkettung von Zufällen jene besonderen, vielleicht einzigartigen Bedingungen erfüllt waren, die ein »lebensfreundliches Milieu« ausmachen. Leben gibt es auf der Erde vielmehr offenbar deshalb, weil das Phänomen »Leben« eine so universale Potenz hat, sich zu verwirklichen, daß eine biologische Evolution selbst unter den extremen und einzigartigen Bedingungen in Gang kommen konnte, wie sie auf der Ur-Erde herrschten, wo als Ausgangsbasis lediglich zwei geeignete Moleküle zur Verfügung standen, eben die Proteine und die Nukleinsäuren.

Bevor wir diesen Punkt endgültig verlassen können, muß noch kurz begründet werden, warum die zuletzt erläuterte Erklärung in den Augen eines Naturwissenschaftlers plausibler und befriedigender ist als die zweite Möglichkeit der Deutung des Zusammenhangs. Als Folge einer durch geistesgeschichtliche Zufälle verursachten und seit Jahrhunderten andauernden Einseitigkeit unseres Bildungsideals befindet sich unsere Gesellschaft heute in einem Bewußtseinszustand, der andern-

falls auch bei dieser Gelegenheit wiederum ein Mißverständnis befürchten läßt, mit dem sich auf Schritt und Tritt herumschlagen muß, wer sich bei uns in dem Grenzgebiet zwischen Wissenschaft und Naturphilosophie bewegt.
Deshalb sei hier ausdrücklich ausgesprochen, was eigentlich selbstverständlich ist: Die letzte Erklärung ist der an zweiter Stelle genannten Möglichkeit in den Augen eines Naturwissenschaftlers nicht etwa deshalb überlegen, weil sie ihm erlaubte, den Gedanken an die Existenz eines Gottes und Weltschöpfers auszuschließen. Natürlich gibt es viele Naturwissenschaftler, die nicht an Gott glauben. Es dürfte aber schwer sein, zu beweisen, daß ihre Zahl größer ist als die der ungläubigen Altphilologen oder Mittelschüler.
Die letzte Erklärung ist naturwissenschaftlich einfach deshalb befriedigender, weil sie ohne übernatürliche (und daher unbeweisbare) Fakten auskommt. Naturwissenschaft in nun einmal der Versuch, wie weit man beim Verständnis der Welt und der Natur kommen kann, wenn man zur Erklärung nur greifbare, meßbare und objektivierbare Vorgänge und Einflüsse heranzieht.
Damit aber ist – auch in den Augen eines Naturwissenschaftlers – nichts darüber ausgesagt, ob es hinter diesen Vorgängen und Einflüssen vielleicht jenseits des Natürlichen gelegene Wirklichkeiten gibt, etwa einen Gott, der alle natürlichen Erscheinungen erst ermöglicht und der auch die Gesetze begründet, nach denen wir sie ablaufen sehen.
Noch ein dritter Grund läßt sich für die letztgenannte Erklärung anführen. Wenn man an einen als allmächtig vorgestellten Schöpfer der Welt glaubt, sollte man nicht davon ausgehen, daß dieser darauf angewiesen sei zu »mogeln«. Anders gesagt: Es scheint mir mit der religiösen Überzeugung von der Allmacht des Weltschöpfers schlecht verträglich zu sein, wenn man meint, die von diesem Schöpfer geschaffene Welt sei so unvollkommen, daß sie auf sein fortwährendes Eingreifen angewiesen sei, um funktionieren zu können. Niemand kann heute mehr bezweifeln, daß Sterne, Erde und Atome nach einsichtigen Gesetzen und im Verlaufe einer natürlichen Entwicklung entstanden sind. Müßte es nicht gerade in den Augen eines Gläubigen eigentlich wie ein Konstruktionsfehler dieser Welt erscheinen, wenn die Schöpfung über dieses Stadium ihrer Entwicklung nicht ohne nochmaligen Anstoß »von außen« hätte hinausgelangen können?
Wir neigen immer dazu, die unbelebte, anorganische Natur für einfacher, leichter verständlich und weniger geheimnisvoll zu halten als

den Bereich des Lebendigen. Unserer naiven Betrachtung stellt sich die Welt immer als eine Art Bühne dar, auf der die Menschheit, umgeben von der Statisterie der übrigen belebten Natur, das Drama ihrer Historie aufführt. Wer wollte da nicht meinen, daß die Bühne von geringerem Interesse sein müsse als die Darsteller? Wer würde bezweifeln, daß die Mechanik der Kulissen primitiver und leichter zu durchschauen sei als das Seelenleben derer, deren Aktionen die eigentliche Handlung bilden?

Aber das Bild ist falsch. Es gibt die Wirklichkeit unserer Stellung in der Natur verkehrt wieder. Je tiefer die Wissenschaft in die Natur eindringt, um so deutlicher zeigt sich, wie schlecht die scheinbar so naheliegende Metapher von Bühne und handelnden Akteuren ist. Je mehr unser Wissen über die Natur zunimmt, um so eindrucksvoller werden wir darüber belehrt, daß das, was wir für die passive Bühne gehalten haben, in seiner Struktur und seinen Funktionen nicht weniger kompliziert organisiert ist als wir selbst. Die Eigenschaften der Elementarteilchen und die Gesetze, unter deren Einfluß sie all das hervorbringen, was unsere Welt ausmacht, einschließlich unseres eigenen Körpers, sind ebenso geheimnisvoll und ebenso schwer zu erforschen wie der Aufbau einer lebenden Zelle.

Aber nicht nur das. Auch in anderer Hinsicht müssen wir uns an eine neue Perspektive gewöhnen, an eine andere Verteilung der Gewichte. Wie zu Anfang dieses Buches erwähnt, ist eines seiner Leitmotive die Einsicht, daß die Entscheidungen über die spezifischen Formen des Lebendigen nicht nur, sondern auch über vieles, was uns als charakteristisch für unser eigenes, menschliches Wesen erscheint, sehr viel früher gefallen sind, als wir es bis heute glaubten. Wir haben den Einfluß der Entwicklung, die über Jahrmilliarden hinweg Leben und schließlich auch Bewußtsein hervorgebracht hat, auf das von ihr Hervorgebrachte in einem unglaublichen Ausmaß unterschätzt. Wir müssen erst lernen, uns als das Ergebnis dieser Entwicklung zu sehen. Ihre Gesetze und ihr historischer Ablauf bilden die Form, die uns und unsere Welt geprägt hat bis in die letzten Einzelheiten.

Einen ebenso unerwarteten wie überzeugenden Beleg für diese Auffassung haben wir soeben kennengelernt. Das Urteil, das wir uns hinsichtlich der Konsequenzen des Urey-Effektes in der Ur-Atmosphäre gebildet haben, läuft auf nichts anderes hinaus als auf die Tatsache, daß die Ur-Atmosphäre schon Hunderte von Jahrmillionen, bevor die biologische Evolution einsetzte, durch ihre bloße Zusammensetzung darüber entschieden hat, aus welchen Bausteinen das zukünftige Leben entstehen würde. Die zufälligen physikalischen Bedingungen (die chemische Zusammensetzung, die der Atmosphäre als Folge ihrer vulkanischen Abstammung zukam, und die beschriebene Wechselwirkung zwischen der Photodissoziation und dem durch diesen Prozeß freigesetzten Sauerstoff) wählten unter den offenbar sehr vielen in Frage kommenden Molekülen die beiden uns heute allein bekannten einfach dadurch aus, daß sie die Entstehungschancen aller anderen Polymere drastisch reduzierten.

Auf ein weiteres eindrucksvolles Beispiel für diese Zusammenhänge werden wir gleich stoßen, wenn wir uns zum Abschluß dieses Kapitels noch kurz auf die anderen Funktionen besinnen, welche die Erdatmosphäre erfüllt. Es ist erstaunlich, wie groß die Zahl der Aufgaben ist, welche die relativ so hauchdünne Gashülle unseres Planeten löst. Im Verhältnis zu der Einfachheit ihrer Zusammensetzung und ihrer physikalischen Eigenschaften wird sie an Vielseitigkeit nicht so leicht von irgendeinem anderen Bestandteil unserer Umwelt übertroffen.

Ohne Atmosphäre wäre die Erde nicht nur deshalb für uns unbewohnbar, weil nur sie den fortwährenden Austausch von Sauerstoff und Kohlendioxid zwischen uns und allen Mitgliedern des Reiches der Tiere einerseits und den Pflanzen andererseits ermöglicht. Dieser Kreislauf liefert uns in Gestalt von Sauerstoff die Energiequelle, die wir und ebenso alle heute existierenden tierischen Lebensformen zur Inganghaltung des körpereigenen Stoffwechsels benötigen. Unbewohnbar wäre eine atmosphärelose Erde für Leben in der uns bekannten Form noch aus einer Reihe anderer Gründe.

Schon ausführlich erörtert haben wir die Bedeutung der Atmosphäre als UV-Filter. Die seit einigen Jahren mögliche Untersuchung der Zusammensetzung der Sonnenstrahlung durch Raketen außerhalb der abschirmenden Atmosphäre hat gezeigt, daß die Energie, welche die Sonne im ultravioletten Frequenzbereich abstrahlt, vollkommen ausreichen würde, um alles Leben auf der Erde zu vernichten. Ohne den atmosphärischen Sauerstoff-Filter würde die Sonne die Erdoberfläche daher genauso wirkungsvoll sterilisieren, wie man das in einem Operationssaal mit einer starken Ultraviolettlampe erreichen kann.

Die Bilder, welche die bisherigen planetarischen Sonden von der Marsoberfläche zurückgebracht haben, sind eine deutliche Erinnerung daran, wie unentbehrlich eine ausreichend dichte atmosphärische Hülle als Schutz gegen Meteortreffer ist. Die Astronomen nehmen heute an, daß die Oberfläche aller in Größe und Dichte unserer Erde ähnlichen, aber atmosphärelosen Mitglieder unseres Sonnensystems in der gleichen Weise durch Meteoritentreffer gezeichnet sind. Außer für unseren Mond und den Mars würde das also für Merkur und Pluto gelten und ebenso wahrscheinlich für die meisten der 29 Monde, welche die großen Planeten Jupiter, Saturn, Uranus und Neptun umkreisen.

Ungeachtet ihres luftigen Charakters bildet unsere Atmosphäre auch gegen massive meteoritische Brocken einen äußerst wirksamen Schutzschild, weil die kosmischen Geschosse aufgrund ihrer hohen Eintrittsgeschwindigkeiten durch Luftreibung bekanntlich so stark aufgeheizt werden, daß sie bis auf seltene Ausnahmen schon hoch über dem Erdboden verglühen.

Unsere Atmosphäre ist (neben den Weltmeeren) ferner die wirksamste Klimaanlage der Erde. Sie wirkt einmal wie ein gewaltiger Wärmepuffer, der einen Großteil der tagsüber von der Sonne eingestrahlten Wärme für die Dauer der nächtlichen Dunkelheit speichern kann. Ohne diesen Effekt wären die Temperaturdifferenzen zwischen der Tag- und der Nachtseite der Erde ähnlich kraß wie auf dem Mond. Aber die Atmosphäre transportiert die Wärme auch auf der Oberfläche hin und her. Die in ihr ablaufenden thermischen Strömungen oder »Winde« sorgen so für einen ständigen Ausgleich zwischen allzu krassen Temperaturunterschieden in verschiedenen Regionen der Erde. Diese thermischen Strömungen transportieren aber außerdem auch noch gewaltige Wassermengen, den unter der Einwirkung der Sonnenstrahlung aus den Ozeanen und feuchtem Erdreich aufsteigenden Wasserdampf über weite Strecken, um ihn an anderer Stelle herabregnen zu lassen. Ohne Atmosphäre gäbe es keinen Regen, kein Wetter überhaupt.

Wind und Wetter sind aber wiederum die wichtigsten Ursachen der Erosion, der Verwitterungsvorgänge. Aus der Perspektive des Alltags sehen wir die Verwitterung immer nur als einen Verfallsprozeß, der unvermeidlich ist, obwohl er nur Nachteile mit sich bringt. Ohne die seit Jahrmillionen andauernde Arbeit aber, welche die Erosion an der Erdoberfläche leistet, bestände diese noch heute wie im Augenblick ihrer Erkaltung vor 4 bis 5 Milliarden Jahren aus nacktem vulkanischen Fels. Allenfalls wären dessen alleroberste Schichten durch die erodierende Wirkung des äonenlangen Bombardements mit Kleinstmeteoriten zu feinem Staub zermahlen worden, wie wir es vom Mond her kennen. Erde aber, Sand, Lehm und all die anderen Bodenarten, welche die Erde erst zu einem fruchtbaren, lebentragenden Himmelskörper haben werden lassen, sind das Produkt von Wind und Wetter, sind ebenfalls nur denkbar als Folge einer Atmosphäre und ihrer dynamischen Eigenschaften.

Wenn man in dieser Weise einmal zusammenstellt, was die Erdatmosphäre alles zu dem beiträgt, was wir als die uns alltäglich gewohnte Umwelt kennen, dann ergibt sich also eine eindrucksvolle und erstaunlich umfangreiche Liste. Wir müssen diese Liste jetzt abschließend noch um einen entscheidenden Tatbestand ganz anderer Art erweitern, der mit unserem alltäglichen Erleben noch sehr viel unmittelbarer und »hautnäher« zusammenhängt. Gerade deshalb aber müssen wir an dieser Stelle auch ein wenig ausholen und einen kleinen Umweg einschlagen. Denn das, was uns aus eigener alltäglicher Erfahrung gewohnt ist, bietet sich uns nur unter einem ungewohnten Blickwinkel noch in der Distanz, die wir brauchen, wenn wir seine Besonderheit erkennen wollen. In diesem Falle handelt es sich um die für die meisten von uns sicher überraschende Tatsache, daß die Erdatmosphäre in ihrer besonderen Zusammensetzung auch die Maßstäbe für unser ästhetisches Erleben vorausbestimmt hat.

Warum das so ist, das leuchtet am ehesten ein, wenn wir von einem Beispiel neueren Datums ausgehen, das uns die moderne Raumforschung geliefert hat. Ich meine die als Problem noch gar nicht richtig erkannte Tatsache, daß wir bis heute nicht wissen, welche Farbe die Mondoberfläche eigentlich hat.

Diese Feststellung gilt bezeichnenderweise, obwohl der Mond in den letzten Jahren nicht nur ungezählte Male von den verschiedensten unbemannten Sonden aus farbig fotografiert worden ist, sondern außerdem auch wiederholt von Menschen in Augenschein genommen wurde. Hier allerdings ist die, wie wir noch sehen werden, keineswegs triviale Einschränkung zu machen, daß diese »Inaugenscheinnahme« der Mondoberfläche so direkt nun auch wieder nicht erfolgen konnte. Auf die atmosphärelose Oberfläche unseres Trabanten prallt die Sonnenstrahlung mit solcher Gewalt, daß ihr Anblick für das ungeschützte Auge nicht erträglich ist.

Die Astronauten werden dagegen durch Sonnenfilter geschützt, die in ihre Raumhelme eingebaut sind. Auch die Helligkeitsempfindlichkeit der Filme, mit denen die Mondoberfläche fotografiert wurde, mußte drastisch reduziert werden. Beide Maßnahmen aber wirken sich, je nach der verwendeten Methode und je nach dem Grade der Empfind-

lichkeitsminderung auf unterschiedliche Weise auch auf die Farbwiedergabe aus.
Das Resultat dieser ganz unvermeidlichen »Indirektheit«, mit der wir den Mond allein betrachten können, ist uns allen bekannt. Hatten wir angesichts einer Serie von Farbfotos in einer Zeitschrift eben noch den Eindruck gewonnen, das Mondgestein sei blaugrünlich gefärbt, so kann uns schon die nächste Veröffentlichung wieder unsicher machen. Auf ihr erweist sich das gleiche Objekt mit einem Male vielleicht ockerfarben oder weißlichgrau.
Bezeichnenderweise sind wir um keinen Deut besser daran, wenn wir uns, um uns endlich Klarheit zu verschaffen, daraufhin den Protokollen zuwenden, in denen die mündlichen Beschreibungen der Astronauten festgehalten sind. Da schildert der eine als »grünlich wie ein Käse« was der andere blaugrau nennt und wieder ein anderer gelblichweiß. Unmöglich zu sagen, wieviel von diesen Unterschieden des Farberlebens in der nichtirdischen Umgebung auf das Konto der Lichtfilter geht und welcher Anteil auf subjektive Unterschiede des Erlebens von Farben, die in fremdartiger Beleuchtung ohne den Vergleich mit den gewohnten Umgebungsfarben beurteilt werden müssen.
Bis zu diesem Punkt aber haben wir das eigentliche Problem noch immer nicht erfaßt. Noch immer ist es uns trotz aller dieser kleinen Ungereimtheiten gänzlich unzweifelhaft, daß die Oberfläche des Mondes objektiv ein »wirkliches« Aussehen, eine »wirkliche« Farbe haben müsse. Aus den geschilderten Gründen gibt es für uns in dieser Hinsicht zwar heute immer noch kleine Diskrepanzen. Grundsätzlich aber müßten sich diese doch, so glauben wir noch immer, beheben lassen. Grundsätzlich müßte es möglich sein, die »richtige« Farbe des Mondgesteins objektiv festzustellen.
Wie aber soll man diese »wirkliche« Farbe eigentlich ermitteln oder definieren? Welcher Film wäre der »richtige«, welches Filter gäbe diese Farbe dem menschlichen Auge, das den ungeschützten Anblick nicht erträgt, unverfälscht wieder? Daß hier ein viel grundsätzlicheres Problem vorliegt, geht uns spätestens in dem Augenblick auf, in dem wir zur Lösung aller Schwierigkeiten endlich auf den scheinbar so naheliegenden Einfall kommen, einfach einen der vom Mond zurückgebrachten Steine hier unten auf der Erde zu betrachten.
Wer über diese Möglichkeit aber einen Moment nachdenkt, muß verblüfft zugeben, daß auch damit nichts gewonnen ist. Zwar können wir jetzt den Mondstein endlich mit ungeschütztem Auge direkt betrach-

ten. Hier auf der Erde aber sehen wir ihn im Licht einer Sonne, die durch unsere Atmosphäre gefiltert worden ist, unter Verhältnissen also, die sich von der natürlichen Umgebung des Steins auf dem Monde radikal unterscheiden. Denn durch die Atmsophäre werden bestimmte Wellenlängen des Lichts in unterschiedlicher Stärke abgefiltert, Wellenlängen, die der gleiche Stein unter atmosphärelosen Mondbedingungen ebenfalls reflektieren würde und die in seiner natürlichen Umgebung daher ebenfalls zu seinem Aussehen »gehören«.

Ich will es kurz machen: Wenn wir das Problem konsequent durchdenken, stoßen wir auf die gänzlich unerwartete Einsicht, daß wir niemals wissen werden, wie ein Mondstein »wirklich« aussieht. Der letzte Grund für diese Unmöglichkeit besteht darin, daß unsere Augen sich im Verlaufe der Hunderte von Millionen Jahren ihrer Entstehung so optimal, damit aber auch so eng an die auf der Erdoberfläche herrschenden Lichtverhältnisse angepaßt haben, daß sie nur unter irdischen Bedingungen »gültige Bilder« liefern.

Was das bedeutet, kann man sich mit einem kleinen Selbstversuch leicht vor Augen führen. Bei fast keinem Menschen ist die Farbskala, in welcher Augen und Gehirn die verschiedenen elektromagnetischen Wellen des sichtbaren Lichts für unser Erleben übersetzen, in beiden Augen exakt gleich »geeicht«. Man braucht nur ein gewöhnliches Blatt weißes Papier bei ausreichender Beleuchtung abwechselnd erst mit dem einen und dann mit dem anderen Auge zu betrachten, um sich davon zu überzeugen. Wenn man einmal genau darauf achtet, wird man bei dem Versuch feststellen, daß das gleiche Papier mit dem einen Auge anders (vielleicht eine Spur rötlich) getönt erscheint als mit dem anderen (das es vielleicht eine Spur bläulicher erscheinen läßt). Man kann sich dann lange und gänzlich fruchtlos den Kopf darüber zerbrechen, welches der beiden Augen die »wirkliche« Tönung des Papiers nun wohl »richtig« wiedergibt.

Daß diese Frage unbeantwortbar ist, rührt daher, daß es die Farben, und daß es insbesondere den Begriff »weiß« nur in unserer Wahrnehmung gibt. Daß die Mischung aller Farben des Regenbogens zusammen den Eindruck »weiß«, also das Erleben von »Nichtfarbe« auslösen, kommt daher, daß unsere Augen sich im Verlaufe ihrer Entstehung gewissermaßen dafür »entschieden« haben, die vom Licht der Sonne unter den Bedingungen unserer Atmosphäre erzeugte durchschnittliche Beleuchtung auf der Erdoberfläche als »farblich neutral« zu interpretieren. Das Ganze läuft auf so etwas wie die Festlegung eines Null-Punktes hinaus. Biologisch ist das außerordentlich zweckmäßig. Es bedeutet, daß als »Farbe« und damit als zusätzliche Information über die Umgebung nur gemeldet wird, was von dieser Durchschnittsbeleuchtung abweicht. Zweckmäßig aber ist das natürlich nur so lange, wie sich die Umweltbedingungen nicht ändern. Schon auf dem Monde, im Lichte noch der gleichen Sonne, das hier aber nicht durch das Filter der Erdatmosphäre in ihrer historisch-zufälligen Zusammensetzung beeinflußt wird, stimmt der Null-Punkt unseres optischen Wahrnehmungssystems nicht mehr.

Alle diese Überlegungen zeigen, daß unser Farberleben zusammen mit all den gefühlsmäßigen und ästhetisch-wertenden Reaktionen, die für uns untrennbar mit dem Erleben von Farbe verbunden sind, auf indirekte Weise die Besonderheiten der unverwechselbaren Zusammensetzung unserer Atmosphäre widerspiegelt. Genauer genommen müßte man sagen, daß unser Sehvermögen durch die optischen Bedingungen geprägt worden ist, welche auf der Erdoberfläche aufgrund der besonderen spektralen Zusammensetzung des Sonnenlichts und der atmosphärischen Filterwirkung herrschen.

Wenn wir uns an dieser Stelle jetzt noch einmal an unsere Überlegungen über das Aussehen von Mondgestein erinnern, dann können wir nunmehr noch einen Schritt weiter gehen: Wir werden nicht nur niemals wissen, wie ein Mondstein »wirklich« aussieht. Das, was wir an diesem Beispiel gelernt haben, gilt nicht nur für außerirdische Objekte. Wir wissen tatsächlich nicht einmal, wie wir selbst »in Wirklichkeit« aussehen. Das einzige, was wir kennen und jemals kennen werden, ist unser Aussehen im Lichte eines Fixsterns vom Spektraltyp G 2 V, dessen Helligkeitsmaximum im gelben Bereich des Spektrums liegt und der uns aus einer Entfernung von 150 Millionen Kilometern durch das Filter der Atmosphäre hindurch beleuchtet (12).

Über die Beziehungen zwischen dem »sichtbaren« Licht und der Atmosphäre unserer Erde abschließend noch eine letzte Bemerkung. Der bei weitem größte Teil aller Wellenlängen der von der Sonne ausgehenden Strahlung bleibt in der Gashülle unseres Planeten stecken. Die kurzwellige Strahlung unserer Sonne, ihre Energieproduktion im Gamma- und Röntgenstrahlenbereich, kennen wir aus diesem Grunde überhaupt erst genauer, seit uns die moderne Raketentechnik die Möglichkeit zu Untersuchungen oberhalb unserer Atmosphäre gegeben hat.

Aber auch im langwelligen Teil des Spektrums wird die Sonnenstrahlung zum größten Teil abgehalten. Daß das wirksamste Filter für die an den Spektralbereich des sichtbaren Lichtes anschließende Wärmestrahlung durch den Wasserdampf in unserer Atmosphäre gebildet wird, ist wieder aus der Alltagserfahrung geläufig: Wolken halten die von der Sonne kommende Wärme spürbar stärker ab als die von ihr kommende »Helligkeit«. Hier, im langwelligen Bereich, gibt es aber auch eine Ausnahme, ein »Fenster«, das in der Atmosphäre für Strahlen außerhalb des sichtbaren Bereiches offensteht. Diese Ausnahme betrifft ultrakurze Radiowellen. Sie durchdringen unsere Atmosphäre ungehindert, und zwar auch den in ihr enthaltenden Wasserdampf. Das ist der Grund, aus dem es möglich ist, radioastronomische Untersuchungen in diesem Wellenlängenbereich auch bei wolkenverhangenem Himmel ungestört durchzuführen.

Von dieser einen Ausnahme abgesehen ist das so erstaunlich schmale Bündel des »sichtbaren« Lichts der einzige Teil des ganzen Sonnenspektrums, der durch die Atmosphäre hindurch bis auf die Erdoberfläche vordringen kann. Dieser Satz ist unbestreitbar richtig. Und dennoch stellt er in dieser Formulierung die tatsächliche Situation auf den Kopf. Selbstverständlich müßte man hier eigentlich genau umgekehrt formulieren: Es ist nicht so, daß »ausgerechnet« der sichtbare Ausschnitt des Sonnenspektrums unsere Atmosphäre durchstrahlen kann. Natürlich ist es genau umgekehrt so, daß der vergleichsweise winzige Ausschnitt aus dem breiten Frequenzbereich der Sonnenstrahlung, der zufällig in der Lage ist, die irdische Atmosphäre zu durchdringen, eben aus diesem Grunde für uns zum sichtbaren Bereich dieses Spektrums, zu »Licht« geworden ist.

In diesem einen Fall haben wir die seltsame Janusköpfigkeit der vielen »Zufälle«, von denen es in der Vorgeschichte des irdischen Lebens so wimmelt, ausnahmsweise einmal so deutlich vor Augen, daß wir auf die einzig richtige Deutung des Sachverhaltes mit der Nase gestoßen werden. In diesem Falle würde wohl niemand auf den abstrus erscheinenden Gedanken verfallen, über den ganz ungeheuerlichen Zufall in Verwunderung zu geraten, daß die Erdatmosphäre ausgerechnet die Zusammensetzung aufweist, welche fast ausschließlich das für uns sichtbare Sonnenlicht hindurchläßt. Niemand wird hier auch das Bedürfnis verspüren, die unwahrscheinliche Zufälligkeit einer so zweckmäßigen Fügung durch übernatürliche Einwirkungen oder überhaupt durch eine zusätzliche hypothetische Konstruktion erklären zu müssen.

Auch hier gilt wieder, daß man das Wunder da suchen muß, wo es ist. Auch hier besteht es darin, daß das Leben es fertiggebracht hat, sich in den speziellen Bedingungen einzurichten, die hier auf der Erde schon seit Hunderten von Jahrmillionen feststanden, bevor sein erster Keim auftauchte.

Nur ein winzig schmales Band aus dem ganzen Bereich des Sonnenspektrums kann die Atmosphäre durchdringen. Daher hat das Leben – ungezählte Jahrmillionen später – diesen Anteil der Sonnenstrahlung dazu benutzt, um seinen Geschöpfen orientierende optische Informationen über ihre Umgebung zu liefern. So entstand das »Sehen«.

Nachträglich dürfen wir dieses Beispiel schließlich wohl auch als eine weitere Bestätigung dafür ansehen, daß die Deutung, für die wir uns im Falle der Auswirkungen des Urey-Effektes entschieden hatten, tatsächlich die plausibelste ist. Wer sich darüber wundert, daß dieser Effekt »ausgerechnet« Eiweiße und Nukleinsäuren begünstigt hat, sieht die Dinge eben auch nur aus der verkehrten Perspektive.

Zweiter Teil
Die Entstehung des Lebens

4. Fiel das Leben vom Himmel?

Es ist durchaus diskutabel, daß alles irdische Leben himmlischer Herkunft sein könnte. Das ist in diesem Falle nicht im Sinne einer metaphysischen Erklärung der Entstehung des Lebens auf der Erde gemeint, sondern ganz wörtlich. Die Möglichkeit, daß das Leben hier auf der Erde einen Ableger nichtirdischer Lebensformen darstellen könnte, wird von Wissenschaftlern der NASA, der amerikanischen Raumfahrtbehörde, seit einigen Jahren ganz ernsthaft diskutiert.
An dieser Stelle muß gleich einem weiteren Mißverständnis vorgebeugt werden. So wenig hier an eine metaphysische Erklärung gedacht ist, so wenig soll hier den unhaltbaren Phantastereien cleverer Bestseller-Produzenten vom Schlage eines Charroux oder seines noch geschickteren Plagiators Däniken das Wort geredet werden. So attraktiv sich die »Theorie« von einer frühgeschichtlichen Kreuzung unserer Urahnen mit außerirdischen Raumfahrern in einem Unterhaltungsroman ausnehmen mag, so ist es doch unmöglich, derartige Hirngespinste ernst zu nehmen (13). Ganz abgesehen von allen biologischen Widersprüchen würden derartige Spekulationen an dieser Stelle unseres Buches zu der Frage, wie das Leben auf der Erde entstanden ist, nicht einmal etwas beitragen können. Sie setzen das Vorhandensein wenigstens primitiver Urmenschen ja bereits voraus.
Der Gedanke, daß das Leben vom Himmel, genauer: aus den Tiefen des Weltraums stammen könnte, bekam vielmehr durch Ballon- und Raketenversuche neue Aktualität, die vor einigen Jahren von amerikanischen Mikrobiologen durchgeführt wurden. Auftraggeber war die NASA, die unter anderem die Verantwortung dafür zu tragen hat, daß die von ihr veranstalteten Raumfahrtexperimente keine »interplanetare Kontamination« mit bakteriellen Keimen oder anderen Mikroorganismen zur Folge haben.

Die Gefahr, die durch eine solche interplanetare »Keimverschleppung« heraufbeschworen werden könnte, trägt ein doppeltes Gesicht. Eine zurückkehrende Rakete oder planetare Sonde, die während ihrer Mission auf einem anderen Himmelskörper, etwa dem Mars, weich zwischengelandet war, könnte von dort mikroskopisch kleine Organismen mitgebracht haben, wenn es auf dem fremden Planeten eigenständige Lebensformen gibt.

Die Wahrscheinlichkeit, daß diese Mikroorganismen auf der Erde eine Seuche auslösen könnten, ist denkbar gering. Angesichts der Möglichkeit einer Infektion irdischer Lebensformen durch außerirdische Krankheitserreger gilt grundsätzlich ein ähnlicher Einwand wie der, welcher auch die These Dänikens von einer Kreuzung zwischen verschiedenen planetaren Rassen ad absurdum führt. Gerade wegen seiner nichtirdischen Andersartigkeit könnte der extraterrestrische Keim irdisches Leben kaum bedrohen. Er könnte in dem ihm so fremden irdischen Organismus, sei es nun ein Tier oder eine Pflanze, vermutlich nicht Fuß fassen und sich vermehren. Das aber wäre die Voraussetzung für eine sich infektiös ausbreitende Seuche.

Immerhin, was bei höheren Lebensformen gänzlich ausgeschlossen ist – eine Kreuzung zwischen fremden Arten – das ist, wie unter anderem die außerordentlich flexible Anpassungsfähigkeit irdischer Virusarten lehrt, im Falle eines Mikroorganismus allenfalls äußerst unwahrscheinlich. So klein das Risiko aber ist, so ernst muß es von den Verantwortlichen genommen werden, denn die Folgen einer Infektion durch einen außerirdischen Keim wären voraussichtlich furchtbar.

Die Tatsache, daß es auf der Erde heute noch Menschen, Tiere und Pflanzen gibt, obwohl es in unserer Umwelt von unzähligen mikroskopischen Krankheitserregern wimmelt, ist allein auf den Umstand zurückzuführen, daß alle höheren Lebewesen längst Abwehrsysteme (die Fähigkeit zu Immunitäts-Reaktionen) entwickelt haben, mit denen sie sich gegen alle in Frage kommenden Keime schützen können. Für ein nichtirdisches Virus aber, das hier Fuß fassen könnte, würden die irdischen Lebensformen einen Nährboden darstellen, der den eindringenden Erregern völlig wehrlos ausgeliefert wäre. Die großen Seuchen des Mittelalters, Pest und Cholera, wären ein Kinderspiel gegen das, was sich in einem solchen Fall abspielen würde.

Diese wenn auch noch so unwahrscheinliche Möglichkeit ist es bekanntlich, welche die NASA dazu veranlaßte, selbst die vom Mond zurückkehrenden Astronauten nach den ersten Flügen noch wochenlang in strenge Quarantäne zu stecken, obwohl es von vornherein so gut wie ausgeschlossen war, daß es auf dem Mond Mikroben geben könnte. Bei den bevorstehenden Mars-Flügen werden die Vorsichtsmaßnahmen ganz sicher noch sehr viel rigoroser ausfallen.

Der zweite Apsekt einer interplanetaren Keimverschleppung ist die sehr viel ernster zu nehmende Gefahr einer Verseuchung außerirdischer Lebensräume mit irdischen Mikroorganismen. Ernster zu nehmen ist diese Gefahr ganz einfach deshalb, weil in diesem Falle feststeht, daß die Erreger, die verschleppt werden könnten, tatsächlich existieren. Angesichts dieser Möglichkeit besteht die einzige Ungewißheit nur darin, daß wir im voraus nicht wissen können, ob die Plätze, zu deren Erkundung wir unsere interplanetaren Sonden abschießen, von fremden Lebensformen besiedelt sind oder nicht. Sollte das der Fall sein, so liefen sie Gefahr, von den auf unseren Sonden unsichtbar mitreisenden Mikroben aus den gleichen Gründen dezimiert zu werden, aus denen wir im Falle einer Verschleppung in umgekehrter Richtung bedroht wären.

Auch dieses Risiko wird niemand auf die leichte Schulter nehmen. Wer sich hier auf den zynischen Standpunkt stellen sollte, daß die Gefahr in diesem Falle ja nicht uns selbst beträfe, übersieht zumindest, daß es kaum im Interesse der Weltraumforschung liegen könnte, die Lebensformen, nach denen man in den kommenden Jahren mit so ungeheurem Aufwand suchen wird, schon beim ersten Zusammentreffen zu vernichten.

Aber selbst dann, wenn es um die Erforschung mit Sicherheit unbelebter Planeten geht, ist eine sorgfältige Sterilisation der benutzten Flugkörper unbedingt notwendig. Ich erinnere hier noch einmal an das Beispiel der Venus und die Gründe, die dafür sprechen, daß dieser Nachbarplanet sich heute in einer gleichsam embryonalen Entwicklungsphase befinden könnte. Die Untersuchung eines solchen »präbiotischen« planetarischen Milieus wäre für die Wissenschaft und für unser aller Selbstverständnis von gar nicht zu überschätzender Bedeutung. Sie gäbe uns die Möglichkeit, die Bedingungen konkret kennenzulernen, die zur Entstehung von Leben führen können, und die Entwicklung dahin mitzuverfolgen.

Wir hätten dabei die einmalige Chance, durch Beobachtung feststellen zu können, an welchen Punkten diese Entwicklung von dem Kurs abweicht, den sie hier bei uns auf der Erde genommen hat. Wir könnten so erstmals erfahren, welche Schritte dieser Entwicklung notwendig und unausbleiblich sind und welche anderen beliebig und daher zufällig und historisch bedingt. Das sind Fragen von faszinierender Bedeutung. Hätten wir auf sie eine Antwort, dann hätten wir erstmals einen Anhaltspunkt dafür, wieweit das Leben in seiner Entwicklung von den Formen abweichen kann, die hier auf der Erde entstanden sind und die wir bisher als einzige kennen.

Alle diese atemberaubenden und faszinierenden Aussichten aber wären ein für allemal vertan, wenn auch nur ein einziger von der Erde stammender Keim auf die Venus gelangen sollte. Denn wenn dort tatsächlich ein »präbiotisches Milieu« besteht, wenn dort also schon organische Großmoleküle entstanden sein sollten, aber noch keine reproduktionsfähigen »venusischen« Organismen, dann käme das Eintreffen eines irdischen Mikroorganismus auf der Venus dem Impfen einer Nährbouillon gleich. Der irdische Keim würde dann dort optimale Ernährungs- und Vermehrungsbedingungen antreffen, die ihm absolut konkurrenzlos zur Verfügung ständen.

Es wäre dann zwar sicher, daß sich auf der Venus Leben (und im Verlaufe von Jahrmilliarden auch höhere Lebensformen) entwickeln würden. Der Ausgangspunkt wäre dann aber mit der gleichen Sicherheit der eingeschleppte irdische Keim mit allen seinen für einen irdischen Organismus charakteristischen biologischen Eigenschaften. Alle zukünftigen venusischen Lebensformen würden dann nichts anderes sein als irdische Organismen in den speziellen Formen der Anpassung, die ihnen durch das auf der Venus herrschende Milieu aufgezwungen worden wären. Auch das wäre hochinteressant. Aber es würde die Antwort auf die eben genannten ungleich wichtigeren und fundamentaleren Grundfragen voraussichtlich bis zu dem sehr fernen Zeitpunkt unmöglich machen, an dem es der Menschheit vielleicht einmal gelingt, dieses Sonnensystem zu verlassen und auf den Planeten einer fremden Sonne nach der Antwort zu suchen.

Es ist zu hoffen, daß es Menschen gibt, die eine Verseuchung der Venusoberfläche mit irdischen Keimen nicht nur aus diesen Gründen verhindern möchten. Wir sollten auch ein moralisches Problem darin sehen, ob wir mit unseren Raumfahrtversuchen der zukünftigen Entwicklung einer nichtirdischen Lebensform in diesem frühen Stadium schon den Weg abschneiden oder nicht. Wenn man bedenkt, daß mindestens schon zweimal irdische Raumsonden auf der Venusoberfläche niedergegangen sind, muß man sich, was diese Frage angeht, gewisse Sorgen machen. Nach allem, was wir inzwischen wissen, sind die Chancen, daß eine Raumsonde unsere Erde wirklich steril, also frei von lebenden Mikroben, verlassen kann, durchaus umstritten.

Amerikaner und Russen haben aus den hier diskutierten Gründen ihre Raumsonden vor jedem Start mit aller nur denkbaren Sorgfalt desinfiziert. Die Amerikaner haben das in den ersten Jahren ihrer Weltraumversuche mitunter so gründlich getan, daß einige Fehlschläge darauf zurückzuführen waren. Jedenfalls sind Gerüchte durchgesickert, die behaupten, daß einige der frühen amerikanischen Mondsonden deshalb versagt hätten, weil Teile ihrer elektronischen Einrichtung durch die dem Start vorangehende Hitzesterilisierung beschädigt worden seien. Inzwischen sind diese Kinderkrankheiten behoben. Daß die amerikanischen und russischen Sonden nach menschlichem Ermessen keimfrei sind, wenn sie auf Kap Kennedy oder in Baikonur gestartet werden, wird man zuverlässig voraussetzen dürfen. Ob sie es noch sind, wenn sie den freien Weltraum erreicht haben und ihren kosmischen Zielen zustreben, das allerdings ist eine andere Frage.

Um dorthin zu gelangen, müssen sie zuerst die Erdatmosphäre passieren. Mit deren Keimfreiheit aber steht es nicht zum besten. Der Untersuchung der hier herrschenden Bedingungen galten die Ballon- und Raketenexperimente der NASA, von denen schon kurz die Rede war. Mit der Unterstützung von Mikrobiologen wurden »Bakterienfallen« konstruiert, mit denen man die oberen Schichten der Erdatmosphäre systematisch abkämmte. Das Ergebnis der Jagd war auch für die Fachleute einigermaßen überraschend. In allen Bereichen der Stratosphäre wurden die verschiedensten Keime gefunden, reichlicher, als auch nur ein einziger der Fachleute es sich hätte träumen lassen. In 15 Kilometer Höhe waren es in 1000 Kubikmeter Luft durchschnittlich noch 100 verschiedene Mikroorganismen. 25 Kilometer über dem Erdboden immerhin noch 15. Zwar nahm ihre durchschnittliche Anzahl mit zunehmender Höhe weiter ab. Wirklich steril ist die Atmosphäre unseres Planeten, wie die Experimente bewiesen, aber selbst in 50 Kilometer Höhe noch nicht.

Niemand weiß bis heute, wie groß die Gefahr ist, daß eine die Erde verlassende Raketenstufe bei der Durchquerung der Atmosphäre einige dieser Keime »aufsammelt«. Selbst wenn es dazu kommen sollte, ist immer noch nicht gesagt, daß die Mikroben auch die Sonde selbst besetzen können. Diese ist während der Startphase noch unter einer Schutzhülle geborgen und wird erst außerhalb der Lufthülle von der letzten Raketenstufe abgesprengt. Ob wir mit unserer astronauti-

schen Technik heute also dabei sind, das Sonnensystem mit irdischen Bakterien zu verschmutzen, kann angesichts dieser vielen unbekannten Faktoren im Augenblick niemand sicher sagen.
Vielleicht ist diese Frage aber gar nicht so wichtig, wie es bisher angenommen wurde. Vielleicht zerbrechen sich die Mikrobiologen der NASA den Kopf über ein Problem, das gar nicht existiert. Das Ergebnis der erwähnten Versuche mit Stratosphären-Ballons und Höhenraketen läßt nämlich auch an die Möglichkeit denken, daß irdische Bakterien nicht auf unsere Technik angewiesen sind, um den Mars oder womöglich noch entferntere Planeten zu erreichen. Denn, so muß man angesichts der Resultate dieser Versuche fragen, wie sind die Mikroben eigentlich in die obere Stratosphäre, bis in Höhen von 50 Kilometern und mehr über dem Erdboden gelangt?
Zunächst dachte man an die Folgen von Vulkanausbrüchen oder Atomversuchen. Deren ungeheure Aufwinde hätten die Keime in diese Höhen verfrachten können. Die in sehr vielen verschiedenen Erdregionen mit immer dem gleichen Ergebnis wiederholten Experimente ließen sich damit aber auf die Dauer nicht befriedigend erklären. Vulkanische oder atomare Explosionen hätten zu lokalen Konzentrationen von Mikroben in der Hochatmosphäre führen müssen. Davon aber konnte keine Rede sein. Wo man auch suchte, die Verteilung der Keime war überall die gleiche. Sie betraf gleichmäßig die ganze Atmosphäre bis in die obersten Schichten. Je länger die Versuche fortgesetzt wurden, um so mehr festigte sich bei den beteiligten Wissenschaftlern der Eindruck, daß die in der Stratosphäre festgestellten Mikroben anscheinend einen »normalen« Bestandteil dieser obersten irdischen Luftschichten darstellten.
Offenbar genügen bereits die normalerweise vorkommenden Luftwirbel und atmosphärischen Strömungen, die »thermischen Aufwinde«, um die mikroskopisch kleinen und entsprechend leichten Mikroben bis in stratosphärische Höhen zu verschleppen. Offenbar sind die Keime sogar leicht genug, um sich dort, wenn sie erst einmal angekommen sind, auch längere Zeit schwebend halten zu können. Vielleicht ist ihre Reise dort noch nicht einmal zu Ende. Es steht fest, daß ein ganz kleiner Anteil der Erdatmosphäre an der äußersten, verdünntesten Schicht der Gashülle unseres Planeten ständig in den freien Weltraum hinein diffundiert. Hier verlieren sich fortwährend kleine Spuren unserer Atmosphäre im leeren Raum. Bei der Besprechung der Photodissoziation hatten wir schon erwähnt, daß das z. B. für den bei diesem Prozeß

entstehenden freien Wasserstoff gilt mit der Folge, daß sich freier Sauerstoff in der unteren Atmosphäre anzureichern beginnt.
So erscheint die Folgerung unausbleiblich, daß ein ganz kleiner Teil der Mikroben auch dieser alleräußersten atmosphärischen Strömung noch Folge leistet und ebenfalls in den freien Weltraum hinausgetrieben wird. Was wird dort aus ihnen? Die Antwort darauf versuchte in den letzten Jahren ein deutsches Forscherteam zu finden. Mitarbeiter eines in Grafschaft bei Köln gelegenen Spezialinstituts für »Aerobiologie« starteten zu diesem Zweck 1968 Forschungsraketen in Nordafrika. Die Wissenschaftler hatten sich einige französische Raketen vom Typ »Véronique« besorgt und deren Köpfe zu bakteriologischen Minilaboratorien umgebaut. Mit ihnen schossen sie Bakterien, Pilze und Pflanzensporen der verschiedensten Arten bis in Höhen von mehr als 350 Kilometern. Dort, weit außerhalb der letzten Reste der Erdatmosphäre, wurden die Mikroben im freien Weltraum ungeschützt der Kälte, dem Vakuum, der kosmischen Strahlung und dem ungefilterten Sonnenlicht ausgesetzt. Sinn der mehrfach wiederholten Versuche war es, herauszufinden, ob die mikroskopischen Organismen auch diese außerirdischen Belastungen noch vertrugen.
Die Mikroben erwiesen sich bei diesen Experimenten als härter im Nehmen, als mancher geglaubt hatte. Die eisige Kälte des Weltraums von minus 150 Grad Celsius und darunter machte den meisten von ihnen überhaupt nichts aus. Das war keine Überraschung. Laboratoriumsversuche auf der Erde hatten schon lange vorher ergeben, daß manche Mikroorganismen sogar eine Abkühlung bis in die Nähe des absoluten Null-Punkts (minus 273 Grad Celsius) unbeschadet überstehen können. Sie verfallen dann in einen scheintotartigen Zustand. Ihr Stoffwechsel scheint erloschen. Bringt man sie nach Tagen, Wochen oder Monaten jedoch in günstige Umweltbedingungen zurück, so wachsen sie und vermehren sich aufs neue.
Die Versuchsobjekte der Grafschafter Forscher vertrugen aber auch das Weltraumvakuum ohne Schädigung und zum Teil sogar die ungefilterte UV-Strahlung der Sonne. Die extrem kurzwelligen UV-Strahlen stellten zwar ganz offensichtlich die gefährlichste Bedrohung dar. Einige der zurückgeholten Keime aber hatten es verstanden, sich auch gegen diese Gefahr durch eine Art »Totstellreflex« zu schützen. Um was für einen Stoffwechseltrick es sich in diesem Falle handelt, ist noch nicht vollständig geklärt. Die Bakterien, die unter der Einwirkung der UV-Strahlung in den »Scheintod« verfallen waren, verharr-

ten in diesem Zustand auch noch nach der Rückkehr auf die Erde. Erst eine ganz bestimmte Behandlung, und zwar wiederum eine kurze Bestrahlung im Wellenlängenbereich von 3800 Angström, erweckte sie wieder zum Leben. Dann aber verhielten sie sich so, als ob nichts geschehen wäre.

Alles in allem zeigen diese Versuche, daß in den obersten Schichten der Stratosphäre reichlich mikroskopische Organismen der verschiedensten Arten vorkommen, von denen viele imstande sind, auch einen ungeschützten Aufenthalt im Weltraum zu überleben. Da anzunehmen ist, daß ständig eine kleine Zahl von ihnen von den äußersten Schichten der Lufthülle aus in den freien Raum abtreibt, ist der weitere Ablauf nur noch ein Rechenexempel. Bakterien und andere Mikroorganismen können so klein sein und so leicht, daß sie dann, wenn sie die Atmosphäre erst einmal verlassen haben, vom Druck des Sonnenlichts weiter vorwärts getrieben werden können.

Wenn man unser Sonnensystem mit den Augen eines Mikrobiologen betrachtet, dann nimmt sich unsere Erde folglich wie ein Infektionsherd aus, der laufend »streut«. Diese Keimstreuung aber wird, wie erwähnt, vom Licht der Sonne in Gang gehalten. Sie erfolgt daher sicher nicht gleichmäßig nach allen Seiten, sondern stets in der Richtung von der Sonne weg. Die Venus ist somit ebenso wie der Merkur als, von uns aus gesehen, »innerer« Planet vor diesem Mechanismus einer kosmischen Infektion sicher. Das ist ein Grund mehr, das auf ihr möglicherweise bestehende präbiotische Milieu vor einer Verseuchung durch unsere Raumfahrtversuche zu schützen.

Der Mars aber und alle anderen Planeten werden von diesem von der Erde ausgehenden Keimstrom möglicherweise erreicht. Die von Wissenschaftlern der NASA angestellten Berechnungen haben in diesem Zusammenhang ein Resultat ergeben, das verblüffen kann. Es betrifft die theoretisch möglichen Reisezeiten für den kosmischen Keimtransport. Der Weltraumflug der Mikroben unter Lichtantrieb schlägt die von Menschen konstruierten Raketen um Längen. Während eine unserer modernen Raumsonden, etwa vom Mariner-Typ, bei relativer Marsnähe rund 8 Monate benötigt, um diesen unseren äußeren Planetennachbarn zu erreichen, dürften die Mikroben die gleiche Strecke in wenigen Wochen schaffen. Möglicherweise ist unser ganzes Sonnensystem also, mit der einzigen Ausnahme von Merkur und Venus, an allen den Stellen, an denen überhaupt Leben möglich ist, längst von irdischen Mikroorganismen besiedelt.

Dr. Carl Sagan, Mitarbeiter der NASA, hat noch eine weitere Möglichkeit berechnet, einen Reiseweg für die Mikroben, der in unserem Zusammenhang von besonderem Interesse ist. Wenn die Kleinstlebewesen nur 5tausendstel Millimeter groß sind oder noch weniger, dann würde der Lichtdruck der Sonne sogar genügen, um sie ganz aus unserem System herauszutransportieren und sie fremden Planetensystemen zutreiben zu lassen. Die Reisezeiten steigen dann zwar sprunghaft an, entsprechend dem Unterschied zwischen interplanetaren und interstellaren Distanzen. Sie würden jetzt nicht mehr nach Wochen oder Monaten, sondern nach Jahrzehntausenden rechnen. Niemand kann heute sagen, ob Mikroorganismen auch das überleben würden. So unwahrscheinlich es den meisten vorkommen wird, für unmöglich halten es die Wissenschaftler nicht.

Diese Möglichkeit aber ist für uns hier deshalb so bedeutsam, weil dieser kosmische Flug der Mikroben, wenn es ihn gibt, natürlich nicht nur in einer einzigen Richtung ablaufen würde. Wenn von der Erde stammende Keime durch den hier geschilderten Mechanismus tatsächlich bis zu den Planeten fremder Sonnen gelangen sollten, dann könnte selbstverständlich auch die Erde ihrerseits das Endziel von Keimen aus dem All sein.

Ist das Leben etwa auf diesem Wege vor dreieinhalb Milliarden Jahren auf die Erde gelangt? War es eine Invasion kosmischer Einzeller, welche die Erde in ihrer präbiotischen Entwicklungsphase besetzten und den Keim für alles spätere Leben legten, auch für unsere eigene Entstehung? Ist das irdische Leben damals vielleicht buchstäblich vom Himmel gefallen?

Die Möglichkeit wird heute von manchen Wissenschaftlern wieder ernsthaft diskutiert. Neu ist der Gedanke nicht. Kurz nach der Jahrhundertwende wurde er von dem berühmten schwedischen Wissenschaftler Svante Arrhenius erstmals entwickelt. Es war die Zeit der Gelehrtengeneration, die sich noch nicht von der Ernüchterung erholt hatte, welche die Entdeckungen des großen Franzosen Louis Pasteur in Sachen »Urzeugung« mit sich gebracht hatten. In allen Fällen, in denen man bis dahin die Möglichkeit der Entstehung primitiver Einzeller aus unbelebten faulenden Stoffen diskutiert hatte, war es den geduldigen Untersuchungen Pasteurs gelungen, den Nachweis zu führen, daß schon vor Versuchsbeginn mikroskopische Sporen in den benützten Gefäßen enthalten gewesen waren oder daß sie während des Versuchs durch die Luft dorthin gelangten.

Ob es eine »Urzeugung« überhaupt geben könne, schien vielen Gelehrten unter dem Eindruck dieser aufsehenerregenden Experimente fraglich. Daß die Erde nicht von Ewigkeit her belebt gewesen sein konnte, war andererseits auch nicht mehr zweifelhaft. Woher also konnte das Leben gekommen sein? In diesem Dilemma verfiel Arrhenius auf den Ausweg einer Besiedelung der jungen Erde mit Mikroben aus dem Kosmos.

Daß diese kühne Spekulation mehr war als ein phantasievoller Einfall, steht seit den Untersuchungen der NASA-Biologen und des deutschen Grafschaft-Teams fest. Die Befunde der Raumforscher besagen allerdings lediglich, daß es theoretisch so gewesen sein könnte, wie der schwedische Gelehrte es sich ausgedacht hatte. Ob seine Vermutung dem wirklichen Ablauf der Geschichte entsprach, das ist eine andere Sache. Gewichtige Gründe sprechen dagegen. Wir werden noch sehen, daß der Kosmos, daß die Tiefen des Weltraums bei der Entstehung des irdischen Lebens tatsächlich beteiligt gewesen zu sein scheinen. Daß das Leben aber vor dreieinhalb oder vier Milliarden Jahren gleichsam fix und fertig in Gestalt voll entwickelter, wenn auch primitiver Einzeller vom Himmel fiel, ist aus verschiedenen Gründen so gut wie ausgeschlossen.

Zunächst einmal darf man nicht übersehen, daß die Theorie des schwedischen Chemikers das Problem der Urzeugung natürlich nicht löst. Sie schiebt es bloß hinaus. Wenn nicht auf der Erde, so mußte auch bei dieser Theorie das Leben schließlich dennoch irgendwo erstmals entstanden sein. An dem Problem selbst änderte sich nichts, auch wenn man es dem Vorschlag von Arrhenius entsprechend auf den fernen Planeten einer unbekannten Sonne verlegte.

Aber ganz abgesehen davon ist die Annahme, daß sich damals eine fertige Lebensform in Gestalt derartiger kosmischer Keime als der Ursprung aller späteren Lebewesen auf der Erde niedergelassen haben könnte, angesichts des Ablaufs der Entwicklung wenig plausibel. Daß eine solche Besiedelung aus dem All im Prinzip denkbar ist, daran wird man heute kaum noch zweifeln können. Auf vielen Planeten im Kosmos mag das Leben auf diese Weise erstmals Fuß gefaßt haben. Alles spricht jedoch dagegen, daß es auch im Falle unserer Erde so gewesen ist.

Dazu nämlich geht die bis hierhin geschilderte Geschichte zu nahtlos und zu folgerichtig in die Epoche der Entstehung des Lebens über. Alle Anzeichen, alle Funde, alle Argumente bestätigen immer wieder aufs neue, daß es sich bei dieser Entstehung nicht um einen Vorgang gehandelt hat, der plötzlich auftrat und der übergangslos ein vollkommen neues Phänomen auf der Erdoberfläche auftreten ließ. Die Entstehung des Lebens auf der Erde hat sich vielmehr in der Art eines evolutiven Prozesses abgespielt, der unvorstellbar langsam und gleichzeitig stufenlos und mit (rückblickend gesehen) atemberaubender Folgerichtigkeit abgelaufen ist.

Es hat mindestens eine Milliarde Jahre gedauert, vielleicht sogar zwei, bis aus der chemischen Evolution eine organische Evolution wurde. Bis die Stufe für Stufe, Schritt für Schritt sich abspielende Entstehung immer größerer und komplizierterer Moleküle nahtlos und fließend in eine Evolution immer komplizierterer materieller Einheiten überging, die wir schon belebt nennen müssen, weil sie in der Lage waren, sich zu verdoppeln. Der Übergang erfolgte in der Tat so allmählich und nahtlos, daß es im Licht der neuesten Forschungen gänzlich unmöglich geworden ist, hier noch eine sinnvolle Grenze zu ziehen zwischen dem Teil der Entwicklung, der noch »unbelebt« verlief, und der daran anschließenden Phase der eigentlichen biologischen Evolution.

Wir müssen uns jetzt zunächst etwas näher ansehen, was sich in dieser Epoche auf der Oberfläche der jungen Erde im einzelnen abgespielt hat.

5. Die Bausteine des Lebens

Auch in dieser fernen Vergangenheit gab es schon alle die Elemente, die wir auch heute auf der Erde kennen. Alle diese Elemente existierten aber nicht für sich allein, in isolierter, reiner Form. Sie lagen vielmehr in einer Fülle der verschiedensten chemischen Verbindungen vor. Einige von ihnen haben wir schon erwähnt, und zwar die gasförmigen Bestandteile der Ur-Atmosphäre: Ammoniak, Methan, Kohlendioxid und Wasser. Hinzu kamen die unzähligen Mineralien der Erdkruste selbst, Aluminium- sowie Eisen-Magnesium-Silikate, Carbonate, Schwefel- und Stickstoffverbindungen, um nur eine kleine Auswahl anzuführen.

Es ist wichtig, sich vor Augen zu halten, daß das nicht so selbstverständlich ist, wie es uns aus Gewohnheit zu sein scheint. Warum die aus dem Ur-Blitz hervorgegangene Materie die unübersehbare Tendenz hatte, sich in komplexere, weniger einfache Strukturen zusammenzuschließen und dabei ihre nach außen in Erscheinung tretenden Eigenschaften auf immer neue Weise abzuwandeln, wissen wir nicht. Es ist so. Theoretisch würde nichts der Möglichkeit widersprechen, daß die Materie diese Fähigkeit nicht hätte. Daß das erste aller Elemente, der Wasserstoff, stabil und unveränderlich geblieben wäre. Daß die Geschichte des Universums sich folglich bis in alle Ewigkeit auf die mechanischen Veränderungen der das ganze Weltall erfüllenden Wasserstoffwolken beschränkt hätte, ihr Zusammenballen unter dem eigenen Gewicht, ihr sternähnliches Aufglühen als Folge zunehmenden Innendrucks, ihr anschließendes Auseinanderströmen in einem endlosen Kreislauf.

Wir müssen uns gerade in diesem Zusammenhang in Erinnerung rufen, daß alles mit dem Wasserstoff begann. Diesem Wasserstoff aber wohnten ungeahnte Möglichkeiten inne. Tatsächlich ist alles, was wir in diesem Buch bisher erörtert haben, und ebenso alles, was wir bis zu seiner letzten Seite noch erörtern werden, im Grunde nichts anderes als die Geschichte der Veränderungen und Wandlungen, die der Wasserstoff unter der Einwirkung der Naturgesetze durchzumachen begann, nachdem der Big Bang ihn in dieses Universum befördert hatte.

Da gab es Raum, da gab es Zeit und da gab es die Naturgesetze. Es ist die staunenswerteste aller Tatsachen dieser erstaunlichen Welt, daß diese Bedingungen ausreichen, um den Wasserstoff einem fortlaufenden Prozeß der Verwandlung zu unterwerfen, aus dem im Laufe der Zeit alles hervorgegangen ist, was wir um uns herum wahrnehmen, uns selbst nicht ausgenommen. Daß dieser vergleichsweise so wunderbar bescheidene Satz von Ausgangsbedingungen – Wasserstoff plus Zeit plus Raum plus Naturgesetze – genügt hat, um die ganze Welt entstehen zu lassen, ist die fundamentalste und bewegendste Entdeckung aller bisherigen Wissenschaft. Daß dieser Anfang möglich war, ist das größte aller Geheimnisse.

Die Geschichte der Welt ist die Geschichte der Entfaltung dessen, was in diesem Anfang angelegt war. Naturwissenschaft ist möglich, weil alles, was seitdem geschehen ist, dem Wechselspiel entsprungen ist, das seit dem Anfang der Zeiten zwischen dem Wasserstoff und all den vielfältigen Produkten seiner Verwandlungen unter dem Einfluß der Naturgesetze in Zeit und Raum abgelaufen ist. Naturwissenschaft kann dieses Wechselspiel deshalb durchschauen und heute Schritt für Schritt zu rekonstruieren beginnen, weil es nach Regeln abläuft, die festliegen.

Worin aber diese Regeln selbst gründen, warum sie so und nicht anders lauten, und wie es zugeht, daß das scheinbar so einfach gebaute Wasserstoffatom die Möglichkeiten eines ganzen Universums in sich enthalten hat, auf diese Fragen kann die Naturwissenschaft keine Antwort mehr geben. Sie kann es so wenig, wie wir die Frage beantworten könnten, was wir vor unserer Geburt gefühlt haben. Denn auch die Naturwissenschaft ist erst zusammen mit diesen Regeln möglich geworden und kann daher nicht nach ihrer Ursache fragen. Hier stößt die Naturwissenschaft an einer konkret angebbaren Stelle der Welt auf das grundsätzlich Unerklärbare. Das Wasserstoffatom und die Naturgesetze sind kein Objekt möglicher Naturwissenschaft mehr. Sie sind, unvoreingenommen betrachtet, sichtbare Zeichen dafür, daß unsere Welt einen Ursprung hat, der nicht in ihr selbst liegen kann.

Chronologisch betrachtet war die erste Konsequenz der erstaunlichen

Eigenschaften des Wasserstoffatoms die Entstehung von mindestens 91 weiteren (schwereren und komplizierter gebauten) Elementen. Daß außerdem vorübergehend noch einige überschwere und relativ unstabile Elemente mit entsprechend kurzer Lebensdauer entstanden, kann hier außer Betracht bleiben. Wie es zu der Entstehung der 91 Elemente kam, habe ich an anderer Stelle schon näher beschrieben (siehe dazu auch die Anmerkung 9): Der Prozeß spielte sich im Zentrum der ersten Sonnen ab, die aus den Wasserstoffwolken des Anfangs ganz einfach durch Massenentziehung entstanden. In deren Inneren wurden die schwereren Elemente dann nach und nach atomar zusammengebacken und schließlich durch gewaltige Sternexplosionen als interstellarer Staub wieder an den freien Raum zurückgegeben. Aus diesem Staub, der schließlich alle heute existierenden Elemente enthielt, entstanden dann nach Äonen der Entwicklung endlich auch Planetensysteme, also Sonnen, die von sehr viel kleineren, erkalteten Himmelskörpern umkreist werden.

Das wird hier deshalb noch einmal in Stichworten rekapituliert, weil es an dieser Stelle unseres Gedankenganges wichtig ist, sich daran zu erinnern, daß auch diese Entwicklung nichts anderes darstellt als die Folgen, die sich aus den Eigenschaften des Wasserstoffs »ganz natürlich« ergaben. »Natürlich« heißt hier nichts anderes, als daß das, was entstand, unter dem Einfluß der Naturgesetze entstehen mußte. Das gilt auch für den weiteren Verlauf bis zur Entstehung der Ur-Erde, es gilt für die Erkaltung ihrer Kruste ebenso wie für die Erhitzung des Erdinneren und den daraus resultierenden Vulkanismus. Diese Schritte hatten wiederum die Entstehung der Ur-Atmosphäre und der Ur-Ozeane unausweichlich zur Folge.

So vielfältig und kompliziert die Situation auf der Oberfläche der Ur-Erde in diesem Stadium auch schon ist, mit Wasser und Land, Wind und Wetter, mit einem durch die Schrägstellung der irdischen Rotationsachse hervorgerufenen Wechsel der Jahreszeiten, mit dem Rhythmus von Tag und Nacht, niemand würde auf den Gedanken kommen, für dieses erstaunliche Maß an Ordnung, für diese kompliziert ineinandergreifende Struktur, die da im freien Raum schwebend entstanden war, eine »übernatürliche« Erklärung zu fordern. Jeder Schritt der Entwicklung ergibt sich bis zu diesem Stadium eindeutig aus dem vorhergehenden, wenn man die »Spielregeln«, die Naturgesetze, auf ihn anwendet. Wenn man den Wasserstoff mit seinen erstaunlichen Eigenschaften einmal voraussetzt und die Naturgesetze hinzufügt, scheint der ganze weitere Ablauf, wenn nur genügend Zeit und Raum zur Verfügung stehen, ganz unausbleiblich. Das »Wunder« besteht in den Ausgangsbedingungen. Der Ablauf selbst ist »natürlich«.

Wenn man sich dieses Ausmaß von Ordnung, die Kompliziertheit der Strukturen und Phänomene auf der Oberfläche der Ur-Erde vergegenwärtigt (erinnern wir uns als einziges Beispiel nur noch einmal an den Urey-Effekt!), dann ist die Gelassenheit, mit der wir diese Art von »Natürlichkeit« im allgemeinen hinnehmen, verblüffend. Sie ist es um so mehr, als sich die meisten Menschen anläßlich des nächsten Schrittes noch heute mit gelegentlich ganz unbelehrbarer Hartnäckigkeit darauf versteifen, daß an diesem Punkt eine »natürliche« Erklärung als Möglichkeit ausscheide. Dieser nächste Schritt der Entwicklung aber ist nichts anderes als die Fortsetzung des »Zusammenschlusses kleinerer Einheiten« der Materie bis zu Strukturen, welche Eigenschaften haben, die uns veranlassen, sie als »belebt« zu bezeichnen.

Es ist gar nicht leicht zu erklären, warum für so viele Menschen mit dieser ebenfalls unvermeidlichen Fortsetzung der Entwicklung so viele Schwierigkeiten verbunden sind. Weil dabei etwas »grundsätzlich Neues« auftaucht, eben das Phänomen, das wir »Leben« nennen? Auch das aber gilt schon, auf einfacherer Ebene, für jeden der vorhergegangenen Schritte. Oder kann sich jemand von uns etwa wirklich vorstellen, daß Wasser eine Verbindung von Wasserstoff und Sauerstoff ist? Beides sind unsichtbare Gase. Auch ihnen wohnt – aufgrund von Besonderheiten des Aufbaus der Elektronenschalen der Atome, aus denen sie bestehen – die Tendenz inne, nicht isoliert zu bleiben, sondern sich miteinander zu verbinden. Die elektrischen Eigenschaften ihrer atomaren Hüllen sind so beschaffen, daß sich jeweils zwei Wasserstoffatome mit einem Sauerstoffatom zusammenschließen.

Die Reaktion erfolgt mit großer Heftigkeit unter Abgabe von Wärme. Die Bereitschaft insbesondere von Sauerstoff, sich in dieser Form mit Wasserstoff zusammenzuschließen, ist so groß (beide Elemente sind chemisch so »aktiv«, wie der Wissenschaftler sagt), daß die Reaktion schon durch eine relativ geringe Energiezufuhr ausgelöst werden kann. Das Ganze ist einfach die Verbrennung oder »Oxydation« von Wasserstoff. Das Ergebnis, gleichsam die aus diesem Verbrennungsvorgang resultierende Asche, ist etwas ganz Neues, etwas, was mit den beiden Ausgangssubstanzen in unserer Vorstellung und unserem sinnlichen Erleben nichts mehr gemein hat. Es ist »Wasser«.

Aber kehren wir zur konkreten Situation der in der Atmosphäre und in den Ozeanen der Ur-Erde enthaltenen chemischen Verbindungen zurück. Auch sie waren keineswegs die Endpunkte der Entwicklung. Die Möglichkeiten weiterer, noch komplizierterer Zusammenschlüsse waren, wie der weitere Ablauf zeigen sollte, bei weitem noch nicht ausgeschöpft. Wie ging es weiter?

Bis zur Mitte der 50er Jahre hatten sich Generationen von Gelehrten über diese Frage den Kopf zerbrochen. Sie hatten komplizierte chemische Synthesewege ausprobiert und noch kompliziertere Hypothesen durchdiskutiert. Trotzdem hatte niemand eine rechte Vorstellung, wie es historisch tatsächlich weitergegangen sein konnte. Das Problem bestand darin, zu erklären, wie aus den einfachen Grundsubstanzen Methan, Ammoniak, Wasser und Kohlendioxid (oberste Reihe auf S. 122/23), Eiweißkörper, Nukleinsäuren und alle die anderen komplizierten Bausteine des Lebens entstanden sein konnten, *ohne daß es Lebewesen gab, die sie produzierten.*

Diese »abiotische Entstehung« der biologisch unentbehrlichen »Polymere«, das war das Problem. Es schien so gut wie unlösbar zu sein. Man wußte, daß diese Biopolymere, wie man sie auch nannte, heute ausschließlich von Lebewesen, Tieren oder Pflanzen, erzeugt werden. Hier brauchte man aber notgedrungen eine Erklärung für ihre Existenz als Voraussetzung für die Entstehung von Lebewesen, die es noch gar nicht gab.

Das sah so verdächtig nach einer Sackgasse aus, daß es einzelne Wissenschaftler gab, die rückfällig wurden und wieder an der Voraussetzung aller dieser Anstrengungen zu zweifeln begannen: daran, daß es auch für den Schritt von der unbelebten zur belebten Materie eine natürliche Erklärung geben müsse.

In dieser kritischen Situation wurde der entscheidende Schritt 1953 von einem Chemiestudenten in Chicago getan, von Stanley Miller. Er ging das Problem mit einer so hemdsärmeligen Unbekümmertheit an, wie sie vielleicht nur ein Anfänger aufbringen kann. Im Gegensatz zu einer verbreiteten Ansicht geht das zwar auch in der Wissenschaft fast ausnahmslos schief. Stanley Miller aber entpuppte sich als eine der raren Ausnahmen.

Angesichts der Schwierigkeit des Problems hatten die Synthesewege, mit denen berühmte Biochemiker die biologischen Grundbausteine herzustellen versuchten, einander an Kompliziertheit förmlich überboten. Stanley Miller ging einen ganz anderen Weg. Er verschaffte sich die wichtigsten Ingredienzien, die, wie man ihm sagte, in der Ur-Atmosphäre enthalten gewesen sein sollten. Er nahm also Methan und Ammoniak, sonst nichts, mischte es auf gut Glück mit Wasser und verschloß die Lösung in einem Glaskolben. Jetzt brauchte er noch eine Energiequelle. Wenn man das Eintreten einer chemischen Verbindung herbeiführen will, muß man den »Reagenzien«, also den Stoffen, welche die Verbindung miteinander eingehen sollen, in der Regel in irgendeiner Form Energie zuführen. Auch ein Streichholz entzündet sich erst, wenn man es reibt (und dadurch Reibungswärme als Energie »zuführt«).

Es ist bezeichnend, welche Energieformen man bis dahin erwogen hatte. Der kalifornische Biochemiker und Nobelpreisträger Melvin Calvin z. B. hatte schon 1950 ähnliche Versuche unternommen, wobei er als Energiequelle die ionisierende Strahlung eines großen Elektronenbeschleunigers benutzt hatte. Damit war es ihm immerhin gelungen, Ameisensäure und Formaldehyd (siehe zweite Reihe auf S. 122) zu erzeugen. Aber biologisch bedeutsame Substanzen waren das natürlich noch nicht. Außerdem bewies sein Experiment noch nichts, denn Elektronenbeschleuniger standen auf der Ur-Erde für die Entwicklung nicht zur Verfügung.

Student Miller beschloß, auch bei der Wahl der Energiequelle zum Ingangsetzen seiner Reaktion die Originalsituation so genau wie möglich zu kopieren. (Sein ganzer Versuchsansatz bestand einfach darin, die Verhältnisse, die damals auf der Erde geherrscht haben mußten, nachzuahmen und dann abzuwarten, was dabei herauskam.) Welche natürlichen Energiequellen hatte es damals auf der Ur-Erde gegeben? In Frage kamen in erster Linie das UV-Licht der Sonne sowie elektrische Entladungen (Gewitterblitze), die aus den schon geschilderten Gründen damals wahrscheinlich besonders heftig und anhaltend gewesen sein dürften. Miller entschied sich für Blitze. Er schloß also eine Hochspannungsleitung an seinen Glaskolben an und sorgte dafür, daß die darin enthaltene Mischung von kräftigen Funkenentladungen getroffen wurde. Dann überließ er seinen Versuchsaufbau sich selbst, schloß seinen Laborraum ab und ging ins Bett.

Auf der Erde hat es, nach allem, was wir wissen, mindestens einige Dutzend, wahrscheinlich aber mehrere 100 Jahrmillionen gedauert, bis unter den Bedingungen, die Stanley Miller in seinem kleinen Glaskolben nachzuahmen versuchte, »etwas passiert« war. Man wird vermuten dürfen, daß der junge Mann über diese Tatsache nur unzureichend informiert gewesen ist. Anderenfalls wäre es schwer zu verstehen,

Wasser

Kohlendioxid

Methan

Ameisensäure

Formaldehyd

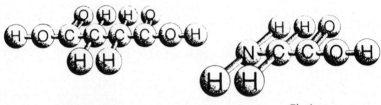

Bernsteinsäure   Glyzin

In der obersten Reihe dieser Doppelseite sind die wichtigsten in der irdischen Atmosphäre enthaltenen Moleküle schematisch dargestellt, in der untersten einige der aus ihnen hervorgegangenen Lebensbausteine, darunter die von Stanley Miller künstlich hergestellten Aminosäuren Glyzin, Alanin und Asparaginsäure. Die mittlere Reihe

daß er schon nach 24 Stunden seine Ungeduld nicht mehr bezähmen konnte. Nach dieser lächerlichen Frist nämlich schaltete Stanley Miller den Blitze erzeugenden Hochspannungsgenerator ab. Dann füllte er seine Versuchslösung, die er mit den Blitzen behandelt hatte, in Reagenzgläser, und begann erwartungsvoll danach zu suchen, was sich in ihr wohl ereignet haben mochte.

So unglaublich es unter den geschilderten Umständen auch klingt, Millers Suche war nicht nur erfolgreich. Ihr Ergebnis übertraf die kühnsten Erwartungen. Die durch die künstlichen Blitze zugeführte Energie hatte in der so simplen Mischung aus Ammoniak, Methan und Wasser innerhalb von nur 24 Stunden neben einer Reihe ganz anderer Verbindungen gleich 3 der wichtigsten Aminosäuren entstehen lassen:

Wasserstoff

Ammoniak

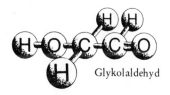
Glykolaldehyd

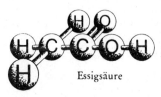
Essigsäure

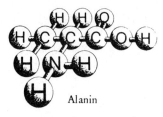
Alanin

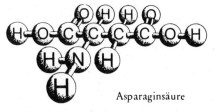
Asparaginsäure

zeigt einige Übergangsstufen der Entwicklung. Alle Moleküle bestehen bemerkenswerweise aus nur vier verschiedenen Elementen. Jede Kugel stellt ein einzelnes Atom dar. Die Buchstaben entsprechen den in der Chemie üblichen Abkürzungen (H = Wasserstoff, O = Sauerstoff, C = Kohlenstoff, N = Stickstoff).

Glyzin, Alanin und Asparagin (unterste Reihe der Zusammenstellung auf S. 122/23). Das aber waren bereits 3 von insgesamt nur 20 Bausteinen, aus denen alle biologischen Eiweißarten zusammengesetzt sind, die es auf der Erde gibt.

Eiweiß, der noch vor wenigen Jahrzehnten auch unter den Biologen als geheimnisvoll geltende »Lebensstoff«, besteht aus langen Ketten von aneinanderhängenden Aminosäuren. Die Ketten können aus 100 bis etwa 30000 verschiedenen Gliedern (Aminosäuren) zusammengesetzt sein. Ihr Aufbau wird uns gleich in etwas anderem Zusammenhang noch näher beschäftigen. Hier sei zunächst die Tatsache betont, daß von all den vielen Aminosäuren, die chemisch möglich sind und die sich chemisch auch herstellen lassen, nur ganze 20 biologisch von Bedeutung sind. All die vielen Millionen verschiedener Eiweißarten, die bei Mensch, Tier und Pflanze vorkommen, sind (von verschwindenden Ausnahmen abgesehen) aus dem gleichen Satz dieser 20 Aminosäuren aufgebaut. Alle zwischen verschiedenen Eiweißarten bestehenden Unterschiede, auf denen auch alle Unterschiede ihrer biologischen Eigenschaften beruhen, hängen einzig und allein von der *Reihenfolge* ab, in der diese immer gleichen 20 Aminosäure-Glieder in dem langen Kettenmolekül des betreffenden Eiweißkörpers oder »Proteins« aufeinander folgen.

Niemand weiß, warum es gerade 20 Aminosäuren sind, nicht mehr und nicht weniger, aus denen die irdische Natur alle ihre Lebewesen aufgebaut hat. Vielleicht läßt sich heute aber ein Grund dafür anführen, warum es gerade diese 20 sind und keine anderen, die wir in allen irdischen Organismen immer wieder finden. Unsere Schlußfolgerungen angesichts des bisherigen Ablaufs der Entwicklung und ebenso der Ausfall des Millerschen Experiments legen hier eine ganz bestimmte Vermutung nahe.

Zunächst sieht es wieder wie ein ungeheurer Zufall aus, daß Miller bei seinem berühmt gewordenen Experiment im Jahre 1953 auf Anhieb gleich 3 Aminosäuren produzierte, die sämtlich zu dem »Baukastensatz« der Natur gehören. Wie soll man es sich erklären, daß nicht alle 3, oder wenigstens 2 von ihnen, daß nicht einmal eine einzige von ihnen zu der Kategorie der sehr viel zahlreicheren Aminosäuren gehörte, die *nicht* in lebenden Organismen vorkommen? Aber wir brauchen auch angesichts dieses »Zufalls« nur das bereits vertraute Rezept anzuwenden, das uns bisher in ähnlichen Fällen schon so oft weitergeholfen hat. Auch dieser Aspekt des Millerschen Experimentes erscheint sofort in einem ganz anderen Licht, sobald man von der simplen Annahme ausgeht, daß Glyzin, Alanin und Asparagin bei diesem Experiment einfach deshalb entstanden sind, weil die Wahrscheinlichkeit, daß sich aus den Ausgangsstoffen unter den gegebenen Bedingungen gerade diese Moleküle bilden würden, eben besonders groß war.

Auch dem Nicht-Chemiker ist es geläufig, daß bestimmte Elemente sich mit bestimmten anderen Elementen besonders leicht verbinden. Daß die Entstehung bestimmter chemischer Verbindungen folglich wahrscheinlicher ist als die ebenso bestimmter anderer Verbindungen. Das alles ist naturwissenschaftlich wohlbegründet und hängt wieder mit Besonderheiten in der Struktur der Elektronenschalen zusammen, welche die Atome einhüllen, die miteinander reagieren. »Chemisch«

miteinander zu »reagieren« oder eine »chemische Verbindung eingehen« heißt nichts anderes, als daß sich die unterschiedlich gebauten Elektronenschalen verschiedener Atome gleichsam miteinander verknüpfen (14).

In den Fällen, in denen die Hüllen der beiden Atome, die miteinander in Verbindung treten sollen, gut zusammenpassen, erfolgt die Reaktion besonders leicht. In anderen Fällen kommt sie nur sehr langsam oder nur unter Zuführung größerer Energiemengen von außen zustande. (Dies ist einer der Gründe dafür, warum der Chemielehrer sein Reagenzglas meist über dem Bunsenbrenner erhitzen muß, wenn er seiner Klasse eine chemische Reaktion vorführen will.) Bei den Atomen anderer Elemente sind die umhüllenden Elektronenschalen so glatt geschlossen, daß diese Atome mit denen eines anderen Elementes normalerweise überhaupt nicht zu reagieren imstande sind.

Das alles ist, wenn auch in einer anderen Ausdrucksweise, jedem von uns geläufig. Diese Unterschiede in der »Reaktionsbereitschaft« verschiedener Elemente sind es zum Beispiel, nach denen wir »edle« von »unedleren« Metallen unterscheiden. Eisen etwa ist ein (relativ) unedles Metall, weil es chemisch leicht mit Sauerstoff reagiert (es »rostet«). Silber ist schon wesentlich reaktionsträger. Noch »edler« ist Gold, das seinerseits an Reaktionsträgheit aber noch vom Platin übertroffen wird. Ein anderes Beispiel wären die »Edel«-Gase (Helium, Neon, Argon usw.), die ihren Beinamen ebenfalls der Tatsache verdanken, daß sie mit anderen Elementen in der Regel keine Verbindungen eingehen. Daß diese Reaktionsträgheit einem Element den Charakter des »Edlen« verleiht, geht übrigens noch auf die weitgehend von magischen Vorstellungen beherrschte mittelalterliche Alchimie zurück. Die Bezeichnung ist verständlich, wenn man bedenkt, daß ein Element, das chemisch nicht reagiert, aus eben diesem Grunde »rein« und beständig (unveränderlich) bleibt.

Die gleichen Unterschiede in der Reaktionsbereitschaft gelten nun aus prinzipiell ähnlichen Gründen auch für ganze Verbände von Atomen (»Moleküle«), die mit anderen Atomverbindungen oder Molekülen reagieren sollen. Die Entstehung der 3 von Miller produzierten Aminosäuren zum Beispiel spielt sich so ab, daß die Ausgangsbestandteile Methan, Ammoniak und Wasser durch die Blitzentladungen zertrümmert, regelrecht zerlegt werden. Die Bruchstücke schließen sich dann erneut zusammen. Dabei treten aber nicht nur die alten Reaktionspartner erneut in der vorherigen Form zusammen (das geschieht selbstverständlich auch). Aus einem kleinen Teil der Trümmerstücke bilden sich vielmehr neue und darunter zu einem (relativ kleinen) Teil auch sehr viel größere und kompliziertere Verbindungen.

Welche Arten von Verbindungen dabei in welcher Häufigkeit herausspringen, das eben hängt ausschließlich von der Reaktionsbereitschaft der verschiedenen molekularen Bruchstücke, von ihrer gegenseitigen »Affinität« ab. Wenn bei dem Experiment Stanley Millers zu diesen größeren Verbindungen auch 3 »natürliche« Aminosäuren gehörten, so muß man daraus folglich den Schluß ziehen, daß die Bruchstücke der Ausgangsmoleküle aus Gründen ihres atomaren und molekularen Aufbaus bevorzugt dazu neigten, sich gerade zu diesen Aminosäureverbindungen zusammenzufügen.

Wie groß und wie universell die Bereitschaft der 92 im Kosmos vorkommenden Elemente ist, sich zusammenzuschließen, und zwar zu eben den Molekülen, von denen hier so ausführlich die Rede ist, zeigen auch radioastronomische Befunde der letzten Jahre. Bei systematischen Untersuchungen wurden im freien Weltraum (also nicht etwa in den Atmosphären anderer Himmelskörper) als erstes die Verbindung OH (als »Trümmerbruchstück« des Wasser-Moleküls), dann aber auch Ammoniak, Methan, mindestens 2 Kohlenstoff-Schwefel-Verbindungen und neuerdings sogar das bereits den nächsten Entwicklungsschritt darstellende Formaldehyd nachgewiesen.

Diese Befunde sind nicht allein ein überwältigendes Dokument für die Tendenz fast aller Elemente zum Zusammenschluß. Sie unterstreichen darüber hinaus die besonders hohe Wahrscheinlichkeit der Entstehung der hier diskutierten besonderen Moleküle. Außerdem lassen sie an die Möglichkeit denken, daß ein Teil der in der Ur-Atmosphäre enthaltenen Moleküle dorthin vielleicht aus den Tiefen des Kosmos gelangt ist. Vielleicht sind einige dieser für die spätere Entwicklung des Lebens so wichtigen Verbindungen im Kosmos entstanden und erst anschließend auf die Erde getrieben worden. So gesehen wäre dann zwar nicht das Leben selbst vom Himmel gefallen, aber immerhin ein Teil der chemischen Verbindungen, von denen es seinen Ausgang nahm.

Wenn man diese Möglichkeit bedenkt, dann gewinnt auch die unermeßliche Größe des Kosmos, die anschaulich nicht mehr vorstellbare Weite der Räume zwischen den einzelnen Sternen, eine neue, zusätzliche Bedeutung. Vielleicht ist auch diese Größe eine der unabdingbaren Voraussetzungen für die Entstehung von Leben auf den Oberflächen von Planeten. Es erscheint denkbar, daß erst diese Räume groß genug sind, um einen »Saatboden« ausreichender Fruchtbarkeit für die Entstehung der benötigten Mengen jener Moleküle abzugeben, die für den hier diskutierten Schritt der Entwicklung gebraucht wurden. Vielleicht entstehen nur in diesen Weiten zwischen den Sternen unter der Einwirkung der kosmischen Strahlung und anderer Energiequellen ausreichende Mengen dieser molekularen Bausteine.

So hauchdünn sie im Raum auch immer verteilt sein mögen, ihre absolute Menge muß, dem Ausmaß kosmischer Dimensionen entsprechend, ungeheuer sein. Und ihre Konzentration bis auf die für weitere Reaktionen erforderliche Dichte wäre alles andere als rätselhaft. Es ist leicht erklärbar, daß diese Moleküle enger und enger zusammenrücken müssen, während sie im Laufe der Jahrmillionen von den Planeten ihrer kosmischen Umgebung durch deren Schwerkraft angezogen werden.

Bei diesem Prozeß würden die Planeten folglich die Rolle von Kondensationskernen übernehmen. Man kann sich leicht vorstellen, wie es dabei zur Anreicherung der Moleküle kommen muß, wenn ein Planet nach und nach alle die Verbindungen an sich zieht und auf seiner Oberfläche einsammelt, die in dem von seiner Anziehungskraft beherrschten Raum entstanden sind.

Die Radioastronomen melden seit einigen Jahren alle paar Monate die Entdeckung neuer chemischer Verbindungen, die sie mit ihren riesigen Teleskopen im freien Weltraum aufgespürt haben. Überblickt man die bisherigen Berichte, dann gehört nicht viel dazu, vorherzusagen, daß in den kommenden Jahren immer komplexere Verbindungen dazu gehören werden. Diese Erfahrung kann die Vermutung bestärken, daß der hier skizzierte Prozeß in der Vorgeschichte des irdischen Lebens eine wichtige Rolle gespielt haben dürfte. So eigenständig und spezifisch sich das irdische Leben zweifellos auch entwickelt hat, ohne diesen kosmischen Molekülregen hätte es auf unserem Planeten möglicherweise niemals Fuß fassen können. Ohne diesen Prozeß einer »Anreicherung« über kosmische Dimensionen hinweg hätte sich auf der Erdoberfläche in der zur Verfügung stehenden Zeit möglicherweise nicht die »kritische Menge« biologischer Polymere ansammeln können, die wir als Voraussetzung für den anschließenden Schritt der Entwicklung anzunehmen haben.

Alles in allem kann einem das Experiment von Stanley Miller eine Fülle von Einsichten bescheren. Zunächst einmal zeigt dieser Versuch auf verblüffende Weise, wie einfach es in Wirklichkeit bei der bis dahin so geheimnisvoll erscheinenden Entstehung lebensnotwendiger »Biopolymere« auf »abiotischem« Wege in der Ur-Atmosphäre zugegangen ist. Daraus ergibt sich aber zugleich der Schluß, daß die spezifische Bereitschaft, die »chemische Affinität« der zur Verfügung stehenden Ausgangsmaterialien, sich zu den uns heute als Lebensbausteine bekannten Verbindungen zusammenzufügen, besonders groß gewesen sein muß. Anders ausgedrückt: Diese Biopolymere sind ganz offensichtlich allein deshalb zu den Bausteinen des späteren Lebens geworden, weil die als Nachkommen des Wasserstoffs entstandenen Elemente so beschaffen sind, daß sie die Entstehung gerade dieser Verbindungen begünstigen.

Die Entstehung der ersten Lebensbausteine ist somit alles andere als rätselhaft oder unerklärlich. Wenn man das Wasserstoffatom mit seiner wunderbaren Entwicklungsfähigkeit und die Naturgesetze in ihrer von uns als Faktum hinzunehmenden Besonderheit als gegeben voraussetzt – und welchen Standpunkt sonst könnten wir beziehen –, dann war sie vielmehr unausbleiblich. Die in den Jahren nach der Veröffentlichung von Stanley Miller erzielten Forschungsergebnisse haben das eindrucksvoll unterstrichen.

Man kann sich leicht ausmalen, welche Reaktion der Millersche Versuch in der Fachwelt auslöste. In unzähligen Laboratorien der ganzen Welt gingen die Experten daran, die so unglaublich simpel erscheinende Versuchsanordnung des jungen Amerikaners nachzubauen und sein Experiment zu wiederholen. Selbstverständlich gab es unter den Forschern nicht wenige, die Miller nicht glaubten und das Experiment nur deshalb wiederholten, weil sie das Ergebnis widerlegen und Miller die Fehlerquellen nachweisen wollten, die er, wie sie meinten, übersehen haben mußte.

Es kam jedoch anders. Nicht ein einziger der vielen Nachprüfer zog eine Niete. Alle meldeten Erfolge. Daraufhin begann man, das Experiment abzuwandeln. Es wurden nach und nach immer neue Ausgangsstoffe durchprobiert und andere Energiequellen benutzt. Das Ergebnis war immer das gleiche: Neben vielen anderen chemischen Zufallsverbindungen entstanden Aminosäuren, Zucker, Purine und andere Moleküle, die den Biochemikern als Bestandteile der heute existierenden Lebewesen seit langem vertraut waren.

Je mehr man die Ausgangsbestimmungen variierte, je länger man die verschiedenen Reaktionslösungen den jeweils benutzten Energieformen aussetzte, um so größer wurde die Zahl der Verbindungen, die bei den Versuchen entstanden. Mit ihrer Aufzählung und Beschreibung konnte man schon wenige Jahre später ganze Bücher füllen. Unter bestimmten Bedingungen entstanden mehr als 70 verschiedene Aminosäuren bei einem einzigen über mehrere Tage fortgesetzten Versuch.

In den Glaskolben entstanden Zucker, Adenin und andere Nukleinsäurebausteine, sogar Porphyrine (chemische Vorstufen des biologisch so bedeutsamen Blattgrüns oder Chlorophylls) (15), und schließlich wurde von mehreren Wissenschaftlern sogar die abiotische Entstehung von Adenosintriphosphat gemeldet, jedem Biochemiker unter der Abkürzung ATP als die wichtigste Energiequelle aller auf der Erde lebenden Zellen bekannt. Ließen die Experimentatoren ihre Versuche über längere Zeit weiterlaufen, so fanden sie schließlich sogar einzelne Polymere, also Zusammenschlüsse von Aminosäuren und von sogenannten Nukleotiden, den Bausteinen der Nukleinsäuren. Schon unter diesen höchst einfachen Bedingungen des Laboratoriums und innerhalb der extrem kurzen Zeiträume, innerhalb derer die Versuche durchgeführt wurden, verrieten die abiotisch entstandenen Elementarbausteine ihrerseits wieder die Tendenz, sich mit ihresgleichen zu den langen Kettenmolekülen oder »Polymeren« zusammenzuschließen, aus denen Eiweiße und Nukleinsäuren bestehen.

Bei allen diesen Experimenten waren selbstverständlich, ungeachtet der sonstigen Variationen, immer nur ganz elementare Ausgangsstoffe als Reagenzien benutzt worden, Substanzen, deren Vorkommen auf der Oberfläche der Ur-Erde auch von den Skeptikern nicht bestritten werden konnte. Miller hatte Methan, Ammoniak und Wasser genommen. Seine Nachfolger experimentierten mit Kohlendioxid, Stickstoff, Zyanwasserstoff und anderen anorganischen Verbindungen. Es schien vollkommen gleich zu sein, auf welche Ausgangsstoffe man zurückgriff. Hauptsache war, daß das Gemisch Kohlenstoff, Wasserstoff und Stickstoff enthielt, jene Atome, die den Hauptanteil aller lebenden Materie bilden.

Auch die Art der Energiequelle schien weitgehend unwichtig zu sein. Mit UV-Licht ging es ebenso gut wie mit den von Miller benutzten elektrischen Entladungen. Andere Wissenschaftler nahmen gewöhnliches Licht. Auch damit gelangen die Versuche. Das gleiche Ergebnis wurde erzielt, wenn die Wissenschaftler Röntgenstrahlen benutzten oder einfach nur große Hitze. Selbst wenn sie Ultraschall auf ihre Reaktionslösungen einwirken ließen, bildeten sich die genannten und zahlreiche andere biologische Bausteine. Mit welchen Mitteln auch immer man die Bedingungen der Ur-Erde zu kopieren versuchte, in praktisch jedem Fall entstanden die komplizierten Moleküle, deren »abiotische Genese«, deren Entstehung ohne die Anwesenheit von Lebewesen nicht nur so vielen vorangegangenen Forschergenerationen, sondern auch den Männern, die diese Versuche jetzt durchführten, bis dahin so geheimnisvoll und unerklärlich erschienen war.

Natürlich bleibt es nach wie vor wunderbar, daß die Materie überhaupt so beschaffen ist, daß sie sich unter den Bedingungen der uns bekannten Welt in dieser Weise fortentwickelt. Aber dabei geht es eben, wie der Versuch von Miller erstmals in verblüffender Weise demonstrierte, durchaus »natürlich« zu, womit nur gesagt werden soll, daß das, was sich in den Reagenzkolben der Experimentatoren abspielte, einsichtig auf die in dieser Welt herrschenden Naturgesetze zurückzuführen war. Daß etwas, was auf diese Weise naturwissenschaftlich verstanden und erklärt werden kann, im Gegensatz zu einem ebenso gedankenlosen wie verbreiteten Vorurteil keineswegs aufhört, wunderbar zu sein, dafür bilden diese Versuche ein besonders überzeugendes Beispiel.

Es ist zwar zuzugeben, daß es bis heute noch keineswegs gelungen ist, alle in den heutigen Organismen vorkommenden chemischen Grundbestandteile in ähnlicher Weise im Laboratorium herzustellen (16). Es wäre jedoch unvernünftig, wenn man deshalb noch bestreiten wollte, daß eine solche abiotische Genese grundsätzlich möglich ist, und daß sich kein Grund erkennen läßt, aus dem das nicht auch für die anderen chemischen Verbindungen gelten sollte, die für die Entstehung des Lebens gebraucht werden, bei denen der direkte Nachweis bis jetzt aber noch aussteht.

Wir können also davon ausgehen, daß die Oberfläche der Ur-Erde gegen Ende dieser Epoche angefüllt war von komplizierten chemischen Verbindungen und darunter auch den Verbindungen, die wir heute als Bausteine der belebten Substanz kennen. Unter ihnen muß alsbald ein Prozeß eingesetzt haben, den die Wissenschaftler seit einigen Jahren als »chemische Evolution« bezeichnen. Der Begriff Evolution ist hier deshalb berechtigt, weil alles dafür spricht, daß schon in diesem Stadium der Geschichte eine Auslese durch die Umwelt eingesetzt hat, deren Regeln und Auswirkungen sich prinzipiell nicht von der »Selektion« unterschieden, welche in einer damals noch nicht voraussehbaren Zukunft, Äonen später, die Veränderung und Weiterentwicklung der lebenden Arten vorantreiben sollte.

Denn es waren keineswegs etwa »gezielt« nur Adenin und andere Purine als »Kettenglieder« der zukünftigen Nukleinsäuren entstanden und ebensowenig nur die Aminosäuren, aus denen sich viel später dann die verschiedenen Proteine oder Eiweißkörper bilden sollten. Alle diese heutigen Bio-Moleküle – und noch viele andere – müssen damals unter sehr viel größeren Mengen der unterschiedlichsten anderen chemischen Verbindungen begraben gewesen sein. Die weitaus meisten dieser Verbindungen haben dann bei der weiteren zur Entstehung des Lebens hinführenden Entwicklung keine nachweisliche Rolle mehr gespielt.

Von welchen Molekülen die weitere Entwicklung ihren Ausgang nahm und welche anderen aus dem Rennen geworfen wurden, darüber entschied schon damals die Umwelt. Das eben ist der Prozeß, den wir Evolution nennen: Eine Weiterentwicklung, deren Richtung und Tempo dadurch bestimmt werden, daß gewisse Umweltbedingungen unter einem vorliegenden Angebot auswählen. Wir wissen – das ist zuzugeben – heute noch sehr wenig über den Weg, den die chemische Evolution in dieser so lange zurückliegenden Epoche der Erdgeschichte im einzelnen genommen hat. Aber wir müssen uns auch hier wieder vor dem tief verwurzelten Vorurteil hüten, das uns auch an dieser Stelle darüber staunen lassen möchte, wie es denn zu erklären sei, daß unter den ungezählten chemischen Verbindungen, die es auf der Ur-Erde gab, gerade die biologisch entscheidenden ganz offenbar die Chance bekamen, zueinander in Verbindung zu treten und miteinander zu reagieren.

Selbstverständlich ist hier, wie wir uns erinnern wollen, die entgegengesetzte Betrachtungsweise angebracht. Nur von einem diesem Vorurteil direkt entgegengesetzten Standpunkt aus können wir die Entwicklung im ganzen und so auch den Schritt, um den es sich hier handelt, ohne perspektivische Verzerrung, wirklichkeitsgetreu, in den Blick bekommen. Die menschliche Phantasie ist trotz aller scheinbaren Ungebundenheit so beschaffen, daß wir uns etwas, was es nie gegeben hat, auch nicht vorstellen können. (Auch die schauerlichsten Fabelwesen eines Hieronymus Bosch entpuppen sich bei näherer Betrachtung als willkürlich zusammengesetzt aus den Körperteilen real vorkommender Tiere.)

Wir haben deshalb nicht die leiseste Vorstellung davon, welche anderen der Moleküle, die es vor 4 Milliarden Jahren auf der Erde gab, ebensogut als Bausteine des Lebens hätten dienen können. Ebensowenig können wir ahnen, welche Formen das irdische Leben (und das von diesem Leben geprägte Gesicht der Erde) angenommen hätte, wenn nicht die uns geläufigen, sondern andere Biopolymere das Rennen gemacht hätten. Logik und Wahrscheinlichkeit sprechen dafür, daß diese Möglichkeit am Anfang durchaus gegeben war.

Aber als sich in dieser Epoche immer kompliziertere Verbindungen auf der Erdoberfläche anzusammeln begannen, da hatten schon nicht mehr alle von ihnen die gleiche Chance, zu überdauern. Die bereits damals sehr individuellen Eigenschaften der irdischen Umwelt begünstigten die einen und beförderten die rasche Zersetzung der anderen. Im einzelnen wissen wir darüber noch sehr wenig. Immerhin aber haben wir in Gestalt des Urey-Effektes bereits ein Beispiel kennengelernt für einen aus historischer Zufälligkeit erwachsenen Mechanismus, der damals eine Auslese zugunsten von Aminosäuren und Purinen zu betreiben begann.

Vor rund 4 Milliarden Jahren also war die Erde, wie wir jetzt genauer formulieren können, nicht einfach bedeckt mit den verschiedensten und zum Teil sehr komplex aufgebauten Molekülen. Die Moleküle dürften auch sehr reichlich vorhanden gewesen sein. Hunderte von Jahrmillionen hatten für ihre Entstehung zur Verfügung gestanden. Über solche Zeiträume hinweg hatten die Reaktionen ablaufen können, die bei dem Experiment von Stanley Miller schon innerhalb weniger Tage nachweisbare Mengen derartiger Verbindungen zu erzeugen imstande sind. Dieses Experiment läßt ferner die Vermutung zu, daß bestimmte Moleküle, die später Bedeutung als Lebensbausteine erlangten, vielleicht von Anfang an überdurchschnittlich häufig vorkamen. Die Tendenz der Materie, sich zu eben diesen Verbindungen zusammenzuschließen, scheint unter den auf der Erde damals herrschenden Bedingungen begünstigt gewesen zu sein.

Zur Anreicherung dieser Moleküle hat wahrscheinlich auch die Tatsache beigetragen, daß sie selbst im freien Weltraum entstehen konnten und allem Anschein nach bis auf den heutigen Tag fortlaufend entstehen. Seit der Geburt unseres Planeten müssen sie daher von allen Seiten auf die Erdoberfläche herabgerieselt sein wie ein fruchtbarer kosmischer Regen.

Dieser molekulare Niederschlag aber setzte sich nicht einfach nur ab, zusammen mit den auf der Erdoberfläche selbst entstandenen Verbindungen. Von Anfang an begann eine Auslese, welche eine relative Vermehrung ganz bestimmter Moleküle bewirkte. Es waren, wie hätte es anders sein können, jene Moleküle, die wir heute als Bausteine des Lebens von allen anderen existierenden und denkbaren chemischen Verbindungen unterscheiden. Als die Biomoleküle aus diesem Grunde auf der Kruste der Ur-Erde immer mehr zunahmen, vergrößerte sich unaufhaltsam auch die Wahrscheinlichkeit, daß sie miteinander in Kontakt gerieten.

Es hatte lange gedauert, bis es dahin gekommen war. Die Entstehung der Welt lag in dieser Entwicklungsphase schon fast 10 Milliarden Jahre zurück. Seit der Entstehung der Erde waren beinahe 2 Milliarden Jahre vergangen. Nach dieser unermeßlich langen Zeit also begannen die von der chemischen Evolution ausgesiebten Aminosäuren, Purine, Zucker und Porphyrine auf der Oberfläche der Ur-Erde miteinander zu reagieren. Wenn man die ungeheure Vorgeschichte bis zu diesem Augenblick bedenkt, bedarf es dann wirklich noch der Annahme eines übernatürlichen Faktors, um zu verstehen, daß die Entwicklung an diesem Punkt nun nicht mit einem Mal haltgemacht hat?

6. Natürlich oder übernatürlich?

Niemand weiß, wie die erste auf der Erde entstandene molekulare Struktur aussah, der das Prädikat »lebendig« zuzuerkennen wäre. Was meinen wir mit diesem Eigenschaftswort überhaupt? Wie so oft bei Definitionen, die auf Grenzziehungen zurückgehen, ist die Frage gar nicht so leicht zu beantworten. Diese Schwierigkeit besteht in allen Fällen, in denen wir die Fülle der Naturerscheinungen systematisch einzuteilen versuchen.

Daß ein Stein tot und eine Amöbe, ein Wechseltierchen also, lebendig ist, darüber kann es selbstverständlich keinen Streit geben. Schwierig aber wird die Unterscheidung sofort, wenn wir uns dem Grenzbereich zwischen beiden Zuständen nähern. Ein bekanntes Paradebeispiel sind die Viren. Ist ein Virus ein lebender Organismus oder noch dem Bereich der unbelebten Natur zuzurechnen?

Viren, das sind die merkwürdigen Gebilde, die eigentlich nur aus dem langen Faden eines Nukleinsäure-Kettenmoleküls bestehen, das aufgeknäuelt in einer Eiweißkapsel als Hülle verpackt ist. Also, anders ausgedrückt, nichts als eine isoliert existierende Erbanlage, ein Gen, das lediglich mit einer schützenden Hülle umgeben ist. Kein Körper! So gesehen sind Viren so etwas wie die äußerste Abstraktion des Lebendigen. Sie sind zu nichts, zu buchstäblich nichts anderem fähig als dazu, sich zu vermehren.

Jedoch sind sie auf dieses einzige und letzte Erfordernis so radikal reduziert, daß sie, körperlos wie sie sind, nicht einmal über eigene Organe zu diesem Zweck verfügen. Die einzige allenfalls einem Organ analoge Struktur, die an ihnen mit einem Elektronenmikroskop noch zu entdecken ist, sind eigenartig technisch anmutende hakenförmige Gebilde auf ihrer Eiweißhülle. Diese geben einem Virus die Möglichkeit, sich an eine lebende Zelle anzuheften und deren Wand zu durchbohren. Ist das geschehen, so zieht sich die Eiweißhülle zusammen und injiziert dadurch das in ihr enthaltene Ribonukleinsäuremolekül in den Leib der befallenen Zelle.

Mit dieser einen und einzigen Leistung hat sich der Lebensinhalt eines Virus bereits erfüllt. Das injizierte Gen wird jetzt von der Zelle in deren Vermehrungsapparat eingeschleust. Dieser aber kann Gen nicht von Gen unterscheiden und beginnt daher, seinem angeborenen Programm blind (und in diesem Falle selbstmörderisch) gehorchend, das Virus-Gen so lange zu produzieren, bis die infizierte Zelle daran erstickt und sich auflöst. Das gibt den neu entstandenen Virus-Genen (die von der Zelle, dem im Gen enthaltenen Befehl gehorchend, auch noch mit Eiweißhülle und Haftapparat ausgestattet werden) die Chance, die nächste Zelle zu überfallen – wiederum einzig und allein zu dem Zweck, sich abermals zu vermehren.

Die Fähigkeit zur Vermehrung, zur Erzeugung identischer Kopien von sich selbst, das ist zweifellos ein spezifisches Kriterium des Lebendigen. Aber die Viren haben sich nun auf diese eine Funktion in einer Weise beschränkt, daß man sie selbst nicht mehr als lebendig bezeichnen kann. Sie können sich nur noch mit der Hilfe einer lebendigen Zelle vermehren, weil sie ihre Existenz in einer nicht mehr überbietbaren Weise so sehr reduziert haben, daß sie sich selbst den der Vermehrung dienenden Mechanismus von einer lebenden Zelle gleichsam ausborgen müssen.

Deshalb sind die Viren auch sicher kein geeignetes Modell, wenn man versucht, sich vorzustellen, wie die ersten irdischen Lebensformen ausgesehen haben könnten. Vor einigen Jahrzehnten hielt man es noch für denkbar, daß die Viren vielleicht selbst diese Rolle gespielt haben und heute noch existierende Übergangsformen zwischen unbelebter und belebter Materie darstellen könnten. Als man über ihren seltsam monotonen »Lebenslauf« und die Bedingungen zur Erfüllung der einzigen Funktion, aus der er besteht, genaueres erfuhr, mußte man diese Vermutung fallenlassen. Viren sind zu ihrer parasitären Existenz auf das Vorhandensein lebender Zellen angewiesen. Sie können daher keine Urformen des Lebens sein. Viel eher sind sie als hochspezialisierte und in gewisser Hinsicht bereits wieder degenerierte Spätformen anzusehen. Die Viren sind aber nach wie vor ein lehrreiches Beispiel für die Schwierigkeit, den zunächst so eindeutig und klar erscheinenden Unterschied zwischen »tot« und »lebendig« so zu definieren, daß er auch in dem Übergangsfeld zwischen diesen beiden Bereichen der Natur seine Gültigkeit behält. Wie sehr der so spezifisch biologische Begriff der Vermehrungsfähigkeit unter diesen Umständen enttäuschen kann, das zeigen gerade die Viren sehr deutlich.

Die Biologen haben sich deshalb in den letzten Jahren auf einige andere Kriterien geeinigt, um zu einer gültigen Definition des Lebendigen zu kommen. Eines dieser Kriterien ist die Fähigkeit, »Energie in geordneter Weise umzuformen«, ein anderes die Fähigkeit, »die Information über die Art und Weise, in der die geordnete Energieumformung geschieht, auf ein anderes, identisches System zu übertragen«. Schon die abstrakte und verfremdet-umständliche Form dieser Definition (die ich hier sinngemäß einer Veröffentlichung des amerikanischen Biochemikers und Nobelpreisträgers Melvin Calvin entnehme) zeigt deutlich, wie schwierig die Aufgabe ist. Der eigentliche Grund dieser Schwierigkeit ist, bei Licht besehen, einfach: Unterscheidungen wie die zwischen »tot« und »lebendig« ziehen Grenzen, die es in der Natur in Wirklichkeit gar nicht gibt. Derartige Grenzen sind künstlich. Sie gehören zu einem begrifflichen Gradnetz, das wir über die Natur geworfen haben, um in der Fülle der Erscheinungen nicht die Übersicht zu verlieren.

Das Ganze ist etwas Ähnliches wie das Gradnetz auf der Wanderkarte, das uns ebenfalls die Orientierung (und die gegenseitige Verständigung über die Punkte der Landschaft, die wir gerade meinen) erleichtern soll. Niemand von uns würde auf die Idee kommen, diese Netzeinteilung für eine Eigenschaft der Landschaft zu halten, oder gar den Versuch machen, sie im Gelände wiederzufinden.

Nicht anders ist es mit dem Unterschied zwischen unbelebt und belebt. Die Schwierigkeiten, auf die wir stoßen, wenn wir zwischen diesen Begriffen in der Nähe des Übergangs von dem einen Zustand der Materie in den anderen unterscheiden wollen, liegen in der Natur der Sache. Sie beruhen darauf, daß es hier eine scharfe Grenze eben nicht gibt. Oder, anders formuliert: Die Unmöglichkeit, »Leben« eindeutig und allgemeingültig zu definieren, ist nur ein weiterer Beleg dafür, daß mit dem Erscheinen des Lebendigen nichts radikal Neues auf der Erde aufgetaucht ist. Nichts, dessen Möglichkeit nicht schon im Anfang angelegt war. »Leben« ist ein Phänomen, dessen Entstehung sich so folgerichtig, so zwangsläufig und so stufenlos vollzogen hat, daß niemand genau sagen kann, an welchem Punkt es »beginnt«.

Ganz abgesehen von dieser prinzipiellen Schwierigkeit wissen wir über die ersten Lebensformen, die es auf der Erde gegeben hat, so gut wie nichts. Die ältesten Fossilien, die bisher entdeckt worden sind, sind Abdrucke und fossilierte Einschlüsse kernloser algenartiger Einzeller. Sie sind über 3 Milliarden Jahre alt. Bei aller Primitivität stellen diese Organismen bereits ziemlich komplizierte und kunstvoll organisierte Lebensformen dar. Zwischen ihnen und den abiotisch entstandenen molekularen Bausteinen, den Biopolymeren, klafft, entwicklungsgeschichtlich gesehen, für unser Wissen heute noch eine Lücke. Die Übergangsformen, die es zwischen diesen beiden Stadien der Entwicklung gegeben haben muß, kennen wir nicht. Sie haben, wie es scheint, keine Spuren hinterlassen.

In Anbetracht der Umstände ist das nicht überraschend. Die Zeit, in der diese Übergangswesen existierten, liegt rund 4 Milliarden Jahre zurück. Kein Wunder, daß ihre Spuren schwer zu finden sind, wenn sie überhaupt noch existieren. Andererseits übt gerade diese Lücke auf manchen eine besondere Anziehungskraft aus, denn erfahrungsgemäß können viele Menschen der Versuchung nicht widerstehen, in einer solchen Lücke das »Wunder«, den übernatürlichen Eingriff versteckt zu glauben, ohne den es ihrer Ansicht nach bei der Entstehung des Lebens nicht zugegangen sein kann.

Wer sich an diese Überzeugung klammern will, den kann man nicht einmal mit Fakten widerlegen, weil wir über Fakten für diese Übergangsepoche eben nicht verfügen. Wer sich also auf die Ansicht versteift, daß genau in der dieser Lücke entsprechenden Zeit die Naturgesetze vorübergehend außer Kraft gesetzt worden sind, um Platz für die Entstehung des Lebens zu schaffen, den wird man von dieser Überzeugung kaum abbringen können.

Die Geistesgeschichte lehrt jedoch an einer Fülle von Beispielen, wie verfehlt es ist, den lieben Gott oder die Transzendenz in dieser Weise als Lückenbüßer zu mißbrauchen. Einige dieser Beispiele wurden im ersten Teil dieses Buches schon genannt. Die lange und traurige Geschichte der Auseinandersetzungen zwischen Theologie und Naturwissenschaft hat die Autorität der Vertreter der Kirche vor allem deshalb so stark erschüttert, weil diese mit einer nachträglich schwer zu verstehenden Hartnäckigkeit jahrhundertelang an genau dieser Taktik festgehalten haben.

Sobald die Wissenschaftler irgendeine Naturerscheinung aufgeklärt hatten, entgegneten die Theologen ihnen: »Schon gut, Ihr habt recht, das Detail, das Ihr erforscht habt, ist anscheinend wirklich rational, naturwissenschaftlich zu erklären. Aber seht doch, wie riesengroß die Welt im Ganzen ist. Ihr könnt nicht bestreiten, daß es da eine riesige

Zahl von Erscheinungen und Zusammenhängen gibt, die wir Menschen trotz aller wissenschaftlicher Fortschritte niemals werden verstehen und erklären können, deshalb nicht, weil die Welt im Ganzen das Fassungsvermögen unseres Verstandes unermeßlich übersteigt, weil sie letztlich auf einem transzendenten Grund ruht.«

Das Argument ist insofern richtig, als die Welt von dem Verstande eines Wesens, dessen Fähigkeiten Ausdruck der spezialisierten Anpassung an die Bedingungen eines einzelnen Himmelskörpers sind, zweifellos niemals vollständig begriffen werden kann. Die Theologen machten nur immer wieder den Fehler, sich auf die angebliche Unerklärbarkeit ganz bestimmter Phänomene aus dem Bereich allgemeiner menschlicher Erfahrung als Beweis für die Wirklichkeit Gottes festzulegen. Das aber konnte nicht gutgehen.

Alles Wissen ist immer nur vorläufig. Naturgemäß gilt das auch für die Ansichten darüber, welche Fortschritte die Wissenschaft in Zukunft noch machen kann und machen wird. Wer sich auf die grundsätzliche Unerklärbarkeit bestimmter Naturerscheinungen festlegt, muß daher das Risiko in Kauf nehmen, von der Wissenschaft früher oder später widerlegt zu werden. Das ist die bittere Erfahrung, welche die Theologen in den letzten Jahrhunderten wieder und wieder machen mußten.

Es nützte ihnen kein noch so heftiger Widerstand. Beharrlich und unbeirrbar wurden sie von den Wissenschaftlern gezwungen, eine ihrer Bastionen nach der anderen aufzugeben. Das wäre weiter nicht schlimm gewesen, wenn die Theologen diese jetzt unhaltbar gewordenen Positionen vorher nicht mit so großem Nachdruck als verläßliche Beweise für die Gegenwart Gottes in der Welt verkündet hätten.

Das fing an mit der Behauptung, der Himmel sei im wörtlichen Sinne die Wohnstatt des Schöpfers der Welt. Das wurde fortgesetzt von all den unzähligen Theologen und schöngeistigen Philosophen, denen die »Wunder der Natur« *wegen* ihrer so offensichtlichen Unerklärbarkeit als Beweis für die Existenz Gottes dienten. Ein einziges Beispiel von unzählig vielen ist ein 1713 erschienener Traktat »Demonstration der Existenz Gottes, abgeleitet aus der Kenntnis der Natur«. Sein Autor war François Fénelon, ein liberaler französischer Theologe, Mitglied der Academie Française.

Fénelon wird nicht müde, seine Leser auf die Zweckmäßigkeit aller Einrichtungen der Natur hinzuweisen, auf die Bewegung der Gestirne und den daraus für den Menschen folgenden Wechsel von Tag und Nacht, auf den Körperbau der Tiere, der bis in so erstaunliche Einzelheiten hinein den Lebensbedingungen angepaßt ist, unter denen diese Tiere ihr Dasein fristen müssen, auf die wohltätigen Eigenschaften des als Regen vom Himmel fallenden Wassers und das Geschick der Pflanzen, sich dem jahreszeitlichen Wechsel von Sommer und Winter anzupassen. Das alles erscheint ihm so wunderbar und aufzählenswert, weil es eine natürliche Erklärung für alle diese erstaunlichen Entsprechungen und Fügungen ganz offensichtlich nicht zu geben scheint. Kann man denn auf noch deutlichere Fußstapfen Gottes in der Welt stoßen, so fragt Fénelon seine Leser immer aufs neue.

Es ist jetzt 250 Jahre her, seit dieser Traktat geschrieben wurde. Aber auch heute noch gilt seine rührende Argumentation erstaunlich vielen Menschen als vernünftig, ungeachtet der schlechten Erfahrungen, die ihre Vertreter, vor allem die Theologen, mit ihr gemacht haben. Denn eines nach dem anderen wurden alle diese Wunder von den Naturwissenschaftlern erforscht und aufgeklärt. Die Astronomen wiesen nach, daß im Himmel kein Ort ist, an dem man Gott hätte vermuten können. Die Chemiker begannen, organische Substanzen zunehmender Kompliziertheit künstlich in ihren Laboratorien herzustellen. Und schließlich brachten es die »Evolutionisten«, an ihrer Spitze Darwin, sogar fertig, die Zweckmäßigkeit der natürlichen Anpassung lebender Organismen an ihren Lebensraum mit Hilfe so relativ einfacher Mechanismen wie Mutation und Selektion zu erklären.

Wer unter diesen Umständen, der Autorität berühmter Vorbilder folgend (oder einfach, weil man es ihm so beigebracht hatte), weiterhin daran festhielt, daß das Wunder identisch sei mit dem Unerklärlichen, der Wissenschaft Unerreichbaren, und weiter daran, daß allein Wunder dieser Art die Existenz Gottes verbürgen könnten, der befand sich permanent auf dem Rückzug. Eines seiner »Wunder« nach dem anderen verflüchtigte sich unter dem unaufhaltsam erscheinenden Vordringen der Wissenschaft. Weil vorher aber von kirchlichen Autoritäten mit solchem Nachdruck verkündet worden war, daß jedes dieser Wunder die Existenz Gottes bezeuge, mußte unweigerlich der Eindruck entstehen, daß die Wissenschaft angetreten sei, Gott aus der Welt »herauszuerklären«. So hatten sich die Theologen den Strick selbst um den Hals gelegt, an dem die Wissenschaftler jetzt zu ziehen begannen.

Ich zweifele nicht daran, daß der der Wissenschaft bis heute anhängende Ruf der Glaubensfeindlichkeit zu einem wesentlichen Teil auf die unglückliche Argumentation der Kirche selbst zurückzuführen ist. Wer die verhängnisvolle Auffassung vertritt, daß Gott nur in dem nicht erklärten und angeblich nicht erklärbaren Teil der Welt anwesend sei, muß sich von den Wissenschaftlern darüber belehren lassen, daß der Teil der Welt, der für Gott übrigbleibt, von Jahr zu Jahr kleiner wird. Auf diese Erfahrung geht das bissige Wort von der »Wohnungsnot Gottes« zurück, das dem Zoologen und streitbaren Kirchengegner Ernst Haeckel zugeschrieben wird.

So verfehlt die Argumentation der Kirche war, die Naturwissenschaftler haben sich von dem Mißverständnis anstecken lassen. Viele von ihnen, vielleicht sogar die meisten, haben den gleichen Fehler mit der gleichen Hartnäckigkeit begangen, wenn auch mit umgekehrtem Vorzeichen. Mit jedem Fortschritt, den sie machten, mit jeder neuen Erkenntnis, die ihnen gelang, schien ihnen die Wahrscheinlichkeit, daß es einen Gott, daß es überhaupt eine hinter der Fassade des sichtbaren Augenscheins verborgene transzendente Wirklichkeit geben könne, geringer zu werden. Hatten ihnen die Theologen nicht selbst versichert, daß man deshalb an Gott glauben müsse, weil die Wunder der Natur über den menschlichen Verstand gingen? Hatten sie nicht sogar auf ganz bestimmte, konkrete Phänomene hingewiesen, deren Unerklärbarkeit die Existenz eines übernatürlichen Wesens verbürge? Wenn sich alle diese Phänomene nun aber der wissenschaftlichen Analyse zugänglich erwiesen, dann ergab sich daraus doch der logische Schluß, daß Gott zu ihrer Erklärung überflüssig geworden war. »Sire, ich bedurfte dieser Hypothese nicht«, antwortete Laplace voller Stolz, als Napoleon I. ihn fragte, warum er in seinem berühmten Werk über die Entstehung des Planetensystems Gott nicht erwähnt habe.

Es ist wichtig, den Doppelsinn dieser Erwiderung zu beachten. Laplace hatte insofern vollkommen recht, als es unwissenschaftlich und fehlerhaft ist, wenn man sich bei der Erforschung eines Naturvorgangs zur »Erklärung« auf einen übernatürlichen Eingriff beruft, anstatt geduldig danach zu suchen, welche kausalen Zusammenhänge ihm zugrunde liegen. Soweit er mit seiner Antwort also lediglich sagen wollte, daß die Wissenschaft das besprochene Problem ohne die Hypothese eines übernatürlichen Eingriffs habe erklären können, war sein Stolz berechtigt und legitim.

Aber der Franzose hatte bei seiner Antwort selbstverständlich sehr viel mehr im Sinn. Nur deshalb ist sein Ausspruch auch bis heute überliefert. Laplace glaubte, wie wohl die meisten Wissenschaftler seiner Zeit, an die grundsätzliche Erklärbarkeit des *ganzen* Universums. Und deshalb glaubte er nicht mehr an Gott. Es war den Theologen gelungen, ihn und seine Kollegen davon zu überzeugen, daß beides einander ausschlösse.

Auch diese Schlußfolgerung ist bis auf den heutigen Tag noch verbreitet. »Of course not, I am a scientist«, soll der englische Nobelpreisträger Peter Medawar vor einigen Jahren geantwortet haben, als er danach gefragt wurde, ob er an Gott glaube. Die überwältigende Plattheit dieser lakonischen Argumentation ist nur zu verstehen, wenn man die hier geschilderte Vorgeschichte des Mißverständnisses berücksichtigt, das einer solchen Schlußfolgerung zugrunde liegt.

Das alles ist die Quittung dafür, daß längst vergangene Theologen-Generationen es sich zu leicht gemacht haben. Das mag in noch so gutem Glauben und in noch so guter Absicht geschehen sein, es war nicht nur falsch, sondern auch verhängnisvoll. Man braucht kein Theologe zu sein, um eine Argumentation für absurd zu halten, die auf die Behauptung hinausläuft, die Welt sei in zwei Hälften gespalten, deren eine natürlich und deren andere übernatürlich sei, wenn man gleichzeitig gezwungen ist, den Verlauf dieser Grenze zwischen den beiden Bereichen der Natur vom historischen Zufall des gerade erreichten Standes der Naturwissenschaft abhängig zu machen.

Wer meint, seinen Glauben der Wissenschaft gegenüber dadurch verteidigen zu müssen, daß er sich mit seiner religiösen Überzeugung auf den unerklärten Rest der Welt zurückzieht, der vertritt im Grunde die Ansicht, daß Gott nur für diesen unerklärten Teil der Welt zuständig sei. Aus dem Munde eines Gläubigen hört sich dieses Argument für meine Ohren als eine sehr seltsame Einschränkung des Begriffes der göttlichen Allmacht an. Warum sollte das außerhalb der Schöpfung liegen, was unser Verstand zu begreifen vermag?

Ist es nicht wieder nur der menschliche Mittelpunktswahn, der hier manchen dazu verleiten will, die Grenze zwischen einem gleichsam profanen Teil des Universums und einem angeblich grundsätzlich anderen, nämlich übernatürlichen Bereich in aller Unschuld mit der Grenze zu identifizieren, die dem Fassungsvermögen unseres Gehirns gesetzt ist?

Es muß jedem selbst überlassen bleiben, ob er die Annahme einer außerhalb unserer Erfahrungswelt liegenden Ursache des Universums für notwendig hält oder nicht, welchen Namen er für sie verwenden will und welche Folgerungen er aus seiner Entscheidung zieht. Wer eine solche Ursache aber einmal voraussetzt, der müßte doch eigentlich davon ausgehen, daß sie die Ursache der ganzen Welt ist, unabhängig davon, wie groß der Bereich ist, den das menschliche Gehirn auf seiner

heute zufällig erreichten Entwicklungsstufe gerade zu durchschauen vermag.
So war es ursprünglich selbstverständlich auch nicht gemeint. Das ganze ist, wie gesagt, nur die Folge davon, daß manche Theologen es sich in der Vergangenheit zu leicht machen wollten. Daß sie versuchten, einer in ihrem Glauben unsicher werdenden Menschheit Gott nicht mehr zu verkündigen, sondern zu beweisen. Die Folgen sind verheerend. Bis auf den heutigen Tag berufen sich Anhänger und Gegner bei Kontroversen über religiöse Themen auf die Wissenschaft als auf eine Kronzeugin. Weder die eine noch die andere Seite hat dazu auch nur das leiseste Recht. Dem religiös gläubigen Menschen sollte die Vorstellung keine Schwierigkeit bereiten, daß sich auch der wissenschaftliche Fortschritt innerhalb der Schöpfung vollzieht. Wo sonst? Wenn es den Schöpfer der Welt gibt, den die Religionen meinen, dann kann seine Existenz nicht von der Frage berührt werden, welchen Stand die Molekularbiologie auf der Erde zufällig gerade erreicht hat.
Und wenn ein Wissenschaftler einen atheistischen Standpunkt verficht, so ist das sein gutes und unbestreitbares Recht. Niemand hat etwas in der Hand, das ihn widerlegen könnte. Wenn der Mann aber glaubt, seine Überzeugung mit seinen wissenschaftlichen Einsichten begründen zu können, so fällt er – Nobelpreis hin, Nobelpreis her – einfach dem hier diskutierten Denkfehler zum Opfer.
Dies alles sollte bedenken, wer die Versuchung spürt, ein Geheimnis hinter der Lücke zu wittern, die in unserem Wissen hinsichtlich der ersten irdischen Lebensformen klafft. Die Wissenschaft ist heute noch keineswegs an ihrem Ende angekommen. Wenn man berücksichtigt, daß seit dem Beginn einer kontinuierlichen menschlichen Geschichte erst wenige Jahrtausende vergangen sind und daß sich die Denkweise der Wissenschaft in dieser Geschichte erst im Verlaufe der letzten Jahrhunderte allmählich herausgebildet hat, dann kann man sogar die Ansicht vertreten, daß die Wissenschaft und damit unser Wissen über uns selbst und die uns umgebende Welt heute noch in den ersten Anfängen steckt. Deshalb ist es selbstverständlich, wenn dieses Wissen noch höchst lückenhaft und unvollständig ist. Natürlich kann man niemanden hindern, diese Lücken dann in seiner Phantasie mit Spekulationen auszufüllen, die seiner vorgefaßten Meinung entsprechen und die ihm seine Vorurteile daher scheinbar bestätigen. Wer die bisherige Wissenschaftsgeschichte aber vorurteilslos betrachtet, so wie wir das auf den letzten Seiten getan haben, der wird sich vor diesem Fallstrick hüten.

Auf der anderen Seite ist auch unsere Ignoranz in dem hier zur Rede stehenden Punkte nicht absolut. So jung unsere Wissenschaft auch noch sein mag, so hat sie in den letzten Jahren doch auch über diese so tief im Nebel der fernsten Vergangenheit liegende Phase des Überganges von der unbelebten zur lebenden Materie die ersten Informationen zutage gefördert. Es geht in dieser Welt nichts verloren. Nichts, was jemals geschah, ist vergangen, ohne irgendwelche Spuren zu hinterlassen. Es gilt nur, diese Spuren aufzufinden und zu lernen, aus ihnen zu lesen. In dieser Kunst hat die Wissenschaft in letzter Zeit einige verblüffende Fortschritte gemacht.

So haben Wissenschaftler in den vergangenen Jahren auch die ersten Spuren dieser uns mit Recht so interessierenden Schritte der Frühentwicklung des Lebens vor dreieinhalb Milliarden Jahren entdeckt. Darüber hinaus ist es ihnen auch schon gelungen, aus diesen Spuren erste Informationen darüber abzuleiten, wie es bei diesem bedeutsamen Entwicklungsschritt zugegangen ist. Das erste Echo, das wir dank dieser jüngsten Arbeiten aus dieser fernen Vergangenheit zu hören beginnen, ist der Widerhall einer erbarmungslosen Auseinandersetzung. Die Technik, deren sich die Forscher bedienen, um dieses Echo einzufangen, ist faszinierend. Noch verblüffender ist der Ort, an dem die Spur entdeckt wurde: Wir sind es selbst. Jeder von uns trägt, wie alle anderen heute existierenden Lebewesen, ohne jede Ausnahme, in sich die Spur dessen, was damals, vor fast 4 Milliarden Jahren, auf der Erde geschah.

7. Lebende Moleküle

Im Bundesstaat Maryland an der amerikanischen Ostküste gibt es einen kleinen Ort mit dem hübschen Namen Silver Spring. Dort wohnt Margaret Dayhoff, Anfang 50, verheiratet mit einem Physiker und Mutter zweier halberwachsener Töchter. Wer der mütterlich wirkenden Frau nur flüchtig begegnet, wird vielleicht von ihrem warmherzigen Charme angetan sein, aber kaum auf den Gedanken kommen, daß er eine der originellsten amerikanischen Wissenschaftlerinnen vor sich hat. Frau Dayhoff ist Professor für Biochemie und, als stellvertretende Forschungsleiterin, Mitarbeiterin der angesehenen Nationalen Stiftung für Biomedizinische Forschung im amerikanischen Wissenschaftszentrum Bethesda.
Ungewöhnlich ist auch die Ausstattung des Labors, in dem Frau Professor Dayhoff arbeitet. Weder sie selbst noch einer ihrer Mitarbeiter nimmt jemals ein Reagenzglas zur Hand. In den Laboratorien der von Frau Dayhoff geleiteten Abteilung für Biochemie gibt es weder chemische Reagenzien noch biologische Präparate. Einzige Arbeitsgeräte ihres Teams sind ein leistungsfähiger moderner Computer und ganze Batterien von zusätzlichen Rechenmaschinen. Die ungewöhnliche Atmosphäre dieses ungewöhnlichen biologischen Laboratoriums ist die Konsequenz eines spektakulären Einfalls seiner Leiterin: Frau Dayhoff untersucht nicht lebende Tiere, sondern den Stoffwechsel längst ausgestorbener Urweltorganismen.
Das klingt zunächst einfach phantastisch, und dennoch ist es die reine Wahrheit und sogar ganz wörtlich zu verstehen. Die modernen elektronischen Schnellrechner haben auch diese noch vor wenigen Jahren zweifellos für utopisch gehaltene Aufgabenstellung in den Bereich ernsthafter wissenschaftlicher Untersuchung gerückt. Voraussetzung ist freilich der originäre, schöpferische Einfall, der es möglich macht,

die alle menschlichen Maßstäbe übersteigende Rechengeschwindigkeit der elektronischen Handwerkszeuge zur Erreichung dieses Ziels nutzbar zu machen. Frau Dayhoff hat diesen Einfall vor einigen Jahren gehabt. Seitdem arbeitet sie mit einigen Mitarbeitern an der so phantastisch anmutenden Aufgabe mit Zähigkeit und inzwischen auch schon mit Erfolg. Ihre Resultate werden von den Spezialisten in aller Welt mit zunehmender Aufmerksamkeit registriert.

Des Rätsels Lösung heißt »Sequenzanalyse spezifischer Eiweißkörper«. Das klingt sehr kompliziert. Eine solche Sequenzanalyse setzt im chemischen Laboratorium auch eine unglaublich hochgezüchtete Experimentierkunst voraus. Das Prinzip ist aber ganz einfach zu verstehen. Wir können dazu zwanglos an einem Begriff anknüpfen, den wir schon erörtert haben, nämlich an der »Reaktionsträgheit«, mit der die meisten chemischen Vorgänge ablaufen.

Diese Reaktionsträgheit ist für uns insofern ein Glück, als unsere Welt ohne sie nicht beständig sein könnte. Wenn Eisen innerhalb von Sekunden verrostet, wenn Sauerstoff sich in jedem Falle und ohne Energiezufuhr mit Wasserstoff verbinden würde, wenn alle chemischen Elemente und Moleküle, die es gibt, ungehindert und in jedem Augenblick miteinander reagieren würden, dann gliche die Erdoberfläche einem brodelnden chemischen Chaos (17). Keine Struktur und keine Ordnung hätte unter solchen Bedingungen Bestand. Umgekehrt aber wäre eine völlige Reaktionsunfähigkeit, eine Welt, die gleichsam nur aus »Edel-Elementen« bestände, gleichbedeutend mit einer Welt, die keiner Veränderung und damit keiner Entwicklung fähig wäre.

Wir können also am Rande unseres eigentlichen Gedankenganges an dieser Stelle notieren, daß offensichtlich eine Art »mittlerer« Bereitschaft der am häufigsten vorkommenden Elemente und Moleküle, miteinander zu reagieren, zu den fundamentalen Voraussetzungen gehört, auf denen unser Leben beruht. Ohne jede Fähigkeit der verschiedenen Elemente, aufeinander zu wirken und miteinander Verbindungen einzugehen, hätte es nie zu der Entwicklung kommen können, zu deren Resultaten wir selbst gehören. Eine oberste Grenze für die Geschwindigkeit, mit der diese Abläufe erfolgen, ist aber deshalb unumgänglich, weil im Ablauf dieser Entwicklung sonst niemals Gebilde hätten entstehen können, die lange genug andauerten, um als tragfähiger Ausgangspunkt für den nächsten Schritt dienen zu können.

Nun ist eine »mittlere« Reaktionsgeschwindigkeit ein relativer Begriff. Wir verfügen über keinen objektiven Maßstab, der es uns erlaubt, unabhängig von der Bedeutung dieser Geschwindigkeit für uns selbst und für die Stabilität unserer Welt darüber zu entscheiden, wann wir hier von »schnell« reden sollen und welches Tempo wir als »langsam« anzusehen hätten. Wir beurteilen das Tempo eines Ablaufs letztlich immer nur in Relation zu der Größenordnung, die uns als unsere eigene »Lebensspanne« angeboren ist.

Eine Sekunde vergeht für uns deshalb schnell, weil während unseres Lebens, jedenfalls dann, wenn wir das »biblische Alter« erreichen, rund zweieinhalb Milliarden solcher Sekunden verstreichen. Und eine Million Jahre sind für uns allein deshalb ein »langer« Zeitraum, weil wir nicht einmal den zehntausendsten Teil dieser Zeitspanne selbst erleben können. Diese Lebensspanne aber ist ihrerseits auch von dem naturgesetzlich vorgegebenen Tempo abhängig, in dem die chemischen Verbindungen vergehen und ersetzt werden müssen, aus denen wir selbst bestehen.

So gesehen ist also das durchschnittliche Tempo, mit dem chemische Verbindungen und Elemente miteinander reagieren, nicht nur der Ausgangswert für die Geschwindigkeit aller Entwicklungen in dieser Welt, sondern auch der eigentliche Standard dafür, was uns als »schnell« oder »langsam« erscheint. Wir wissen nicht, weshalb chemische Reaktionen gerade mit dieser und nicht mit einer anderen konkreten Geschwindigkeit ablaufen. Die Geschwindigkeit aber, mit der sie das tun, ist das Urmaß aller biologischen Zeit, auch unseres eigenen Zeiterlebens.

Aber zurück zum eigentlichen Thema. Wir haben uns von ihm weniger weit entfernt, als es manchem vielleicht scheinen will. Der unvermeidliche Zusammenhang zwischen dem Ziel, einem lebenden Organismus wenigstens eine gewisse Beständigkeit im Ablauf der Entwicklung zu verleihen, und der vorgegebenen Reaktionsgeschwindigkeit chemischer Abläufe stellt die Natur vor ein scheinbar paradoxes Problem. Der Gesichtspunkt der Beständigkeit, der »relativen Dauerhaftigkeit« des Individuums, veranlaßt sie dazu, Organismen hervorzubringen, deren Lebensspanne bei allen Unterschieden zwischen verschiedenen Arten insgesamt doch relativ kurz sein muß, »kurz« im Verhältnis zu dem Tempo chemischer Umsetzungen.

Auf der anderen Seite aber benötigt ein lebender Organismus, um für eine auch noch so kurze Zeit existieren zu können, eine unübersehbare Vielfalt äußerst komplizierter chemischer Reaktionen, die insgesamt seinen Stoffwechsel bilden und die ihrerseits nun – relativ zu seiner Lebensdauer – außerordentlich schnell ablaufen müssen. Nur dann ist die Beweglichkeit, die fortwährende anpassende Orientierung an die wechselnden Bedingungen der Umwelt, nur dann ist auch die ständige Energieversorgung eines Organismus aus den verschiedenen Energiequellen seiner Umwelt gewährleistet.

Um einen Organismus hervorzubringen und am Leben zu erhalten, muß die Natur daher gewissermaßen gleichzeitig mit zwei ganz verschiedenen zeitlichen Maßstäben arbeiten. Die Bausteine, aus denen sie einen lebenden Organismus zusammenfügt, müssen dauerhaft genug sein, um dem Organismus eine Zeitspanne zur Verfügung zu stellen, in der er wachsen und reifen, womöglich gewisse Erfahrungen machen und sich vermehren kann. Ohne diese Funktionen würde die Entwicklung zum Stillstand kommen. Zur Gewährleistung dieser Funktionen aber müssen sich in dem Organismus nun chemische Prozesse abspielen, die millionenfach schneller erfolgen, als chemische Veränderungen das »normalerweise« tun.

Daß die Beschleunigung einer chemischen Reaktion im Prinzip möglich ist, haben wir schon am Beispiel des Chemielehrers gesehen, der sein Reagenzglas über dem Bunsenbrenner erhitzt, um seiner Klasse Gelegenheit zu geben, dem Ablauf einer Reaktion folgen zu können. Die Natur steht demgegenüber vor der Aufgabe, ein noch sehr viel höheres Tempo chemischer Umsetzungen in der lebenden Zelle, also bei Körpertemperatur und in einem neutralen, »gewebsfreundlichen« Milieu erreichen zu müssen, was ein Arbeiten mit aggressiven Substanzen, also etwa mit Säuren oder Basen, ebenfalls unmöglich macht.

In welchem Maße es der Natur gelungen ist, diese Aufgabe zu lösen, dafür gibt es eindrucksvolle Zahlen. In den letzten Jahren ist es möglich geworden, die Geschwindigkeiten zu messen, mit denen bestimmte biochemische Umsetzungen in der Zelle erfolgen. Der deutsche Chemiker Manfred Eigen bekam für diese Leistung 1967 den Nobelpreis. Die von ihm gemessenen Werte überraschten selbst die Fachleute. Einzelne Reaktionen von biologischer Bedeutung spielen sich innerhalb von hunderttausendstel Sekunden ab. Das bedeutet, daß diese Reaktionen in der Zelle millionen-, mitunter sogar milliardenfach schneller ablaufen, als es »eigentlich« der Fall sein dürfte.

Die Beschleunigung chemischer Reaktionen um solche Größenordnungen ist eine Leistung, die weit außerhalb aller Möglichkeiten unserer heutigen chemischen Wissenschaft liegt, obwohl deren Methoden schon bis an die Grenze des Vorstellbaren hochgezüchtet erscheinen. Die Natur hat schon vor vier Milliarden Jahren eine Technik entwikkelt, um mit der Aufgabe fertig zu werden, ohne deren Lösung die Entstehung von Leben undenkbar geblieben wäre (18). Das Mittel, dessen sie sich bedient, sind die sogenannten »Enzyme«. Enzyme sind Eiweißkörper einer ganz bestimmten Bauart. Sie wirken als »Katalysatoren«. Darunter versteht der Chemiker Substanzen, die in der Lage sind, chemische Reaktionen in Gang zu setzen oder zu beschleunigen, ohne daß sie selbst in die neu entstehende Verbindung eingehen. Katalysatoren wie z. B. die Enzyme (es gibt auch anorganische Katalysatoren) wirken durch ihre bloße Gegenwart. Sie werden selbst nicht verändert und sie verbrauchen sich auch nicht. Ihre bloße Anwesenheit genügt, um eine Reaktion, die unter gewöhnlichen Umständen gar nicht in Gang kommen würde, in Bruchteilen von zehntausendstel Sekunden ablaufen zu lassen. Ein weiteres Merkmal dieser erstaunlichen chemischen »Auslöser« oder Reaktionsvermittler ist die Tatsache, daß die Menge eines Enzyms, die benötigt wird, um eine bestimmte Reaktion in Gang zu bringen, unvorstellbar winzig ist. Innerhalb der Zelle genügen dazu in der Regel wenige Moleküle.

So erstaunlich alle diese Merkmale sind, so sind sie doch seit einigen Jahren nicht mehr geheimnisvoll. Unsere Chemie ist schon so weit entwickelt, daß wir heute wissen, wie ein Enzym, ohne sich zu verbrauchen, so erstaunliche Leistungen vollbringt. Das geht so vor sich, daß sich ein Molekül des Enzyms für einen ganz kurzen Augenblick an ein Molekül der Substanz anlagert, welche reagieren soll (das sogenannte »Substrat«). Wir haben schon erwähnt, daß chemische Verbindungen zwischen verschiedenen Substanzen dadurch zustande kommen, daß gleichsam ein elektrischer Zusammenschluß der Elektronenschalen in den Hüllen der beteiligten Atome oder Moleküle erfolgt. Die Bereitschaft und damit die Schnelligkeit, mit der die Verbindung eintritt, hängt dabei einfach davon ab, wie gut die Ladungszustände in den Atomhüllen der beiden beteiligten Substanzen zueinander »passen«.

Das ganze Geheimnis der Wirkung eines Enzyms besteht nun darin, daß es den elektrischen Zustand in den Hüllen des »Substrats« verändert. Seine eigene »elektrische Verfassung« ist so beschaffen, daß sie den Zustand in der Hülle des Substrats beeinflußt und genau in die Form bringt, die einer physikalisch oder chemisch optimalen Reaktionsbereitschaft entspricht. Das alles spielt sich mit der Geschwindigkeit ab, die für elektrische Vorgänge und Ladungsänderungen charakteristisch ist, im Prinzip also mit Lichtgeschwindigkeit.

Das bedeutet bei den winzigen Dimensionen, die hier, auf der molekularen Ebene, im Spiele sind, daß sich die Konfiguration in der Hülle des Substrats innerhalb von millionstel Sekunden ändert, sobald das Enzym sich angelagert hat. Von diesem Augenblick an aber befindet das Substrat sich dann in einem Zustand, welcher seiner größten naturgesetzlich überhaupt möglichen Reaktionsbereitschaft entspricht. Schon Bruchteile von hunderttausendstel Sekunden später ist daher, wenn der passende Reaktionspartner überhaupt vorhanden ist, die chemische Reaktion zwischen den beiden beteiligten Verbindungen abgelaufen. Das aber hat nun – weiteres Raffinement – die Folge, daß das Enzymmolekül an die Hülle des von ihm selbst geschaffenen neuen Moleküls nicht mehr paßt. Es springt, selbst gänzlich unverändert, von dessen Hülle ab und steht somit, als echter Katalysator, sofort wieder bereit, den gleichen Prozeß mit der gleichen Geschwindigkeit an einem neuen Substrat zu wiederholen.

In dieser Weise »enzymatisch katalysierte« Reaktionen bilden die Grundlage unseres Stoffwechsels, die Gesamtheit jener Prozesse, auf denen »Leben« beruht. Sie ermöglichen die paradox erscheinende Situation, in der ein aus chemischen Bausteinen zusammengefügter Organismus (vorübergehend) Bestand hat, obwohl zwischen ihm und der Umgebung und in ihm selbst fortwährend und mit größter Geschwindigkeit chemische Reaktionen ablaufen.

Wenn wir verstehen wollen, wie ein lebender Organismus, etwa unser eigener Körper, funktioniert, so beginnen wir in der Regel mit einer Untersuchung der Funktion und des Zusammenspiels seiner Teile oder »Organe«. Wir untersuchen, wie die Lunge es fertigbringt, durch Atembewegungen den in ihr enthaltenen feinen Blutgefäßen immer von neuem Luft zuzuführen. Wir können durch chemische Untersuchungen feststellen, daß das vom Dünndarm zur Leber strömende Blut Nahrungsstoffe aufgenommen hat, die in der Leber chemisch verarbeitet und von schädlichen Abbauprodukten befreit werden. Und wir entdecken schließlich, daß die funktionelle Ordnung aller dieser Teile, ihr harmonisches Zusammenspiel, gewährleistet wird durch die zentrale Steuerung des Gehirns, das durch elektrisch übermittelte Nervenreize und chemische Überträgerstoffe, sogenannte Hormone, alle Einzelfunktionen nach innen und nach außen zu einem geschlossenen Ganzen zusammenfaßt.

Auch in der Geschichte der Medizin und der Biologie überhaupt war das die erste Stufe des Verständnisses. Es dauerte aber nicht lange, bis man merkte, daß auf dieser Ebene noch nicht sehr viel gewonnen war.

Wie gelangte der Sauerstoff aus der Luft denn nun eigentlich in das Blut, das ihn offensichtlich im Körper verteilte? Was spielte sich in der Leber denn nun ab, was bedeutete es konkret, wenn man sagte, daß dort Abfallprodukte ausgeschieden wurden? Und wie funktionierte das Gehirn, wie leitete es Nervenreize in alle Regionen des Körpers, von welchen Stellen gingen die so unterschiedlichen Befehle aus, mit denen dieses oberste aller Organe einen Organismus funktionell zusammenhält?

Bei der Verfolgung dieser Fragen entdeckten die Biologen mit Hilfe des Mikroskops hinter den sichtbaren Formen die mit bloßem Auge nicht mehr faßbare Ebene der Zelle. Alle Organe, alle lebenden Gewebe erwiesen sich als zusammengesetzt aus mikroskopisch kleinen Zellbausteinen. Die wichtigste Entdeckung aber bestand darin, daß jedes Organ aus Zellen einer eigenen, unverwechselbaren Art bestand. Es genügte eine winzige Probe, tatsächlich eine einzige Zelle, um dem Fachmann zu verraten, ob es sich um ein Stückchen Leber, eine Probe aus der Lunge oder eine Gehirnzelle handelte.

Das aber führte zu einer höchst befriedigenden Einsicht: Die Zellen der verschiedenen Organe hatten ganz offensichtlich deshalb verschiedene Formen und ein so unterschiedliches, charakteristisches Aussehen, weil sie ganz unterschiedliche Funktionen zu erfüllen hatten. Man war mit der Entdeckung der Zelle folglich in eine hinter der sichtbaren Fassade des Organismus verborgene Dimension vorgestoßen (die »zelluläre Ebene«), die es jetzt gestattete, nicht nur zu begreifen, welche Funktion von einem bestimmten Organ vollbracht wurde, sondern darüber hinaus auch, wie diese Funktion zustande kam.

Vor den staunenden Augen der Biologen erschloß sich eine neue Welt. Sie sahen, wie die Blutzellen in den haarfeinen Äderchen (»Kapillaren«) der Lungenoberfläche in engsten Kontakt mit der hauchdünnen Haut gerieten, auf deren anderer Seite die sauerstoffhaltige Atemluft vorbeistrich. Sie sahen in ihren Mikroskopen, wie sich Muskelzellen zusammenzogen und wie diese Zellen, mit entsprechender Konsequenz für die daraus resultierende Kraft dieser Kontraktion, zu Tausenden und Abertausenden exakt parallel nebeneinander angeordnet waren, um sich auf das Kommando eines in sie eingewachsenen Nerven geschlossen und gleichzeitig zu verkürzen. Sie sahen, wie sich Leberzellen zu drüsenartigen Schläuchen zusammenlegten, an deren Außenseite Blutgefäße Nahrungsstoffe abgaben, während der drüsige Kanal in der Mitte gefilterte Schlacken ausschied und in die Gallenwege ab-

leitete zum Rücktransport in den ausscheidenden Darm. Und sie entdeckten die bis zu einem halben Meter langen Fortsätze der Nervenzellen, die jeden Punkt des Körpers erreichten und in denen die elektrischen Signale liefen, die von zellulär wieder höchst unterschiedlich gebauten »Hirnzentren« ausgesandt wurden.
Die Entdeckung dieser neuen Dimension verschaffte den Wissenschaftlern ein völlig neues Verständnis dessen, was »Leben« ist. Bei dem Blick durch die Mikroskope erwies sich ihnen das Leben der sichtbaren Menschen, Tiere und Pflanzen plötzlich als das Resultat des Zusammenwirkens von Dutzenden oder gar Hunderten von Milliarden unsichtbarer einzelner Zellen, die sich so extrem arbeitsteilig spezialisiert hatten, daß keine von ihnen für sich allein mehr lebensfähig war. Die Funktionen der einzelnen Zellen und die Art ihres Zusammenwirkens, das war es, was man verstehen mußte. Im Bereich des Sichtbaren war die Erklärung für das Leben nicht zu finden. Wer herausbekam, warum und unter dem Einfluß welcher Faktoren alle diese unzähligen Zellen, die doch bei jedem einzelnen Organismus von einer einzigen befruchteten Eizelle abstammten, sich so zielgerichtet zu so vielen verschiedenen Zelltypen mit ihren hochspezialisierten Funktionen entwickeln konnten, der hatte, so schien es, das letzte Geheimnis des Lebens in der Hand.
Dieses Problem der »Zelldifferenzierung« ist bis auf den heutigen Tag ungelöst. Aber schon haben die Biologen entdeckt, daß sich das Geheimnis des Lebens auch auf der zellulären Ebene noch nicht lösen läßt. Wenn das Studium der Zelle genügt, um die Funktion eines Organs zu verstehen, so ist man damit keineswegs am Ende aller Fragen angekommen. Denn wie funktioniert nun eigentlich eine Zelle? Wie vollbringt sie ihre Leistungen, welche Faktoren ordnen die Vielzahl ihrer Funktionen zu einer geschlossenen Einheit?
Die Biologen erkannten, daß sie noch weiter in die Tiefe steigen mußten, noch unter die nur noch mit der Hilfe des Mikroskops sichtbar zu machende Dimension der Zelle, wenn sie Antworten auf diese Fragen finden wollten. Diese Einsicht markiert den Beginn dessen, was man heute »Molekularbiologie« nennt. Die nächste, noch tiefer gelegene Schicht, auf der man hoffen konnte, die Grundlagen für die Existenz und das Funktionieren einzelner Zellen zu finden, war die Dimension der Moleküle. In dem hier, weit unterhalb der Ebene der Zelle gelegenen Bereich mußten sich die Vorgänge abspielen, die allem Leben im wahren Sinne des Wortes zugrunde liegen. Da wir bis heute nichts über

eine noch unter dieser Ebene liegende Schicht wissen, ist die Annahme berechtigt, daß alle mit dem Leben zusammenhängenden Fragen auf dieser Ebene endlich in ihrer letzten, endgültigen Form gestellt werden können.

Die »Biologie auf molekularer Ebene« (oder »Molekularbiologie«) steht heute noch in ihren Anfängen. Aber schon ihre ersten Schritte haben uns revolutionierende Einsichten beschert. Auch dies ist wohl ein Zeichen dafür, daß die biologische Forschung hier tatsächlich auf der letzten, für alles Leben wahrhaft fundamentalen Ebene angelangt ist. Neben der Entdeckung des vielzitierten genetischen Codes (der »Speicherung« des Bauplans und der angeborenen Eigenschaften eines lebenden Organismus in bestimmten Molekülen [»Genen«] des Zellkerns) gehört dazu die Aufklärung der Wirkungsweise der Enzyme.

Wir wissen heute nicht nur, worin das Geheimnis einer »enzymatisch katalysierten Reaktion« besteht. In manchen Fällen haben die Molekularbiologen sogar schon herausbekommen, wie ein bestimmtes Enzym gebaut ist und welche Besonderheiten seines Baues es sind, denen es seine katalytischen Fähigkeiten verdankt. Wir müssen uns das im einzelnen etwas genauer ansehen. Wir lernen dabei nicht nur die vorderste Linie kennen, bis zu der die Lebensforschung heute vorgedrungen ist. Wir erfahren dabei, wie schon angekündigt, indirekt auch etwas über die Entstehung des Lebens, darüber, was sich vor unvorstellbaren vier Milliarden Jahren auf der Erde abgespielt haben muß.

Wir können dann nicht nur verstehen, wie Frau Dayhoff es fertigbringt, mit Rechenmaschinen etwas über den Stoffwechsel ausgestorbener Tierarten herauszubekommen. Wir stoßen dabei auch auf die geradezu utopisch klingende Möglichkeit, daß es in einer allerdings sicher noch fernen Zukunft vielleicht gelingen könnte, ausgestorbene Urwelttiere, Saurier, den sagenhaften Urvogel Archäopteryx und womöglich gar unsere amphibischen Vorfahren im Laboratorium neu erstehen zu lassen und damit die Vorgeschichte des irdischen Lebens direkt und experimentell untersuchen zu können.

8. Die erste Zelle und ihr Bauplan

Enzyme sind, wie alle anderen Eiweißkörper, nichts anderes als Kettenmoleküle aus Aminosäuren. Diese Aminosäuren, welche die einzelnen Glieder eines solchen Kettenmoleküls darstellen, muß man sich ihrerseits wie kurze Ketten vorstellen. In einem Enzymmolekül sind diese Aminosäure-Glieder nun aber nicht längs aneinandergereiht, sondern quer »aufgefädelt«, so daß ihre Enden rundherum nach allen Seiten abstehen wie die Borsten einer Flaschenbürste. Da es die Enden verschiedener Aminosäuren sind, tragen ihre Hüllen dementsprechend auch unterschiedliche Ladungen. Unterschiedliche elektrische Ladungen aber stoßen sich entweder gegenseitig ab oder ziehen sich an.
Diese unregelmäßig über die ganze Länge einer Enzymkette verteilten elektrischen Anziehungs- und Abstoßungskräfte bewirken deshalb, daß das Enzym nicht säuberlich gestreckt ist, sondern sich zu einem scheinbar wirren Knäuel zusammenringelt. Dabei gelangen ganz bestimmte Aminosäuren plötzlich nebeneinander, die in dem Strang des Moleküls ursprünglich mehr oder weniger weit voneinander getrennt waren. Diese Konsequenz der Knäuelung ist für die Wirkung eines Enzyms von entscheidender Bedeutung. Denn die auf diese Weise nebeneinander tretenden Aminosäuren bilden damit so etwas wie das »Kennwort« des Enzymmoleküls, sein »aktives Zentrum«.
Die Frage, welche der 20 Aminosäuren, mit denen die Natur arbeitet, das aktive Zentrum eines Enzyms bilden, und in welcher Reihenfolge sie dort angeordnet sind, bestimmt über die »Spezifität« eines Enzyms, also darüber, an welches Substrat es sich anlagern kann und welche chemische Reaktion es an diesem Substrat bewirkt. Bisher wurde nur erwähnt, daß ein Enzym die Geschwindigkeit einer chemischen Reaktion enorm erhöhen kann. Biologisch von mindestens ebenso großer Bedeutung ist die Spezifität aller Enzyme. Die von Fall zu Fall ganz verschiedene Zu-

sammensetzung ihrer aktiven Zentren läßt sich anschaulich mit den Unterschieden vergleichen, die zwischen den mehr oder weniger komplizierten Zackenlinien in den Bärten verschiedener Sicherheitsschlüssel bestehen. Auch von diesen paßt immer nur ein einziger in ein ganz bestimmtes Schloß, das sich nur mit ihm öffnen läßt. Enzyme sind Stoffwechsel-Schlüssel. Jedes von ihnen bewirkt an einem ganz bestimmten Substrat einen und nur einen ganz bestimmten chemischen Schritt.
Da gibt es Enzyme, die nichts anderes tun, als Sauerstoff zu übertragen. Andere verknüpfen ganz bestimmte Aminosäuren in ganz bestimmter Reihenfolge (und führen damit zur Entstehung ganz bestimmter Eiweißkörper). Wieder andere fügen Nukleotide zu Nukleinsäuremolekülen zusammen. Noch andere übertragen Wasserstoff oder ganze Methylgruppen. Wieder andere Enzyme spalten Stärkemoleküle auf oder ändern die räumliche Gestalt anderer Moleküle in ganz bestimmter, biologisch bedeutsamer Weise.
Diese hochspezialisierte Aufsplitterung, die dazu führt, daß für die meisten biochemischen Reaktionen ein eigenes Enzym existiert, das diese und nur diese eine chemische Veränderung bewirken kann und diese in der Regel auch nur an einem einzigen, ganz bestimmten Substrat, hat einen leicht einsehbaren Grund. Man braucht nur einmal an die konkrete biologische Situation zu denken, in der die Enzyme ihre Aufgaben zu erfüllen haben. Daran, daß eine einzelne durchschnittliche Zelle nur einen Durchmesser von rund einem zehntel Millimeter hat. Auf diesem winzigen Raum müssen in jeder Sekunde Hunderte und Tausende chemischer Reaktionen nebeneinander ablaufen können, ohne sich gegenseitig zu stören.
Der Abbau von Traubenzucker zu Milchsäure, bei dem ein Teil der Energie freigesetzt wird, mit der unsere Muskeln ihre Arbeit leisten, erfolgt in nicht weniger als elf verschiedenen aufeinanderfolgenden chemischen Schritten. Jeder einzelne von ihnen wird durch ein eigenes Enzym ausgelöst. Der Aufwand, den die Natur hier treibt, ist zweifellos enorm. Aber welche andere Möglichkeit wäre denkbar, die es gestattete, auf so engem Raum eine solche Fülle der kompliziertesten chemischen Vorgänge gleichzeitig geordnet ablaufen zu lassen?
Die Biologen kennen heute schon mehr als 1000 verschiedene Enzyme. Alle sind Ketten aus den immer gleichen 20 Aminosäuren. Was sie unterscheidet, ist einzig und allein die Reihenfolge, die »Sequenz«, in der diese 20 Aminosäuren die Kette des Enzymmoleküls bilden. Diese Aminosäure-Sequenz aber bestimmt aufgrund der damit einhergehen-

den Anordnung der schon erwähnten elektrischen Ladungen mit physikalischer Präzision über die Art und Weise, in der sich das Kettenmolekül zu einem Knäuel zusammenfaltet. Das aber entscheidet darüber, welche Aminosäuren des langen Stranges sich zum aktiven Zentrum des Moleküls zusammenlegen (darüber, welches konkrete Aussehen der »Bart« des jeweiligen Stoffwechselschlüssels bekommt). Wegen dieses Zusammenhanges entscheidet also die bloße Reihenfolge, in der die Aminosäureglieder das Enzym bilden, darüber, an welcher Stelle und in welcher Weise es in den Stoffwechsel der Zelle eingreift.

Die Molekularbiologen sagen deshalb, daß die spezifische Wirkung eines Enzyms in seiner Aminosäure-Sequenz »codiert« sei. Man kann dasselbe auch so ausdrücken, daß man sagt, in einem Enzymmolekül sei die »Information« darüber, welche Wirkung es an welchem Substrat auslösen kann, in der Form einer ganz bestimmten Aminosäure-Sequenz »gespeichert«.

Die molekulare Ebene ist ein weit unterhalb der Erscheinungen der sichtbaren Welt gelegener Bereich. Seine Realität ist uns noch nicht sehr lange bekannt. Die Bedingungen, die in dieser so tief hinter der Fassade des alltäglichen Augenscheins gelegenen Wirklichkeit herrschen, werden von den Molekularbiologen erst seit wenigen Jahrzehnten in mühsamer Arbeit mit geistreich erdachten Methoden indirekt entschleiert. Daß sich dabei gezeigt hat, daß schon hier, auf dieser fundamentalen, so weit von uns entfernten Ebene vielfältige, geordnete Informationen gespeichert werden in einer Weise, bei der bestimmte Zeichen oder Reihenfolgen etwas Bestimmtes bedeuten, was nicht identisch ist mit dem zur Speicherung dienenden Zeichen selbst, ist eine ungeheure, in ihrer Bedeutung bis heute noch kaum wirklich erfaßte Entdeckung. Wir werden auf die Einsichten, die sich aus dieser Tatsache ergeben, noch einige Male zurückkommen.

Die Entdeckung der molekularen Ebene als der eigentlichen, letzten Basis aller lebenden Organismen hat unser Verständnis dafür, was »Leben« bedeutet, nicht weniger einschneidend verändert, als es davor die Entdeckung der Zelle getan hatte. Die erste Stufe der Einsicht hatte Menschen und Tiere als eine Art komplizierter Maschinen erscheinen lassen. Sie waren zusammengesetzt aus Organen, deren Funktionen nach jahrhundertelangen Untersuchungen schließlich einsichtig erklärt waren. Das Zusammenspiel aller dieser Organe aber bildete den Organismus, so schien es, in grundsätzlich gleicher, wenn auch natürlich außerordentlich viel komplizierterer Weise, wie etwa Zylinder, Wasserkessel, Feuerstelle, Pleuelstange, Ventile und Schwungrad in ihrem richtig aufeinander abgestimmten Zusammenspiel eine Dampfmaschine bilden.

Dann aber tauchte unvermeidlich die Frage nach der Funktionsweise der einzelnen Organe auf. Es folgte die Entdeckung ihres zellulären Aufbaus. Damit änderte sich das Bild grundlegend. Menschen, Tiere und auch die Pflanzen erschienen im Licht dieser Entdeckung mit einem Male als das seiner Größe wegen sichtbar in Erscheinung tretende Resultat des Zusammenschlusses einer sehr großen Zahl mikroskopisch winziger Zellen. Als eine Art von Kolonie von Myriaden von Zellen, die sich auf dem Wege einer hochspezialisierten Arbeitsteilung in einer Hierarchie zusammengeschlossen hatten. Diese Hierarchie ging so weit, daß keine dieser Zellen außerhalb des »Individuums«, das sie gemeinsam bildeten, mehr lebensfähig war.

Wieder anders erscheint uns das Lebendige, wenn wir es aus der Perspektive der molekularen Ebene betrachten. Das geht allerdings nur noch mit Hilfe der Phantasie, der Imagination. Denn kein optisches Hilfsmittel, auch nicht das Elektronen-Mikroskop, kann uns die Einheiten, aus denen sich das organische Leben auf dieser Stufe zusammensetzt, in ihrer Funktion vor Augen führen. Hier ruht das Leben auf der elementarsten Schicht der Realität. Die Einheiten, aus denen es hier zusammengesetzt erscheint, und deren Eigenschaften daher seine Existenz und sein Funktionieren begründen und verstehen lassen, sind einzelne Moleküle. Eine noch darunter gelegene Ebene des Verständnisses ist uns nicht vorstellbar.

Wenn wir uns in Gedanken in diese Ebene versetzen, dann sehen wir, daß »Leben« identisch ist mit der ununterbrochenen, rastlosen Aktivität Tausender und aber Tausender von Enzymmolekülen, die in jeder Sekunde auf kleinstem Raum Millionen chemischer Umsetzungen bewirken. Wir würden um uns ein unentwirrbares Dickicht unzähliger Kettenmoleküle sehen, die sich immer neuen Substratmolekülen anlagern, diese umwandeln, um nur hunderttausendstel Sekunden später das gleiche Spiel an einem neuen Substrat zu wiederholen. Wahrscheinlich würden wir zunächst den Eindruck haben, im Zentrum eines chaotischen Durcheinanders zu stehen.

Wenn wir aber auch bei dieser Nähe der Betrachtung die Übersicht behalten könnten, würden wir erkennen, daß das scheinbar so chaotische Geschehen in Wirklichkeit sehr strengen Regeln folgt. Das Ganze ist kein Chaos, sondern läuft mit der gleichen Präzision ab, wie etwa die Bewegungen von Tausenden von Einzelturnern, die in einem riesigen

Stadion *en masse* gymnastische Übungen vorexerzieren. Steht man mitten unter ihnen, so wirkt das Ganze nur verwirrend. Erst aus größerem Abstand, von den Tribünen aus, erkennt man, daß alles zusammen ein rhythmisch geordnetes Muster ergibt.

So sind auch die spezifischen Aktivitäten aller der unzählig vielen Enzymmoleküle in einer Zelle so aufeinander abgestimmt, daß sich die Zelle als funktionstüchtige Einheit in ihrer Umwelt behaupten kann. Einer Gruppe von Enzymen fällt dabei die Aufgabe zu, die Eiweißkörper, aber auch Zucker, Fette und bestimmte Verbindungen zwischen ihnen zu produzieren, aus denen die Zelle mit all ihren Teilen und »Organellen« besteht.

Eine andere Gruppe steuert den Stoffwechsel im Zell-Leib. Die dieser Aufgabe dienenden Zellen halten die chemischen Umsetzungen in Gang, aus denen die Zelle ihre Energie bezieht. Sie vermitteln die Aufnahme energieliefernder Moleküle aus der Umgebung, deren Abbau im Zellplasma und den Ersatz und Austausch schadhaft gewordener Zellbestandteile.

Vielleicht würden wir, sobald wir diese Ordnung durchschaut hätten, zu dem Urteil kommen, daß die unermüdliche Aktivität aller dieser unzähligen Moleküle letztlich nur dem Zweck dient, ein Milieu zu schaffen und zu erhalten, das ein möglichst ungestörtes und wirkungsvolles Ablaufen aller dieser Aktivitäten gewährleistet. Alle diese Moleküle zusammen erfüllen in der Art eines geschlossenen Kreislaufes gleichsam nur den einen und einzigen Zweck, ihre eigene Existenz und ihr Funktionieren gegenüber den physikalischen und chemischen Belastungen durch die verschiedensten Umweltfaktoren andauern zu lassen. Von »hier unten aus« gesehen, stellt sich die Zelle somit als die kleinste mögliche geschlossene Einheit dar, innerhalb derer eine solche Abgrenzung von der Umwelt möglich ist.

Auch der Ursprung der Ordnung, der in dieser molekularen Welt herrscht, ist heute schon aufgeklärt. Er liegt im Zellkern. Hier ist der Bau- und Funktionsplan der Zelle in allen seinen Einzelheiten »gespeichert«. Wieder hat man sich das nicht so vorzustellen, als ob hier womöglich eine Art Skizze der Zelle und ihrer Einzelheiten vorhanden wäre. Nirgendwo im Zellkern existiert etwa ein auf molekulare Dimensionen verkleinertes Abbild der realen Zelle. Was wäre damit auch schon gewonnen? Wie sollte ein »Plan« in dieser wörtlichen Form jemals biologisch wirksam werden und in die Wirklichkeit übersetzt werden können?

Auch hier liegt der Plan vielmehr wieder in der Form von »Symbolen« vor, von Zeichen, die etwas bedeuten, das mit ihnen selbst nicht identisch ist. Hier, im Zellkern, hat die Natur diese Abstraktionsaufgabe ebenfalls so gelöst, daß die benötigten Informationen durch die Sequenz, die Reihenfolge, kleinerer Einheiten gespeichert werden. Nach dem gleichen Prinzip also, nach dem wir in unserer Welt, die um astronomische Proportionen größer ist, mit Hilfe unseres der Abstraktion fähigen Bewußtseins Worte und Begriffe mittels einer »Schrift« speichern können.

Auch bei unserer Schrift, etwa in dem Text dieses Buches, sind Informationen von nahezu beliebiger Vielfalt mit Hilfe einer begrenzten Anzahl von Zeichen (25 »Buchstaben«) in der Form gespeichert, daß bestimmte Buchstaben-»Sequenzen« (= Worte) bestimmte Begriffe »bedeuten«. Zeichen und Bedeutung sind auch hier nicht identisch. Ihr Zusammenhang ist lediglich eine Folge historischer Zufälligkeit oder (wie etwa im Falle des Übergangs von der deutschen zur lateinischen Schrift) die Folge einer Übereinkunft.

Das Zeichen A hat mit dem Laut, den wir mit ihm verbinden, nicht das geringste zu tun. Eben deshalb müssen wir seine Bedeutung in der Schule erst mühsam lernen. Auch die Buchstaben-Sequenz NATUR hat mit dem Begriff, den wir durch diese Reihenfolge »speichern«, nicht das mindeste gemein. Das ist der Grund für die Vielzahl von Sprachen, die es gibt, denn die gleichen Begriffe können durch eine von einem einzigen Menschen gar nicht mehr übersehbare Fülle von Lauten und Zeichen-Folgen gespeichert werden. Die Zahl der Möglichkeiten, den gleichen Begriff nach dem Prinzip einer bestimmten Reihenfolge von 25 Buchstaben zu codieren, ist grundsätzlich astronomisch groß.

Diese Tatsache gibt uns umgekehrt die Möglichkeit, auf Verwandtschaft zu schließen, wenn wir auf die Buchstabenfolge »natura« oder »nature« für den gleichen Begriff stoßen, den wir mit »Natur« bezeichnen. Angesichts der unvorstellbar großen Zahl der Möglichkeiten für eine Verschlüsselung dieses Begriffes durch Schrift und Sprache kann eine solche Ähnlichkeit zwischen den Sequenzen unmöglich auf einem Zufall beruhen. Die einzige Erklärung besteht in der Annahme, daß die drei Völker, die sich dieser Form der Verschlüsselung des gleichen Begriffes bedienen, historisch engsten Kontakt miteinander gehabt haben müssen und letztlich aller Wahrscheinlichkeit nach einem gemeinsamen Stamm entspringen.

Die Sprachforscher haben aus diesem Prinzip bekanntlich eine eigene Wissenschaft entwickelt, die es ihnen ermöglicht, mit Hilfe einer vergleichenden Analyse von Wortstämmen (»Buchstaben-Sequenzen«) mit großer Genauigkeit Stammbäume und Verwandtschaftstafeln zwischen den verschiedensten Kulturen der Menschheit zu erarbeiten. Sie rekonstruieren auf diese Weise heute mit Staunen erregender Detailliertheit zwischenmenschliche Beziehungen und interkulturelle Kontakte, die Jahrzehntausende und länger zurückliegen und von denen sonst keine Spur mehr erhalten ist. Worte sind, so gesehen, heute noch existierende »Fossilien« prähistorischer kultureller Begegnungen.

Aber wenden wir uns nach dieser Abschweifung (deren eigentliche Bedeutung uns gleich noch aufgehen wird) wieder dem Zellkern zu, der den »Bauplan« der Zelle enthält. Wie wir alle es schon in der Schule gelernt haben, ist dieser Bauplan, das Repertoire aller Erbeigenschaften einer Zelle, in den Genen gespeichert, die sich im Zellkern zu den im Mikroskop unter bestimmten Bedingungen sichtbaren Chromosomen zusammenfügen. Die Molekularbiologen haben, eine bewundernswerte Leistung, exakt herausgefunden, in welcher Form der Bauplan in diesem Teil der Zelle niedergelegt ist. Auch hier stießen sie wieder auf »Zeichen«, deren Aneinanderreihung oder Sequenz die Informationen über alle Bestandteile und Eigenschaften der Zelle enthält. Nur waren es hier nicht, wie bei den aus Eiweiß bestehenden Enzymen, Aminosäuren, die die Glieder bildeten, sondern andere Moleküleinheiten, nämlich basenhaltige Nukleotide. Ein Kettenmolekül, das aus solchen Nukleotidgliedern besteht, nennt der Chemiker eine Nukleinsäure.

Hier, in den Nukleinsäuremolekülen des Zellkerns, ist der Bauplan der Zelle in der Form des heute so oft zitierten »genetischen Codes« gespeichert. Genaugenommen handelt es sich bei den Speichermolekülen um Desoxyribonukleinsäure, DNS (mit Ausnahme bestimmter Viren, deren Bauplan in einem geringfügig abgewandelten Molekül, der Ribonukleinsäure [RNS], gespeichert ist). Die Basen der Nukleotidglieder dienen als Buchstaben. Bedenkt man die unüberblickbare Fülle der Lebensformen, so verblüfft zunächst ihre geringe Zahl: es sind nur vier verschiedene Basen, mit deren Hilfe die Natur die Eigenschaften und das Aussehen aller Lebensformen codiert, die es auf der Erde jemals gegeben hat und in aller Zukunft geben wird.

Aber es sind, wie wir schon gesehen haben, ja auch nur 20 Aminosäuren, die das Baumaterial für jede lebende Zelle darstellen. Ihre Produktion aber läßt sich mit einer Anweisung, in der nur 4 Buchstaben (natürlich in beliebiger Wiederholung) vorkommen, ohne weiteres steuern, wenn man bedenkt, daß sich aus 4 Buchstaben nicht weniger als 64 verschiedene 3-Buchstaben-Wörter bilden lassen.

Genau diesen Weg ist die Natur gegangen. Immer 3 Basen (ein »Triplett«, wie der Molekular-Biologe das nennt) codieren eine der insgesamt 20 Aminosäuren, die als Bausteine dienen sollen. Da sich mit 4 verschiedenen Basen aber nicht nur 20, sondern insgesamt 64 verschiedene Tripletts bilden lassen, sind nicht weniger als 44 Tripletts eigentlich sogar überschüssig vorhanden.

Es ist sehr aufregend, zu sehen, was die Natur mit ihnen gemacht hat: 41 der überzähligen Tripletts benutzt sie dazu, bestimmte Aminosäuren doppelt oder sogar dreifach zu codieren. (Für diese Aminosäuren gibt es im Zellkern also 2 oder 3 verschiedene Bezeichnungen, die alle das gleiche bedeuten.) Es ist verblüffend, wenn einem aufgeht, daß die Natur diese Möglichkeit ganz offensichtlich nach dem Prinzip einsetzt »doppelt genäht hält besser«. Denn die Molekular-Biologen haben herausgefunden, daß diese »überschießende« Codierung sich auf Aminosäuren bezieht, die biologisch besonders wichtig sind.

Und die restlichen 3 Tripletts, die noch übrig sind? Sie dienen zur Interpunktion. Ganz wörtlich! Sie finden sich in dem sehr langen Kettenmolekül der DNS immer an den Stellen, an denen die »Bauanleitung« für einen Eiweißkörper, etwa ein Enzym, abgeschlossen ist und die Anweisung für ein anderes Protein beginnt. Ein einziges DNS-Molekül kann in seiner aus vielen Millionen Tripletts bestehenden Kette dank dieser Interpunktionstechnik die Baupläne für mehrere, unter Umständen für sehr viele verschiedene Eiweißkörper enthalten, ohne daß die verschiedenen Anweisungen ineinander verschwimmen.

Insgesamt bietet das »Leben auf molekularer Stufe« damit jetzt folgenden Anblick: Die im Zellkern enthaltene DNS hat in der Form von Basen-Tripletts ganz bestimmte Aminosäuresequenzen gespeichert. Nach diesem Muster kann die Zelle alle benötigten Eiweißkörper bilden, Bausteine zur Erneuerung ihrer eigenen Struktur, vor allem aber Enzyme. Weil durch die Reihenfolge der Aminosäuren in einem Enzym aber, wie wir gesehen haben, zugleich deren spezifische chemische Funktion festgelegt ist, bestimmt die DNS des Zellkerns vermittels der 64 möglichen Basen-Tripletts in vollem Umfang nicht nur über den Bau, sondern auch über sämtliche Funktionen der Zelle.

Welche Variationen dabei (unter Verwendung einer »Schrift«, die nur aus 4 Buchstaben besteht!) möglich sind, kann folgende Überlegung zei-

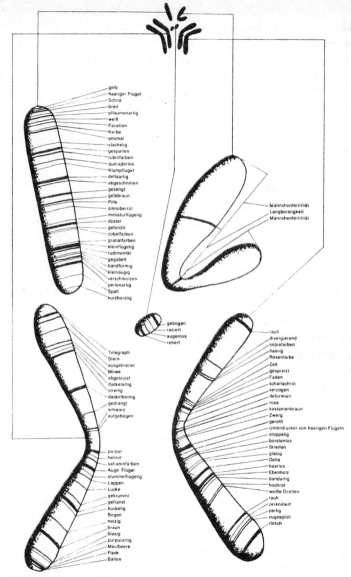

Chromosomenkarte der Taufliege:
Die Biologen wissen heute nicht nur, daß der genetische Bauplan eines Organismus in den Chromosomen des Zellkerns niedergelegt ist. In manchen Fällen existieren schon regelrechte »Chromosomen-Karten«, auf denen genau angegeben ist, welche Stelle des Chromosoms (welches »Gen«) welche Eigenschaft steuert.

gen: 4 Buchstaben (Basen) erlauben die Verwendung von 64 verschiedenen Triplets. Mit diesen lassen sich von 20 Aminosäuren die wichtigsten vorsorglich sogar mehrfach codieren. Nehmen wir jetzt einmal an, daß ein Enzym, das aus diesen 20 Aminosäuren von der DNS hergestellt werden soll, 100 Glieder (Aminosäuren) lang ist, dann ergibt sich unter den geschilderten Voraussetzungen für die Eigenschaften des Enzyms eine Zahl an Variationsmöglichkeiten, die auch astronomische Größenordnungen um ein Vielfaches übersteigt.
Das ist leicht zu beweisen. Wenn man die Möglichkeit hat, 20 verschiedene Aminosäuren über 100 Positionen beliebig anzuordnen (wobei selbstverständlich auch beliebige Wiederholungen ein und derselben Aminosäure möglich und gestattet sind), so ergibt sich daraus nach den Regeln der Arithmetik eine Zahl von 20^{100} verschiedenen Möglichkeiten. Unter den geschilderten Bedingungen kann man mit anderen Worten also 20^{100} Enzyme mit verschiedenen Aminosäuresequenzen und damit unterschiedlichen biologischen Eigenschaften herstellen.
20^{100} ist eine Zahl mit 130 Nullen. Einen Namen gibt es für diese unvorstellbare Zahl nicht mehr. Ein Vergleich aus der Astronomie kann aber eine Ahnung davon verschaffen, um welche Größenordnung es sich hier handelt. Seit dem Big Bang sind rund 10^{17} Sekunden vergangen. Eine 1 mit 17 Nullen genügt also, um die Zahl der Sekunden auszudrücken, die seit der Entstehung der Welt vergangen sind.
Ein anderer Vergleich: Die Physiker schätzen, daß das ganze Universum etwa 10^{80} Atome enthalten könnte. Die Zahl der verschiedenen Enzyme, die sich bei einer Kettenlänge von 100 Gliedern aus 20 verschiedenen Aminosäuren bauen lassen, ist folglich mit Sicherheit um ein unvorstellbares Vielfaches größer als die Zahl aller Atome im ganzen Weltall.
Es bestehen also nicht die geringsten Schwierigkeiten, sich vorzustellen, daß es möglich ist, die Veranlagungen, Eigenschaften, Funktionen und den Bau aller Lebewesen, die es in der Erdvergangenheit jemals gegeben hat oder in der Zukunft unseres Planeten jemals geben wird, unter den gegebenen Umständen zu speichern, ohne daß dabei jemals eine Einengung der Variationsmöglichkeiten, der Freiheitsgrade für die Weiterentwicklung zu befürchten wäre. Auf diese Weise diktiert die DNS des Zellkerns folglich mit Hilfe von nur 64 verschiedenen »Code-Worten« oder Triplets Form und Funktion der Zelle, bei einem vielzelligen Lebewesen darüber hinaus auch noch den Bauplan des ganzen Organismus.

Dennoch ist das Verhältnis zwischen DNS und Enzymen, zwischen der »Steuerzentrale« im Kern und den komplizierten Eiweißstrukturen, die den Körper der Zelle bilden, nicht so einseitig, wie es bisher den Anschein haben könnte. Denn wenn wir das molekulare Geschehen weiter beobachten, entdecken wir, daß es auch Enzyme sind, denen die Nukleinsäuren des Kerns ihre Existenz verdanken. Auch die DNS ist ein kompliziertes Riesenmolekül, das von der Natur nur mit Hilfe der spezifischen katalytischen Aktivität spezieller Enzyme gebaut, erhalten und vermehrt werden kann.

Der molekulare Apparat, als der sich die Zelle als kleinste lebende Einheit aus dieser Perspektive darstellt, wird durch diese Rückbeziehung zwischen Enzymen und DNS in sich geschlossen und zur funktionellen Einheit. Die Nukleinsäuren steuern die Erzeugung von Enzymen und anderen Eiweißen, und die Enzyme ihrerseits bauen Eiweiße (und andere Zellbestandteile), aber auch die Nukleinsäuren auf. Dieses eigenartige »dialektische« Verhältnis zwischen Nukleinsäuren und Eiweißen, das ist, soweit unsere molekularbiologischen Einsichten schon ein Urteil erlauben, allem Anschein nach die elementare Wurzel, das unterste Fundament dessen, was wir Leben nennen. Wenn man trotz aller Schwierigkeiten, die sich für derartige Grenzziehungen aus prinzipiellen Gründen anführen lassen, dennoch eine Grenze ziehen will zwischen der noch unbelebten Materie und lebenden materiellen Strukturen, dann wäre das am ehesten hier sinnvoll.

Nukleinsäuren sind offenbar Moleküle, die optimale Speichereigenschaften aufweisen. Und Eiweiße eignen sich, unter biologischen Bedingungen, ihrer Variabilität und anderer Eigenheiten wegen besonders gut als Bausteine. Wir haben im ersten Teil dieses Buches ausführlich erörtert, wie es im Verlaufe der frühen Erdgeschichte zur abiotischen Entstehung und Anreicherung dieser beiden Molekülarten auf der Erdoberfläche gekommen sein dürfte. Irgendwann vor etwa 3,5 oder 4 Milliarden Jahren müssen diese beiden Moleküle unter Umständen aufeinandergestoßen sein, die ihre phantastische Eignung zu gegenseitiger Ergänzung sich erstmals auswirken ließen. Wir wissen über die Art dieser Umstände bis heute nichts. Es kann jedoch kein Zweifel daran sein, daß dieses Zusammentreffen den initialen Funken gezündet hat, mit dem das begann, was wir heute biologische Evolution nennen.

Der nächste Schritt muß dann darin bestanden haben, daß der sich in der skizzierten Weise selbst erhaltende Nukleinsäure-Eiweiß-Kreislauf von der Umgebung isoliert wurde. Auch das ist sicher nicht auf einen

Schlag geschehen, sondern von ersten Ansätzen ausgehend in vielen kleinen Entwicklungsschritten. Dabei hat das von uns heute als »Selektion durch die Umwelt« bezeichnete Prinzip wiederum eine entscheidende Rolle gespielt.

Molekülstrukturen unterschiedlicher Größe und Kompliziertheit, aber bestehend aus einem komplementären Zusammenschluß der sich gegenseitig erhaltenden DNS-Protein-Anteile, müssen damals immer dann, wenn es ihnen durch irgendwelche Zufälligkeiten beschieden war, ihren chemischen Kreislauf von störenden Außeneinflüssen frei zu halten, besonders lange intakt und funktionstüchtig geblieben sein. Schon kleine Fortschritte, schon geringfügige Abschirmungen führten automatisch zur Verlängerung der Zeitspanne, über die hin der DNS-Protein-Mechanismus im Einzelfall intakt blieb. Dieser Umstand aber war dann jedesmal gleichbedeutend mit einer Zunahme eben der Molekül-Komplexe, denen dieser Vorteil zuteil wurde. Molekül-Komplexe mit dieser konstruktiven Eigentümlichkeit wurden aus diesem einfachen Grund automatisch langsam häufiger als sonst gleichartig gebaute Komplexe, welche die Verbesserung nicht aufwiesen.

Auf dem damit erreichten neuen Niveau des Fortschritts aber wiederholte sich das Spiel. Die bevorzugten Molekül-Verbände, die sich als Folge erster Ansätze zu einer Isolierung von der Umgebung gegenüber ihren in dieser Hinsicht benachteiligten Konkurrenten durchgesetzt und in den Vordergrund geschoben hatten, bildeten jetzt die »Norm«. Diese Norm aber geriet ihrerseits alsbald als »überholt« ins Hintertreffen, sobald die ersten Strukturen auftraten, denen die isolierende Verselbständigung in irgendeinem Punkte noch besser gelungen war. Das ist das, was die Biologen »Evolution« nennen: Das Bessere ist der Feind des Guten.

So etwa muß man sich die ersten Schritte auf dem Wege zur »Zelle« wohl vorstellen, der kleinsten Einheit aller lebenden Form. Die ersten Zellen hatten noch keinen Kern und keine »Organelle« (spezielle Zellteile mit spezialisierter, organähnlicher Funktion). Sie dürften kaum mehr als mikroskopisch kleine Säckchen gewesen sein, die angefüllt waren von einem Gemisch aus Eiweiß und Nukleinsäuren. Das Ganze war rundum von einer Membran eingeschlossen, die Schutz vor unerwünschten Einflüssen von außen gewährte, aber andererseits auch die Einwanderung bestimmter kleinerer Moleküle gestattete, die als Rohstoffnachschub und Energielieferanten (»Nahrungsmittel«) für den ununterbrochen tätigen DNS-Eiweiß-Automatismus benötigt wurden.

Es muß folglich eine »halbdurchlässige« Membran gewesen sein, wie sie noch heute für alle lebenden Zellen charakteristisch ist, ungeachtet ihrer sonstigen in drei Milliarden Jahren Weiterentwicklung erreichten Vervollkommnung.

Wir wissen bisher nicht, wie der Weg vom vorerst noch »nackten« (und gegenüber äußeren Störungen entsprechend anfälligen) DNS-Protein-Apparat zur ersten durch eine Membran abgeschlossenen und dadurch gegenüber der Umwelt weitgehend verselbständigten Zelle verlaufen ist. Was unbezweifelbar feststeht, ist allein die Tatsache, daß er zurückgelegt wurde. Darüber hinaus gibt es Hinweise, die zeigen können, daß auch bei diesem so entscheidenden Schritt der Entwicklung alles mit rechten Dingen zugegangen ist.

Molekülverbindungen von der Größe eines DNS-Eiweiß-Komplexes neigen aus physikalischen Gründen dazu, sich mit einer dünnen Wasserhülle zu umgeben. Die elektrischen Ladungen, die über die Oberfläche eines solchen Moleküls verteilt sind, geben diesem wäßrigen Überzug einen relativ festen, hautartigen Charakter. Selbst dann, wenn das Molekül in einer wäßrigen Lösung schwimmt, behält es diese wäßrige Oberflächenhaut. Jetzt genügen aber winzige Spuren bestimmter fettartiger Substanzen (»Lipide«) in der Lösung, um diesen Überzug weiter zu verfestigen.

Lipide breiten sich auf der Oberfläche zwischen zwei Schichten gern zu einem hauchfeinen, molekularen Film aus. Sie tun es daher auch hier, in der Grenzzone zwischen der wäßrigen Lösung, in der das Molekül schwimmt, und dessen wäßrigem Überzug. Die Lipid-Moleküle richten sich dabei, den unterschiedlichen elektrischen Ladungen an ihren beiden Enden gehorchend, alle exakt so aus, daß ihr eines Ende in die freie Lösung ragt, während das andere nach innen auf das Molekül weist, das sie insgesamt jetzt einhüllen (19).

Damit ist aber schon eine erste Hülle um den DNS-Eiweiß-Komplex entstanden, und zwar sogar eine Hülle, die in mancher Hinsicht schon ähnliche Eigenschaften hat wie eine typische biologische Membran mit ihrer charakteristischen Halbdurchlässigkeit. Eine so primitive Membran, wie die hier geschilderte molekulare Lipid-Haut, läßt sich jederzeit ohne Schwierigkeiten im Laboratorium experimentell herstellen. Untersucht man ihre Eigenschaften, so zeigt sich, daß sie sich für bestimmte Moleküle als durchlässig erweist und für andere eine undurchdringliche Barriere darstellt. Der Schluß ist daher wohl zulässig, daß auch der wichtige Schritt, der in jener Jugendzeit des Lebens die Verselbständigung der einzelnen Zelle eingeleitet hat, von relativ einfachen, sich zwangsläufig und naturgesetzlich ergebenden Eigenschaften derartiger Grenzschichten seinen Ausgang nahm. Alle weiteren, sich daran anschließenden Schritte sind dann die Folge des schon erwähnten Selektionsprinzips gewesen, das bis heute mehr als 3 Milliarden Jahre lang Zeit hatte, in der Richtung einer ständigen weiteren Vervollkommnung der Zellmembran und aller anderen Zellbestandteile zu wirken.

Dies ist im wesentlichen alles, was wir heute über die Entstehung der ersten lebenden Zelle sagen können. Allzu viel ist es nicht. Aber es genügt, wie mir scheint, doch schon, um erkennen zu lassen, daß das Leben auch in der Form der ersten Zelle nicht vom Himmel gefallen ist – in keinem Sinn dieses Wortes.

Auch die ersten Zellen, die es auf der Erde gegeben hat, sind sicherlich nicht dadurch entstanden, daß eine übernatürliche Instanz unvermittelt in den bis dahin ungestörten »natürlichen« Ablauf eingriff und diese Zellen in der natürlichen Kulisse gleichsam ausgesetzt hat. Aber auch insofern fiel diese erste Zelle nicht vom Himmel, als mit ihr nichts völlig Neues auftauchte, nichts, das sich von allem anderen, das in den Jahrmilliarden davor geschehen war, grundsätzlich und seinem Wesen nach unterschieden hätte.

Man versteht die seit dem Anfang der Welt, seit dem Big Bang vor – wahrscheinlich – 13 Milliarden Jahren ablaufende Geschichte nicht, man bringt sich um jede Chance, ihre wahre Bedeutung zu begreifen, wenn man sich nicht stets vor Augen hält, daß es sich bei ihr wirklich um »Geschichte« im ursprünglichsten Sinne des Wortes handelt: Um eine in sich geschlossene, innerlich zusammenhängende, folgerichtige Entwicklung, bei der jeder einzelne Schritt sich aus dem vorhergehenden nach einsichtigen Gesetzen ergeben hat. Auch die erste lebende Zelle war ohne jeden Zweifel ein legitimer Nachfahre des Wasserstoffs.

9. Nachricht vom Saurier

Jetzt endlich haben wir die Voraussetzungen vollständig beisammen, die wir benötigen, um verstehen zu können, was Frau Dayhoff in ihrem mit Computern gespickten Laboratorium in Bethesda tut, wie es möglich ist, mit Hilfe einer »vergleichenden Analyse der Aminosäuresequenz« die Vergangenheit wieder aufleben zu lassen – heute und auf absehbare Zeit zwar nur in übertragenem Sinne, in einer fernen Zukunft aber vielleicht doch einmal ganz wörtlich.

Einer hochgezüchteten chemischen Analysetechnik ist es im letzten Jahrzehnt gelungen, die konkrete Sequenz, welche die Aminosäuren in der Kette eines ganz bestimmten Enzyms bilden, zu ermitteln. Man male sich aus, was das heißt. Ein solches Enzym hat vielleicht 70 oder 100 oder noch weitaus mehr Glieder. Von ihnen nicht nur jedes einzelne mit einer der 20 in Frage kommenden Aminosäuren zu identifizieren, sondern auch noch die Reihenfolge zu bestimmen, in der sie in dem unsichtbar winzigen Molekülstrang aufeinander folgen, das ist eine unglaubliche Leistung.

Was man mit dem Ergebnis wissenschaftlich anfangen kann, welche erstaunlichen neuen Einsichten diese analytische Technik den Wissenschaftlern und damit uns allen eröffnet hat, das wollen wir uns am Beispiel des Enzyms näher ansehen, dem die Biologen den Namen »Cytochrom c« gegeben haben. Dasselbe läßt sich grundsätzlich auch für jedes andere Enzym nachweisen. Cytochrom c ist ein besonders geeignetes Beispiel einfach deshalb, weil es mit der neuen Methode schon am besten und bei den meisten Tierarten untersucht worden ist.

Cytochrom c ist ein sogenanntes Atmungsferment. Seine spezifische Wirkung besteht in der Vermittlung der Übergabe des vom Blut herantransportierten Sauerstoffs in das Innere einer Zelle. Wie die Abbildung auf den Seiten 169–171 zeigt, besteht es bei fast allen Lebewesen aus

104 Gliedern, in einigen Ausnahmefällen sind es ein paar Glieder mehr. Ich habe in der Abbildung S. 170/171 die 20 Aminosäuren, aus denen auch Cytochrom c besteht, durch 20 verschiedene optische Symbole dargestellt. Es braucht uns dabei nicht zu kümmern, welche Aminosäure durch welches Symbol vertreten wird. Wichtig ist allein, daß das Schema den von den Wissenschaftlern erhobenen Befund insofern exakt wiedergibt, als gleiche Symbole immer an der entsprechenden Stelle des Moleküls stehende gleiche Aminosäuren bedeuten.

Vergleicht man die in dieser Abbildung zusammengestellten Sequenzen, die von 11 verschiedenen Spezies stammen, so kann man auf den ersten Blick eine aufregende Feststellung treffen: Die Zusammenstellung zeigt, daß die innere Atmung, die Sauerstoffübertragung in das Zellinnere, bei allen untersuchten Lebensformen, vom Menschen bis zur Bäckerhefe, durch ein und dasselbe Enzym katalysiert wird. Diese Feststellung gilt ausnahmslos nicht nur im Falle des Cytochroms c, und auch nicht nur im Falle der in der Abbildung berücksichtigten Arten, sondern ebenso hinsichtlich aller anderen Enzyme, deren Struktur heute schon aufgeklärt ist, und aller Arten, die mit dieser Technik untersucht worden sind.

Zwar stimmen, wie sich bei genauerem Hinsehen ergibt, die Sequenzen in keiner der 11 Zeilen unseres Schemas hundertprozentig überein. Angesichts der ungeheuer großen Zahl verschiedener Möglichkeiten, die es gibt, um 20 Aminosäuren über 100 Positionen zu verteilen, sind die Ähnlichkeiten aber so überwältigend, daß sie nicht auf einem Zufall beruhen können. Wer sich näher mit dem Schema beschäftigt, wird sehr schnell noch eine weitere Feststellung machen: Die Zahl der Unterschiede in der Aminosäuresequenz nimmt von der obersten zur untersten Zeile ständig zu. Das Cytochrom c des Menschen unterscheidet sich von dem des Rhesusaffen nur durch eine einzige Aminosäure. Zwischen Mensch und Hund steigt die Zahl der Unterschiede schon auf 11 an, und so geht es von Zeile zu Zeile weiter.

Aus diesen Besonderheiten ergibt sich eine ganze Reihe höchst bedeutsamer Schlußfolgerungen. Die erste besteht in der Erkenntnis, daß offensichtlich alles Leben auf der Erde eines Stammes ist. Einzeller, Fische, Insekten, Vögel und Säugetiere, ebenso wir selbst und alle Pflanzen müssen von einer einzigen Ur-Form des Lebens, einer Ur-Zelle, abstammen, die der gemeinsame Vorfahre aller heute existierenden Lebensformen gewesen ist. Irgendwann in der grauen Vorzeit, in der das Leben auf diesem Planeten Fuß zu fassen begann, muß es folglich

Bildunterschrift zu dem Cytochrom-c-Schema auf den Seiten 170 und 171

Das auf den beiden folgenden Seiten abgebildete Schema gibt die Zusammensetzung von Cytochrom c bei 11 verschiedenen Spezies wieder – vom Menschen bis zur Bäckerhefe.

Cytochrom c ist ein Enzym, also ein Eiweißkörper mit spezifischer biochemischer Wirkung: es ist für die Sauerstoffübertragung bei der inneren Atmung jeder Zelle unentbehrlich.

Wie jeder Eiweißkörper ist auch Cytochrom c ein aus Aminosäuren zusammengesetztes Kettenmolekül. Die 20 verschiedenen Aminosäuren, aus denen es besteht, sind in unserem Schema durch 20 verschiedene graphische Symbole dargestellt. Auf den ersten Blick wird so erkennbar, daß auch bei ganz verschiedenen Arten an den gleichen Stellen des Moleküls auffallend häufig die gleichen Aminosäuren stehen. Bei genauerer Betrachtung ergibt sich, daß die Zahl der Übereinstimmungen um so größer ist, je näher die verglichenen Arten miteinander verwandt sind und umgekehrt.

Zwischen dem Menschen und dem Rhesusaffen gibt es (bei diesem einen Enzym) nur einen einzigen Unterschied (auf Position 58). Vergleicht man in dem Schema Mensch und Hund miteinander, so finden sich schon Unterschiede an 11 Stellen der insgesamt 104 Glieder langen Molekülkette, und so geht es weiter von Reihe zu Reihe. (Die Spezies sind in dem Schema in der Reihenfolge abnehmender Verwandtschaft angeordnet.) Aber selbst bei einem Vergleich des menschlichen Cytochrom c mit dem der Bäckerhefe gibt es noch eine auffallend große Zahl übereinstimmender Kettenglieder.

Statistische Überlegungen beweisen, daß das nicht auf einem Zufall beruhen kann. Das Schema stellt vielmehr einen der anschaulichsten und überzeugendsten Belege dafür dar, daß alles irdische Leben eines Stammes ist, daß alle irdischen Organismen, vom Menschen bis zur Bäckerhefe, untereinander verwandt sein müssen. Wie das genauer zu verstehen ist und welche Schlußfolgerungen sich daraus ergeben, wird im Text eingehend erläutert.

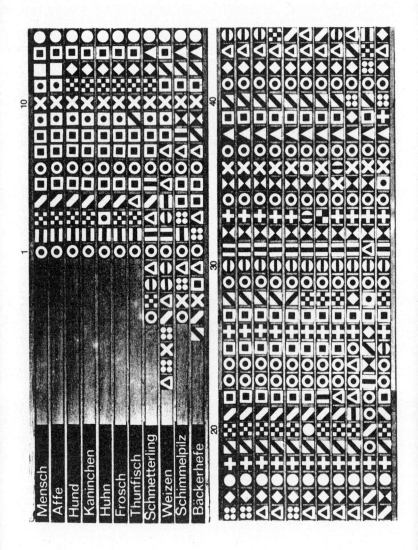

einen Augenblick gegeben haben, in dem die Zukunft aller Formen des Lebens, die wir heute kennen, von den Überlebenschancen dieser einen, mikroskopisch kleinen Zelle abhing.

Wir können diesen Schluß mit dem gleichen Recht und der gleichen Zuverlässigkeit ziehen, mit welcher der Sprachforscher aus der Übereinstimmung von Buchstabenfolgen auf einen gemeinsamen kulturellen Hintergrund, eine gemeinsame geschichtliche Vergangenheit zwischen den von ihm verglichenen Sprachen schließt. Die Übereinstimmung in der Sequenz der Aminosäuren beim Cytochrom c, die quer durch alle bekannten biologischen Spezies geht, ist ein unwiderlegbarer Beweis für die Abstammung aller dieser Arten von einem gemeinsamen Vorfahren. Es gibt keine andere Erklärung für diesen Befund, der sich bei der Untersuchung aller anderen Enzyme immer wieder aufs neue bestätigt. Diese anderen Enzyme sind selbstverständlich anders gebaut als das Cytochrom c, aber ihrerseits auch wieder quer durch alle Arten praktisch identisch (von auch hier wieder zu konstatierenden bezeichnenden kleinen Unterschieden abgesehen).

Die Enzymforschung hat bis dahin aber eigentlich nur eine Annahme bestätigt, die sich schon im Zusammenhang mit der Aufklärung des genetischen Codes ergeben hatte. Die »Sprache«, in der dieser Code geschrieben ist, ist ebenfalls bei allen Lebensformen die gleiche. Ein bestimmtes Basen-Triplett, das für eine bestimmte Aminosäure steht, »bedeutet« diese Aminosäure im ganzen Bereich der belebten Natur, ob es sich nun um ein Bakterium, eine Blume, einen Fisch oder einen Menschen handelt. Auch diese Identität, der »Esperanto-Charakter« des genetischen Codes, ließ sich bereits nur durch die Annahme erklären, daß alle heutigen Organismen einen gemeinsamen Stammvater haben müssen, von dem sie gerade diese Form (von unzähligen möglichen) der »Übersetzung« von Aminosäuren in Basen-Tripletts geerbt haben müssen.

Aber während die konkrete Übersetzung im Falle des genetischen Codes bei allen Arten buchstäblich und ausnahmslos identisch ist, gibt es bei den Enzymen, und so auch beim Cytochrom c, von Art zu Art eben doch kleine Unterschiede. Und als die Wissenschaftler anfingen, sich über diese Unterschiede Gedanken zu machen, da wurde die Angelegenheit erst richtig interessant.

Die erste Frage, die man sich vorlegte, war natürlich die nach der Ursache dieser Unterschiede. Die Ur-Zelle, die das Enzym Cytochrom c erstmals synthetisiert und für ihre innere Atmung eingesetzt hatte, hatte dessen Sequenz zweifellos in der ursprünglichen Form an alle ihre unmittelbaren Nachkommen weitergegeben. Wie also war es zu den Unterschieden gekommen, die wir heute in dieser Sequenz bei verschiedenen Arten feststellen? Die Antwort hierauf ist sehr einfach: durch »Mutationen«, also durch plötzlich auftretende Erbsprünge.

Nun war jedoch von Anfang an klar, daß ein Austausch von Aminosäuren nicht an jeder beliebigen Stelle des Enzymmoleküls ohne einschneidende Konsequenzen erfolgen kann. Die Mutationen, die einen solchen Austausch bewirken, dürfen z. B. nicht an den Aminosäuren ansetzen, die das aktive Zentrum des Enzyms bilden. Zutreffender muß man sagen: Es gibt zwar keine Macht der Welt, die es verhindern könnte, daß auch an dieser für die Funktion eines Enzyms entscheidenden Stelle mutative Veränderungen erfolgen. Es steht jedoch fest, daß sich eine aus einer solchen Mutation ergebende Sequenzvariante niemals vererben kann. Eine Veränderung am aktiven Zentrum hebt die Funktion eines Enzyms unweigerlich auf. Ein Lebewesen, dessen Cytochrom c durch eine solche Mutation untüchtig geworden ist, stirbt an innerer Erstickung und kann diese Mutation daher nicht an Nachkommen weitergeben.

Alle Aminosäuresequenzen eines bestimmten Enzyms, das wir heute bei verschiedenen Arten untersuchen, müssen daher ungeachtet aller sonstigen mutativen Veränderungen, die zwischen ihnen bestehen mögen, zumindest in der Zusammensetzung ihrer aktiven Zentren übereinstimmen. Aber auch an den anderen Stellen des Moleküls hängt die Möglichkeit eines mutativen Austausches von Aminosäuren von besonderen Bedingungen ab. Beliebig groß ist sie in keinem Falle. Aus physikalischen und chemischen Gründen verträgt sich nicht jede Aminosäure mit jeder anderen als »Nachbar« in der Kette gleich gut. Außerdem ist zu berücksichtigen, daß von den Aminosäuren außerhalb des aktiven Zentrums die Art der Aufknäuelung des ganzen Moleküls abhängt, die für die richtige Bildung dieses Zentrums von Bedeutung ist. Auch daraus ergeben sich wieder ganz bestimmte Einschränkungen. Manche Aminosäuren lassen sich ohne Einfluß auf die Knäuelung des Moleküls austauschen, andere wieder nur gegen ganz bestimmte ähnlich gebaute Aminosäuren.

Aus diesen vielfältigen und im einzelnen äußerst komplizierten Zusammenhängen kann man heute mit erstaunlicher Genauigkeit die Wahrscheinlichkeit berechnen, mit der ein solcher Aminosäureaustausch an einer ganz bestimmten Stelle eines Enzyms erfolgen kann.

Die Berechnungen sind so kompliziert, daß sie nur mit der Hilfe von Computern durchgeführt werden können. Das ist der Grund dafür, warum es in den Arbeitsräumen der von Frau Dayhoff geleiteten Abteilung keine Reagenzgläser gibt, dafür aber sehr viel Elektronik.

Professor Dayhoff und ihre Mitarbeiter führen selbst längst keine Sequenzanalysen bei Enzymen mehr durch. Das Team hat sich vollkommen darauf spezialisiert, aus den Unterschieden, welche die Sequenz ein und desselben Enzyms bei verschiedenen Arten aufweist, die Wahrscheinlichkeit der Mutationen zu berechnen, die diese Unterschiede herbeigeführt haben. Denn die »Wahrscheinlichkeit einer bestimmten Mutation« ist lediglich ein anderer Ausdruck für die Zeit, die verstreichen muß, bis diese Mutation eintritt. Frau Dayhoff hat, mit anderen Worten, so etwas wie eine Uhr entdeckt, die ihr die Möglichkeit gibt, nachträglich das Tempo zu messen, mit der die biologische Stammesgeschichte abgelaufen ist.

Um das zu verstehen, müssen wir uns noch einmal den S. 170/71 zuwenden. Noch immer haben wir nicht alle Informationen ausgewertet, die in ihr stecken. In unserem Schema sind die Arten in einer Reihenfolge untereinander angeordnet, die der Zahl der Unterschiede in der Aminosäuresequenz entspricht. Wenn wir von oben, vom Menschen ausgehen, nimmt diese Zahl mit jeder folgenden Zeile immer weiter zu. Es ist nun gewiß kein Zufall, wenn diese Reihenfolge genau übereinstimmt mit den Graden abnehmender Verwandtschaft. Der komplette Austausch einer Aminosäure durch Mutationen kostet Zeit. Je länger sich zwei Arten selbständig voneinander weiterentwickelt haben, je mehr Zeit verstrichen ist, seit ihr letzter gemeinsamer Ahn lebte, um so größer muß daher die Zahl der Mutationen sein, von denen sie unabhängig voneinander betroffen wurden. Um so größer ist daher auch die Zahl der Sequenzunterschiede im Aufbau ihrer Enzyme.

Es ist daher Ausdruck einer relativ nahen Verwandtschaft, wenn unser Atmungsenzym Cytochrom c und das des Rhesusaffen sich nur in einer einzigen von ingesamt 104 Aminosäuren unterscheiden. Daß unsere biologische Verwandtschaft mit dem Hund nicht so eng ist, läßt sich aus der Tatsache ablesen, daß die Abweichung in diesem Falle schon 11 Aminosäuren beträgt. Ein Fisch steht uns verwandtschaftlich näher als ein Bakterium, aber ferner als das Huhn. Selbst die Bäckerhefe haben wir als, wenn auch noch so entfernte, Verwandte der gleichen Familie von Lebensformen zuzurechnen, zu der auch wir selbst gehören. Die Verwandtschaft läßt sich auch in diesem Falle unmöglich abstreiten, wenn wir die bei allen Unterschieden noch immer so große, durch keinen Zufall zu erklärende Zahl der Positionen betrachten, auf denen die Aminosäuren bei diesem unscheinbaren Lebewesen und unserem eigenen Enzym übereinstimmen.

Mit der Feststellung dieser bloßen Rangordnung der Verwandtschaft zwischen verschiedenen Arten (die lange vor der Enzymforschung schon aus anderen Gründen bekannt war) gibt sich Frau Dayhoff nun aber nicht zufrieden. Sie arbeitet mit absoluten Zahlen. Ihre Computer sagen ihr, wie lange es durchschnittlich dauert, bis eine Aminosäure an dieser oder jener Stelle des Moleküls ausgetauscht ist. Ob der Austausch direkt erfolgt ist oder über eine wechselnde Zahl anderer Aminosäuren. Unter Einbeziehung noch einer Reihe ganz anderer Gesichtspunkte und komplizierter Bedingungen hat Frau Dayhoff schließlich ausgerechnet, daß wir und das Huhn noch vor 280 Millionen Jahren einen gemeinsamen Vorfahren gehabt haben müssen. Daß es 490 Millionen Jahre her ist, seit unsere noch amphibischen Vorfahren sich von den Fischen trennten. Und daß vor 750 Millionen Jahren auf der Erde ein Lebewesen existiert haben muß, das der gemeinsame Stammvater nicht nur aller Wirbeltiere, sondern auch der Insekten gewesen ist.

So phantastisch die Möglichkeit aber auch anmutet, einen solchen »Evolutions-Kalender« aufzustellen, Frau Dayhoff und ihre Mitarbeiter gehen selbst darüber noch hinaus. Mit der Hilfe sehr schwieriger statistischer und kombinatorischer Methoden haben sie damit begonnen, die Zusammensetzung zu rekonstruieren, die das Enzym des jeweils gemeinsamen Stammvaters gehabt haben muß. Daß das grundsätzlich geht, haben sie an einigen Beispielen bereits überzeugend demonstriert. Ihre Arbeit ist vor allem deshalb ungeheuer schwierig und zeitraubend, weil diese Berechnungen natürlich nicht nur an einem einzigen, sondern an so vielen Enzymen wie möglich durchgeführt werden müssen, wenn dabei etwas herausspringen soll.

Die zukünftigen Möglichkeiten dieses Forschungsansatzes erscheinen einigermaßen atemberaubend. Denn in dem Maße, in dem es mit der von Frau Dayhoff verwendeten Methode in den kommenden Jahrzehnten gelingen wird, das Enzym-Repertoire eines ausgestorbenen Lebewesens zu rekonstruieren, werden wir auch etwas über die Umwelt und das Verhalten des betreffenden Organismus erfahren.

Die Altersbestimmung mit radioaktiven Isotopen und ähnlichen Methoden erlaubt schon seit längerer Zeit die Datierung auch sehr alter Fossilien. Ein nach einem ähnlichen Prinzip entwickeltes »paläontologisches Thermometer« informiert uns darüber, wie warm die Meere waren, in denen sich Ichthyosaurier und andere Urwelttiere tummelten (20). Die Vollständigkeit, mit welcher die Wissenschaftler diese und andere Spuren der Vergangenheit ans Tageslicht befördern und wieder zum Sprechen bringen, macht immer neue, immer überraschendere Fortschritte. Das Dayhoff-Team hat einen Weg entdeckt, der für die Zukunft Möglichkeiten eröffnet, die heute noch utopisch anmuten.

Wenn wir auf diesem Wege jemals in den Besitz des Enzym-Repertoires etwa eines Sauriers kommen sollten, dann wird diese Kenntnis jedenfalls in unseren Köpfen das Verhalten und die Lebensweise eines solchen legendären Reptils in einer heute noch ungeahnten Vollständigkeit wieder lebendig werden lassen. Die Aminosäuresequenz jedes einzelnen seiner Enzyme bedingt dessen biochemische Wirkung. Die Summe aller dieser Enzymwirkungen läßt aber bis auf den heutigen Tag den Stoffwechsel des ausgestorbenen Wesens in allen seinen Einzelheiten und Besonderheiten rekonstruieren.

Wir würden daher feststellen können, wie die Nahrung zusammengesetzt war, an die der Urweltriese angepaßt war. Wir würden die Umwelt-Temperatur ablesen können, die ihm am meisten zusagte, und ebenso die Geschwindigkeit der Signale, die in seinen Nerven hin und her liefen, und damit die Dauer seiner »Schrecksekunde«. Die für die chemischen Prozesse in der Netzhaut seiner Augen verantwortlichen Enzyme würden uns etwas über die Art und Weise verraten, in der das ausgestorbene Tier 150 Millionen Jahre vor unserer Gegenwart seine Umwelt sah.

Vielleicht wird sich diese Rekonstruktion eines Tages, der allerdings fraglos in einer recht fernen Zukunft liegen dürfte, sogar nicht nur in den Köpfen der Wissenschaftler vollziehen, denen die Rekonstruktion des Enzym-Repertoires gelungen ist. Infolge des festen und bekannten Zusammenhangs zwischen den Enzymen und der die spezifische Sequenz ihres Aufbaus steuernden Basensequenz in der DNS wäre es grundsätzlich möglich, auf dem gleichen Wege auch den genetischen Code eines Sauriers zu rekonstruieren.

Nun sind aber schon heute die ersten Gene und Enzyme erfolgreich in Laboratorien synthetisiert worden. »Erfolgreich« heißt hier, daß die künstlich hergestellten Kettenmoleküle bei der anschließenden Probe im biologischen Experiment die ihrer Sequenz entsprechende biochemische Aktivität entfalteten und sich auch sonst genauso verhielten wie ihre natürlichen Vorbilder.

Diese ersten gelungenen Synthesen beweisen dem, der die hier diskutierten Fragen unvoreingenommen betrachtet, einmal mehr, daß die Tätigkeit und die Entstehung der Enzyme ohne geheimnisvolle, jenseits der wissenschaftlichen Faßbarkeit gelegene Kräfte vonstatten gehen. Sie lassen andererseits aber auch an die phantastische Möglichkeit denken, daß es in einer fernen Zukunft vielleicht einmal möglich werden könnte, die auf die beschriebene Weise rekonstruierten Gene eines ausgestorbenen Lebewesens der Urzeit biochemisch von neuem herzustellen.

Werden wir eines Tages also die Saurier wiedersehen? Könnte es möglich werden, sie mit Hilfe einer Synthese ihrer Gene im Laboratorium von neuem erstehen zu lassen? Die ungeheure Fülle von Informationen, die dazu notwendig wäre, die exakte Kenntnis der Sequenzen in den Molekülen von wenigstens vielen Tausenden von Genen lassen die Aufgabe heute noch als unlösbar erscheinen. Aber wir sollten nicht übersehen, daß es sich bei dieser Schwierigkeit um ein quantitatives Problem handelt, das mit Hilfe von Computern in Zukunft vielleicht überwunden werden könnte (21).

Selbst dann jedoch, wenn alle diese Schwierigkeiten eines Tages gelöst sein sollten, werden die Biochemiker der Zukunft nicht ohne weiteres damit anfangen können, ausgestorbene Fabelwesen nach Belieben zum Leben zu erwecken und mit ihnen einen »paläontologischen Zoo« zu bevölkern. Selbst mit dem kompletten genetischen Bauplan für einen Saurier in der Tasche wären sie dazu noch keineswegs imstande. Deshalb nicht, weil »Leben« nicht ein isoliert an einem einzelnen Individuum ablaufender Stoffwechselprozeß ist. Gerade unser utopisches Beispiel bietet an dieser Stelle eine gute Gelegenheit, sich darauf zu besinnen, in welchem Maße »Leben« auch ein sich zwischen einem Stoffwechsel treibenden Organismus und seiner Umwelt abspielender unauflöslicher Kreisprozeß ist.

Die Biochemiker der Zukunft würden erst noch archaische Pflanzen züchten müssen, auf welche die Bewohner ihres Zoos als Nahrung angewiesen wären. Eine künstliche, archaische Atmosphäre, mit zumindest einem geringeren Sauerstoffgehalt als dem unserer heutigen Atmosphäre, wäre außerdem vonnöten. Auf die geschilderte, äußerst mühsame Weise müßten ferner unzählige urweltliche Mikroorganismen zunächst genetisch »errechnet« und dann gezüchtet werden. Es ist nämlich anzunehmen, daß die Pflanzenfresser der Urzeit zu ihrem Gedeihen von derartigen Kleinstlebewesen als Symbionten nicht weniger abhängig gewesen sind als alle heutigen Lebewesen.

Das ganze Projekt erwiese sich bei näherer Betrachtung als eine nicht enden wollende Kette immer neuer, auf vielfältige Weise miteinander zusammenhängender Voraussetzungen – ein lehrreiches Modell für die aktive Mitwirkung der Umwelt, des »Milieus«, bei dem Prozeß, den wir »Leben« nennen. Damit das biologische Gleichgewicht in einem solchen Zoo erhalten bleiben könnte, müßte er schließlich außerordentlich groß sein. Alle diese Bedingungen zu erfüllen würde außerdem einen enormen Zeitaufwand erfordern. Ohne Zweifel würden sich bei dem Versuch, das phantastische Projekt zu verwirklichen, außerdem auf Schritt und Tritt neue Probleme und Schwierigkeiten ergeben, auf die vorher niemand gekommen war.

So ist es denn ein ironischer, aber letztlich doch auch ein befriedigender Gedanke, keineswegs von der Hand zu weisen, daß die Biologen der Zukunft, wenn sie ihre Computer nach den erforderlichen Bedingungen für ein solches Projekt befragen, die Antwort bekommen könnten: »Nehmt einen Himmelskörper von etwa 12 000 Kilometer Durchmesser und rechnet mit einer Versuchsdauer von 3 bis 4 Milliarden Jahren.«

Unter diesen Voraussetzungen ist das Experiment immerhin schon einmal erfolgreich verlaufen.

10. Das Leben – Zufall oder Notwendigkeit?

Wie groß ist die Wahrscheinlichkeit, daß sich 20 verschiedene Aminosäuren durch bloßen Zufall zu einer Kette aus 104 Gliedern in exakt der Reihenfolge zusammenfügen, wie sie beim Cytochrom c vorliegt? Die Antwort lautet: 1 zu 20^{104}. In die Sprache des Alltags übersetzt heißt das: Es ist unmöglich.

Das ist das andere Gesicht des Zufalls, der uns eben noch so handlich den Beweis für die Verwandtschaft liefern konnte, die zwischen allem besteht, was auf Erden lebt. Wir dürfen uns, nachdem wir uns seiner zu diesem Zweck so ausgiebig bedient haben, jetzt nicht vor der Frage drücken, ob ein solcher Grad von Unwahrscheinlichkeit nicht womöglich alles widerlegt, was ich in diesem Buch bisher zu begründen versucht habe: Die Selbsttätigkeit der im Universum ablaufenden Entwicklung und die im Rahmen dieser Entwicklung ganz natürlich und unabweislich erfolgende Entstehung von Leben.

Deshalb sei hier noch einmal unmißverständlich wiederholt: Die Wahrscheinlichkeit, daß Cytochrom c durch einen bloßen Zufall entstehen konnte, beträgt rein rechnerisch 1 zu 20^{104}. Das heißt, wenn in jeder Sekunde, die seit dem Anfang der Welt verstrichen ist, ein neues, noch nicht existierendes Enzym entstanden wäre, betrüge die Zahl aller bereits verwirklichten Kombinationen heute erst 10^{17}. Selbst dann, wenn alle im ganzen Universum vorhandenen Atome Enzymketten wären, jedes von ihnen eine andere, ohne eine einzige Wiederholung, gäbe es im Weltall »nur« 10^{80} verschiedene Kettenmoleküle. Die Wahrscheinlichkeit, daß sich unter ihnen auch nur ein einziges Molekül Cytochrom c befände, betrüge also selbst dann immer noch nur 1 zu 10^{24} (1 zu 1000 Quintillionen). Selbstverständlich gilt das grundsätzlich genauso für die Entstehung aller anderen Enzyme auch und ebenso für die für das Leben ebenfalls ganz unentbehrlichen Nukleinsäuren.

Nimmt man diese Rechnung so, wie sie da steht, dann erscheint der Schluß unausweichlich: »Leben« ist entweder ein so extrem unwahrscheinlicher Tatbestand, daß es als extremer Ausnahmefall im ganzen Kosmos nur ein einziges Mal, nämlich nur hier auf unserer Erde, entstanden sein dürfte als ein für diesen Kosmos in jeder Hinsicht absolut atypisches Phänomen. Oder es gibt eben doch irgendwelche metaphysischen Faktoren, welche die Entstehung von Leben aus dem Bereich bloßer Zufälligkeit herausgehoben haben. Beide Schlußfolgerungen sind denn auch weit verbreitet und werden in mannigfachen Abwandlungen bis zum Überdruß wiederholt.

Ein bekanntes Beispiel ist der Diskussionsredner, dessen Auftritt bei keinem öffentlichen Vortrag über das Thema der Lebensentstehung fehlt, und der den Vortragenden in ironischem Ton fragt, wie lange man wohl 1000 Trillionen Metallatome schütteln müsse, bis daraus »durch Zufall« ein Volkswagen entstünde. Eine beliebte Variation ist die Frage, wie lange eine Horde von 100 Affen brauchen würde, um durch wahlloses Hämmern auf 100 Schreibmaschinen auch nur ein einziges Sonett von Shakespeare »durch Zufall« zu produzieren.

Einwände dieser Art wirken »schlagend«. Der Diskussionsredner, der sich ihrer bedient, kann daher auch auf sicheren Applaus rechnen. Trotzdem sind das keine ernst zu nehmenden Argumente. Man möchte denen, die sich ihrer bedienen, empfehlen, Sherlock Holmes zu lesen: »Aber Holmes«, ruft Watson aus, »das ist doch ganz unmöglich.« – »Bewundernswert«, entgegnet Sherlock Holmes, »eine höchst aufschlußreiche Bemerkung – also muß ich es in irgendeinem Punkt falsch dargestellt haben.«

So, wie die Berechnungen vorgetragen werden, mit denen die Unwahrscheinlichkeit der Entstehung von Leben demonstriert werden soll, beruhen sie ausnahmslos auf einem Denkfehler. Wir müssen das etwas näher betrachten, denn ungeachtet seiner logischen Unsinnigkeit ist das statistische Argument in diesem Zusammenhang in den besten Kreisen gang und gäbe. In einem kürzlich erschienenen Buch benutzt es der englische Zoologe W. H. Thorpe bezeichnenderweise zu dem Zweck, die naturgesetzliche Erklärbarkeit biologischer Phänomene zu bestreiten (22). Der prominenteste Fall mißbräuchlicher Argumentation in diesem Punkt, auf den ich in der letzten Zeit gestoßen bin, betrifft den französischen Biologen und Nobelpreisträger Jacques Monod (23). Aber auch der deutsche Physiker Pascual Jordan bedient sich in aller Unbefangenheit einer grundsätzlich gleichartigen »Beweiskette«, um seine Überzeugung zu begründen, daß es im ganzen Kosmos wahrscheinlich nur auf der Erde Leben geben dürfte (24).

Am deutlichsten ist der Denkfehler in der »Beweisführung« Thorpes greifbar. Thorpe verwendet unter anderem den Vergleich von den auf Schreibmaschinen hämmernden Affen, die »durch Zufall« ein Shakespearesches Sonett produzieren sollen. Er übersieht dabei, daß dieser Vergleich das Problem, das die Natur seinerzeit lösen mußte, in dem entscheidenden Punkt auf den Kopf stellt. Die Natur hat niemals vor der Aufgabe gestanden, etwas, was es schon gab – etwa eine bestimmte Aminosäuresequenz – noch einmal in allen Einzelheiten durch Zufall exakt wiedererstehen zu lassen. Nur unter dieser einen Voraussetzung aber könnte die ganze Rechnerei mit der gigantischen Zahl 20^{104} überhaupt irgendeinen Sinn haben.

In der naturgeschichtlichen Realität war es jedoch genau umgekehrt. Um noch einmal das so oft strapazierte, in diesem Zusammenhang aber vollkommen unsinnige Affenbeispiel heranzuziehen: Die Natur war keineswegs darauf angewiesen, so lange zu warten, bis eine Affenhorde zufällig etwas wiederholt hatte, was auf irgendeine Weise vorgegeben gewesen wäre. Sie hat die »Affen« der zufälligen Abläufe auf der Erdoberfläche vielmehr während einer durchaus beschränkten Zeit (sagen wir: einige hundert Jahrmillionen lang) nach Belieben herumhämmern lassen. Nach einem Zeitraum dieser Größenordnung hat sie sich dann aus den unzähligen bis dahin vollgetippten Blättern gewissermaßen in aller Ruhe einige ausgesucht, auf denen die Buchstabenverteilung rein zufällig vom Durchschnitt abwich. Diese Blätter hat sie dann für ihre Zwecke benutzen können, weil die vom Durchschnitt abweichende Buchstabenstreuung sie unverwechselbar machte und daher die Möglichkeit eröffnete, sie selektiv für bestimmte Funktionen einzusetzen.

In die Wirklichkeit der natürlichen Situation übertragen heißt das, daß im allerersten Anfang schon bescheidenste Ansätze zu einer katalytischen Wirkung ausreichten, um die Evolution in Gang zu setzen. Es gab ja noch keine Konkurrenten! Unter diesen Umständen genügten nach heutiger Kenntnis aber Enzym-Prototypen von nur 40 oder 50 Gliedern Länge, in denen nur einige wenige Aminosäuren an ganz bestimmten Stellen sitzen mußten. Das läßt sich experimentell beweisen. So gering die Beschleunigung sein mochte, die eine solche Anordnung bestimmten chemischen Abläufen verlieh, sie bedeutete den winzigen Vorsprung, der automatisch die Vermehrung dieses einen Molekültyps zur Folge hatte.

Geht man von dieser, der einzig realistischen Situation aus, dann kommt man zu völlig anderen Zahlen. Jetzt genügen mit einem Male einige Millionen Polypeptide (Aminosäureketten geringer Länge), um die Chance zur Entstehung eines Protoenzyms zu schaffen, und das ganze Problem hat sich in Rauch aufgelöst. Bei der Bildung von Nukleinsäuren gar, die bei statistischen Gedankenspielen dieser Art ebenfalls beliebte Beispiele sind, war die Natur noch weniger eingeschränkt. Bei einem Enzym ist die Sequenz der Kettenglieder immerhin nicht völlig beliebig, weil aus der räumlichen Gestalt des Moleküls eine bestimmte, wenn auch noch so schwache chemische Wirkung resultieren muß.
Bei der Codierung der DNS jedoch ist nicht einmal diese einschränkende Bedingung gegeben. Hier war die Natur, soweit wir das bis heute übersehen, frei, den verschiedenen Basen und ihren Sequenzen opportunistisch jede Bedeutung zu geben, die der Zufall anbot. Hier ist eine statistische Argumentation daher vollends unsinnig.
Es ist also, um es noch einmal ganz einfach auszudrücken, vollkommen richtig, daß das Alter der Welt nicht ausreichen würde, um Cytochrom c (oder irgendein anderes heute existierendes Enzym) in genau der gleichen Form durch Zufall erneut entstehen zu lassen. Vor dieser Aufgabe aber hat die Natur auch zu keiner Zeit gestanden. Sie hat vielmehr durch Zufallsprozesse eine sehr große Zahl der verschiedensten Moleküle erzeugt und von diesen für den Beginn der biologischen Evolution dann einige benutzt, die zufällig eine (anfangs sicher nur minimale) katalytische Wirkung bei irgendeinem »Substrat« aufwiesen.
Ähnlich einseitig wie Thorpe argumentiert Jacques Monod, der sich in seine heroische Vorstellung verliebt hat, daß der Mensch als das Ergebnis einer unwiederholbaren Zufallsentwicklung »seinen Platz wie ein Zigeuner am Rande des Universums« habe: »Auf Grund der gegenwärtigen Struktur der belebten Natur ist die Hypothese nicht ausgeschlossen – es ist im Gegenteil wahrscheinlich, daß das entscheidende Ereignis (das erstmalige ›Erscheinen des Lebens auf der Erde‹) sich nur ein einziges Mal abgespielt hat. Das würde bedeuten, daß die a priori-Wahrscheinlichkeit dieses Ereignisses fast null war.«
Diese Behauptung ist unbestreitbar richtig. Sie beweist jedoch nichts. Denn in ihrem ersten Satz verbirgt sich eine unzulässige Verallgemeinerung, und der zweite enthält nichts als eine Banalität. Wenn man sich die Schlußfolgerung Monods näher ansieht, dann stößt man auf den gleichen Denkfehler wie bei Thorpe. Er liegt bei dem Franzosen nur nicht so offen zutage.

Die unzulässige Verallgemeinerung: Monod sagt, das Erscheinen »des« Lebens auf der Erde sei aller Wahrscheinlichkeit nach ein einmaliges Ereignis gewesen. Die Verallgemeinerung besteht hier darin, daß der Autor den Zusatz wegläßt –...»des Lebens in der speziellen Form, in der es sich auf der Erde entwickelt hat«. Ohne diesen Zusatz schließt der Satz in dem Zusammenhang, in dem Monod ihn gebraucht, nämlich stillschweigend und ohne jegliche Begründung (und daher unzulässigerweise) die Behauptung ein, daß das Leben sich auf der Erde *nur* in der uns bekannten Form verwirklichen konnte – oder gar nicht. Und der zweite Satz ist insofern inhaltslos, als es kein Einzelereignis gibt, dessen Wahrscheinlichkeit vor seinem Eintreten *nicht* »fast null« wäre.

Sehen wir uns das der Einfachheit halber einmal an einem ganz simplen Beispiel an. Nehmen wir den sprichwörtlich aus Zufall vom Dach herabfallenden Ziegelstein. Er knallt also aufs Pflaster und zerspringt dabei in Hunderte von großen, kleinen und winzigen Splittern. Wenn man anschließend die Anordnung betrachtet, in der sich alle diese Splitter auf dem Pflaster verteilt haben, dann kommt man zwangsläufig zu dem Schluß, daß der konkrete Fall dieses speziellen Dachziegels ein unwiederholbares, im ganzen Kosmos einmaliges Ereignis gewesen sein muß. Solange die Welt steht, wird es mit der allergrößten Wahrscheinlichkeit niemals dazu kommen, daß der erneute Fall eines Ziegelsteins exakt diese gleiche Verteilung von Splittern auf dem Asphalt verursachen wird. Mit anderen Worten: Die Wahrscheinlichkeit dieses Ereignisses, die Wahrscheinlichkeit, daß es mit allen seinen konkreten Folgen so und nicht anders ablaufen würde, war vor seinem Eintreten »fast null«.

Das alles ist vollkommen richtig, und das alles ist im Grunde vollkommen belanglos. Es bekommt erst dann eine scheinbare Bedeutung, wenn wir aus all diesen Überlegungen stillschweigend die unzutreffende Schlußfolgerung ziehen sollten, daß die extreme Unwahrscheinlichkeit des Falles, den wir beobachtet haben, das Fallen von Ziegelsteinen ganz allgemein zu einem fast unmöglichen Ereignis werden läßt. Daß aber ist genau die Schlußfolgerung Monods.

Was Monod sagt, ist doch letztlich dies: Das Leben, das wir um uns herum wahrnehmen, ist offensichtlich das Resultat einer einmaligen Zufallsentwicklung. (Irgendwann in der Vorgeschichte muß es einen Augenblick gegeben haben, in dem alles heutige Leben von den Überlebenschancen einer einzigen konkreten Urzelle abhing.) Die Wahrscheinlichkeit, daß das Leben in der Form, die es als das Resultat der Vermehrung und Weiterentwicklung der Nachkommen dieser einen konkreten Urzelle heute auf der Erde angenommen hat, durch einen bloßen Zufall erneut oder an einer anderen Stelle des Kosmos entstehen könnte, ist »fast null«. Bis zu diesem Punkt ist gegen den Gedankengang nichts einzuwenden. Dann fährt Monod jedoch (wenn auch zum Teil unausgesprochen und zwischen den Zeilen) fort: Wenn das Leben auf der Erde, so betrachtet, einen extremen Ausnahmefall darstellt, dann heißt das gleichzeitig, daß es aller Wahrscheinlichkeit nach nirgends sonst im ganzen Kosmos Leben gibt. Und das ist falsch.

Es ist genauso falsch, wie es falsch wäre, aus der Unmöglichkeit, daß der Fall eines konkreten einzelnen Ziegelsteins sich in allen Details exakt wiederholt, zu folgern, daß Ziegelsteine praktisch niemals von Dächern fallen. Dieser Schluß wäre nur dann zulässig, wenn ich beweisen könnte, daß Ziegelsteine nur und ausschließlich auf diese eine bestimmte Weise und mit den gleichen konkreten Folgen herabfallen können. Davon kann aber natürlich keine Rede sein. Das ist aber wieder die stillschweigende (und daher auch unbegründete) Voraussetzung Monods: Er tut so, als ob Leben in irgendeiner vom Bekannten abweichenden Form gänzlich undenkbar und mit Sicherheit auszuschließen wäre.

Der gleiche Einwand muß auch gegen die Schlußfolgerungen Pascual Jordans zu diesem Punkt angeführt werden. Auch Jordan vertritt die Ansicht, daß das organische Leben eine Naturerscheinung sei, die in kosmischen Maßstäben als überaus selten und ungewöhnlich, wenn nicht womöglich gar als nur auf der Erde verwirklichter Sonderfall beurteilt werden müsse. Sein wichtigstes Argument ist die »monophyletische Abstammung« alles irdischen Lebens, die Tatsache der gemeinsamen Abstammung von einem einzelnen Keim der Urzeit. Seine Schlußfolgerung: Wie unwahrscheinlich, wie extrem selten das Phänomen »Leben« sei, lasse sich allein daraus ableiten, daß es der Natur in Milliarden Jahren auf der Erde offensichtlich nur ein einziges Mal gelungen sei, die Voraussetzungen für Leben zu schaffen, in einem einzigen, isolierten Keim.

Es ist mir einfach unverständlich, wie ein Mann so argumentieren kann, der in dem gleichen Aufsatz die (völlig zutreffende)Ansicht vertritt, daß es im Verlauf der Geschichte des Lebens ganz sicher wiederholt zum Aussterben einer großen Zahl der verschiedensten Lebensformen gekommen ist. Nicht mit einem Wort erwähnt Jordan die Möglichkeit, daß es über ungezählte Jahrmilliarden hinweg auch zu immer wieder neuen Ansätzen, zu immer neuen Versuchen des Lebens gekommen sein dürfte, auf der Erde Fuß zu fassen. Warum verschließt er die Augen vor der Möglichkeit, ja Wahrscheinlichkeit, daß vor rund vier Milliarden Jahren immer wieder neue Molekül-Komplexe abiotisch entstanden, die es auf diese oder jene Weise für kürzere oder längere Zeit fertigbrachten, sich nach dem Prinzip des im letzten Kapitel beschriebenen Kreislaufs zu erhalten?

Es ist ja richtig, daß alle heutigen Lebewesen aus einer einzigen Wurzel stammen. Die unübersehbaren Spuren dieser globalen Verwandtschaft haben wir eingehend erörtert. Aber wie kann man als Bewohner eines Planeten, der das vollständige Erlöschen des Stammes der Saurier, das Aussterben des Mammuts, das Verschwinden so unzähliger anderer Gattungen und Arten erlebt hat, die überlegenen und besser angepaßten Konkurrenten weichen mußten, daraus nur eine so einseitige Folgerung ziehen? Ist es nicht weitaus wahrscheinlicher, daß der gemeinsame Vorfahr alles heutigen irdischen Lebens der einzige Überlebende einer sich über Hunderte von Jahrmillionen hinziehenden unerbittlichen Konkurrenz gewesen ist?

Die Universalität des genetischen Codes, die durch keinerlei Zufall zu erklärenden Übereinstimmungen in den Aminosäureketten der Enzyme und all die anderen Zeugnisse genetischer Verwandtschaft sind nicht notwendigerweise, wie Jordan das ohne Diskussion voraussetzt, ein Beweis dafür, daß es anders nicht geht. Weitaus wahrscheinlicher ist die Annahme, daß es in der Frühgeschichte der Erde eine große Zahl der verschiedensten Ansätze, der unterschiedlichsten Lebens-»Entwürfe« gegeben hat, von denen ein einziger (der effektivste) als Sieger übrigblieb.

Wenn alles noch einmal von vorn begänne, wenn ein Dämon die Zeit um 4 Milliarden Jahre zurückstellte und die Oberfläche der Urerde abermals vor der Aufgabe stünde, sich mit Leben zu füllen, es würde sicher nicht noch einmal das gleiche dabei herauskommen. Eine exakte Wiederholung wäre in der Tat von unausdenkbarer Unwahrscheinlichkeit. Die Chance, daß die gleichen Basen-Tripletts die gleichen Aminosäuren »bedeuten« würden, daß daraus die Sequenzen der uns bekannten Enzyme und also auch die gleichen Stoffwechselabläufe resultieren könnten, daß die Evolution darüber hinaus aus der astronomischen Fülle von Möglichkeiten, die es gibt, um aus Zellen unter wechselnden Umweltbedingungen Lebewesen entstehen zu lassen, ausgerechnet wieder zu den uns bekannten Formen von Vögeln, Fischen, Insekten und Säugetieren gelangen sollte, diese Chance wäre zweifellos »fast null«.

Aber es gibt keine Berechnung und keine Statistik, welche die Ansicht widerlegt, daß die Erde sich trotzdem abermals mit Leben füllen würde. Alles, was wir bisher erörtert haben, die Tendenzen und der Verlauf der 10 Milliarden Jahre der Geschichte, die bis zu diesem Augenblick schon abgelaufen waren, sprechen für das Gegenteil. Die Auffassungen von Thorpe, Monod und Jordan beruhen, wie ich zu zeigen versucht habe, auf Vorurteilen und nicht auf begründbaren Thesen. Wir können daher sicher sein, daß die seit so langer Zeit schon ablaufende Entwicklung an diesem Punkt nicht deshalb abreißen würde, weil Zufall und Statistik es nicht zulassen, daß der weitere Verlauf sich in allen Einzelheiten exakt wiederholt.

Dritter Teil

Von der ersten Zelle bis zur Eroberung des Festlands

11. Kleine grüne Sklaven

Wer eine heutige Zelle durch ein Mikroskop betrachtet, sieht auf einen Blick, daß er mehr vor sich hat als einfach ein Säckchen voll Eiweiß. Bei ausreichender Vergrößerung präsentiert sich das mikroskopische Gebilde als kompliziert zusammengesetzter Organismus. Eine vollständige Übersicht über alle seine Bestandteile hat uns erst das Elektronenmikroskop verschafft. Der elementare Baustein der belebten Natur ist heute, nach 3 Milliarden Jahren biologischer Evolution, alles andere als einfach gebaut.

In den meisten Zellen gibt es heute eine ganze Reihe hochspezialisierter »Organelle«. Mit diesem Fachausdruck bezeichnet der Biologe deutlich erkennbare und abgegrenzt im Zelleib liegende Gebilde von charakteristischer Form. Wir wissen heute, daß zu dieser Form jeweils auch eine ebenso charakteristische Funktion gehört. Es handelt sich bei diesen Zellbestandteilen folglich um Strukturen, die den Organen eines vielzelligen Lebewesens analog sind. Daher auch ihr Name.

Die auffälligste und bei weitem größte dieser Strukturen ist der Zellkern. Man könnte ihn vielleicht – in einer allerdings sehr freien Analogie – als das Hirn der Zelle bezeichnen. In ihm sind die Nukleinsäuren zu Genen und diese wieder zu Chromosomen zusammengebündelt, mit deren Hilfe Bau, Stoffwechsel und alle anderen Funktionen der Zelle nach einem erblich festliegenden Plan gesteuert werden. In der Schule haben wir alle gelernt, daß die menuettartige Präzision, mit der sich die Chromosomen unmittelbar vor jeder Teilung der Zelle aufspalten und zu spiegelbildlich einander gegenüberstehenden Kolonnen formieren, die Voraussetzung dafür ist, daß jede der beiden neu entstehenden Zellen ihre »Kopie« dieses lebensnotwendigen Planes mitbekommt.

Andere wichtige Organelle werden von den Biologen als Mitochondrien, Ribosomen, Chloroplasten und Geißeln bezeichnet. Die Aufklärung des

Aufbaus und der Funktion dieser und anderer Organelle hat ergeben, daß schon in der so einfach erscheinenden Zelle ein hohes Maß an Arbeitsteilung besteht.

Die Mitochondrien werden von den Wissenschaftlern auch »Kraftwerke« der Zellen genannt. An der Oberfläche der feinen Lamellen, aus denen sie sich aufbauen, laufen allem Anschein nach vor allem die enzymatischen Prozesse ab, aus denen der Zellorganismus die Energie für seine vielfältigen Funktionen und Aktivitäten bezieht. Die Ribosomen sind dagegen die Synthesefabriken des winzigen Gebildes. Sie produzieren unter dem strikten Kommando des Zellkerns alle von der Zelle benötigten Eiweiße, also Enzyme und aus Eiweiß bestehende Baustoffe. In den letzten Jahren konnte nachgewiesen werden, daß die Ribosomen eine praktisch universale Fähigkeit zur Erzeugung beliebiger Eiweißarten zu haben scheinen. Welche Eiweißart der Kern bei ihnen auch immer »bestellen« mag, sie stellen ihre Produktion in jedem Fall ohne die geringste Verzögerung auf das gewünschte Programm um.

Hier muß kurz erläutert werden, wie die Biologen das Kunststück fertigbringen, die Funktion derartig winziger einzelner Zellbestandteile bis in die letzten Einzelheiten zu untersuchen. (Ribosomen zum Beispiel sind so klein, daß sie nur auf elektronenmikroskopischen Aufnahmen als kugelförmige Gebilde sichtbar sind.) Die Wissenschaftler haben dazu eine raffinierte Methode entwickelt, mit der sie eine lebende Zelle gleichsam demontieren können, ohne die dabei entstehenden Einzelteile zu beschädigen. Sie zerstören zunächst die äußere Membran, welche die Zelle zusammenhält. Dazu gibt es verschiedene Möglichkeiten. Eine bewährte Methode ist die Anwendung von Ultraschall, durch den die Zellhülle zertrümmert wird. Neuerdings benutzt man jedoch meist Enzyme, die die Zellwand auflösen (zum Beispiel das Enzym »Lysozym«). Natürlich macht man das nicht mit einzelnen Zellen, sondern mit ganzen Gewebsproben, die viele Millionen Zellen enthalten.

Nach der Bearbeitung mit Ultraschall oder Lysozym hat man ein sogenanntes »zellfreies System« vor sich. Das ist weiter nichts als der homogene Brei, in dem jetzt alle Zellbestandteile, ihrer Hüllen ledig, frei herumschwimmen. Wenn man ein solches »zellfreies System« näher untersucht, kann man sich davon überzeugen, daß die meisten der für das untersuchte Gewebe typischen Stoffwechselvorgänge nach wie vor in ihm ablaufen. Das ist zunächst einmal ein Beweis dafür, daß die für diese Prozesse verantwortlichen Organelle immer noch intakt sind und funktionieren.

Der nächste Schritt besteht darin, die Organellsorte (Mitochondrien oder Chloroplasten oder Ribosomen usw.) zu isolieren, deren Funktionen man untersuchen will. Das sagt sich so leicht. Wie soll man die winzigen Zellorgane aus dem vom Ultraschall erzeugten Schleim herausholen? Chemische Methoden scheiden selbstverständlich aus. Sie würden die empfindlichen Gebilde in jedem Fall schädigen. Aber auch ein manuelles »Herausfischen« etwa mit dem Mikromanipulator unter dem Mikroskop wäre viel zu umständlich, um in der knappen Zeitspanne, die zur Verfügung steht, bis die Organelle absterben, ausreichende Mengen für eine Funktionsprüfung zu isolieren.

Die Biologen sind in dieser Situation auf den Ausweg verfallen, sich zur Trennung der einzelnen Bestandteile der Gewichtsunterschiede zu bedienen, die zwischen den unterschiedlich großen verschiedenen Organellarten bestehen. Wenn man das zellfreie System in ein Reagenzglas füllt und dieses stehen läßt, dann setzen sich am Boden als erstes die größten Zellbruchstücke ab, Membranfetzen und Kernbruchstücke etwa. Wenn man anschließend die über diesem Bodensatz oder »Sediment« stehende Flüssigkeit vorsichtig abgießt, hat man in dieser bereits die übrigen, leichteren Komponenten der Lösung von den gröberen Brocken getrennt.

Beim nächsten Schritt verstärkt man die die Sedimentation bewirkende Kraft dadurch, daß man das Reagenzglas mit der abgegossenen Flüssigkeit zentrifugiert. Bei vorerst noch niedriger Tourenzahl setzen sich dann die nächst schwereren Zellbestandteile ab, etwa die relativ großen Chloroplasten. Ist das geschehen, wird wieder abgegossen und der Rest erneut 20 bis 30 Stunden lang zentrifugiert, von Mal zu Mal mit höherer Umdrehungsgeschwindigkeit. Auf diesem Wege erhält man schrittweise Sedimente von Zellkomponenten immer geringerer Gewichtsklassen.

Geschieht das mit der nötigen Sorgfalt und Erfahrung, dann enthalten die verschiedenen Sedimente oder »Fraktionen« schließlich jeweils immer nur eine einzige Organellart in ziemlich reiner Isolierung. Um mit dieser Methode der Zellfraktionierung auch die besonders kleinen Ribosomen gewinnen zu können, mußte man allerdings spezielle Ultrazentrifugen bauen, die bei 5000 Umdrehungen pro Sekunde Zentrifugalkräfte entwickeln, welche die Kraft der Erdanziehung rund 200 000mal übersteigen. Erst dann bequemen sich auch die winzigen Ribosomenkügelchen dazu, sich am Boden des Zentrifugenröhrchens als Sediment anzusammeln.

Hat man mit dieser Methode schließlich eine möglichst reine »Ribosomenfraktion« gewonnen, kann man mit ihr gezielt experimentieren. Im Prinzip geht man dabei so vor, daß man andere auf die gleiche Weise gewonnene Zellfraktionen dazugibt und dann untersucht, was passiert. Gibt man zu einer Ribosomenfraktion zum Beispiel Nukleinsäuren, in denen Eiweißstrukturen codiert sind, so beginnt das nunmehr aus Ribosomen und Nukleinsäuren bestehende zellfreie System sofort die entsprechenden Eiweißkörper zu produzieren (vorausgesetzt natürlich, daß die zu deren Aufbau benötigten Aminosäuren in dem Gemisch vorrätig sind). Die Produktion ist unter diesen Bedingungen zwar nicht annähernd so ergiebig wie in einer intakten Zelle, aber das ist nach der beschriebenen Gewaltprozedur und unter vergleichsweise so unnatürlichen Umständen nicht weiter verwunderlich.

Mit dieser Methode der Untersuchung einzelner Zellfraktionen ist es überhaupt erst möglich gewesen festzustellen, daß die Ribosomen die für die Eiweißsynthese zuständigen Organelle sind. Mit dieser Technik gelang übrigens auch der Nachweis des »Esperanto-Charakters« des genetischen Codes, den wir schon erörtert hatten. Man kann einer Ribosomenfraktion, die etwa von einer Kaninchenleber stammt, nämlich Nukleinsäuren (genauer: DNS) aus jeder beliebigen Quelle zugeben, von Vögeln, Fischen oder Bakterien, die Ribosomen »verstehen« den in den DNS enthaltenen Code ohne alle Übersetzungsschwierigkeiten und beginnen in jedem Falle sofort mit der Produktion der dem Programm entsprechenden Proteine. Dieses Resultat beweist nicht nur die Universalität des genetischen Codes, sondern zugleich auch die schon erwähnte Fähigkeit der Ribosomen, praktisch beliebig jedem Nukleinsäureprogramm Folge leisten zu können.

Unter normalen Umständen ist eine solche Wendigkeit nur von Vorteil. Ein einziger »Maschinentyp« genügt der Zelle zur Herstellung aller der vielen verschiedenen Proteine, die sie benötigt. Aber es ist andererseits auch wieder typisch für die unglaubliche Anpassungsfähigkeit lebender Organismen und ihre Tendenz, alle in ihrer Umwelt sich bietenden Möglichkeiten auszunutzen, daß sich im Verlaufe der Evolution dann auch Organismen entwickelt haben, die aus eben dieser beliebigen Programmierbarkeit der Ribosomen ihren Nutzen ziehen. Es sind das die schon kurz erwähnten Viren. Es ist nicht übertrieben, wenn man sagt, daß die Omnipotenz der Ribosomen die Existenzgrundlage dieser vielleicht seltsamsten aller irdischen Lebewesen bildet.

Die Vielseitigkeit der Ribosomen und die Universalität des genetischen Codes haben, kombiniert, nämlich eine eigentümliche Konsequenz. Die

though
Tafelteil

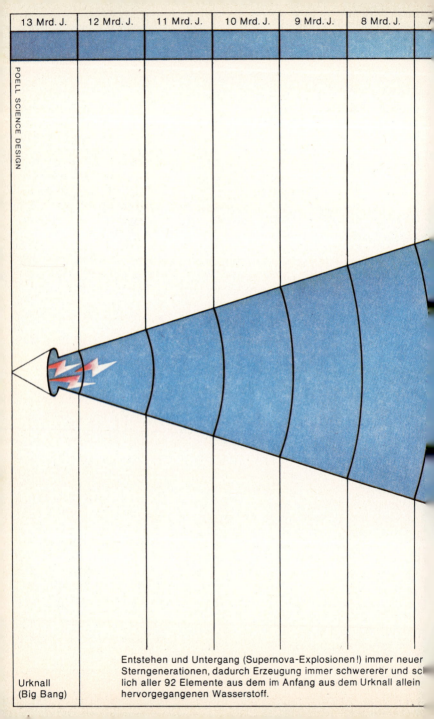

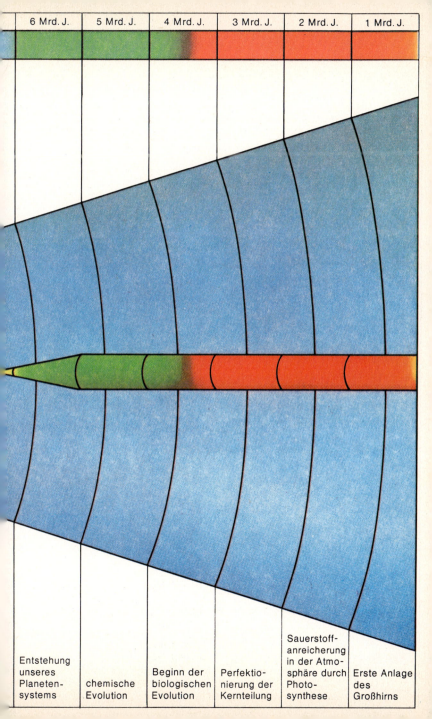

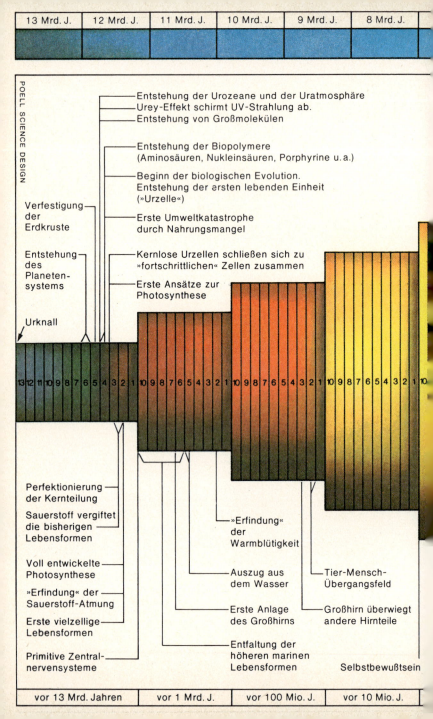

Abbildung 3
Einige besonders eindrucksvolle Beispiele von Mimikry
Oben: Die Fangheuschrecke *Hymenopus coronatus* (Südostasien) frißt blumenbesuchende Insekten. Sie hat ihr Aussehen dem einer roten Orchideenblüte so täuschend angepaßt, daß ihre Opfer freiwillig zu ihr kommen, da sie dem tödlichen Irrtum erliegen, auch diese »Scheinblüte« halte für sie Nektar bereit. Daß *Hymenopus* auch für uns zwischen den »echten« Blüten nicht ganz leicht zu erkennen ist, scheint übrigens dafür zu sprechen, daß die Augen der Insekten Farbe und Gestalt der Heuschrecke wenigstens annähernd so registrieren wie das menschliche Auge es tut.

Unten: Nicht dem Angriff, sondern dem eigenen Schutz dienen die beiden anderen Beispiele. Besonders verblüffend wirkt der Fall der afrikanischen Langkopfzirpe *Ityraea nigrocincta*, einer Schmetterlingsart, die in einer grünen und einer gelben Variante vorkommt. In Ruhestellung auf kleinen Zweigen sitzend ähneln die Tiere Knospen oder Blüten, was sie für ihre Feinde, die Vögel, uninteressant erscheinen läßt. Auch die schneckenartig aussehende Raupe des Schillerfalters ist durch ihr Aussehen auf den Blättern, von denen sie lebt, hervorragend getarnt.
In allen derartigen Fällen besteht das Problem in der Frage nach der Ursache einer so unübersehbar zweckmäßigen Anpassung. Sie wird in diesem Buch wiederholt und unter verschiedenen Aspekten ausführlich erörtert, weil ihre Beantwortung entscheidend ist für das Weltbild, das sich angesichts der Erkenntnisse der modernen Naturwissenschaft heute herauskristallisiert.

Abbildung 4

Der sogenannte *Pferdekopfnebel* im Sternbild Orion. Es handelt sich um eine riesige Wolke feinst verteilten kosmischen Staubes, die selbst nicht leuchtet. Die scheinbare Sternarmut im ganzen rechten Drittel der Aufnahme wird nur dadurch vorgetäuscht, daß sich hier die Wolke vor die hinter ihr gelegenen Sterne projiziert, deren Licht sie auf diese Weise abschwächt oder verschluckt. (Die pferdekopfähnliche Vorwölbung nach links, die dem ganzen seinen Namen gegeben hat, ist also nur ein winziger Teil der Wolke insgesamt.)

Aber auch die leuchtenden Schwaden in der linken Abbildungshälfte gehören noch dazu: Es sind die dünnsten Regionen am Rand der Wolke, die vom Licht sehr heller Sterne in ihrer Nachbarschaft getroffen werden.

Im 1. Kapitel wird erläutert, welche interessante Rolle derartige kosmische Dunkelwolken in der Diskussion über die Frage gespielt haben, ob das Weltall unendlich groß oder aber endlich und in sich geschlossen ist.

Abbildung 5
Für die meisten von uns sind Vulkane allenfalls touristische Attraktionen, wenn nicht die Ursachen von Katastrophen. Welch entscheidend wichtige Rolle der irdische Vulkanismus in der Geschichte unseres Planeten gespielt hat, darauf sind auch die Wissenschaftler erst in jüngster Zeit gekommen. Es ist nicht übertrieben, wenn man feststellt, daß es ohne Vulkanismus nicht zur Entstehung von Leben auf der Erde hätte kommen können: Die Erde würde dann heute noch ohne Wasser und ohne Atmosphäre als mondähnlicher, steriler Himmelskörper um die Sonne kreisen. Die Zusammenhänge werden im 3. Kapitel ausführlich geschildert.
(Die Aufnahme zeigt einen nächtlichen Ausbruch des Stromboli, eines der rund 500 heute noch aktiven Vulkane der Erde.)

Abbildung 6

Der Bakteriophage T2, links oben als elektronenmikroskopisches Photo im Original, auf dem ganzseitigen Bild als dreidimensionale zeichnerische Rekonstruktion aufgrund zahlreicher Mikrophotos.

Der »Bakterienfresser« T2 ist das bisher am besten bekannte Virus. Diese Tatsache ist die Folge einer internationalen Absprache: Wegen der fast unübersehbaren Zahl und Vielfalt der verschiedenen Virustypen einigten sich Mitarbeiter der wichtigsten virologischen Forschungslaboratorien in aller Welt darauf, ihre Anstrengungen nach Möglichkeit auf das gleiche Objekt zu konzentrieren, eben das hier abgebildete Virus. Dahinter stand die berechtigte Erwartung, daß die Erfahrungen, die man bei der gründlichen Untersuchung eines Virustyps machen würde, sich dann nutzbringend auch bei der Erforschung anderer Viren anwenden lassen würden.

Die seltsam technisch anmutende Gestalt des winzigen Gebildes (die Zeichnung gibt das Virus etwa 1 Million mal vergrößert wieder!) entspricht der unheimlichen Monotonie der Funktion dieser kleinen »Kampfmaschine«, deren aggressive Vermehrungsweise in Abbildung 13 schematisch dargestellt ist.

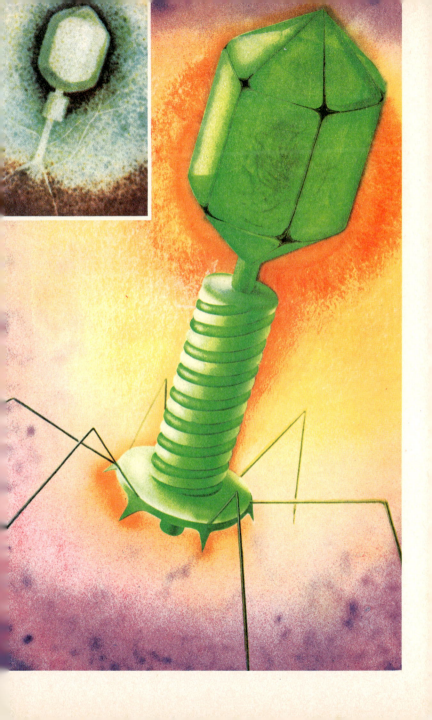

Abbildung 7
Die von der Sonne kommende elektromagnetische Strahlung wird in den weitaus meisten Wellenbereichen von der irdischen Atmosphäre abgehalten. Dies gilt vor allem (und zu unserem Glück) für den außerordentlich energiereichen ultrakurzen Wellenbereich, also für Ultraviolett und die von der Sonne erzeugte Röntgenstrahlung. Dies ist der Grund dafür, warum eine Untersuchung kosmischer Objekte im Röntgenbereich (»Röntgenastronomie«) erst in den letzten Jahren mit der Hilfe von Raketen möglich geworden ist, die eine Beobachtung außerhalb der Erdatmosphäre gestatten. Auch die Wärmestrahlung der Sonne wird schon durch geringe Wolkenbildungen merklich abgehalten, ebenso der größte Teil der solaren Radiostrahlung. Immerhin aber gibt es hier ein schmales »Fenster«, durch das hindurch die Astronomen den Kosmos auch bei bewölktem Himmel seit etwa zwei Jahrzehnten untersuchen können (»Radioastronomie«). Praktisch ungehindert wird die Lufthülle unseres Planeten nur von dem schmalen Frequenzbereich des »sichtbaren Lichtes« durchdrungen. So verblüffend auch dieser Fall von »Zweckmäßigkeit« im ersten Augenblick erscheinen mag, für ihn gibt es doch eine relativ einfache Erklärung (siehe S. 100).

Abbildung 8
Daß es in der uns umgebenden Welt die von uns erlebten Farben, insbesondere die Qualität »weiß«, objektiv nicht gibt, wird auf Seite 98 begründet. Hier einer der Beweise: Wenn man das kleine weiße Kreuz des mittleren farbigen Kreises etwa eine Minute lang starr fixiert (die Vorlage muß für diesen Versuch gut beleuchtet sein) und dann unmittelbar anschließend auf eine leere weiße Fläche blickt, sieht man ein sogenanntes Nachbild: 3 Kreise, die jetzt aber in den der Vorlage »komplementären« Farben getönt sind. Erklärung: Durch das vorangehende Fixieren wird die Farbwahrnehmung für die Kreise der Vorlage gleichsam »erschöpft«, dadurch verschiebt sich der »Nullpunkt« (siehe S. 99) beim anschließenden Betrachten der weißen Fläche vorübergehend so, daß an den betreffenden Stellen nicht »weiß« gesehen wird, sondern die komplementären, nicht erschöpften Farbwerte.

Abbildung 9
Schematische Darstellung der Zusammensetzung und der räumlichen Struktur des »Erb-Moleküls« Desoxyribonukleinsäure (abgekürzt DNS). Mit nur 4 verschiedenen Zeichen (»Buchstaben«) sind in diesem Kettenmolekül alle Eigenschaften des Lebewesens gespeichert (»codiert«), in dessen Zellkernen es zu lichtmikroskopisch sichtbaren Chromosomen (siehe Abbildung 18) zusammengeknäuelt ist. Unser Zeichner hat diese Buchstaben in seiner schematischen Darstellung des Moleküls in 4 verschiedenen Farben wiedergegeben: Sie bilden gleichsam die querliegenden Sprossen, von denen die beiden spiralig umeinander gewundenen Längsstränge des Moleküls zusammengehalten werden.
Bei der vorliegenden Vergrößerung wäre die DNS-Kette mehrere hundert Kilometer lang. Auf dieser ganzen Länge folgen ununterbrochen die gleichen 4 Buchstaben (die in der Natur von 4 verschiedenen chemischen Verbindungen, sogenannten Basen, gebildet werden) hintereinander, allerdings, und das ist das entscheidende, in einem ständig wechselnden Muster. Die konkrete Anordnung dieses aus nur 4 Elementen bestehenden Musters ist die Schrift oder »Chiffre«, mit der die Natur den Bauplan eines ganzen Lebewesens, auch den eines bestimmten Menschen, festlegt: Sie stellt den in der Biologie heute so häufig diskutierten »genetischen Code« dar, dessen Aufklärung (1953 durch Watson und Crick) möglicherweise die bedeutsamste Entdeckung dieses Jahrhunderts ist.

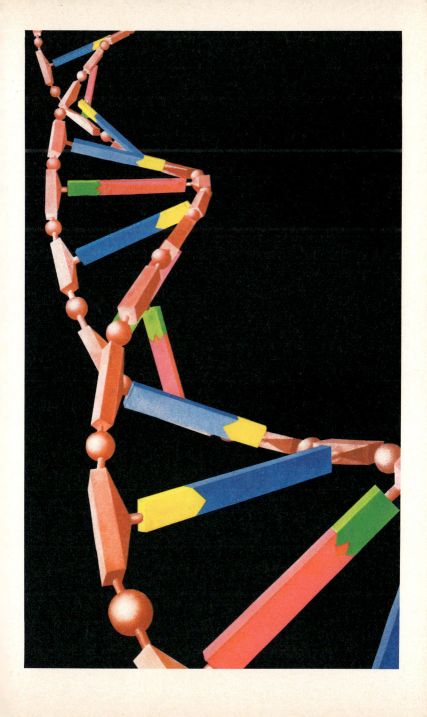

Abbildung 10

Der hier abgebildete Stammbaum ist nicht das Ergebnis konventioneller paläontologischer Untersuchungen, etwa durch den Vergleich fossiler Funde. Er ist das Resultat einer Analyse der Zusammensetzung eines bestimmten Eiweißkörpers (Cytochrom c) durch einen Computer.

Cytochrom c kommt bei allen irdischen Lebewesen in fast identischer Form vor (jede Zelle benötigt es zu ihrer Atmung). Die kleinen Unterschiede, auf die man stößt, wenn man es bei verschiedenen Arten untersucht, sind abhängig vom Grad der Verwandtschaft zwischen den verglichenen Arten: Je näher die Verwandtschaft, um so größer die Übereinstimmung.

Unter Berücksichtigung noch zahlreicher anderer und zum Teil sehr komplizierter Faktoren (siehe im Text) kann ein entsprechend programmierter Computer zunächst einmal feststellen, in welcher zeitlichen Aufeinanderfolge sich die einzelnen Arten im Verlauf der Erdgeschichte voneinander getrennt haben (laufende Nummerierung in den roten Verzweigungsstellen).

Der Computer erlaubt es darüber hinaus auch noch, die Zahl der Mutationen, also der einzelnen Erbsprünge, zu ermitteln, die im Laufe der Jahrmillionen zu den heute bestehenden Unterschieden geführt haben (rote Zahlen an den Zweigen des »Baumes«). Daraus aber ergibt sich in manchen Fällen heute schon die Möglichkeit, die Zusammensetzung bestimmter Eiweißkörper des längst ausgestorbenen gemeinsamen Stammvaters zu rekonstruieren, was Rückschlüsse auf Einzelheiten seines Körperbaus und seiner Lebensgewohnheiten zuläßt (siehe dazu das 9. Kapitel: »Nachricht vom Saurier«, S. 167).

Insgesamt ist der aus diesem »Eiweißvergleich« abgeleitete Stammbaum eine glänzende Bestätigung der aus der Untersuchung von Fossilien rekonstruierten Anschauungen über die Entstehung der Arten.

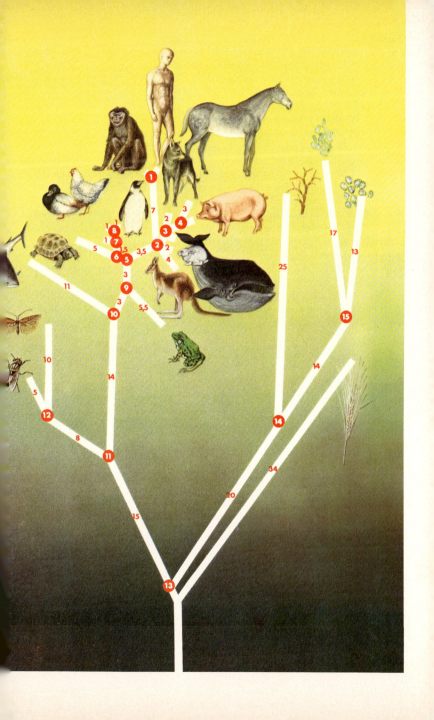

Abbildung 11
Eine moderne »höhere« Zelle ist alles andere als einfach gebaut. In unserem Schema sind nur einige der wichtigsten »Organelle« eingezeichnet, die in dieser kleinsten lebenden Einheit ganz bestimmte, spezifische Funktionen übernommen haben, ebenso wie die »Organe« in einem höheren, vielzelligen Organismus.

Die Geißeln, haarfeine, zum rhythmischen und gesteuerten Schlagen befähigte Fortsätze, sind den Extremitäten eines höheren Organismus analog: Sie dienen der Fortbewegung. Die Ribosomen (als kleine rote Pünktchen gezeichnet) synthetisieren unter dem Kommando der im Zellkern konzentrierten DNS die Tausende verschiedener Eiweißkörper, aus denen die Zelle ihre eigene Substanz laufend erneuert und die sie zur Steuerung ihres Stoffwechsels braucht. In den Mitochondrien, von den Biologen auch als »Kraftwerke« der Zelle bezeichnet, wird unter Verwendung von Sauerstoff (»Atmung«) aus den aufgenommenen Nahrungsmitteln die Energie gewonnen und gespeichert, die die Zelle zur Aufrechterhaltung der zahllosen Funktionen benötigt, welche insgesamt ihr »Leben« ausmachen.

Noch bis vor wenigen Jahren lag völlig im Dunkeln, wie sich Zellen mit einer so komplizierten Struktur aus den kernlosen, vergleichsweise primitiven Urzellen haben entwickeln können, die heute als die ersten Lebewesen angesehen werden, die es auf der Erde gab. Neuerdings beginnt sich auch dieses Geheimnis zu lichten. Im Text wird ausführlich beschrieben, auf welch ungewöhnlichem, auch für die Wissenschaftler überraschendem Wege die Entwicklung von dem einen zum anderen Zelltyp vorangekommen ist.

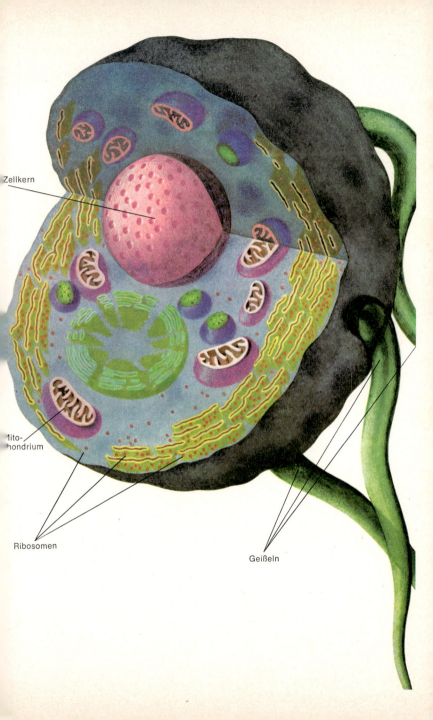

Abbildung 12

Auf diesem Mikrophoto eines Moosblättchens sind die einzelnen Zellen und in ihnen die »Chloroplasten« (1 bis 2 Dutzend pro Zelle) besonders schön zu erkennen.

Ohne Chloroplasten gäbe es kein Leben auf der Erde. Nur in ihnen wird unter Ausnutzung des Sonnenlichts als Energiequelle der durch die Atmung von Menschen und Tieren (und durch industrielle Verbrennung!) ständig verbrauchte Sauerstoff durch die Aufspaltung von Wasser laufend neu freigesetzt. Nur die Chloroplasten können aus Wasser, der Kohlensäure der Luft und einigen Bodenmineralien laufend neue Nahrungsmittel aufbauen, die von den Menschen und allen Tieren immer nur abgebaut und verbraucht werden.

Chloroplasten gibt es nur in pflanzlichen Zellen, sie *machen* einen Organismus zur Pflanze: Zu einem Lebewesen, das zu seiner Ernährung nicht auf das Töten und Fressen anderer Lebewesen angewiesen ist, weil es sich mit Hilfe des Sonnenlichts aus Luft und Wasser ernähren kann.

Abbildung 13

Ein Virus (in unserem Fall wieder der Bakteriophage T$_2$) greift eine Bakterienzelle an, um sich zu vermehren. Die Einzelheiten sind auf den Seiten 193–195 erläutert, hier nur die schematische Darstellung des Ablaufs zur Veranschaulichung.

a: Irgendein Zufall (Luft- oder Wasserströmung, ein zufälliger Kontakt: Viren können sich nicht aktiv bewegen) treibt einen Bakteriophagen auf eine Bakterienzelle zu.

b: Sobald das Virus die Bakterienwand berührt, klappen die feinen »Beinchen« herunter und nehmen Kontakt mit der berührten Fläche auf. Man nimmt an, daß sie Sensoren sind, die durch eine chemische Reaktion feststellen, ob es sich bei der »Landefläche« um ein infizierbares Bakterium handelt. Ist das der Fall, so heftet sich das Virus mit den scharfen Zähnchen seiner Bodenplatte (siehe dazu nochmals Abbildung 6) fest an die Bakterienwand an, durchbohrt sie und beginnt, den in seinem »Kopf« verpackten DNS-Strang in das Bakterieninnere zu entleeren.

c: Ist das geschehen, so zerfällt das Virus. Die injizierte DNS lagert sich der Bakterien-DNS an mit der Folge, daß der »Sinn« der von dieser an den Bakterienstoffwechsel gegebenen Steuerkommandos auf eine unheimliche Weise verändert wird: Die neuen Kommandos veranlassen die Bakterienzelle jetzt, nicht mehr die von ihr selbst benötigten Eiweißkörper herzustellen, sondern Bausteine für neue Viren zu produzieren, die exakte Kopien des Bakteriophagen darstellen, dessen DNS in die Zelle eindrang.

d: Die Bakterienzelle hat, dem selbstmörderischen Kommando der Virus-DNS wehrlos Folge leistend, den größten Teil ihrer Körpersubstanz zum Aufbau neuer Viren verbraucht. Etwa 20 Minuten nach dem Beginn des Angriffs stirbt sie und zerfällt, wobei sie bis zu 200 von ihr selbst neu produzierte Viren freisetzt, die jetzt neue Bakterien überfallen können.

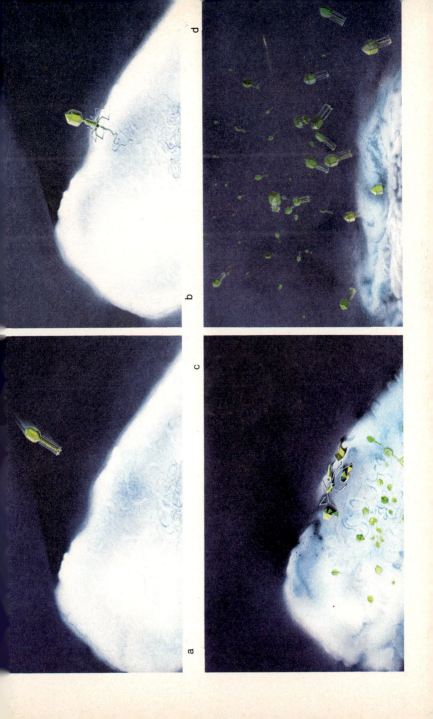

Abbildung 14

Das Schema unseres Zeichners stellt den seltsamen Weg dar, durch den die »höheren«, mit spezialisierten Organellen ausgerüsteten Zellen entstanden sind: Nicht durch allmähliche Veränderung, sondern durch gleichsam kooperativen Zusammenschluß zwischen unterschiedlich spezialisierten Zellen.

Unten rechts im Bild eine kern- und organellenlose Urzelle. Links daneben Bakterien, die sich auf Sauerstoffatmung umgestellt haben. Ihr Zusammenschluß hat vielleicht den ersten Schritt gebildet. Die aufgenommenen Bakterien wurden dabei zu »Mitochondrien«. Die Zelle komplettierte sich weiter durch die Aufnahme von spirochätenähnlichen Bakterien, die sich auf eine schlängelnde Fortbewegung spezialisiert hatten und jetzt die »Geißeln« der zusammengesetzten Zelle bildeten. Gleichzeitig konzentrierte die Zelle ihr genetisches Material in einem vom übrigen Zell-Leib abgegrenzten »Kern«. Damit war der Typ der höheren Zelle erreicht, wie ihn heute noch die vielen verschiedenen Protozoen verkörpern.

Der weitere Weg, der zu den vielzelligen Organismen führte, gabelte sich an diesem Punkt. Wenn die Zellen, die sich zusammenschlossen, kleine grüne Algen als »Chloroplasten« aufgenommen hatten (links oben), wurden sie dadurch zu den Vorfahren der heute existierenden höheren Pflanzen. Alle übrigen Zellen (rechts oben) und ihre vielzelligen Nachfahren blieben auf eine räuberische Ernährungsweise angewiesen und rechnen daher zu den Tieren.

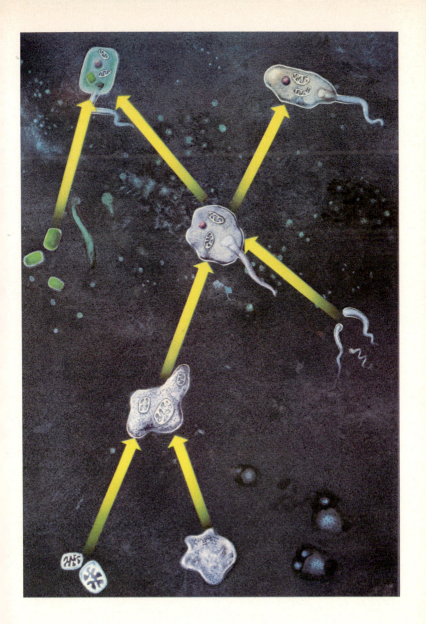

Abbildung 15

Mikroskopisch kleine, aus mehreren zusammenhängenden Zellen bestehende Kolonien dürften den ersten Schritt auf dem Wege zu den vielzelligen Organismen gebildet haben. Unser Mikrophoto zeigt *Eudorina*, eine aus 32 Algenzellen zusammengesetzte Kolonie. Die Kolonie entsteht dadurch, daß eine Algenzelle sich 5mal teilt, und daß die dabei entstehenden Tochterzellen durch eine Eiweißumhüllung zusammengehalten werden. Auf der Aufnahme sieht man sehr schön, wie die haarfeinen Geißeln durch diese Eiweißhülle hindurchragen, um das kleine Gebilde vorwärtstreiben zu können. Die grüne Farbe, hervorgerufen durch Chloroplastenbesitz, verrät, daß es sich um Pflanzenzellen handelt. Tatsächlich haben die Pflanzen den Schritt zur Mehrzelligkeit früher vollzogen als die Tiere.

Eudorina ist aber noch kein wirklicher Vielzeller, sondern eine Kolonie, d. h. ein Zusammenschluß von grundsätzlich immer noch selbständigen Einzelzellen, die auch isoliert weiterleben können.

Abbildung 16

Dies ist *Volvox*, der mit recht berühmte ursprünglichste heute noch lebende Vielzellerorganismus. Jede dieser aus mehreren tausend Algenzellen zusammengesetzten Kugeln stellt ein echtes »Individuum« dar. Keine der Zellen, aus denen Volvox besteht, ist für sich allein noch fähig, zu überleben.

Weiteres Indiz »echter« Vielzelligkeit: Volvox stellt auch das erste Beispiel eines Organismus dar, dessen Zellen begonnen haben, ihre Funktionen arbeitsteilig zu spezialisieren. Hier kann nicht mehr jede Zelle alles. Die Geißeln der Zellen am hinteren Pol der immer gleichen Bewegungsrichtung sind besonders kräftig entwickelt, die vorn gelegenen Zellen haben dafür zweckmäßigerweise die größeren Augenflecken, und zur Vermehrung sind nur noch in der hinteren Kugelhälfte gelegene spezialisierte Zellen fähig. Sie bilden durch Teilung die deutlich sichtbar in der Höhlung von Volvox gelegenen Tochterkugeln, bei deren Freisetzung die »Mutterkugel« zugrunde geht.

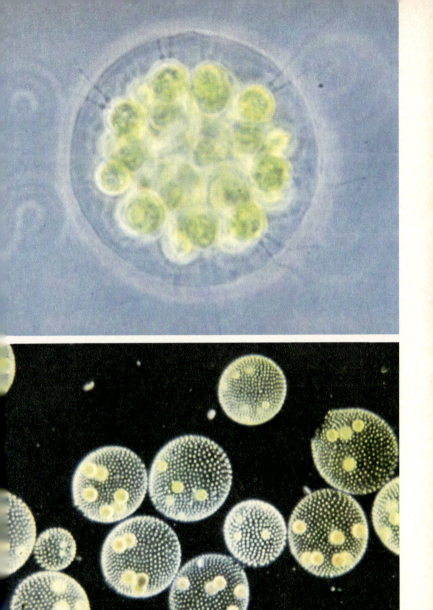

Abbildung 17

Das Schema veranschaulicht die wichtigsten Entwicklungsschritte, die zur Entstehung unserer Augen im Verlaufe der Stammesgeschichte geführt haben. Es wird von Laien auch heute noch gelegentlich behauptet, daß gerade das menschliche Auge ein Argument gegen die Abstammungslehre liefere, da nicht zu erklären sei, wieso Mutation und Selektion die Entwicklung dieses Organs auch über Zwischenstufen hinweg hätten weiter vorwärtstreiben können. Dabei wird die stillschweigende Voraussetzung gemacht, daß diese Zwischenstufen Stadien verringerter Leistungsfähigkeit entsprochen haben müßten.

Diese Voraussetzung trifft jedoch nicht zu. Im Gegenteil läßt sich durch die Untersuchung von primitiveren Augentypen, wie es sie heute noch bei niederen Lebewesen der unterschiedlichsten Entwicklungshöhe gibt, belegen, daß die Entwicklung des Auges gleichsam stufenlos unter kontinuierlicher Verbesserung der Funktion verlaufen zu sein scheint.

Das erste waren in der Körperoberfläche gelegene lichtempfindliche Zellen, die nur »hell« oder »dunkel« melden konnten. Sie wurden dann am vorderen Körperende (in der Bewegungsrichtung) konzentriert und eingesenkt, um sie vor Verletzung zu schützen. So entstand das »Napfauge«, das es heute bei vielen Schnecken noch gibt (oberste Reihe des Schemas), und das wegen des Schattenwurfs des Napfrandes immerhin auch schon die Richtung registrieren kann, in der die Lichtquelle gelegen ist. Der weitere Ablauf wurde durch die Tendenz diktiert, Streulicht nach Möglichkeit abzuhalten. Der Napf wurde daher vertieft und schließlich zum »Lochauge« (mittlere Reihe), das es heute noch beim *Nautilus* gibt. Dieses Lochauge aber wirkt wie eine *Camera obscura* und projiziert daher auf die Rückwand ein wenn auch lichtschwaches und unscharfes Bild, das von den dort liegenden Sehzellen »aufgerastert« werden kann.

Das nächste war der Verschluß des Loches (zur Vermeidung des Eindringens von Fremdkörpern) durch eine durchsichtige Hautbrücke, die sich zu einer Linse weiterentwickelte. Jetzt war es möglich, das auf den Hintergrund projizierte Bild gleichzeitig lichtstark und trotzdem scharf zu machen: Die Stufe des menschlichen Auges ist erreicht.

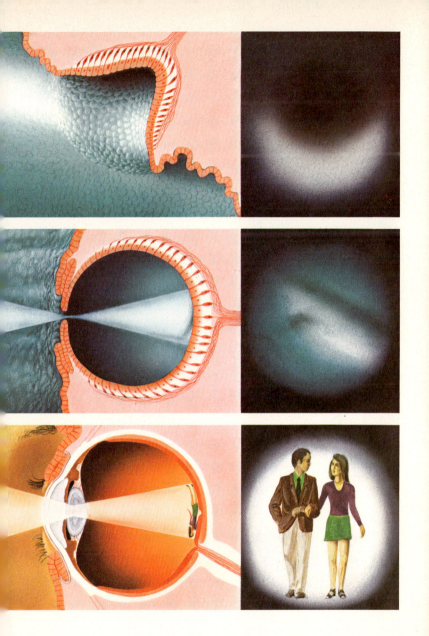

Abbildung 18
Stark vergrößertes und gefärbtes Chromosom aus dem Kern einer Speicheldrüsenzelle, die von einer kleinen Zuckmücke stammt. Am interessantesten an dieser Aufnahme sind die Anschwellungen des Chromosoms, die ringförmig nur ganz bestimmte Abschnitte betreffen. Die Biologen nennen sie »puffs« (sprich »paff«, nach dem englischen Wort für »Aufblähung«). Diese puffs sind ein sichtbares Zeichen dafür, daß die an den betreffenden Stellen des Chromosoms sitzenden Gene gerade aktiv sind. Daß nicht alle Gene der in den Zellkernen eines Lebewesens enthaltenen Chromosomen gleichzeitig und in jedem Augenblick aktiv sind, ist eine der Voraussetzungen für die Entstehung unterschiedlicher Zellen in einem Organismus, obwohl sie alle das Ergebnis der fortlaufenden Teilung ein und derselben befruchteten Eizelle sind. Welche Faktoren allerdings in den verschiedenen Zellen dafür sorgen, daß immer die »richtigen« Gene in der richtigen Reihenfolge und im richtigen Augenblick »enthemmt« werden und ihre genetischen Befehle erteilen, das ist ein heute noch völlig ungelöstes Rätsel. Die Problematik, die sich hinter dieser Aufnahme verbirgt, wird im Text auf den Seiten 264–267 behandelt.

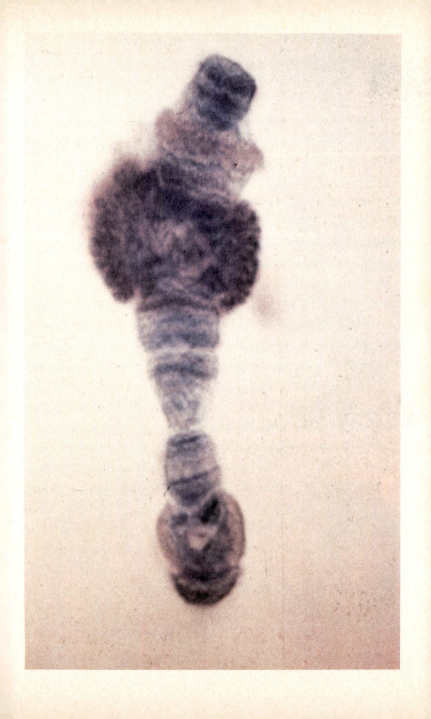

Abbildung 19

Schema der wichtigsten Schritte der Hirnentwicklung, wieder wie im Falle der Augenentwicklung (siehe Abbildung 17) demonstriert am Beispiel des unterschiedlichen Baus der Gehirne von Tieren verschiedener Entwicklungshöhe.

Braun ist jeweils das Rückenmark gezeichnet und der unterste Abschnitt des Hirnstamms, blau das Zwischenhirn, grün das Kleinhirn und gelb das Großhirn. Das »Großhirn« des Hais ist kaum mehr als eine winzige Knospe. Es dient hier vornehmlich noch der Geruchswahrnehmung. Relativ groß ist das Kleinhirn bei diesem Fisch. Das ist leicht zu erklären: Es dient bei ihm wie bei allen anderen Tieren und auch bei uns selbst der räumlichen Körperorientierung, ist also für ein im Wasser lebendes Tier, das sich in 3 räumlichen Dimensionen gleich gut zurechtfinden muß, von besonderer Wichtigkeit.

Die Graphiken entsprechen in der dargestellten Anordnung von oben nach unten einer zunehmenden Entwicklungshöhe. Das erste Lebewesen, dessen Großhirn alle älteren Hirnteile in der Entwicklung überflügelt hat, ist der Affe.

Alle Einzelheiten werden im Text an mehreren Stellen eingehend erörtert.

Hai

Eidechse

Kaninchen

Halbaffe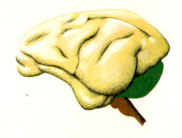

Mensch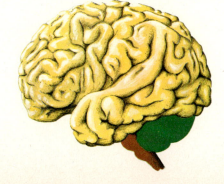

Abbildung 20

Es gab das legendäre »dritte Auge« nicht nur, es gibt es bei manchen Lebewesen sogar heute noch. Unsere Abbildung zeigt es bei einer Eidechse. Auch dieses »Scheitelauge«, wie die Biologen es nennen, dient, wie schon sein Bau verrät, der Lichtwahrnehmung, allerdings noch nicht dem »Sehen« im engeren Sinne des Wortes. Es scheint bei vielen Reptilien und Amphibien sowie bei manchen Fischen ein Lichtsinnesorgan zu sein, das die Aktivität des Tieres mit der Periodik des Helligkeitswechsels zwischen Tag und Nacht synchronisiert. Bei bestimmten Fischen ist es offenbar auch an der Fähigkeit beteiligt, die Körperoberfläche einem wechselnden Aussehen des jeweiligen Untergrundes anpassen zu können.

Besonders interessant ist die Entdeckung, daß sich auch im menschlichen Gehirn seine Spuren noch nachweisen lassen. Allerdings ist das ehemalige Scheitelauge, das also auch unsere tierischen Vorfahren einmal besessen haben müssen, bei uns längst zu einer Drüse geworden, der »Zirbeldrüse«, die durch ein geschlossenes Schädeldach und die Überwucherung durch andere Hirnteile von der Außenwelt abgeschnitten ist.

Bemerkenswerterweise regelt auch diese Zirbeldrüse offensichtlich noch die zeitliche Ordnung bestimmter Körperfunktionen. Die auslösenden Reize kommen beim Menschen und den höheren Tieren aber nicht mehr aus der Umwelt, von der sich das Leben im Verlaufe seiner Höherentwicklung immer unabhängiger zu machen scheint, sondern aus dem betreffenden Organismus selbst.

Abbildung 21

So schnell arbeitet die Evolution in manchen Fällen: Die Abbildung zeigt 2 Exemplare des Birkenspanners, oben das ursprüngliche Aussehen, unten das Bild, das der Schmetterling heute in den meisten Industriegegenden bietet, in denen die Birkenrinden, auf denen er sich bevorzugt zur Ruhe setzt, inzwischen von Ruß und Staub schwarzbraun verfärbt sind. Das untere Tier ist nicht etwa verschmutzt, sondern erblich so gefärbt, daß es jetzt auch auf den verschmutzten Birkenrinden wieder optimal getarnt ist!

Der Übergang von der einen zur anderen Form hat sich erstmals in den englischen Industriegebieten in der zweiten Hälfte des vorigen Jahrhunderts* vor den staunenden Augen der Biologen innerhalb weniger Jahrzehnte vollzogen. Das Phänomen ist inzwischen sehr gründlich untersucht worden und hat sich als vollständig und sogar relativ leicht erklärbar erwiesen. Zwar liegen die Verhältnisse selten so einfach und übersichtlich wie in diesem Fall, das ändert aber nichts an der Tatsache, daß die Geschichte des sogenannten »Industriemelanismus« (von griech. »melas« = schwarz) des Birkenspanners mit Recht als ein besonders lehrreiches Beispiel für die Möglichkeit der Entstehung von zweckmäßiger Anpassung durch zufällige Mutationen und anschließende Selektion durch die Umwelt anzusehen ist. (Einzelheiten und genauere Erklärung auf den Seiten 239–242.)

Abbildung 22

Die Überlegenheit der vielzelligen Organismen gegenüber den Einzellern beruht keineswegs in erster Linie auf der schieren Größe. Viel mehr fällt die einzigartige Möglichkeit ins Gewicht, die Fähigkeiten und Leistungen eines Vielzellers dadurch ins vorher undenkbare zu steigern, daß sein Körper aus Zellen der verschiedenartigsten Spezialisierung zusammengesetzt ist. Diese Möglichkeit eröffnet völlig neue Möglichkeiten der Anpassung und eine extreme Perfektionierung bis dahin vergleichsweise nur primitiv verwirklichter Funktionen. (Beispiel: Die bilderzeugende Wirkung eines Auges, dessen Rückwand aus abertausenden lichtempfindlicher Sehzellen besteht, im Vergleich zum schattenwerfenden Augenfleck eines Einzellers, der nur den Unterschied von »hell« und »dunkel« registrieren kann.)

Unsere Abbildung zeigt einige Beispiele solcher Spezialisierung, deren Richtung oft schon an der Form der betreffenden Zellen ablesbar ist.

Oben links: Hautzellen. Daneben: Drüsenzellen, die sich so zusammengelegt haben, daß sie in ihrer Mitte eine Art »Brunnenschacht« bilden, den ihr Sekret ableitenden Ausführungsgang. *Unten links:* Muskelzellen, deren parallele Anordnung gewährleistet, daß ihre Kräfte sich bei der gemeinsamen Kontraktion summieren. Daneben Bindegewebszellen, deren netzartige Anordnung ebenso wie ihre fest-elastische Beschaffenheit die Aufgabe widerspiegeln, möglichst große Festigkeit mit einer optimalen Beweglichkeit zu vereinen.

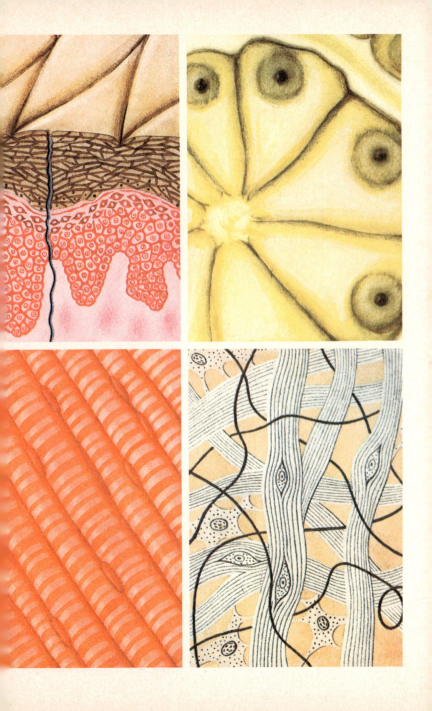

Abbildung 23

Unser Gehirn ist nicht der äußerlich zwar auffallend gefältete, innerlich aber doch weitgehend homogene Eiweißklumpen, für den viele es halten. Zwar wird der Unerfahrene in einem frisch sezierten Gehirn nicht allzu viele Einzelheiten entdecken. Jahrzehntelange Untersuchungen und Funktionsprüfungen bei den verschiedensten Krankheiten und Verletzungen haben aber längst eine sehr präzise Unterteilung in verschiedene und zum Teil sogar voneinander relativ unabhängige Hirnteile erkennen lassen. Vom entwicklungsgeschichtlichen Standpunkt aus besonders interessant ist dabei die Erkenntnis, daß die verschiedenen Teile unseres Gehirns seiner Entstehungsgeschichte entsprechend (siehe dazu auch Abbildung 19) von höchst unterschiedlichem Alter sind, und daß man das ihren Funktionen in vieler Hinsicht heute noch anmerkt. Manche Besonderheiten menschlichen Verhaltens scheinen gerade durch diese Unterschiede in dem Alter der verschiedenen Teile unseres Gehirns die einzig mögliche Erklärung zu finden (siehe dazu das 19. Kapitel, S. 298). Der Zeichner hat auf der umseitigen Graphik die wichtigsten Teile unseres Gehirns durch verschiedene Farben gekennzeichnet. Weißlich-gelb ist das stark gefaltete, alle anderen Hirnteile einhüllende Großhirn dargestellt. Darunter liegen rot die sogenannten »motorischen Kerne« des Stammhirns, Nervenzell-Konzentrationen, die für unsere emotionalen Reaktionen, Antrieb, mimischen Ausdruck und andere unwillkürliche Bewegungsäußerungen verantwortlich sind. Angeborene Verhaltensweisen, Triebe und Stimmungen sind, soweit wir das heute wissen, in dem noch tiefer gelegenen Zwischenhirn (blau) lokalisiert. Von ihm gehen auch die Sehnerven und die Augen aus, die auch als Hirnteile zu gelten haben und deshalb mitgezeichnet sind. Darunter wieder liegt (hellgelb) der untere Hirnstamm mit den Regulationszentren für Blutdruck, Herzschlag, Atmung und zahlreiche andere Stoffwechselfunktionen. Grün ist auch auf dieser Abbildung wieder das Kleinhirn gezeichnet, jener Hirnteil, der für die Aufrechterhaltung unserer räumlichen Orientierung bei wechselnden Körperhaltungen und Bewegungszuständen verantwortlich ist. Nach rechts unten verläuft das Rückenmark, in dem alle die Nervenfasern gebündelt sind, die das Gehirn mit dem übrigen Körper verbinden.

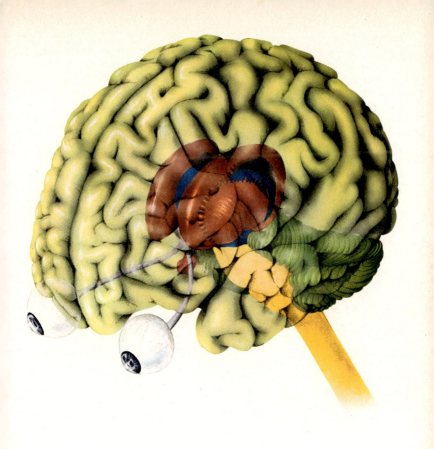

Abbildung 24

Der berühmte *Andromedanebel*, eine Galaxie (Spiralnebel) von der Größe und Gestalt unseres eigenen Milchstraßensystems, das »von außen« und aus derselben Entfernung den gleichen Anblick böte.

Der Andromedanebel ist von uns »nur« etwa 2 Millionen Lichtjahre entfernt und damit die uns kosmisch benachbarte, nächste fremde Galaxie dieses Typs.

Von den wirklichen Ausmaßen dieses 200 Milliarden Sonnen enthaltenden kosmischen Objekts kann ein kleines Gedankenexperiment eine Ahnung verschaffen: Wenn man in dieses Photo mit einer Stecknadel hineinstechen würde, dann wäre das dabei in der Galaxie entstehende Loch so groß, daß Menschen es selbst mit einem lichtschnellen Raumschiff nicht überqueren könnten. Die sehr einfache rechnerische Begründung findet sich auf Seite 334.

An eine zukünftige »Erforschung« unserer eigenen Milchstraße, die von gleicher Größe ist, ist also auch in einer noch so fernen Zukunft nicht zu denken, geschweige denn an eine Reise zum Andromedanebel oder zu einer der unzählbaren Milliarden anderer Galaxien. Trotzdem zwingt die Logik der bisherigen Entwicklung zu der Annahme, daß die Zukunft den Zusammenschluß der vielen tausend verschiedenen Kulturen herbeiführen wird, die es, wie im Text näher begründet, allein in unserer eigenen Milchstraße außerhalb der Erde geben dürfte. Dieser Zusammenschluß wird aber nicht durch bemannte Raumfahrt, sondern durch Nachrichtenaustausch zustande kommen.

Abbildung 25
Dieses riesige Horn ist das »Ohr« eines der beiden empfindlichsten Radioempfänger, den die Techniker bisher gebaut haben. In der kleinen Bedienungskammer am linken Ende ist ein auf $-235°$ C gekühlter Rubinmaser untergebracht, der als Verstärker dient.

Der ursprüngliche Zweck der Anlage war die Registrierung der von den Echo-Satelliten der Jahre 1960–1966 reflektierten Funksignale. 1965 wurde mit dieser Superantenne das »Restrauschen«, der Widerschein des Ur-Knalls entdeckt, mit dem unser Universum vor 13 Milliarden Jahren entstand.

Abbildung 26
Je weiter die Astronomen mit ihren modernen Instrumenten in den Weltraum vordringen, um so größer wird die Zahl der Galaxien, die sich auf ihren Photoplatten abbilden. Auf dieser Aufnahme sind schon mehr Galaxien sichtbar als »Vordergrundsterne« (= Fixsterne, die noch zu unserem eigenen Milchstraßensystem gehören, aus dem wir ja immer herausphotographieren müssen). Sie sind an ihrem unscharfen Rand und ihrer elliptischen Form leicht zu erkennen. Um die Bedeutung einer solchen Aufnahme zu erfassen, muß man sich klarmachen, daß jedes dieser scheinbar so winzigen (100 Millionen Lichtjahre und mehr entfernten) Gebilde 50 bis 100 Milliarden Sterne enthält und damit ebenso groß ist wie unser eigenes Milchstraßensystem.

Abbildung 27
Dies sind einige der am weitesten von uns entfernten Galaxien, die sich optisch (photographisch) gerade noch nachweisen lassen: Die winzigen Lichtfleckchen zwischen den weißen Balken. Distanz: Ca. 2 Milliarden Lichtjahre.

Abbildung 28.
Dies ist der Quasar 3C 273, das am weitesten von uns entfernte kosmische Objekt überhaupt, das bisher noch photographiert werden konnte. Distanz: Mindestens 3 Milliarden Lichtjahre. Deutlich ist der rechts unten vom Quasar ausgehende »Schweif« zu erkennen, bei dem es sich um eine mit großer Energie ausgestoßene Gaswolke handeln könnte. Bei der riesigen Entfernung ist 3C 273 optisch in Wirklichkeit durchmesserlos. Auf dem Photo erscheint er nur deshalb flächig, weil die Aufnahme der Lichtschwäche des Objektes wegen stark überbelichtet werden mußte. Weitaus die meisten Quasare sind noch wesentlich weiter entfernt und nur radioastronomisch nachweisbar.

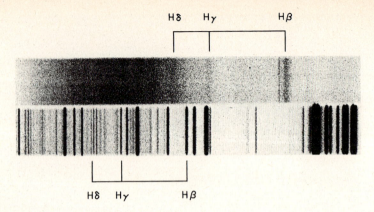

Abbildung 29
Die »Rotverschiebung« der Linien im Spektrum des Quasars 3C 273 (oben) im Vergleich zu der »normalen« Lage der gleichen Linien in einem im Laboratorium erzeugten Spektrum (unten). Als Beispiel sind 3 Linien des Elements Wasserstoff in beiden Spektren markiert. Links jeweils das kurzwellige (blaue) und rechts das langwellige (rote) Ende des Spektrums. Ursache der Verschiebung, die sich in gleicher Weise auch bei allen entfernten Galaxien nachweisen läßt, ist nach unserem heutigen Wissen ein durch eine »Fluchtbewegung« hervorgerufener Doppler-Effekt (Erläuterung s. Anm. 5).

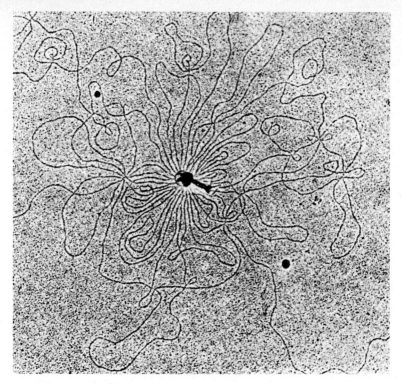

Abbildung 30
Mit einer speziellen Methode gelingt es, die in dem »Kopf« des Bakteriophagen T$_2$ (s. Abbildung 6) enthaltene DNS austreten und sich so in einer Ebene ausbreiten zu lassen, daß sie mit einem Elektronenmikroskop photographiert werden kann. Auf der Aufnahme sind deutlich die beiden Enden des langen Fadenmoleküls zu erkennen, in dem der Bauplan und sämtliche Leistungen des Virus »gespeichert« sind.

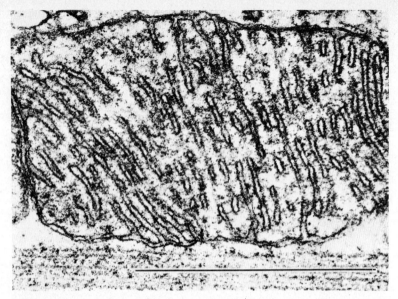

Abbildung 31
Elektronenmikroskopische Aufnahme eines *Mitochondriums,* jenes Organells, in dem die »Betriebsenergie« einer lebenden Zelle erzeugt wird, vor allem durch »Atmung«, also durch den Abbau von Nahrungsmolekülen mit der Hilfe von Sauerstoff. Die vielen Lamellen sind sehr charakteristisch für ein »Hochenergie-Mitochondrium«: Auf ihnen sitzen die Enzyme, die den Abbau Stufe um Stufe bewirken.
Wie stark die Vergrößerung ist, läßt sich an dem schwarzen Strich über dem unteren Bildrand ablesen: Er entspricht einer Länge von 1/1.000 mm.

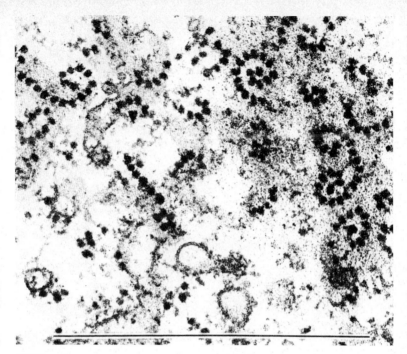

Abbildung 32
Elektronenmikroskopische Aufnahme von *Ribosomen:* Jeder einzelne der kleinen schwarzen Punkte, die hier wie zu kurzen Ketten aneinandergereiht liegen, ist eines dieser Organelle, mit denen die Zelle die von ihr benötigten Eiweißkörper aus Aminosäuren zusammenfügt.

Wie winzig Ribosomen sind, läßt der auch auf dieser Aufnahme nur einer Länge von 1/1.000 mm entsprechende Strich über dem unteren Bildrand ermessen.

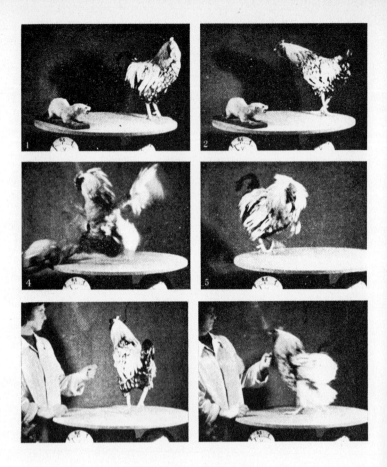

Abbildung 33
Hirnreizversuch von *E. v. Holst:* Elektrische Reizung an einer bestimmten Hirnstelle veranlaßt den Hahn, gegen ein ausgestopftes Wiesel zu kämpfen (1–6) oder sogar die gewohnte Pflegerin zu attackieren (ausführlich S. 302 f.).

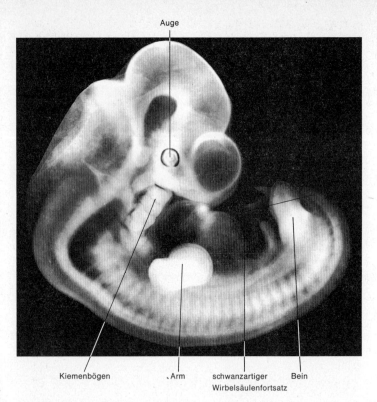

Abbildung 34

5 Wochen alter, 8,8 mm großer menschlicher Embryo. Der Kopf mit dem rechten Auge, Extremitäten und die Rückenmarkanlage sind bereits eindeutig zu erkennen. Außerdem sind in diesem frühen Stadium aber auch mehrere Kiemenbögen in Ansätzen entwickelt, die später rückgebildet bzw. zu anderen Körperteilen umgewandelt werden: Etwa zu Gehörknöchelchen, zum Unterkiefer und Teilen des Kehlkopfs. Ferner ist die Wirbelsäulenanlage hier noch schwanzartig verlängert. Die Bedeutung dieser »archaischen« Ansätze in der vorgeburtlichen Entwicklung jedes Menschen wird im Text ausführlich erläutert.

Abbildung 35
Die beim ganz jungen Embryo noch seitwärts gerichteten, weit auseinander stehenden Augen wandern im Verlauf der weiteren Entwicklung aufeinander zu und nach vorn:
a) 2 Monate alt,
b) zu Anfang,
c) Ende des 3. Monats.
Auch in diesem Falle »rekapitulieren« unsere Gene in dieser Phase unserer Entwicklung möglicherweise lange zurückliegende Baupläne unserer vormenschlichen Ahnen (vgl. auch Abbildung 34). Warum eine seitliche Augenstellung einem tieferen Entwicklungsstand entspricht, wird durch die graphische Darstellung in Abbildung 36 veranschaulicht.

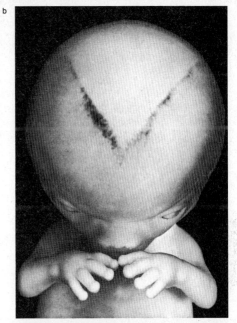

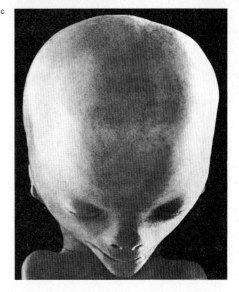

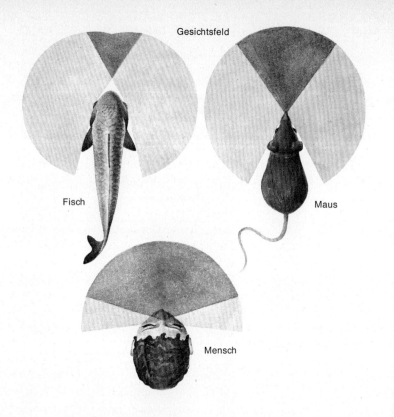

Abbildung 36
Die 3 Graphiken demonstrieren den Zusammenhang zwischen der Stellung der beiden Augen zueinander und der Entwicklungshöhe des betreffenden Lebewesens.
Bei seitlicher Augenstellung (Beispiel: Fisch) ist zwar ein ständiger »Rundumblick« möglich, der fast keinen toten Winkel läßt. Dafür überschneiden sich die Gesichtsfelder beider Augen so gut wie gar nicht, ein räumliches »Sehen« ist noch nicht möglich. Die Augen sind hier noch mehr ein »optisches Warnsystem« als Wahrnehmungsorgan im engeren Sinne. Die Maus zeigt den allmählichen Übergang. Beim Menschen ist das andere Extrem verwirklicht: Unter Verzicht auf die Erfassung von gut der Hälfte des Horizontes kommt es hier zur fast vollständigen Überdeckung der Gesichtsfelder beider Augen, und damit zum stereoskopischen, räumlich-dinghaften Sehen in einem einheitlichen Blickfeld.
Das aber ist die Voraussetzung zur Erfassung einer objektiv-gegenständlichen Welt (im Unterschied zu einer aus biologisch unterschiedlich bedeutsamen Reizen zusammengesetzten Umwelt), zur Weiterentwicklung der vorderen Extremitäten zu »Händen« und zum Bau von Werkzeugen.

Ribosomen stellen keineswegs etwa nur Proteine her, die in der Zelle vorkommen, aus der sie selbst stammen. Wenn man zu einer Ribosomenfraktion, die von einem Menschen stammt, DNS aus den Zellkernen eines Seeigels hinzugibt, dann beginnen diese menschlichen Ribosomen sofort, Seeigelproteine herzustellen, und zwar auch solche Eiweißstoffe, die beim Menschen überhaupt nicht vorkommen. Und wenn es eines Tages gelingen wird, DNS künstlich zu synthetisieren und mit einem Programm für einen Eiweißkörper auszustatten, der in der Natur nicht vorkommt, dann werden die Ribosomen, die man mit einer solchen künstlichen DNS zusammenbringt, höchstwahrscheinlich auch dieses widernatürliche Produktionsproblem ohne weiteres meistern.

Wenn Proteine so etwas wie Wörter sind, mit Buchstaben aus Aminosäuren, dann kann man die Ribosomen mit Schreibmaschinen vergleichen, mit denen sich, unter Verwendung der immer gleichen Buchstaben, praktisch beliebig viel verschiedene Wörter schreiben lassen. Diese Möglichkeit nutzen die Viren aus. Auf Seite 134 habe ich den ungewöhnlichen Lebenslauf eines Virus schon kurz geschildert. Ich hatte mich dabei darauf beschränkt, zu sagen, daß ein Virus es fertigbringt, eine Zelle zu veranlassen, Virusgene zu produzieren anstatt die von ihr selbst benötigten Moleküle, obwohl sie dabei schließlich zugrunde geht. Jetzt können wir genauer verstehen, wie das möglich ist. Viren sind eigentlich »körperlos existierende Erbanlagen«. Sie bestehen aus nichts als aus einem Nukleinsäurestrang, der seine eigene Codierung enthält und den Bauplan der Hülle, in die er verpackt ist. Wenn jetzt ein Virus eine Zelle infiziert, dann geschieht das, wie ebenfalls schon kurz erwähnt, in der Form, daß es sich an die Wand der Zelle anheftet, diese durchbohrt und durch das entstandene Loch seine Nukleinsäure (also »sich selbst«, wenn man von der Hülle einmal absieht) in die Zelle entleert.

Die eingedrungene Nukleinsäure wird daraufhin von der Zelle an die Stelle befördert, wohin Nukleinsäuren in einer ordentlich funktionierenden Zelle gehören: in den Zellkern. Ist die Virusnukleinsäure aber erst einmal dort angelangt, dann legt sie sich einfach an eine der zahlreichen Zellnukleinsäuren an, die hier das Steuerprogramm der Zelle bilden – mit der Folge, daß sich das ganze Zellprogramm schlagartig und folgenschwer ändert.

Die Aufklärung dieses Ablaufs hat eines der größten Rätsel gelöst, mit dem die Virus-Forscher sich jahrzehntelang herumschlagen mußten. Zu all den Schwierigkeiten, die sich aus der Winzigkeit ihrer Objekte ergaben (die nur im Elektronenmikroskop sichtbar zu machen sind), kam noch eine Art »Gespenster-Effekt«: Sobald ein Virus eine Zelle infiziert hatte, war es spurlos verschwunden. Erst etwa 20 Minuten später, wenn die befallene Zelle bereits abzusterben begann, stießen die Forscher wieder auf Viren. Jetzt aber waren es gleich ein paar hundert, nämlich die von der infizierten Zelle in der Zwischenzeit synthetisierten Nachkommen des Eindringlings. Was aus diesem selbst geworden war, blieb zunächst im dunkeln verborgen.

Kein Wunder, daß es schwer ist, ein Virus, das in eine Zelle eingedrungen ist, zu finden! Übrig ist von ihm in diesem Augenblick nur die reine »Nutzlast«, der Nukleinsäurestrang. Ihn aber im Zellkern mit seinen Hunderttausenden von Nukleinsäuremolekülen zu entdecken, gleicht der Aufgabe, einen kurzen Satz ausfindig zu machen, den jemand auf irgendeiner Seite eines zwanzigbändigen Lexikons an eine halbvolle Zeile angehängt hat. Das Virus, die Nukleinsäurekette, aus der es jetzt nur noch besteht, ist in diesem Augenblick zum Bestandteil des im Zellkern enthaltenen Programms geworden und insofern tatsächlich »verschwunden«.

Nun braucht man kein Jurist zu sein, um verstehen zu können, daß ein einziger nachträglich eingefügter Satz unter Umständen den Sinn eines ganzen langen Textes verändern und womöglich in sein Gegenteil verkehren kann. Das ist genau der Trick, von dem ein Virus lebt. Seine Nukleinsäure (es selbst, denn aus mehr besteht es ja nicht!) fügt sich in den »Text« des von den Nukleinsäureketten der Zelle gebildeten Programms an einer Stelle ein, die diesem Programm einen völlig anderen Sinn unterschiebt: Die Zelle weist ihre Ribosomen jetzt plötzlich an, Enzyme zu synthetisieren (hier wird die universale Begabung dieser Ribosomen unversehens zum Verhängnis!), die aus dem Material des Zell-Leibs Virusnukleinsäuren und Virushüllen erzeugen.

Das geht mit einer verblüffenden Schnelligkeit vor sich. Schon rund 20 Minuten später sind in der Zelle Hunderte von neuen Viren entstanden, getreue Ebenbilder des auf die beschriebene Weise »verschwundenen« Eindringlings. Die Zelle hat sich, dem neuen, sinnentstellten Programm ihres Kerns blindlings gehorchend, selbst ruiniert, indem sie ihre eigene Substanz zur Produktion von Virusnachkommen verbrauchte. Sie stirbt und zerfällt. Dadurch werden die neu entstandenen Viren freigesetzt, die ihre unheimliche Fähigkeit nunmehr bei neuen Zellen anwenden können.

Ich habe diesen Exkurs über den seltsamen Lebenswandel der Viren hier nicht nur deshalb in die Beschreibung einiger wichtiger Zell-

Organelle eingefügt, weil das eine gute Gelegenheit war, die Funktion der Ribosomen anschaulich zu machen. Wir werden die neuen und detaillierten Informationen über die Viren vielmehr in einem späteren Abschnitt noch brauchen. So phantastisch die Art und Weise auch ist, in der die Viren die Vielseitigkeit der Zellribosomen und die Einheitssprache des genetischen Codes ausnützen, die Geschichte ist damit noch immer nicht zu Ende. Seit einigen Jahren mehren sich die Hinweise darauf, daß die egoistische Taktik der Viren in der biologischen Evolution letztlich auch wieder nur die Rolle einer besonderen Eigentümlichkeit der »Umwelt« spielt, die, richtig eingesetzt, der Entwicklung des Ganzen Vorteile bringen kann. Es könnte durchaus sein, daß wir ebenso wie alle anderen höheren Lebensformen auf der Erde dieser beispiellosen Vermehrungstechnik der Viren nicht weniger verdanken als die Tatsache unserer Existenz.

Jetzt aber zunächst noch einmal zurück zur Zelle und ihren Organellen. Zellkern, Mitochondrien und Ribosomen haben wir besprochen. Es bleiben noch die Geißeln und die Chloroplasten. Unsere Aufstellung ist zwar auch damit noch keineswegs vollständig. Für unseren Gedankengang genügt es jedoch, wenn wir uns auf diese wichtigsten Organell-Typen beschränken.

Um bei der Organanalogie zu bleiben: Die Geißeln lassen sich mit den Extremitäten der höheren Lebewesen vergleichen. Sie dienen der Fortbewegung der Zellen, die über sie verfügen (was keineswegs für alle Zellen gilt). Rhythmische und synchronisiert ablaufende Kontraktionen lassen diese haarähnlichen Fortsätze wie Ruder wirken, mit deren Hilfe eine frei im Wasser schwimmende Zelle relativ rasch vorwärts kommt. Daß eine solche Einrichtung unschätzbare Vorteile mit sich bringt (bei der Nahrungssuche, nicht weniger aber auch bei der Flucht), bedarf keiner weiteren Begründung.

Wie sehr der Vergleich von Geißeln und Extremitäten andererseits hinkt, zeigt sich jedoch schnell, wenn wir der Handlung vorgreifend kurz einen Blick darauf werfen, was im weiteren Ablauf der Evolution in manchen Fällen aus den Geißeln geworden ist. Eine der wichtigsten und sicher die verbreitetste Verwendung findet sich beim sogenannten »Flimmer-Epithel«. Die oberste Schicht (das »Epithel«) der Schleimhäute der Nase und des ganzen Atemtraktes bis hinab in die feinsten Verästelungen der Bronchien wird bei uns und bei sehr vielen anderen Lebewesen von flachen Zellen gebildet, deren freie Oberfläche von unzähligen kurzen Härchen bedeckt ist. Über die ganze Länge unserer

Luftwege hinweg ist der Rhythmus, in dem diese mikroskopisch kleinen Härchen vor- und zurückschlagen, so synchronisiert, daß über die ganze Atemschleimhaut fortwährend und immer in der gleichen Richtung Wellen laufen wie über ein vom Wind bewegtes Kornfeld.
Die Bewegung ist dabei von unten nach oben gerichtet, von innen in Richtung auf Rachen, Mund und Nase. Der Zweck liegt auf der Hand. Auf diese Weise fördert das »Flimmer-Epithel« Staub und andere Fremdkörper, die mit der Atemluft eingedrungen sind, wieder aus der Lunge heraus. Daß starke Raucher häufig husten müssen, hängt zum Teil damit zusammen, daß Rauch das Flimmer-Epithel sehr rasch schädigt. Es kann dann seine säubernde Funktion nicht mehr ausüben. Häufige kleine Schleimhautinfekte, vermehrte Schleimproduktion und Hustenanreiz sind die Folge.
Daß die Härchen des Flimmer-Epithels immer noch identisch sind mit den Geißeln frei schwimmender Einzeller, ist leicht einzusehen. Es ist im Prinzip das gleiche, ob man ein frei bewegliches Ruderboot durch Rudern vorwärtstreibt oder ob man es festbindet und durch die Ruderbewegungen dann eine Strömung im umgebenden Wasser erzeugt. Die Zellen des Flimmer-Epithels unserer Atemschleimhaut sitzen fest in einem Gewebsverband und können sich daher durch das Schlagen ihrer Geißeln nicht mehr vom Fleck bewegen. Sie erzeugen durch ihre Aktivität dafür eine gleichmäßige Strömung in der feuchten Schicht, welche die Schleimhaut überzieht, und transportieren so Fremdkörper ab.
Endgültig versagt die Extremitätenanalogie aber bei anderen und zum Teil verblüffend neuen Formen der Verwendung, welche die Evolution für die Geißeln mitunter in anderen Fällen gefunden hat. So spricht vieles dafür, daß die der Lichtempfindung dienenden Sehzellen in der Netzhaut höherer Tiere speziell weiterentwickelte Nachkommen von Geißelorganellen sind. Auf welchem Umweg es im Laufe der Jahrmillionen zu diesem unerwarteten Funktionswandel gekommen sein mag, ist bisher noch vollkommen unklar.
Der letzte Organell-Typ, den wir hier noch besprechen müssen, hat den Namen »Chloroplast« erhalten. »Chloros« (griechisch) heißt »grün«. Chloroplasten sind also, frei übersetzt, Strukturen, die grüne Farbe bilden können. Chloroplasten sind so groß (immerhin 5 bis 10 tausendstel Millimeter im Durchmesser), daß man sie auch im Lichtmikroskop bequem betrachten und daher auch einen Farbeindruck von ihnen gewinnen kann (während das Elektronenmikroskop nur photografische Schwarz-Weiß-Vergrößerungen liefert). Man sieht sie dann

als kleine, deutlich grün gefärbte linsenförmige Körperchen im Zellplasma liegen.

Wichtig ist nun jedoch der Umstand, daß keineswegs alle Zellen über Chloroplasten verfügen. Die Verbreitung dieses Organell-Typs entspricht vielmehr weitgehend einer ganz bestimmten, uns allen geläufigen Grenze, die quer durch das ganze Reich der belebten Natur verläuft. Die Chloroplasten verdanken ihre grüne Farbe nämlich ihrem Gehalt an Chlorophyll, dem Blattfarbstoff. Das Grün aller Blätter, Gräser, Nadeln und Algen wird allein durch die Farbe der unzähligen kleinen Chloroplasten hervorgerufen, die in den Zellen dieser und fast aller anderen Pflanzen stecken. Chloroplasten gibt es folglich nur in Pflanzenzellen. Eigentlich muß man sogar umgekehrt sagen: das Vorkommen eines oder mehrerer (meist sind es 10 bis 20) Chloroplasten in einer Zelle macht die betreffende Zelle zu einer Pflanzenzelle. In den Chloroplasten spielt sich nämlich der »Photosynthese« genannte Stoffwechselprozeß ab, durch den sich die Pflanzen so grundlegend von den Tieren unterscheiden.

Die Chloroplasten sind damit die Organelle, aus denen eine Pflanzenzelle den wesentlichen Teil des Brennstoffs bezieht, mit dem sie ihre »Mitochondrien« genannten Kraftwerke betreibt. Die Chloroplasten erzeugen diesen Brennstoff mit der Hilfe einer Energieform, die ihnen buchstäblich drahtlos zugestellt wird, und zwar in Form elektromagnetischer Wellen, die von der Sonne ausgehen. Mit anderen Worten: Diese höchst wichtigen Organelle bringen es fertig, das von der Sonne ausgestrahlte Licht in sich aufzunehmen und als Kraftquelle für den Aufbau von organischem Material zu nutzen.

Sie können dieses Material aus Wasser (das sie mit ihren Wurzeln aus dem Boden holen) und Kohlendioxid (das sie der Atmosphäre entnehmen) aufbauen. Chloroplasten sind somit imstande, aus diesen beiden simplen anorganischen Molekülen viel komplexer gebaute organische Verbindungen (vor allem Stärke, aber auch Fette und Eiweiß) zusammenzusetzen. Wie groß ihre Bedeutung ist, wird einem sofort klar, wenn man sich darauf besinnt, daß die mikroskopisch kleinen grünen Organelle *auf der ganzen Erde die einzigen Gebilde sind, die dazu in der Lage sind.*

Der Nachschub an organischem Material, auf das alle Lebewesen als Nahrung und Baumaterial angewiesen sind, wäre seit Urzeiten längst versiegt, wenn es keine Chloroplasten gäbe, die das Licht der Sonne in die in organischen Molekülen verborgene chemische Bindungsenergie umzusetzen vermögen. Die von ihnen auf der ganzen Erde jährlich produzierte Menge an organischen Stoffen wird auf mehr als 200 Milliarden Tonnen geschätzt. Der Besitz der Chloroplasten ist es, der die Pflanzen zu einer unentbehrlichen Voraussetzung alles tierischen Lebens macht.

Menschen und Tiere müssen ohne Chloroplasten auskommen. (Das hat, wie sich noch zeigen wird, auch Vorteile.) Sie können deshalb nicht einfach vom Sonnenlicht leben. Zum Aufbau ihres Körpers und zu ihrer Ernährung sind sie vielmehr auf das Vorhandensein organischer Substanz angewiesen, die ihnen allein von den Pflanzen geliefert werden kann.

Ein Kern also, in dem das genetische Material konzentriert ist, dazu Mitochondrien und Ribosomen, und schließlich, sofern es sich um eine Pflanze handelt, noch Chloroplasten, in manchen Fällen auch Geißeln, das etwa wären die wichtigsten Teile der Standardausrüstung einer »modernen« Zelle. Das ist fraglos bereits eine außerordentlich vielseitige und spezialisierte Organisation (die in Wirklichkeit noch weitaus komplizierter ist, als ich es hier kurz skizziert habe). Wir haben allen Grund zu der Annahme, daß eine so ausgestattete Zelle einen langen Entwicklungsweg hinter sich haben muß. In dieser Annahme werden wir bestärkt durch die Feststellung, daß es auch heute noch sehr viel einfacher, gewissermaßen »archaisch« gebaute Zellen gibt, die ihr Leben fristen, ohne einen Kern oder deutlich abgegrenzte Organelle zu besitzen.

Zu diesen primitiven Zellen gehören die Bakterien und einige einzellige Algen, die sogenannten »Blaualgen«. Sie dürften mit ihrem einfachen, kaum gegliederten Aufbau noch heute weitgehend der Form entsprechen, in der wir uns die ersten Zellen überhaupt vorzustellen haben. Wenn wir daher jetzt fortfahren, die Geschichte zu rekonstruieren, die mit dem Big Bang begann und die in ihrem weiteren Verlauf unsere Gegenwart hervorgebracht hat, dann müssen wir uns an dieser Stelle die Frage vorlegen, wie die Entwicklung von den kernlosen Ur-Zellen zu den fortgeschrittenen Zelltypen mit abgegrenztem Kern und spezialisierten Organellen verlaufen sein könnte.

Das ist wieder ein Punkt, der noch bis vor ganz kurzer Zeit in völliges Dunkel gehüllt war. Bis jetzt haben wir alle Klippen glücklich überwinden können. Selbstverständlich gab es Lücken in Hülle und Fülle. Das ist kein Wunder. Man muß immer wieder daran erinnern, daß es gerade erst 100 Jahre her ist, seit Menschen überhaupt erstmals auf

den Gedanken kamen, daß es eine Geschichte von der Art, wie ich sie hier zu erzählen versuche, gegeben haben muß. Daß wir den Ablauf dieser umfassendsten aller Geschichten heute immerhin schon in den wesentlichen Umrissen nachzeichnen können, ist erstaunlich genug.
Wenn ich sagte, daß wir bis hierhin alle Klippen glücklich überwunden hätten, so meinte ich damit, daß wir bisher an keiner Stelle dieses Berichts in eine Sackgasse geraten sind. Ungeachtet aller offenen Fragen und noch unbekannten Details haben wir auch da, wo uns die Beweise heute noch fehlen, wenigstens plausible Wege und einleuchtende Möglichkeiten entdecken können, auf denen die Entwicklung weitergelaufen sein mag. Nirgends sind wir bisher auf eine Stelle gestoßen, welche die These dieses Buches prinzipiell in Frage gestellt hätte: die Behauptung, daß die Geschichte der Welt von den Wasserstoffwolken des Ur-Anfangs bis zu der Entstehung unseres Bewußtseins, das heute der Realität dieser Geschichte ansichtig zu werden beginnt, zusammenhängend und folgerichtig so verlaufen ist, daß ein Schritt sich zwanglos und unvermeidlich aus dem anderen ergab.
Der Punkt, an dem wir jetzt angekommen sind, hätte noch vor einigen Jahren als eine solche Sackgasse erscheinen können. Denn von der archaischen, noch kernlosen Ur-Zelle führt kein sichtbarer Übergang zu dem weiterentwickelten Typ mit spezialisierten Organellen. Das könnte uns um so mehr irritieren, als es diesen archaischen Zelltyp ja, wie erwähnt, heute noch gibt. Bakterien und Blaualgen verkörpern ihn mit ungebrochener Vitalität und Frische. Alle höheren Lebewesen, einschließlich der vielzelligen Pflanzen und einschließlich sogar der meisten Einzeller (Protozoen), bestehen aber aus Zellen mit der bereits beschriebenen »fortschrittlichen« Ausstattung. Wo sind die Übergangsformen zwischen diesen beiden Konstruktionen der Natur, die uns verständlich machen könnten, wie aus den primitiveren die höher entwickelten Zellformen hervorgegangen sind? Niemand hat sie bisher finden können.
Erst seit neuester Zeit beginnt sich auch dieses Rätsel aufzulösen. Jetzt, nachträglich gesehen, ist es auch nicht mehr verwunderlich, daß die so schmerzlich vermißten Übergangsformen nicht zu finden waren. Es hat sie vermutlich nie gegeben. So, wie es jetzt aussieht, hat sich die eine Zellart gar nicht aus der anderen entwickelt. Trotzdem ist die Evolution auch hier kontinuierlich verlaufen. Sie hat nur einen Weg beschritten, an den niemand gedacht hatte.
Wir müssen uns mit diesem Schritt der Evolution, der von der kern-

losen Ur-Zelle zum fortschrittlichen Typ der »höheren Zelle« geführt hat, in den folgenden Abschnitten dieses Buches relativ eingehend beschäftigen. Es lohnt sich, das zu tun. Wir werden dabei auf ein neues Prinzip der Entwicklungsgeschichte des Lebens stoßen, ohne dessen Kenntnis uns der weitere Verlauf, der schließlich über die »Erfindung« der Warmblütigkeit zur Entstehung des menschlichen Gehirns führen wird, unverständlich bleiben würde.

Das gleiche gilt für die im letzten Teil dieses Buches angestellten Überlegungen über den zukünftigen, über unsere Gegenwart hinausführenden Verlauf der Entwicklung. Zu deren Begründung sind wir ebenfalls auf die Einsichten angewiesen, die sich aus der näheren Betrachtung der sehr eigentümlichen Art und Weise ergeben, in der die »höheren Zellen« entstanden sind.

Jetzt, nachträglich, stellt sich heraus, daß die Lösung des Problems schon vor fast 70 Jahren von einem russischen Botaniker, einem Baron Mereschkowsky, formuliert worden ist. Allerdings lediglich als Vermutung, als mehr oder weniger kühne Spekulation, für die es zu Anfang unseres Jahrhunderts noch nicht die geringsten Beweise gab. Es ist daher entschuldbar, wenn die wissenschaftliche Welt den Erklärungsversuch des Russen überging. Spekulationen und Hypothesen gibt es auch in der Wissenschaft überreichlich. Was zählt, ist allein der Beweis.

Mereschkowsky war auf den Gedanken gekommen, daß die Chloroplasten in den von ihm untersuchten Pflanzenzellen von Hause aus vielleicht gar keine »Organelle« waren, also keine legitimen Teile der Zellen, in deren Innerem sie ihre photosynthetische Aktivität verrichteten. Sie erinnerten ihn in ihrem Aussehen an eine Abart der schon erwähnten Blaualgen, die sogenannten »blaugrünen Algen«. Das sind ebenfalls kernlose primitive Einzeller ohne Organelle, die aber immerhin schon die »Erfindung« der Photosynthese gemacht haben.

Diese blaugrünen Algen verfügen, wie gesagt, nicht über Organelle, also auch nicht über Chloroplasten. Vielleicht waren sie selbst, im ganzen, Chloroplasten? Als Mereschkowsky auf diesen höchst originellen Einfall gekommen war, argumentierte er etwa so weiter: Die Photosynthese ist ein außerordentlich komplizierter chemischer Prozeß. Es würde daher dem Prinzip der Ökonomie in der Natur entsprechen, wenn man davon ausgehen würde, daß die Natur einen so schwierig zu erschaffenden Mechanismus nur ein einziges Mal entwickelt hätte. Die winzigen blaugrünen Algen beherrschten den Trick. War es wahrscheinlich, daß ganz andere Gebilde, die »Chloroplasten«, das gleiche schwierige Verfahren unabhängig davon noch einmal ganz von neuem ebenfalls gelernt haben sollten?

Flugs folgerte Mereschkowsky, daß blaugrüne Algen und Chloroplasten identisch seien. Offensichtlich hätte sich, so behauptete der Russe, eine Reihe anderer Zellen (die dadurch zu den Vorfahren der heutigen Pflanzen geworden seien) blaugrüner Algen bemächtigt und sie sich einverleibt, um ihre nahrungsspendende Aktivität für sich selbst ausnützen zu können. Chloroplasten seien nichts anderes als blaugrüne Algen, die in den Leibern fremder Zellen als Gefangene Nahrungsstoffe produzieren müßten.

Der Russe war so beschwingt von seinem Einfall, daß er unvorsichtigerweise sogar den Unterschied in der Lebensweise von Tieren und Pflanzen mit seiner Theorie zu erklären versuchte. »Der Blutdurst eines Löwen«, so verkündete er, »ist letztlich darauf zurückzuführen, daß dieses Tier sich seine Nahrung selbst erjagen muß. Pflanzen sind allein deshalb so friedlich und passiv, weil sie sich in ihren Zellen eine unübersehbare Zahl winziger grüner Sklaven halten, die ihnen diese Aufgabe abnehmen.«

Die Fachkollegen haben Mereschkowsky wegen seiner »Phantastereien« ausgelacht. Der russische Botaniker ist mit seinen Deutungsversuchen auch sicher zu weit gegangen. Aber für seine Ansicht über die Abstammung der Chloroplasten haben sich neuerdings die ersten Beweise ergeben: es *sind* »kleine grüne Sklaven«.

12. Kooperation auf Zellebene

Wenn wir verstehen wollen, wie es zu der Gefangenschaft der Chloroplasten kam, müssen wir ein wenig ausholen. Zunächst ist es notwendig, daß wir uns noch einmal die Umweltsituation vor Augen halten, in der die kernlosen Ur-Zellen sich behaupten mußten. Sie schwammen in den Ozeanen der jungen Erde. Auf dem trockenen Lande hätten sie weder entstehen noch überleben können. Nur das Wasser lieferte ein Milieu, in dem sich all die chemischen Reaktionen und Begegnungen auf molekularer Ebene hatten abspielen können, die zur Entstehung erst der Biopolymere und dann der ersten Zellen notwendig gewesen waren. Auf dem Festland war damals außerdem das UV-Bombardement der Sonne noch so unbarmherzig, daß keines der komplizierten Moleküle, auf denen das Leben beruht, dort stabil geblieben wäre.
In diesen Ur-Ozeanen schwammen jetzt also die verschiedenartigsten organischen Moleküle und Polymere, sowie schließlich auch die primitiven Zellen, die aus ihnen entstanden waren und die ersten Gebilde auf der Erde darstellten, die damit begonnen hatten, eine von der Umwelt mehr oder weniger abgegrenzte Existenz zu führen. Die Energie und das Rohmaterial, deren sie dazu bedurften, können sie ursprünglich nur dem Vorrat der in ihrer Umgebung abiotisch entstandenen Großmoleküle entnommen haben. Mit anderen Worten: die ersten Lebewesen auf der Erde begannen, kaum, daß es sie gab, das Material aufzufressen, aus dem sie selbst eben erst hervorgegangen waren.
Wir haben die komplizierte Abfolge der Vorgänge eingehend erörtert, die zur Entstehung dieser Großmoleküle und Polymere geführt hatten. Es muß Hunderte von Jahrmillionen gedauert haben, bis sie sich in den Ur-Ozeanen in einem Maße angereichert hatten, das den Zusammenschluß der ersten DNS-Protein-Komplexe ermöglichte, die

wir als das funktionelle Skelett der ersten Zellen kennengelernt haben. Sie wieder abzubauen, um die dabei frei werdende chemische Bindungsenergie für eigene Zwecke auszunutzen, das war zweifellos sehr viel einfacher. Es ging folglich auch wesentlich schneller.

Dem mühsamen und langsamen weiteren abiotischen Aufbau derartiger Molekülbausteine stand jetzt folglich (zum erstenmal!) die »Gefräßigkeit« lebender Zellen gegenüber. In dieser Phase, kurz nach der Entstehung der ersten lebenden Strukturen, muß daher logischerweise die Konzentration der organischen Moleküle in den Ur-Ozeanen rapide wieder abgenommen haben. Die ersten Zellen waren, deutlicher gesagt, bereits wieder dabei, den Ast abzusägen, auf den sie eben erst »mühsam« gekrochen waren.

Die Nahrung wurde knapp und knapper. Der Prozeß der abiotischen Entstehung neuer Moleküle war viel zu umständlich und langsam, um einem solchen, bis dahin völlig unbekannten Bedarf auf die Dauer die Waage halten zu können. Kaum auf der Oberfläche dieser Erde aufgetaucht, sah sich das Leben bereits von einer Gefahr bedroht, die ausweglos zu sein schien. Die Tatsache, daß wir uns heute den Kopf über das Problem zerbrechen können, beweist, daß es diesen Ausweg dennoch gegeben haben muß. Wie kann er ausgesehen haben?

Genau wissen wir auch das nicht. Die wahrscheinlichste Antwort, welche die Wissenschaftler heute auf diese Frage gefunden haben, knüpft an die Unterschiede an, die wir bei den Ur-Zellen voraussetzen dürfen. Diese ersten Zellen hatten zwar einen gemeinsamen Ursprung insofern, als sie alle abiotisch (»ohne Eltern«) entstanden waren. Aber sie dürften deshalb keineswegs einheitlich gewesen sein, weder in ihrem Bau noch in ihren Funktionen. Zwar werden sie alle von einer Membran als äußerer Hülle umgeben gewesen sein. Ein »selbständiger« (also gegenüber den chemischen Abläufen der Umgebung mehr oder weniger unabhängiger) Stoffwechsel ist ohne eine solche Abgrenzung kaum vorstellbar.

Aber schon die chemische Zusammensetzung dieser Membranen läßt erhebliche Variationsmöglichkeiten zu. Von diesen aber hängt nun wieder die Auswahl ab, welche eine solche Membran zwischen den Molekülen trifft, die zwischen dem Inneren einer Zelle und der Umgebung ausgetauscht werden können. Ein unterschiedlicher Bau der Membranen verschiedener Zellen ist also gleichbedeutend mit grundsätzlichen Unterschieden in der Art ihres Stoffwechsels (und damit in ihren funktionellen Leistungen). Noch größer sind in dieser ersten

Zellpopulation gewiß die Unterschiede in der Ausstattung mit Protoenzymen gewesen.
Wir können nicht einmal sicher sein, ob sie alle ursprünglich nach dem Prinzip des DNS-Protein-Mechanismus funktionierten, den wir erörtert haben. Es besagt in dieser Hinsicht nichts, daß wir heute keine anderen Zellen mehr kennen. Ich möchte wiederholen, daß es keineswegs unmöglich, daß es im Gegenteil sogar wahrscheinlich ist, daß damals, am Beginn des großen Überlebensspiels »Evolution«, auch Zellen existiert haben, die nach ganz anderen Prinzipien funktionierten und erst bei den anschließenden Schritten der Entwicklung als unterlegene Konkurrenten ausscheiden mußten. Wir werden noch sehen, daß eine derartige Auslese oder »Selektion« bis auf den heutigen Tag das Ordnungsprinzip ist, das in der biologischen Stammesgeschichte zur Entstehung immer neuer und vor allem immer höher entwickelter Lebensformen geführt hat. Warum also sollten wir dieses Konkurrenzprinzip nicht auch bei dem ersten entscheidenden Schritt dieser biologischen Geschichte voraussetzen?
Unter den vielen verschieden gebauten und verschieden funktionierenden Zellen der ersten Lebensepoche müssen nun aller Wahrscheinlichkeit nach auch Zellen gewesen sein, deren Plasma Porphyrin-Moleküle enthielt. Ich habe schon erwähnt, daß diese spezielle chemische Verbindung zu den Molekülen gehört, die abiotisch besonders leicht entstehen (weil ihre Bestandteile aus physikalischen und chemischen Gründen offenbar eine relativ große »Affinität« haben). Das haben sowohl die Experimente Millers und seiner Nachahmer gezeigt als auch die aufregende Entdeckung porphyrinartiger Verbindungen im freien Weltall (15).
Wenn Porphyrin aber unter den Molekülen der Ur-Ozeane aus diesem Grunde relativ häufig gewesen sein muß, ist es zulässig, davon auszugehen, daß es von einigen der damals entstandenen Zellen als Baumaterial verwendet wurde. Dies geschah wieder völlig zufällig und war zunächst auch ohne jede Bedeutung. Das änderte sich allerdings sofort, als infolge des aus den Fugen geratenen Gleichgewichts zwischen abiotischem Nachschub an neuen organischen Molekülen und dem Bedarf der soeben entstandenen Zellen an diesen Molekülen die erste erdweite Ernährungskrise einsetzte.
Porphyrin hat nämlich, wiederum rein zufällig, die Eigenschaft, Licht im sichtbaren Bereich des Spektrums (also just in dem Bereich, der praktisch unter allen atmosphärischen Bedingungen ungehindert

bis auf die Erdoberfläche gelangt) zu absorbieren, zu »verschlucken«. Da Licht aber, wie alle elektromagnetischen Wellen, nichts anderes ist als eine besondere Energieform, heißt das, daß Porphyrin-Moleküle die im sichtbaren Sonnenlicht steckende Energie in sich aufnehmen können.

Den Zellen, deren Leib zufällig Porphyrin-Moleküle enthielt, eröffnete sich daher mit einem Male ein ungeahnte Chance. Ihre bis dahin völlig belanglose Eigenheit (ihr Porphyringehalt) verwandelte sich jetzt als Folge eines einschneidenden Wechsels der Umweltbedingungen plötzlich in einen entscheidenden Vorteil. (Dies ist der typische Mechanismus, der bis auf den heutigen Tag die Evolution vorantreibt!) Während ihre porphyrinlosen Kollegen samt und sonders vom Hungertod bedroht waren und zweifellos schon dazu übergingen, sich gegenseitig aufzufressen, wo die Gelegenheit sich bot, verfügten sie jetzt exklusiv über eine zusätzliche Energiequelle. Sie befanden sich, bildlich gesprochen, plötzlich in der Situation der wenigen Bevorzugten, die während einer Hungerkatastrophe Care-Pakete von einer auswärtigen Hilfsorganisation zugesandt erhalten.

Denn ohne einen Gedanken daran zu wenden, wie die glücklichen Porphyrinbesitzer die ihnen von der Sonne frei gelieferte Lichtenergie im einzelnen nun verwendet haben mögen, können wir sicher sein, daß sie ihren Vorteil daraus zogen. Die Energie, die sie auf diesem Wege aufnahmen, konnten sie bei der konventionellen Form der Ernährung einsparen. Dies steht auf Grund der physikalischen Gesetze von der Erhaltung der Energie fest. Diese Gesetze aber gelten auch für lebende Organismen. Wäre es anders, dann wären wir nicht auf Nahrung angewiesen.

Für unseren Gedankengang ist es ein Glück, daß wir dieses Gesetz hier anwenden können, denn niemand weiß bis heute, welche chemischen und enzymatischen Prozesse im einzelnen die Ausnützung der Lichtenergie bei den porphyrinhaltigen Zellen besorgt haben. Trotz jahrzehntelanger Untersuchungen ist auch der lebenswichtige Prozeß der Photosynthese, der sich bis heute aus diesen ersten, primitiven Ansätzen entwickelt hat, noch immer nicht vollständig aufgeklärt. Aus dem genannten Grunde können wir aber trotzdem sicher sein, daß auch den primitiven damaligen »Lichtschluckern« in der geschilderten Konkurrenzsituation mit einem Male ein neuer Weg der Ernährung offenstand.

Die ersten Zellen, die über die neue Technik verfügten, werden sich durch sie sicher noch nicht so weitgehend von der Ernährung mit organischem Material unabhängig gemacht haben, wie es später bei den vollentwickelten Pflanzen der Fall sein sollte. Es war nur ein erster Schritt. Aber so winzig der Vorteil auch sein mochte, er sicherte in der geschilderten Situation einen entscheidenden Vorsprung. Während die Zahl aller anderen Zellen aus Nahrungsmangel mehr und mehr abgenommen haben muß, begann dieser Zelltyp sich zu vermehren.

Damit aber wurden auch die Fälle immer häufiger, in denen porphyrinlose Zellen porphyrinhaltige Zellen fraßen. Sie dürften das in der Form getan haben, wie das heute noch unter Einzellern üblich ist: dadurch, daß sie die Beute als Ganzes durch einen Schlitz in ihrer Membran in sich aufnahmen, sie in ihrem Plasma-Leib verstauten und dann erst darangingen, sie aufzulösen, um die als Nahrung benötigten Moleküle des Opfers in den eigenen Stoffwechsel überführen zu können. So wird sich das auch damals ungezählte Male abgespielt haben.

Es muß aber einige, wenn auch vielleicht nur ganz wenige Fälle gegeben haben, in denen der Ablauf anders war. Auch in diesen Fällen wurden die sicher sehr viel kleineren (wie hätten sie sonst in der beschriebenen Weise überwältigt werden können?) porphyrinhaltigen Zellen geschluckt und in das Plama der größeren Zellen aufgenommen. Dabei blieb es dann aber. Aus irgendwelchen Gründen, als Folge irgendeines zufälligen Zusammentreffens wurde die Beutezelle in diesen wenigen Ausnahmefällen (oder vielleicht sogar nur in einem einzigen Fall?) nicht aufgelöst. Vielleicht fehlte der Zelle, die sie gefressen hatte, zufällig gerade das Enzym, das notwendig war, um die Membran einer porphyrinhaltigen Zelle zu zerstören.

Das Ganze war wieder die Folge eines zufälligen Zusammentreffens verschiedener Umstände. Millionen Male war die Beute verdaut worden. Dieses eine Mal kam es nicht dazu. Und in diesem Ausnahmefall erwies sich der Enzymmangel der jagenden Zelle wiederum unvorgesehen als der Ausgangspunkt eines entscheidenden evolutionären Schrittes: Der winzige erbeutete Organismus, den die größere Zelle in ihr Plasma aufgenommen hatte, blieb am Leben. Und er fuhr fort, mit Hilfe seiner Porphyrin-Moleküle Sonnenlicht in chemische Energie umzuwandeln. Wie es seiner Gewohnheit entsprach. Dadurch aber wurde die Unverdaulichkeit der Beute für den Jäger zu einem Gewinn völlig neuer Art. Er hatte dieses eine und entscheidende Mal nicht gewöhnliche Nahrung ergattert, die nur vorübergehend sättigte, sondern ein Kapital, das von diesem Augenblick an laufend Zinsen abwarf.

Viele Wissenschaftler glauben heute, daß etwa auf diese Weise die erste Pflanzenzelle entstanden ist. Die erste Zelle, die in der Lage war, das irdische Leben vor dem unmittelbar bevorstehenden Hungertode zu bewahren, weil sie nicht (oder jedenfalls nicht ausschließlich) auf die immer knapper werdenden organischen Moleküle ihrer Umgebung als energieliefernde Nahrung angewiesen war: Sie konnte diese lebensnotwendigen Moleküle mit Hilfe des Sonnenlichts aus anorganischem Material selbst aufbauen.

Jetzt konnte sich ein neues Gleichgewicht einpendeln: Die Porphyrin-Zellen selbst und die »Sklavenhalter« konnten sich auch in einer an gewöhnlicher Nahrung allmählich verarmenden Umwelt ungehindert vermehren. Sie wurden zu den Vorfahren der blaugrünen Algen und der heutigen Pflanzen. In dem Maße, in dem ihre Zahl daher anstieg, erhielten aber auch einige bis zuletzt noch übriggebliebene Zellen des »porphyrinlosen Typs« wieder Chancen zum Weiterleben. Dies galt jedenfalls für die von ihnen, die es rechtzeitig fertigbrachten, sich auf eine rein räuberische Daseinsweise zu spezialisieren, indem sie die »Lichtschlucker« zu ihrer Standardkost machten.

Auf diese Weise sind, wie es scheint, damals die ersten Vorfahren aller heutigen Tiere (und damit auch unsere eigenen Vorfahren) entstanden. Wir sind, so gesehen, also die fernen Nachkommen von Zellen, die damals von der Entwicklung zunächst benachteiligt worden sind, indem ihnen der Fortschritt vorenthalten wurde, der sich aus der Unterstützung durch einverleibte porphyrinhaltige Zellen ergab. Diese unsere Vorfahren überlebten allein deshalb, weil sie dazu übergingen, *lebende* organische Substanz zu ihrer Nahrung zu machen. Das waren zunächst und vor allem zwar die Leiber der lichtschluckenden Pflanzenzellen. Aber es dürfte nicht sehr lange gedauert haben, bis dieser von der Entwicklung der Dinge zu einer räuberischen Existenz gezwungene »tierische« Zelltyp dahinterkam, daß auch seinesgleichen eine verwertbare Nahrung abgab.

Übrig blieben folglich nur die blaugrünen Algen, ferner jene Zellen, die sich blaugrüne Algen als »Chloroplasten« einverleibt hatten, und die porphyrinlosen Zellen, die sich von anderen lebenden Zellen ernährten. Alle anderen Zellen und biologischen Konstruktionen der ersten Stunde müssen damals an Nahrungsmangel zugrunde gegangen sein. Von ihnen gibt es keine Spur mehr. Sie sind im Orkus verschwunden, zusammen mit all den unzähligen anderen Lebenskeimen, von denen Pascual Jordan behauptet, daß es sie nie gegeben habe.

Dieser Gedankengang kann die Vermutung nahelegen, daß schon damals, als das Leben vor dreieinhalb Milliarden Jahren auf der Erde eben erst Fuß zu fassen begann, eine Entscheidung gefallen ist, deren Konsequenzen auch unser eigenes Verhalten und unsere heutige Gesellschaft noch grundlegend prägen. Der Zwang, sich anderer lebender Organismen als Nahrung zu bedienen, könnte sehr wohl den Keim für alle späteren Formen von Aggressivität gelegt haben. Vielleicht kann der Ablauf der Dinge, der diesen Zwang herbeiführte, es uns sogar leichter verständlich machen, warum Nahrungsentzug und Aggressionsbereitschaft so eng zusammenhängen. Der Kreis schließt sich, wenn wir bedenken, daß die endgültige Lösung des Welternährungsproblems erst dann gefunden sein wird, wenn wir das Geheimnis der Photosynthese wissenschaftlich völlig aufgeklärt haben.

Die Menschheit ist heute so angewachsen, daß das Gleichgewicht zwischen dem Nachschub an organischer Nahrung und dem zunehmenden Bedarf wiederum grundsätzlich aus den Fugen zu geraten beginnt (zum erstenmal wieder seit dreieinhalb Milliarden Jahren). Auch heute besteht der definitive Ausweg allein darin, möglichst bald zu lernen, wie man die Lichtenergie der Sonne zur eigenen Ernährung ausnutzen kann. Wenn wir den Prozeß der Photosynthese entschleiert haben, dann können wir – mit einer »Verspätung« von einigen Milliarden Jahren – mit technischen Mitteln den Schritt wiederholen, den die ersten blaugrünen Algen vor so langer Zeit schon getan haben. Wir könnten uns dann von tierischer und pflanzlicher Kost unabhängig machen und organische Nahrung aus Wasser, atmosphärischer Kohlensäure und einigen Bodenmineralien in praktisch unbegrenzten Mengen selbst industriell erzeugen.

Ist es allzu optimistisch, wenn man darauf hofft, daß diese Möglichkeit die Menschheit nicht nur endgültig von allen Nahrungssorgen befreien, sondern daß die damit verbundene Befreiung von einer grundsätzlich räuberischen Ernährungsweise es ihr womöglich auch erleichtern könnte, das Übermaß an Aggressionsbereitschaft abzubauen, das wir heute mit solcher Sorge registrieren?

Der gewaltige, Milliarden Jahre währende »Umweg«, der uns dann schließlich doch nur wieder zu dieser uralten Lösung des Problems geführt hätte, ist andererseits gewiß nicht ohne Gewinn gewesen. Die unvorstellbar lange »chloroplastenlose Zeit« hat in der Entwicklung der Tiere und damit auch unserer eigenen Entwicklung eine unübersehbare Fülle komplizierter Funktionen und Leistungen erzwungen (die, so betrachtet, fast als Ersatzfunktionen und Umwegleistungen anmuten), auf welche die »sklavenhalterisch« existierenden Pflanzen getrost verzichten konnten. Der Löwe unterscheidet sich, wenn wir uns hier noch einmal des Barons Mereschkowsky erinnern wollen, von einer Pflanze eben nicht nur durch seinen Blutdurst, sondern nicht weniger auch durch seine Beweglichkeit, seine Sinnesorgane, durch das »Bewußtsein« und die Fähigkeit, auf Umweltveränderungen mit der Schnelligkeit zu reagieren, die allein durch die Nervenleitung eines Sauerstoff atmenden Warmblüters ermöglicht wird.

Seit einiger Zeit gibt es handfeste Indizien dafür, daß der mögliche Entwicklungsweg, den ich auf den letzten Seiten skizziert habe, mehr ist als eine »Räubergeschichte«. Untersuchungen der letzten Jahre liefern immer neue Hinweise dafür, daß sich die Ereignisse damals etwa in dieser Form abgespielt haben dürften. Einer der eindrucksvollsten ist die Art und Weise, in der ein heute noch lebender Einzeller, das Pantoffeltierchen *Paramecium bursaria*, mit Chlorella-Algen (einer Unterart der blaugrünen Algen) umgeht.

Paramecium bursaria verfügt über alle die Organelle, die eine moderne fortgeschrittene Zelle ausmachen. Aber es verfügt nicht über Chloroplasten. *Paramecium bursaria* ist damit zu seiner Ernährung auf das Vorhandensein organischer Moleküle als Nahrung angewiesen. Es kann diese nicht aus anorganischen Grundstoffen selbst aufbauen. Es ist damit, wenn wir hier einmal von der Zweiteilung der belebten Natur in ein Reich der Pflanzen und eines der Tiere ausgehen wollen, ein Tier (25). Seine genauere Beobachtung hat nun allerdings gezeigt, daß diese Etikettierung auf sehr wackligen Füßen steht.

Dieses seltsame Pantoffeltierchen hat es nämlich gelernt, eine ganz bestimmte Zahl von Chlorella-Algen in sich aufzunehmen, die es bei seiner Ernährung unterstützen. Die Zahl der aufgenommenen Algen (meist 30 bis 40) ist von Art zu Art offensichtlich erblich festgelegt. Daß es sich hier noch nicht um Chloroplasten, sondern um grundsätzlich nach wie vor selbständige grüne Algen handelt, läßt sich durch aufschlußreiche Experimente beweisen.

Die Wissenschaftler haben es fertiggebracht, die winzigen grünen Körperchen unter dem Mikroskop vorsichtig aus dem lebenden Pantoffeltierchen zu befreien. Bei einer heutigen Pflanzenzelle überlebt keine der Komponenten eine solche Prozedur. Aber siehe da: *Paramecium bursaria* gedieh auch weiterhin prächtig, und auch die aus seinem Leib in Freiheit gesetzten grünen Körperchen wuchsen, ernährten und vermehrten sich. Es waren eben selbständige »Moneren« (25), nämlich Chlorella-Algen, und keine unselbständigen Organelle.

Die nächste aufschlußreiche Entdeckung bestand in der Feststellung, daß das seiner Algen beraubte Pantoffeltierchen nur so lange gedieh und sich durch Teilung vermehren konnte, wie in seiner Umgebung organische Nahrung ausreichend zur Verfügung stand. Wenn die Experimentatoren nicht künstlich für Nachschub sorgten, verhungerte es. Daran ist an sich nichts Besonderes. Das Resultat ändert sich aber sofort, wenn man den Typ der blaugrünen Algen, auf den *Paramecium bursaria* sich spezialisiert hat, der Lösung, in der es schwimmt, zusetzt. Beim ersten Kontakt nimmt das Pantoffeltierchen dann sofort eine Alge auf. Und es mag jetzt noch so ausgehungert sein, die aufgenommene Alge wird nicht verdaut. Sie gedeiht vielmehr prächtig und beginnt sogar nach kurzer Zeit, sich in dem Plasma des Pantoffeltierchens durch Teilung zu vermehren.

Das letzte Resultat ist am verblüffendsten. Es scheint nämlich fast so, als könnte *Paramecium* zählen: Die aufgenommene Chlorella-Alge teilt sich bei dem hier geschilderten Experiment nämlich genauso lange, bis die für die jeweilige *Paramecium*-Art charakteristische Zahl von »Sklaven« entstanden ist. Dann stellt es die Vermehrung ein. Man muß daher annehmen, daß irgendwelche (wahrscheinlich auch hier durch spezielle Enzyme vermittelte) Steuerkommandos des Pantoffeltierchens die Vermehrung der aufgenommenen Algen dem eigenen Bedarf entsprechend regulieren.

Es braucht jetzt kaum noch erwähnt zu werden, daß ein mit der »vorgeschriebenen« Zahl von Chlorella-Algen besetztes Pantoffeltierchen selbstverständlich auch eine nahrungsarme Zeit ohne Schwierigkeiten übersteht. Die photosynthetische Begabung seiner »Gefangenen« sorgt dann für den Aufbau der benötigten Grundstoffe. Interessant ist schließlich noch, daß ein Pantoffeltierchen, das bereits im Besitz der für seine Art typischen Algenzahl ist, neue Chlorella-Algen, auf die es stößt, nicht nur in sich aufnimmt, sondern auch ohne Zögern verdaut. Es muß also seine »Dauergäste« in irgendeiner Weise chemisch markiert haben, um sie von gewöhnlicher Beute unterscheiden zu können.

Mit diesem Beispiel haben die Biologen folglich ein Modell entdeckt, das uns heute noch anschaulich vor Augen führt, wie sich der von den kernlosen Ur-Zellen zu den mit Organellen besetzten höheren Zellen führende Schritt der Evolution abgespielt hat. Der entscheidende

Unterschied zwischen diesem Weg der Weiterentwicklung und dem Weg, nach dem man so lange vergeblich gesucht hatte: Die höher organisierten Zellen sind nicht, wie man hätte glauben sollen, die weiterentwickelten direkten Nachkommen der kernlosen Ur-Zellen, sondern das Resultat des symbioseartigen Zusammenschlusses verschiedener Ur-Zellen mit unterschiedlich spezialisierten Leistungen und Fähigkeiten.

Nachträglich ist es wieder leicht, einzusehen, daß dieser Weg sehr viel einfacher und leichter zurückzulegen war, als es der Versuch gewesen wäre, die verschiedenen Funktionen und Leistungen eine nach der anderen bei ein und derselben Zellart im Laufe der Generationen hervorzubringen. So, wie es sich tatsächlich abgespielt hat, erinnert die Methode der Natur fast ein wenig an die fortschrittliche Methode des Hausbaus mit vorgefertigten Teilen. Zellen, die sich in ihrer Funktion zu ergänzen vermögen, schließen sich zusammen und beginnen zu kooperieren. Auf diese Weise konnte die Ur-Zelle sich bestimmte Leistungen in Gestalt spezialisierter Schwesterzellen fix und fertig (»vorgefertigt«) zulegen, ohne den langwierigen (und unsicheren) Prozeß auf sich nehmen zu müssen, alle Funktionen selbst ausbilden zu müssen (oder auf sie zu verzichten). Wir werden noch sehen, daß die beschriebene Entstehungsgeschichte nicht nur für die Chloroplasten gilt, sondern wahrscheinlich ebenso auch für andere Zell-Organelle.

Es gibt noch eine Entdeckung, die die Annahme, daß es so abgelaufen ist, schon heute fast zur Gewißheit werden läßt. Man hat in den letzten Jahren in den Chloroplasten der höheren Zellen (und ebenso übrigens auch schon in den Mitochondrien) DNS gefunden, die sich von der DNS der Zelle, zu der das betreffende Organell gehört, unterscheidet. Diese Entdeckung stellt nach Ansicht der meisten Wissenschaftler den definitiven Beweis dar dafür, daß zumindest diese beiden Organelle ursprünglich selbständige freilebende Zellen gewesen sein müssen. Denn nur, wenn sie das von Hause aus sind, und nicht selbst nur Bausteine, ist es zu verstehen, daß sie einen eigenen, von der sie einschließenden Zelle abweichenden Bauplan in sich tragen.

An dieser Stelle ist es angebracht, darauf hinzuweisen, daß die Behauptung, die Organelle einer Zelle führten ein »Sklavendasein«, eine übertriebene Dramatisierung der Situation darstellt. Wie einseitig diese Betrachtungsweise ist, ergibt sich indirekt auch aus den Versuchen mit *Paramecium bursaria*. Dieser Einzeller ist doch deshalb zu einem von den Biologen so freudig begrüßten Modellfall geworden, weil sich bei ihm die Komponenten – *Paramecium* selbst und die in ihm enthaltenen Chloroplasten – auch getrennt noch am Leben erhalten lassen. Dies allein beweist den Chrakter dieser Chloroplasten als ursprünglich selbständiger Algen. Man hat nach diesem Beweis aber nun deshalb so lange suchen müssen, weil die Möglichkeit einer solchen Trennung einen Ausnahmefall darstellt.

In allen anderen bisher untersuchten Fällen – und die Wissenschaftler haben den Versuch seit den Tagen Mereschkowkys wieder und wieder durchgeführt – geht nach der Trennung nicht nur die Zelle, sondern auch das isolierte Organell innerhalb kurzer Zeit zugrunde. Wir haben schon besprochen, daß man Chloroplasten, Ribosomen oder Mitochondrien in einem zellfreien System, als abzentrifugierte Zellfraktion, nur vorübergehend zu Untersuchungszwecken am Leben erhalten kann.

Ein wirklich selbständiges Leben, mit der Fähigkeit, sich aus eigener Kraft zu ernähren und zu vermehren, vermag kein Organell einer heutigen Zelle mehr zu führen. Das aber läßt den Schluß zu, daß das Organell es längst verstanden hat, aus der neuen Situation seinerseits seinen Vorteil zu ziehen. Wie ein Parasit hat es auf die Aufrechterhaltung einer ganzen Reihe lebenswichtiger Funktionen verzichtet. Hinsichtlich dieser Funktion schmarotzt es folglich bei seinem »Gastgeber«. Wir können zwar heute noch nicht angeben, um welche Funktionen es sich dabei im einzelnen handelt. Daß es so sein muß, ergibt sich jedoch zwingend aus der Tatsache, daß kein Organell zu einem selbständigen Dasein mehr fähig ist.

Aber auch die hier gebrauchten Begriffe »Parasit« und »Schmarotzertum« sind noch immer Ausdruck einer einseitigen parteiischen Beurteilung der Situation, mit einer unzulässigen Bewertung, die diesmal auf Kosten des Organells geht. Auch das Organell dient seinem Wirt ja durch seine photosynthetische Aktivität. Beide Komponenten profitieren folglich von dem Zusammenschluß. Eine solche Form der Kooperation bezeichnet der Biologe aber als Symbiose. Die »fortgeschrittenen« Zellen sind folglich, das ist die Ansicht, die sich heute im Lichte der hier beschriebenen neuesten Erkenntnisse durchzusetzen beginnt, das Resultat eines symbiotischen Zusammenschlusses unterschiedlich spezialisierter kernloser Ur-Zellen.

Ich muß jetzt, zum Beleg dafür, daß das nicht nur für die Chloroplasten gilt, noch kurz nachtragen, was man in dieser Hinsicht heute schon über die Entstehung anderer Zell-Organelle zu wissen glaubt. Wir können dazu wieder an der konkreten historischen Situation anknüpfen, die wir in den Ur-Ozeanen in der betreffenden Epoche zu vermuten haben.

Wir hatten die Schilderung dieser Situation in dem Augenblick abgebrochen, in dem die erste globale Ernährungskrise durch das massenhafte Auftreten der ersten Chloroplasten enthaltenden Zelltypen überwunden worden war. Wir hatten auch bereits festgestellt, daß ihr rasches Überhandnehmen einem anderen Zelltyp neue Lebensmöglichkeiten erschloß, nämlich dem der bis dahin noch nicht verhungerten chloroplastenlosen Zellen, die sich rechtzeitig auf eine räuberische Ernährungsweise umstellten.

Die neue Nahrung, die sich ihnen jetzt glücklicherweise bot, brachte aber auch neue Probleme. Diese Nahrung ließ sich nicht mehr in jedem Falle so einfach und passiv schlucken wie die noch unbelebten, abiotisch entstandenen Großmoleküle, welche bisher das Angebot gebildet hatten. Viele pflanzliche Einzeller waren sicher schon damals höchst beweglich und mobil: mit schlagenden feinen Haaren versehene Algen, wimpernbesetzte Bakterien oder Bakterien, die sich, korkenzieherartig gewunden, durch drehende oder schlängelnde Körperbewegungen vorwärtstrieben.

Wieder einmal hatte sich – es ist wichtig, diesen Anlaß zu beachten! – die Umwelt geändert, diesmal in Gestalt einer entscheidenden Veränderung der Eigenschaften, welche die lebensnotwendige Nahrung aufwies. Sie war beweglich geworden. Um eine solche Beute erfolgreich jagen zu können, mußte man selbst beweglich sein. Die Umweltänderung war gleichbedeutend mit einer neuen »Forderung«, mit dem Zwang dazu, selbst eine neue Eigenschaft zu entwickeln, eine bis dahin nicht beherrschte Fähigkeit zu erwerben – oder unterzugehen.

Was nützte der größten Zelle ihre Überlegenheit, wenn ihr die Beute einfach davonschwamm? Wieder sind auch in dieser Phase unzählige Zellen zugrunde gegangen, weil ihre Veranlagung den neu aufgetauchten Eigenschaften der Nahrung nicht mehr entsprach. Weil sie es nicht fertigbrachten, sich dieser Veränderung der Umwelt »anzupassen«. Aber auch dieses Mal hat es eine – wenn auch aller Wahrscheinlichkeit nach wiederum nur sehr bescheidene – Zahl von Zellen gegeben, denen die Umstellung rechtzeitig gelang. Sie erwarben ein Instrument, das ihnen eine rasche Fortbewegung und damit die erfolgreiche Verfolgung der flüchtigen Beute ermöglichte: Geißeln.

Auch dieses Organell ist von den Zellen, die es heute besitzen, offenbar nicht in mühsamen, langsamen Entwicklungsschritten nach und nach hervorgebracht, sondern als »fertige Einheit« nach dem Prinzip der symbiotischen Kooperation erworben worden. Der Partner, der in diesem Fall die benötigte Leistung in die Gemeinschaft einbrachte, war eine »Spirochaete«. So nennen die Biologen die eben schon erwähnten winzigen, kernlosen Bakterien, die sich, korkenzieherähnlich gebaut, schlängelnd und drehend vorwärtsbewegen können.

Auch in diesem Falle hatten beide ihren Vorteil von der Kooperation. Die hungrige Zelle, an deren Oberfläche erstmals eine Spirochaete haftenblieb, sah sich plötzlich rasch genug vorwärtsbewegt, um mit vermehrten Chancen Nahrungssuche betreiben zu können. Und die kleine Spirochaete wurde jetzt mit den Bruchstücken von Zellen ernährt, die viel zu groß waren, als daß sie selbst es mit ihnen hätte aufnehmen können. Auch für diesen Fall des Erwerbs von Geißeln sind inzwischen übrigens Übergangsformen bei heute noch lebenden Einzellern gefunden worden. Für die Richtigkeit dieses Entstehungsweges sprechen außerdem elektronenoptisch entdeckte Übereinstimmungen in der Feinstruktur von Geißeln und der heute noch frei lebender Spirochaeten.

Noch ein letztes Beispiel für dieses Prinzip des kooperativen Zusammenschlusses auf Zellebene. Es betrifft die Mitochondrien und ist in mancher Hinsicht (jedenfalls von unserem eigenen, menschlichen Standpunkt aus gesehen) vielleicht das bedeutsamste. Wir erinnern uns: Mitochondrien, das sind die Organelle, die auch die »Kraftwerke der Zelle« genannt werden, weil sich in ihnen die Energie liefernden Atmungsprozesse abspielen. »Atmung« heißt aber »Verbrennung« oder, chemisch genauer ausgedrückt: Abbau größerer Moleküle (vor allem von Traubenzucker) zu kleineren Bruchstücken (nämlich Wasser und CO_2) unter Gewinnung der dabei frei werdenden Bindungsenergie, *und zwar mit der Hilfe von Sauerstoff.*

Was aber sollen jetzt Mitochondrien, die also Energie unter Verwendung von Sauerstoff freisetzen können, in einer Ur-Atmosphäre leisten, in der es, wie wir ausführlich besprochen haben, überhaupt keinen freien Sauerstoff gegeben hat? In der es freien Sauerstoff auch gar nicht geben durfte, weil seine oxydierende Kraft es nicht zugelassen hätte, daß all die Großmoleküle und Biopolymere entstanden, welche die Entwicklung bis zu dem Punkt gelangen ließen, an dem wir jetzt angekommen sind?

Wenn man sich diese Frage vorlegt, geht einem auf, daß die Mitochondrien ihrerseits wieder die Antwort auf eine Veränderung der Umweltbedingungen gewesen sein müssen. Eine anpassende Reaktion des eben erst entstandenen Lebens auf eine neue Herausforderung. Eine Krise, auf die die richtige Antwort gefunden werden mußte, weil die einzige Alternative der sichere Untergang gewesen wäre. Alles, was wir heute schon mit guten Gründen über die Entstehung der Mitochondrien vermuten dürfen, spricht für die Berechtigung dieser Vermutung. Es sieht so aus, als ob die Mitochondrien die Antwort darstellten auf eine tödliche, alles Leben bedrohende Gefahr, die von einem anderen, gerade eben besprochenen Organell-Typ ausging, von den Chloroplasten.

Wir müssen an dieser Stelle zum besseren Verständnis wieder einen kleinen Umweg einschieben. Wir müssen uns hier wenigstens kurz mit der Frage beschäftigen, woraus denn eigentlich die Zellen ihre Lebensenergie bezogen haben, die in der noch sauerstofflosen Ur-Atmosphäre existierten. Die Antwort ist deshalb relativ einfach, weil es heute noch Nachkommen dieser ursprünglichen, sauerstofflos lebenden (»anaeroben«) Zellen gibt. Wir können ihren Stoffwechsel also heute noch in allen Einzelheiten studieren. Das Ergebnis: »Anaerobier« verschaffen sich ihre Betriebsenergie nicht durch Atmung, sondern (von Ausnahmen abgesehen) durch einen Abbauprozeß, der als »Gärung« bezeichnet wird.

Ein typisches, relativ viel Bindungsenergie enthaltendes und gleichzeitig leicht abbaubares Molekül ist das des Traubenzuckers, der Glukose. Glukose ist daher eines der wichtigsten und verbreitetsten Nahrungsmittel. Zum Abbau von Glukose benötigt eine Zelle nicht unbedingt Sauerstoff. Selbst die heutigen Sauerstoffatmer besorgen die erste Teilstrecke des Glukoseabbaus noch anaerob und gehen anschließend erst zur Sauerstoffverbrennung über.

Alle lebenden Zellen bauen die Glukose (und alle anderen als Nahrung dienenden Moleküle) nämlich in »Raten« ab, in vielen aufeinanderfolgenden Teilschritten. Im ersten Augenblick sieht das unnötig umständlich aus. Man muß aber bedenken, daß die schlagartige, in einem einzigen Schritt erfolgende Zerlegung eines Glukosemoleküls in seine endgültigen Bruchstücke Wasser und Kohlendioxid eine so große Wärmemenge freisetzen würde, daß keine lebende Zelle das vertragen könnte. Die Zellen nehmen sich daher Zeit. Jede der Zellen, aus denen wir bestehen, zerlegt die »Kraftnahrung« Glukose in nicht weniger als 2 Dutzend aufeinanderfolgenden Einzelschritten. Jeder von ihnen wird in der uns nun schon geläufigen Weise durch ein eigenes Enzym ausgelöst.

Das gibt der Zelle die Möglichkeit, das Tempo des Abbaus und damit die Freisetzung der in dem abgebauten Molekül enthaltenen chemischen Energie unter Kontrolle zu halten und zu verhindern, daß die Zerlegung der Glukose abschnurrt wie eine Kettenreaktion.

Etwa die ersten 10 dieser Teilschritte erfolgen nun auch bei der Zelle eines Sauerstoff atmenden Organismus anaerob, ohne Verwendung von Sauerstoff. Dabei wird die Glukose aber nur bis zu einem Zwischenprodukt, der sogenannten Brenztraubensäure, abgebaut. Ohne Sauerstoff bleibt der Abbau an dieser Stelle stecken. Der weitere Abbau und damit die Freisetzung der in der Brenztraubensäure immer noch enthaltenen chemischen Energie ist nur mit Sauerstoff möglich. Diese erste anaerobe Teilstrecke der Atmung ist identisch mit dem Prozeß, den der Biochemiker »Gärung« nennt.

Das ist eine, bei Licht besehen, außerordentlich aufschlußreiche Feststellung. Sie wird ergänzt durch die Entdeckung, daß sich diese erste Rate des Traubenzuckerabbaus nicht in den Mitochondrien abspielt, sondern in den organellfreien (»archaischen«) Plasmabezirken der Zelle. Und schließlich ist dieser nach dem Prinzip der anaeroben Gärung ablaufende Teilabbau identisch mit dem Stoffwechselprozeß, aus dem die meisten der heute noch lebenden Anaerobier ihre Betriebsenergie beziehen. Es ist alles, was sie können. Sie schaffen es nur bis zur Brenztraubensäure (oder verwandten Substanzen). Weiter können sie die Nahrung »Traubenzucker« nicht ausnützen. Ohne Sauerstoff ist das nicht möglich.

Alle diese Entdeckungen rechtfertigen die Schlußfolgerung, daß der »Gärung« genannte Stoffwechselprozeß die älteste, ursprüngliche Form des Glukoseabbaus darstellt. Mit seiner Hilfe haben die an die sauerstofflose Atmosphäre angepaßten Ur-Zellen sich ernährt. Daß die Ausnützung der Nahrung infolge des unvollständigen Abbaus nur sehr unvollkommen gewesen ist, spielte keine Rolle, solange Nahrung in genügenden Mengen vorhanden war und die Funktionen der Zellen nicht allzu viel Energie verbrauchten.

Wieder einmal aber änderten sich die Verhältnisse. »Eine Welt, die selbst endlich ist und sich ständig wandelt, kann Unendliches und Beständiges schlechthin nicht enthalten« (S. 51). Wenn es schon im kosmischen Bereich, unter den Einflüssen »nur« physikalischer Kräfte, kein Gleichgewicht gibt, wie könnten wir sein Erhaltenbleiben unter den jetzt schon so außerordentlich kompliziert gewordenen Bedingungen auf der Erdoberfläche voraussetzen?

Daß die Zustände diesmal aus der Balance gerieten, lag an der Aktivität der Chloroplasten. Ich habe schon beschrieben, wie ihr Auftauchen die Zellen der Urzeit vor dem Untergang aus Nahrungsmangel bewahrt hat, und erwähnt, daß sie diese unersetzliche Funktion des laufenden Nahrungsnachschubs bis heute erfüllen. Wie jedes andere Ding, so hat aber auch die Chloroplastenaktivität zwei Seiten. Die Photosynthese produziert nicht nur Energie, sondern gleichzeitig auch, wie jeder andere Stoffwechselprozeß, Abbauprodukte.

Zunächst entstand dadurch kein Problem. Die ersten Vorstufen der photochemischen Energiegewinnung, noch wesentlich primitiver und natürlich auch weniger effektiv als die vollentwickelte Photosynthese späterer Epochen, lieferten noch keine Abbauprodukte, welche die Umgebung verändert hätten. Aber im Verlaufe weiterer Jahrmillionen traten nach und nach immer neue und immer wirkungsvoller arbeitende Chloroplastentypen auf. Der letzte Fortschritt, der nach sicher erst sehr langer Entwicklungszeit schließlich erreicht wurde, bestand darin, daß der für den Prozeß der Photosynthese unumgänglich benötigte Wasserstoff von den Chloroplasten durch die Aufspaltung von Wassermolekülen (H_2O) selbst erzeugt wurde.

Die damit erreichte moderne Form der Photosynthese scheint die Möglichkeiten dieser Art der Energiegewinnung optimal auszunützen. Sie konnte, soweit wir das heute wissen, bis zur Gegenwart jedenfalls nicht mehr wesentlich verbessert werden. Für ihre Effektivität spricht ferner der an sehr alten Sedimenten ablesbare Erfolg, den dieser letzte Schritt den Zellen einbrachte. Die Erfindung der Photosynthese in ihrer endgültigen Form führte zu einer gewaltigen Vermehrung der blaugrünen Algen, dessen Ausmaß noch heute von der Mächtigkeit der von ihren Überresten gebildeten Sedimente bezeugt wird. Der spezielle Prozeß aber, auf den dieser Erfolg zurückzuführen war, lieferte als Abfallprodukt Sauerstoff. Die blaugrünen Algen und die von ihnen gestellten Chloroplasten spalteten, wie gesagt, Wasser in seine Bestandteile auf. Den Wasserstoff brauchten sie für die Photosynthese. Der Sauerstoff blieb übrig. Für ihn haben Chloroplasten keine Verwendung.

Das Auftreten der fertig ausgereiften Chloroplasten bedeutete daher den Anfang vom Ende der Ur-Atmosphäre. Wenn sie in den Massen, zu denen sie sich ihres Erfolges wegen vermehrten, freien Sauerstoff produzierten, dann mußte sich von da ab dieses bis dahin unbekannte Gas in der Atmosphäre ansammeln. Von diesem Augenblick an nahm der Sauerstoffgehalt der irdischen Atmosphäre stetig und unaufhaltsam zu.

Das Ergebnis war eine weltweite Bedrohung aller bisher entstandenen Lebensformen. Es gab nicht einen Organismus, der auf das Auftauchen des bis dahin nur in verschwindenden Mengen vorhandenen Sauerstoffs vorbereitet gewesen wäre. Das war um so bedenklicher, als Sauerstoff seiner großen chemischen Aktivität wegen alle organische Substanz in kürzester Zeit anzugreifen droht. Das galt selbstverständlich auch für alle Organismen, die nicht in der Lage waren, sich durch spezielle Sicherungen, etwa neutralisierende Enzyme, gegen die oxydierende Kraft dieses neuen Bestandteils der Atmosphäre zu schützen. Als der Sauerstoff auf der Erde erstmals auftrat, war er, mit anderen Worten, ein alles irdische Leben tödlich bedrohendes Gas.

13. Anpassung durch Zufall?

Nach wiederholten Nahrungskrisen stand jetzt die schwerste Katastrophe von allen bevor. So lückenhaft unser Wissen über diese so weit zurückliegende Epoche auch sein mag, alle Wissenschaftler sind sich einig darüber, daß damals fast alle bereits entstandenen Lebensformen in einer weltweiten Katastrophe wieder zugrunde gegangen sein müssen. Sie starben an Sauerstoffvergiftung. Nur wenige von ihnen überlebten und retteten die kostbaren Erfahrungen, die das Leben bis dahin gemacht hatte, in die anschließende Epoche hinüber. Es war, als hätte ein böser Geist unseren Planeten in eine Giftwolke eingehüllt.
Die Ursache kam aber auch diesmal nicht von außen. Sie war, wie in allen vorangegangenen Krisen, vom Leben selbst ausgelöst worden. Die Erde ist keine »Bühne«. Die Umwelt ist nicht einfach der passive Schauplatz, auf dem Leben sich »abspielt«. Das Auftreten des Lebens veränderte die Erde grundlegend. Und diese Veränderungen wirkten ihrerseits wieder auf das Leben zurück und beeinflußten den Kurs der Entwicklung, den es einschlug.
Der Dialog zwischen dem Leben und der irdischen Umwelt begann, wie wir uns an dieser Stelle erinnern wollen, damit, daß die Umwelt das Leben hervorbrachte. Die in den Augen der meisten Menschen so passive Umwelt also war der aktive, der auslösende Partner gewesen, der den Dialog überhaupt erst in Gang gebracht hatte. Eine sauerstofflose Atmosphäre hatte durch die Einwirkung von UV-Strahlung und anderen Energiearten in dem zu Beginn noch sterilen Wasser der Ur-Ozeane immer kompliziertere Moleküle und schließlich Biopolymere hervorgebracht. Sobald sich aus ihnen die ersten lebenden Zellen gebildet hatten, ging die Konzentration der Biopolymere unaufhaltsam zurück. Sie dienten jetzt als Nahrung und wurden daher rascher verbraucht, als sie neu entstehen konnten.

Die Folge dieses Einflusses, den das Leben unmittelbar nach seinem ersten Auftreten auf die Umwelt ausübte, war die erwähnte erste Ernährungskrise gewesen. Sie wurde dadurch überwunden, daß die nahrungsarme Umwelt ihrerseits das Auftreten und die rasche Vermehrung eines neuen Zelltyps bewirkte. Es waren dies die »Lichtschlucker«, porphyrinhaltige Zellen, die es fertigbrachten, sich auch in einer an organischen Nahrungsstoffen verarmten Umwelt dadurch zu behaupten, daß sie mit Hilfe des Sonnenlichtes die unentbehrlichen organischen Verbindungen selbst aufbauten. In der mit Zellen dieses Typs angereicherten Umwelt konnten dann aber auch wieder einige Arten von Zellen überdauern, die weiterhin auf organische Nahrung angewiesen waren. Sie mußten sich dazu nur auf andere lebende Zellen als ihre Nahrung umstellen.

So schien das Gleichgewicht zu guter Letzt wiederhergestellt (26). Aber der Schein trog. Denn die Photosynthese treibenden Zellen, welche den Ausweg aus der ersten Krise gebildet hatten, bereiteten eben durch ihre neue Aktivität schon wieder die nächste bedrohliche Veränderung der Umwelt vor: sie veränderten die bis zu diesem Augenblick der Entwicklung so verläßlich stabil erscheinende Atmosphäre. Erstmals seit es die Erde gab, begann sich in ihrer Lufthülle Sauerstoff mehr und mehr anzureichern.

Es genügen Stichworte, um zu schildern, wie die Gefahr dieses Mal überwunden wurde. Das Muster, nach dem das Leben auf die erneute und wiederum ausweglos erscheinende Bedrohung reagierte, gleicht in seinen Grundzügen fast bis zum Verwechseln dem Ablauf in den bisherigen Fällen. Wieder tritt ein neuer Zelltyp auf. Diesmal sind es Bakterien, die durch einige bisher unbekannte Enzyme vor dem neuen Atmosphärebestandteil Sauerstoff geschützt sind.

Wieder bleibt es dabei nicht. Wie in den vergangenen Fällen, so begnügt sich das Leben auch dieses Mal keineswegs damit, der Gefahr zu begegnen. Jedes Mal scheint die Veränderung der Umwelt nicht nur eine Gefahr, sondern auch so etwas wie eine Herausforderung darzustellen, welche die Phantasie der Entwicklung anspornt. Die neuen, gegenüber dem Sauerstoff unempfindlichen Bakterien, die sich auf Kosten der weniger glücklichen »altmodischen« Zellen rapide vermehren, entdecken früher oder später sogar die Möglichkeit, die größere chemische Aktivität des Sauerstoffs, vor der sich zu schützen das erste und dringlichste Ziel gewesen war, zu ihrem Vorteil auszunützen.

Sicher waren es wiederum nur ganz wenige, unter astronomisch vielen

Bakterien vielleicht nur ein Dutzend, vielleicht sogar nur ein einziges gewesen, dem das Kunststück gelang. Ein einziges Bakterium hätte genügt. Seine neue Fähigkeit, Sauerstoff für den Energiebedarf des eigenen Stoffwechsels auszunutzen, mußte ihm eine so phantastische Überlegenheit über alle Konkurrenten verschaffen, daß seine Nachkommen, auf die das Talent sich vererbte, unvergleichlich viel größere Überlebenschancen bekamen. Das aber heißt nichts anderes, als daß der neue, fortschrittliche Zelltyp, der erste »Sauerstoffatmer« der Erdgeschichte, innerhalb weniger Jahrhunderttausende die Szene beherrschte.

Die Überlegenheit dieses ersten »atmenden« Bakteriums beruhte letzten Endes auch wieder nur auf seiner Fähigkeit zur Erschließung einer bis dahin unerreichbar erscheinenden Energiequelle. Bei den Porphyrinzellen hatte es sich um die Entdeckung gehandelt, daß die Sonne sich als Energielieferant anzapfen ließ. Demgegenüber nimmt sich die Entdeckung der ersten atmenden Bakterien vergleichsweise bescheiden aus. Sie besteht in der »Erkenntnis«, daß die Brenztraubensäure, das End- und Abfallprodukt der von der Gärung lebenden Zellen, noch immer ungenutzte Energiebeträge enthält. Sie stehen dem exklusiv zur Verfügung, der es gelernt hat, mit Sauerstoff umzugehen.

»Atmen« heißt nichts anderes, als dieses und andere Endprodukte des Abbaus durch Gärung mit Hilfe von Sauerstoff weiterzuzerlegen, jetzt aber endgültig und restlos, bis zu den nicht mehr nutzbaren Bausteinen CO_2 und Wasser. Wer atmen kann, dem steht dieser der Gärung haushoch überlegene (weil den so unvollständigen Abbauprozeß der Gärung überhaupt erst vollendende) Prozeß der Energiegewinnung zur Verfügung. Ist es ein Wunder, wenn die Sauerstoffatmer von da ab das Rennen machten? Wer diese Zusammenhänge kennt, für den ist es selbstverständlich, daß (von verschwindenden Ausnahmen, den wenigen heute noch existierenden anaeroben Bakterienarten abgesehen) alle heute lebenden Tiere, ob Amöbe oder Elefant, Mücke oder Mensch, »atmen«.

Verwundern könnte hier nur, wie es denn möglich war, daß es allen Lebensformen gelang, diese komplizierte chemische Form der Energieerzeugung durch Sauerstoffatmung zu erwerben. Aber wieder heißt die Antwort natürlich, daß das Atmen nur wenige Male, *vielleicht nur ein einziges Mal*, »erfunden« zu werden brauchte. Die Zelle, der das gelungen war, und ihre durch fortlaufende Zellteilung entstandenen Nachkommen gaben die Fähigkeit ebenfalls in der Weise weiter, daß sie sich von größeren Zellen symbiontisch aufnehmen ließen.

Auch in diesem Falle profitierte der Wirt. Er partizipierte an der von dem atmenden Bakterium freigesetzten Energie. Das Bakterium aber hatte seinen Vorteil vor allem in Gestalt des Schutzes, den ihm die größere Wirtszelle gewährte. Dies ist, nach allem, was wir heute wissen, die Geschichte der Entstehung der »Mitochondrien«, der Organelle, in denen sich bis auf den heutigen Tag die Atmung innerhalb der Zelle abspielt.

Die Mitochondrien sind deshalb die Kraftwerke der Zelle, weil noch heute nur in ihnen der restlose Abbau der Nahrungsmoleküle mit der Hilfe von Sauerstoff möglich ist. Der Zell-Leib, das Plasma, ist auch bei einer heutigen Zelle immer noch lediglich zur »Vergärung« der Nahrung, ihrem nur unvollständigen Abbau bis zu den genannten Zwischenprodukten in der Lage. All unser Atemholen nützte uns nicht das geringste, wenn nicht in jeder einzelnen der unzähligen Zellen, aus denen auch wir bestehen, Hunderte von kleinen Mitochondrien steckten, die allein imstande sind, mit dem Sauerstoff, den unsere Lungen aufnehmen, etwas anzufangen.

Das alles ist also zu verstehen, mit dem Verstande zu begreifen, wenn die Lücken unseres Wissens im einzelnen auch noch sehr groß sein mögen. Das Prinzip der Entstehung einer »höheren« Zelle mit ihren auf ganz bestimmte Leistungen spezialisierten Organellen durch den Zusammenschluß kernloser Urzellen unterschiedlicher Spezialisierung folgt, wie jeder der anderen Entwicklungsschritte, die seit dem Ur-Knall einander abgelöst hatten, den bekannten Naturgesetzen. Auf dem Tableau nach Seite 312 ist übersichtlich zusammengestellt, wie es auf diesem Wege zu den Vorfahren der heutigen Pflanzen, Tiere und der übrigen Lebensformen gekommen sein dürfte.

Keine unmittelbare Erklärung haben wir bisher dafür, daß sich die DNS, der Träger des Bauplans der Zelle, im Verlaufe dieser Entwicklungsphase auf ein eigenes Organell konzentrierte und innerhalb des Zellplasmas abgrenzte: den Zellkern. Tatsache ist jedenfalls, daß beides Hand in Hand gegangen ist. Weil das ausnahmslos gilt und weil der Zellkern ein sehr auffälliges, ohne Färbung oder andere spezielle Verfahren leicht in jedem Mikroskop zu erkennendes Detail ist, benutzen die Biologen ihn als unterscheidendes Merkmal zwischen den beiden Zellarten. Sie sprechen von »kernlosen« Zellen, wenn sie die primitiven Zellen ohne Organelle meinen, und nennen die höheren, mit verschiedenen Organellen bestückten Zellen kurz »kernhaltige Zellen«.

Eine bisher unbeantwortete Frage wirft aber ein anderer Punkt auf, den wir auf den letzten Seiten wiederholt zur »Erklärung« herangezogen haben, ohne auf die in ihm selbst steckende Problematik einzugehen. Wir haben uns nämlich bei der Rekonstruktion der Entstehungsgeschichte, welche die ersten atmenden Zellen (und ebenso die anderen Organelle mit spezialisierter Funktion) hervorgebracht hat, einfach mit der allgemeinen Formulierung begnügt, daß es ausreichte, wenn von den unzählbar vielen Einzellern nur einige wenige, vielleicht nur ein einziger die plötzlich so dringend gebrauchte neue Fähigkeit aufwies.

Das ist schon richtig, insofern als alles Weitere dann nur noch eine Folge der Vermehrung dieser einen Zelle war, deren neue Leistung ihr eine entsprechende Überlegenheit verschaffte. Aber der problematische Punkt ist natürlich die Frage, wie denn diese eine Zelle eigentlich zu dieser erstaunlichen und so überaus zweckmäßig angepaßten Leistung gekommen ist.

Das ist wieder ein Problem von genau der Art, auf die sich alle jene so gerne berufen, die sich, aus welchen Gründen auch immer, darauf versteifen, daß die Geschichte, deren Grundzüge ich hier nachzuerzählen versuche, in einem gewissen Sinne eben doch nicht »von *dieser* Welt« sei, ungeachtet der auch von ihnen nicht bestrittenen Tatsache, daß sie sich auf der Oberfläche unserer Erde abgespielt hat. Denn auch dann, wenn es wirklich nur ein einziges Mal geschehen sein sollte (und das hätte durchaus genügt), muß es doch immer noch erklärt werden, wie es kam, daß eine Zelle plötzlich »atmen« konnte, und zwar ausgerechnet in dem Augenblick, in dem diese Fähigkeit für die weitere Entwicklung des Lebens so dringend erforderlich war. Auch wenn es nur eine einzige Zelle gewesen ist, stehen wir hier vor einem fundamentalen, für alle biologische Evolution entscheidenden Problem: Wie konnte diese eine Zelle an eine Eigenschaft der Umwelt angepaßt sein, von der sie noch nichts »wissen« konnte, als sie durch die Teilung einer Mutterzelle entstand?

Keine Zelle hat die Möglichkeit, eine neue biologische Funktion im wahren Sinne des Wortes zu »lernen«. Es ist unmöglich, daß eine Zelle eine Funktion wie die der Atmung oder der Photosynthese bei ihrer Entstehung noch nicht beherrscht und sie erst während ihres Lebens erwirbt. Funktionen wie die beiden genannten setzen bestimmte körperliche Einrichtungen voraus. Im Falle unseres Beispiels, der Atmung, sind das bestimmte Enzyme. Neue Enzyme, welche die biochemischen Prozesse auslösen, die der Atmung zugrunde liegen, die der Zelle, anders ausgedrückt, den zweckmäßigen Umgang mit Sauerstoff ermöglichen.

Solche Einrichtungen oder Enzyme hat man, oder man hat sie nicht. Sie sind Bestandteil des ererbten Bauplans und dort, im Zellkern, mit Hilfe der DNS gespeichert (oder nicht). Niemand kann sie »lernen«. Das heißt folglich, daß es dann, wenn unsere bisherigen Überlegungen richtig sind, vor etwa 3 Milliarden Jahren mindestens eine Zelle gegeben haben muß, die über alle notwendigen Enzyme zum Umgang mit Sauerstoff von vornherein, vom Augenblick ihrer Entstehung an, rein zufällig verfügt haben muß, genau in dem Augenblick, in dem dieser Sauerstoff in der Erdatmosphäre auftrat.

Hier ist er wieder, der Zufall, der schon im bisherigen Ablauf der Geschichte so oft und in so unterschiedlicher Verkleidung eine wichtige Rolle spielte. Und hier stoßen wir auf ihn in seiner reinsten, unerbittlichsten und provozierendsten Gestalt. Hier nämlich handelt es sich nicht mehr um die Frage der bloßen Wahrscheinlichkeit eines Ereignisses vor seinem Eintreten. Wir hatten bei einer früheren Gelegenheit gelernt, daß der Zufall in einem solchen Falle relativ bedeutungslos sein kann, wenn der Spielraum für die weitere Entwicklung groß oder sogar beliebig groß ist.

Die Wahrscheinlichkeit, daß ein Dachziegel in einer ganz bestimmten Weise aufs Pflaster fällt, mag noch so gering sein. Der Sturz des Dachziegels und der Fortgang der Geschichte wird dennoch durch keine noch so sophistische Wahrscheinlichkeitsrechnung in Frage gestellt. Deshalb nicht, weil es vollkommen gleichgültig ist, in welcher besonderen Art und Weise und mit welchen individuellen Konsequenzen er aufs Pflaster fällt. Der extremen Unwahrscheinlichkeit des einen, speziell ins Auge gefaßten Falles stehen nahezu beliebig viele andere Möglichkeiten der Realisierung seines Sturzes gegenüber. Auf irgendeine Weise fällt der Stein daher mit Sicherheit. Aufgrund der gleichen Logik unterblieb auch die Entstehung von Enzymen und anderen Eiweißkörpern nicht, ungeachtet der unbestreitbaren Tatsache, daß die speziellen Codierungen und Aminosäuresequenzen, die unsere Biochemiker heute feststellen, von einer geradezu astronomischen Unwahrscheinlichkeit sind. Es gab, als sie entstanden, eben fast beliebig viele Möglichkeiten der Verschlüsselung verschiedener Eiweißkörper durch die DNS.

Hier, an dem Punkt, an dem wir jetzt angelangt sind, ist es erstmals anders. Die Fortsetzung der Entwicklung ist hier keineswegs mehr beliebig. Die Entwicklung selbst hatte sich im Verlaufe einer nun schon nach Jahrmilliarden zählenden Zeitspanne mehr und mehr auf eine konkrete Richtung festgelegt, die für ihre eigene Fortsetzung einen immer geringer werdenden Spielraum offen ließ. Als die Frühgeschichte des Lebens den Punkt erreicht hatte, an dem der Sauerstoffgehalt der Erdatmosphäre unaufhaltsam anstieg, waren die Möglichkeiten, wie es von diesem Moment an weitergehen konnte, keineswegs mehr beliebig groß.

Das Gegenteil war der Fall. Ein einzelnes, ganz bestimmtes Element war es jetzt, der Sauerstoff, der mit seinen charakteristischen und unverwechselbaren Eigenschaften die Umwelt prägte, auf die das irdische Leben angewiesen war. So individuell die Eigenschaften dieses neuen Umweltattributes waren, so spezifisch mußten ganz ohne Frage auch die Leistungen sein, die es jetzt zu entwickeln galt, wollte man mit der einschneidenden Veränderung der Lebensbedingungen Schritt halten. Es gibt eben nicht beliebig viele chemische Methoden, um mit diesem aggressiven Element Sauerstoff fertig zu werden. Unter biologischen Bedingungen gibt es vielleicht sogar – wir können es nicht mit Sicherheit wissen – nur die eine, die wir kennen, weil sie sich damals auf der Erde verwirklicht hat.

Die Unwahrscheinlichkeit des Ereignisses, von dem jetzt alles abhing, war vor seinem Eintreten mit einem Male nahezu ebenso groß, wie sie es rückblickend und unter Berücksichtigung anderer Möglichkeiten ist. Einfacher ausgedrückt: Die Entwicklung wäre damals abgebrochen, wenn in diesem Augenblick der Erdgeschichte nicht mindestens eine Zelle aufgetaucht wäre, die »rein zufällig« und vom Augenblick ihrer Entstehung an genau die neuartigen Enzyme besessen hätte, die sie brauchte, um »atmen« zu können. Machen wir uns klar: Diese Zelle muß den benötigten Satz von Enzymen schon im Augenblick ihrer Entstehung besessen haben, also noch bevor sie mit dem Sauerstoff der Atmosphäre überhaupt erstmals in Berührung kam.

Ist eine solche Entsprechung, entstanden aus »reinem Zufall«, überhaupt möglich? Dies ist die Grundfrage aller biologischen Evolution. An ihrer Beantwortung scheiden sich denn auch die Geister. Das »Ja« auf diese Frage ist so etwas wie das Glaubensbekenntnis des modernen Naturwissenschaftlers. Wenn man es bösartig ausdrücken wollte, könnte man auch sagen: Es bleibt ihm gar nichts anderes übrig, als diese Frage zu bejahen. Denn er hat es sich ja zum Ziel gesetzt, die Naturerscheinungen verständlich zu erklären, sie also aus den Naturgesetzen abzuleiten, ohne dabei auf das Hilfsmittel übernatürlicher Eingriffe auszuweichen.

Hier, an dieser Stelle, hat er sich bei diesem Versuch, wie es zunächst scheint, endgültig in die Ecke manövriert (27). An was soll er, unter den selbst auferlegten Bedingungen, unter denen er angetreten ist, denn jetzt noch glauben, wenn nicht an den Zufall? Wie soll man es naturwissenschaftlich sonst erklären, daß da für die Weiterentwicklung auf einmal eine Zelle zur Verfügung steht, die »atmen« kann? Exakt in dem Augenblick, in dem das nicht nur sinnvoll, sondern in dem diese komplizierte chemische Reaktion für die Fortführung des irdischen Lebens vollkommen unentbehrlich ist?

Der naturwissenschaftlich argumentierende Biologe behilft sich in dieser Zwangslage bekanntlich mit einer zweifachen Annahme. Er geht davon aus, daß sich in den Zellen bei ihrer Teilung immer wieder »Mutationen« ereignen, also zufällig auftretende kleine Veränderungen des im Zellkern gespeicherten erblichen Bauplans. Und er ist gezwungen, zusätzlich auch noch anzunehmen, daß die Zahl der Zellen, in denen derartige Mutationen auftreten, groß genug ist, um die Möglichkeit zuzulassen, daß sich unter diesen Zufallsmutationen ganz zufällig auch jene eine findet, die von der Evolution, also der Weiterentwicklung des Lebens, in dem jeweiligen Augenblick gerade benötigt wird.

Eine solche Aufeinanderhäufung von zweckmäßigen Zufällen stellt unsere Gutgläubigkeit auf eine harte Probe. Wir sollen also glauben, daß bei der Zellteilung und der mit ihr einhergehenden Teilung und Verdoppelung der DNS (beide Tochterzellen benötigen ja eine Kopie des Bau- und Funktionsplans) in einem kleinen Prozentsatz der Fälle immer wieder geringfügige »Fehler« auftauchen: Nach der Teilung steht plötzlich in einer der Tochterzellen ein Basentriplett an einer falschen Stelle, ein anderes ist ausgetauscht worden oder ganz ausgefallen, oder was es an Möglichkeiten sonst noch gibt.

Bis hierhin gibt es noch keine Probleme. Es wäre im Gegenteil sogar mehr als verwunderlich, es würde jeder Erwartung widersprechen, wenn bei dem komplizierten Prozeß der Kernteilung die Verdoppelung der DNS in allen Fällen ausnahmslos ohne solche kleinen Pannen klappte. Aber, was wir glauben sollen, ist doch viel mehr. Was wir glauben müssen, wenn wir ohne eine übernatürliche »Lenkung« des Ablaufs auskommen wollen, ist doch dies: Ohne jede Rücksicht darauf, was die Zukunft bringen mag, sollen, so behaupten die Biologen, unter diesen durch Zufallsspannen abgewandelten Bauplänen nicht nur Nieten (diese bilden fraglos die überwiegende Mehrzahl aller auftretenden Mutationen), sondern auch Varianten vorkommen, die rein zufällig (wie sonst!) »passen«, die sich also als geeignet zur Bewältigung neuer oder bisher unberücksichtigter Umweltbedingungen erweisen.

Wird das Problem vielleicht ein wenig entschärft durch die ungeheuren Zeiträume, die hier im Spiel sind? Es ist angebracht und nützlich, wenn wir an dieser Stelle den kurzen Versuch machen, uns das Tempo vor Augen zu führen, in dem die Schritte erfolgt sind, die wir hier erörtern. Seit dem Ur-Knall sind bis heute, wie wir aus den im Anfang dieses Buches geschilderten Gründen vermuten dürfen, etwa 13 Milliarden Jahre vergangen. Mehr als die Hälfte dieser Zeit, nämlich rund 8 Milliarden Jahre vergingen, bis das Kommen und Gehen verschiedener Sterngenerationen alle die Elemente hervorgebracht hatte, aus denen unsere Welt heute besteht, und bis sich aus ihnen schließlich unser Sonnensystem und mit ihm die Erde gebildet hatte.

Vor etwa 4,5 Milliarden Jahren war die Erkaltung der Erdkruste so weit fortgeschritten, daß die Ur-Ozeane und die Ur-Atmosphäre entstehen und in ihnen die Prozesse einsetzen konnten, die wir als chemische Evolution beschrieben haben. Vor rund 3,5 Milliarden Jahren dürften die ersten kernlosen Zellen entstanden sein. Der Beginn der Evolution höherer, mehrzelliger Lebewesen setzt aber erst fast 3 Milliarden Jahre später ein, nämlich erst rund 600 bis 700 Millionen Jahre vor der Gegenwart.

Das alles sind natürlich recht grobe Zeitschätzungen. Grundsätzlich dürften sie der Größenordnung nach aber stimmen. Dann ergibt sich aus unserer Übersicht aber die unerwartete Schlußfolgerung, daß die Zeit der Entwicklung einzelligen Lebens auf der Erde vier- bis fünfmal so lange gedauert hat wie die Zeit, welche die Entwicklung gebraucht hat, um von den ersten primitiven Mehrzellern der kambrischen Ozeane bis zu den Amphibien, Warmblütern und bis zu uns Menschen zu gelangen.

Für die Entwicklung des komplizierten Vorgangs der Kernteilung hat sich die Natur mindestens eine Milliarde Jahre Zeit genommen. Vergleichbare Zeitspannen gelten höchstwahrscheinlich auch für den Übergang von den kernlosen zu den höheren, kernhaltigen Zellen, für die Entwicklung der Photosynthese und ebenso für den Erwerb der Fähigkeit zur Sauerstoffatmung. Dementsprechend – weil infolge des dialogischen Verhältnisses zwischen Leben und Umwelt spiegelbildlich miteinander korrespondierend – sind auch die Katastrophen, von denen auf den vorangegangenen Seiten die Rede war, Katastrophen gewesen, die sich im Zeitlupentempo abgespielt haben.

Eine Milliarde Jahre für die Perfektionierung der Kernteilung. Die gleiche unvorstellbar lange Zeitspanne für die immer vollkommenere »Ausarbeitung« der Photosynthese. Und »nur« 600 oder 700 Millionen Jahre für den langen Weg von den ersten wirbellosen Mehrzellern bis zum Menschen. Der Kontrast ist auffällig. Er wird uns auch noch beschäftigen, weil sich hinter ihm eine Tatsache verbirgt, die für die These dieses Buches von Bedeutung ist. Vorerst kommt es mir aber nur darauf an, darauf aufmerksam zu machen, daß auch die allmähliche Zunahme des Luftsauerstoffs bis auf Konzentrationen von biologischer Bedeutung ein Prozeß gewesen sein muß, der Hunderte von Jahrmillionen in Anspruch nahm.

Die Zeit, welche dem Leben zur Verfügung stand, um sich der neuen Veränderung der Umwelt anzupassen, ist also enorm lang gewesen. Für die Chance der Zufallsentstehung einer ersten atmenden Zelle konnte die Evolution folglich nicht nur auf die astronomisch große Zahl der Zellen einer einzigen Erdepoche zurückgreifen, sondern auf alle Zellen, die sich während eines Zeitraums teilten, der Hunderte von Jahrmillionen umspannte. Die Zahl der Mutationen, bei denen rein durch Zufall das »Richtige«, das angesichts des Bevorstehenden unbedingt Notwendige passieren konnte, muß entsprechend groß, wahrhaft unausdenkbar groß gewesen sein.

Aber hilft uns diese Einsicht weiter? Wenn wir ganz ehrlich sein wollen, müssen wir das verneinen. Für unser menschliches Vorstellungsvermögen ist die Frage, ob Ordnung durch Zufall, ob eine komplizierte biologische Funktion als das zufällige Resultat willkürlich erfolgender, ungerichteter Mutationen auftreten kann oder nicht, kein quantitatives, sondern ein grundsätzliches Problem. Die Behauptung, daß das möglich sei, wirkt als Provokation, unabhängig davon, welche Zeitspannen man theoretisch auf ein solches Ereignis warten könnte.

Die einzigen, die daran geglaubt haben, daß es so etwas geben könne, waren bis vor kurzer Zeit denn auch die Biologen, die sich speziell mit den Problemen der Evolution herumschlugen. Sie konnten der Frage nicht ausweichen. Sie konnten sie nicht verdrängen, weil sie ihr bei ihrer Arbeit tagtäglich begegneten. Und sie glaubten an den Zufall, an die Entstehung immer neuer, zweckmäßiger und zunehmend vervollkommneter biologischer Baupläne und Funktionen als Ergebnis zufälliger und ungerichteter Mutationen. Sie glaubten daran, ohne es, strenggenommen, beweisen zu können. Es gab eine Unmenge von Indizien, die sie ins Feld führen konnten. Einen Beweis aber hatten sie nicht.

Sie glaubten an diese Möglichkeit eigentlich nur, weil es keine andere gab – wenn sie nicht vom geraden Wege wissenschaftlicher Argumentation abweichen wollten. Fast konnte es daher so scheinen, als sei ihr Glaube auch nicht mehr wert als der ihrer Kritiker, die mit der gleichen Zähigkeit daran festhielten, daß die Entstehung von Ordnung und zweckmäßiger Anpassung durch den bloßen Zufall der Mutations-Lotterie ganz unmöglich sei.

An den Argumenten pro und contra, die sich angesichts dieser fundamentalen Frage der Lebensentfaltung auf der Erde ins Feld führen und theoretisch vertreten lassen, hat sich bis auf den heutigen Tag nicht viel geändert. In der Theorie scheinen sich beide Positionen von intelligenten Menschen mit der gleichen Überzeugungskraft und ohne logischen Widerspruch darstellen und vertreten zu lassen. Unter diesen Umständen ist es ein Glück, daß es dem amerikanischen Biologen und Nobelpreisträger Joshua Lederberg gelungen ist, sich ein Experiment auszudenken, das diese wichtige Frage ein für alle Male entschieden hat.

Im ersten Augenblick klingt es wie Zauberei, daß es möglich sein sollte, die Frage, ob ungerichtete Mutationen zufällig zu sinnvollen biologischen Leistungen und Anpassungen führen können, experimentell zu untersuchen. Der Versuch ist aber nicht nur möglich, sondern sogar so einfach, daß ihn jeder gute Biologielehrer seinen Schülern vorführen kann. Es mußte nur jemand auf den richtigen Einfall kommen, wie das Problem zu untersuchen wäre. Joshua Lederberg hat diesen Einfall vor fast 20 Jahren gehabt.

14. Evolution im Laboratorium

Wenn man das Phänomen der Evolution experimentell untersuchen will, braucht man dazu eine sehr große Zahl lebender Organismen und einen Zeitraum von mehreren Generationen. Die Zahl der lebenden Versuchsobjekte muß deshalb sehr groß sein, weil der Prozentsatz der Mutationen, also die Zahl der Fälle, in denen bei der Verdoppelung der DNS im Verlaufe der Zellteilung Fehler vorkommen, sehr klein ist. Wäre es anders, so könnte keine lebende Art über die Generationen hinweg Bestand haben. (Und gäbe es diese Fehler überhaupt nicht, dann wäre andererseits keine Veränderung einer Art im Verlaufe langer Zeiträume und damit keine Evolution möglich.)
Über mehrere Generationen hinweg aber muß der Versuch deshalb laufen, weil Mutationen nur bei der Vermehrung (Zellteilung) auftreten und weil erst der Vergleich zwischen mindestens zwei verschiedenen Generationen zeigen kann, ob und welche Mutationen aufgetreten sind. Anschließend muß dann angesichts des weiteren Verlaufes außerdem eben auch noch beurteilt werden, ob unter diesen Mutationen solche sind, die das Prädikat »zweckmäßig« verdienen. Das müßten dann also Mutationen sein, die irgendwelche neuen oder veränderten Funktionen des Organismus hervorrufen, die dazu führen, daß dieser in irgendeiner Hinsicht besser an seine Umwelt angepaßt ist als seine nichtmutierten Artgenossen.
Eine möglichst große Zahl lebender Organismen ein und derselben Art und eine Beobachtungsdauer von mehreren Generationen – zunächst sieht es also ganz so aus, als ob das Ablaufen der Evolution von einem einzelnen Forscher gar nicht beobachtet, geschweige denn experimentell untersucht werden könnte. Dabei sind die erforderlichen Versuchsbedingungen sehr einfach zu erfüllen. Man muß nur Versuchs-

objekte wählen, die möglichst klein sind, um so viele von ihnen wie möglich auf engstem Raum beobachten zu können. Und man muß außerdem Lebewesen wählen, deren Generationsdauer möglichst kurz ist.

Beide Voraussetzungen werden in geradezu idealer Weise von den Bakterien erfüllt. Diese Mikroorganismen sind so klein, daß sich bequem viele Millionen von ihnen auf dem Nährboden einer einzigen Petri-Schale unterbringen lassen. (»Petri-Schalen« nennen die Bakteriologen flache, kreisrunde Glasschälchen mit einem Durchmesser von etwa 10 Zentimetern, in welche die gallertartigen Nährböden gegossen werden, auf denen die Bakterien wachsen sollen.) Und die durchschnittliche Generationsdauer beträgt bei den meisten Bakterienarten nur etwa 20 Minuten. Alle 20 Minuten teilt sich also jede einzelne der Millionen Bakterienzellen in einer Petri-Schale in zwei Tochterzellen. Da nun der genetische Speicherapparat bei allen irdischen Lebensformen nach dem gleichen Prinzip funktioniert, also auch bei einem Bakterium, sind diese Mikroorganismen die idealen Versuchsobjekte für die Untersuchungen der Genetiker, also der Biologen, die sich auf die Untersuchung der Erbvorgänge spezialisiert haben.

Dies sind die Gründe dafür, warum es in aller Welt zahlreiche wissenschaftliche Institute gibt, die sich ausschließlich mit »Bakteriengenetik« beschäftigen. Der Esperanto-Charakter des genetischen Codes gibt den an diesen Instituten arbeitenden Wissenschaftlern die Gewähr, daß die Entdeckungen, die sie an diesen relativ einfachen Versuchsobjekten machen, ebenso auch für alle anderen irdischen Lebewesen gelten, einschließlich des Menschen. Auch Joshua Lederberg hat seinen berühmt gewordenen Stempelversuch zur Untersuchung der Grundgesetzlichkeit des Evolutionsmechanismus an Bakterien durchgeführt. Das spezielle Phänomen, dessen er sich dabei als »Evolutions-Modell« bediente, war das der sogenannten »Resistenz«.

Jedermann weiß, daß die Ärzte dringend davor warnen, bei jeder Grippe oder einfachen Halsentzündung gleich Antibiotika zu nehmen. Der Grund ist der, daß man, wenn man das tut, sich in die Gefahr bringt, im eigenen Körper Bakterien heranzuzüchten, die auf Antibiotika nicht mehr ansprechen, die, wie der Mediziner sagt, »resistent« gegenüber Antibiotika geworden sind. Praktisch bedeutet das, daß man es, schlägt man die Warnung der Ärzte in den Wind, riskiert, eines Tages eine Lungenentzündung zu bekommen, die sich mit Antibiotika nicht mehr kurieren läßt. Den Bakterien, die die Entzündung verursachen, machen dann Penicillin, Terramycin und womöglich andere Antibiotika plötzlich nichts mehr aus.

Daß die Arzneimittelfirmen schon seit vielen Jahren ständig neue Antibiotika entwickeln und auf den Markt bringen, ist ebenfalls eine Folge dieses Resistenz-Phänomens. Die Zahl der Bakterienstämme, die auf kein bekanntes Antibiotikum mehr ansprechen, nimmt auf der ganzen Erde immer mehr zu. Wenn die Ärzte Infektionen, die durch diese resistenten Stämme verursacht werden, auch in Zukunft erfolgreich bekämpfen wollen, müssen sie daher zu immer neuen, immer anderen Arten von Antibiotika greifen können. Die Infektionsbekämpfung mit antibiotischen Medikamenten vom Typ des Penicillins und seiner Nachfolger erweist sich in den Augen eines Biologen damit als ein Duell zwischen der medizinischen Technik des Menschen, der die Bakterien aus »egoistischen Motiven« vernichten will, und der Anpassungsfähigkeit der Mikroorganismen, die, wie alle lebende Kreatur, um jeden Preis überleben wollen.

Das Phänomen der bakteriellen Resistenz war für die Mediziner eine herbe Enttäuschung. Als während des letzten Krieges das von dem englischen Bakteriologen Sir Alexander Fleming schon 1928 entdeckte Penicillin zum Heilmittel entwickelt wurde, waren die Erfolge so atemberaubend, daß viele Ärzte ernstlich glaubten, nun sei der so lange erhoffte endgültige Sieg über die mikroskopischen Krankheitserreger in greifbare Nähe gerückt. Sie hatten, von Berufs wegen dazu erzogen, einseitig nur an die Interessen ihrer Patienten zu denken, und daher, entschuldbar, vollkommen aus den Augen verloren, was eine »Infektion«, wenn man sie nicht aus dem ärztlichen, sondern aus einem biologischen Blickwinkel betrachtet, eigentlich ist.

Für ein Bakterium ist der Organismus, den es »infiziert« hat und in dem es sich vermehrt, nichts anderes als die Umwelt, an die es angepaßt ist und die es zu seiner Existenz braucht. Es »will« dem befallenen Organismus gar nicht schaden. Wenn ein Patient an einer Infektionskrankheit stirbt, so ist das, unter biologischem Aspekt, nicht nur für ihn eine Katastrophe, sondern nicht weniger auch für die Mikroorganismen, die an dem Unglück schuld sind, denn zusammen mit ihrer »menschlichen Umwelt« gehen unweigerlich auch sie selbst zugrunde.

Aber die Symptome einer Infektionskrankheit sind gleichzeitig die unübersehbaren Anzeichen dafür, daß Leben, in welcher Form auch immer, auf seine Umwelt verändernd zurückwirkt. Das gilt eben auch dann, wenn diese Umwelt selbst ein lebender Organismus ist. Und der heilende Eingriff des Arztes ist, wenn man die Dinge aus dieser Perspektive betrachtet, im Grunde nur der Versuch, die »Bewohner« des menschlichen Organismus durch eine plötzliche Veränderung der Bedingungen ihrer Umwelt, an die sie angepaßt sind, in Gefahr zu bringen und, wenn möglich, »aussterben« zu lassen.

Wenn ein Arzt einem Patienten, der an einer Lungenentzündung erkrankt ist, Penicillin spritzt, dann versucht er damit folglich in der »Welt« der Bakterien, die er bekämpfen will, eine Situation herzustellen, die genau der vergleichbar ist, in welche die auf der Erde lebenden Urzellen gerieten, als in der Erdatmosphäre plötzlich und unvorhersehbar Sauerstoff als neuartiger Bestandteil auftauchte. Das irdische Leben ist damals nicht ausgestorben, weil es – dies ist die These der Biologen – als Folge des glücklichen Zufalls einer auf die neuen Bedingungen passenden Mutation eine (oder einige) Zellen gab, die gegenüber dem Sauerstoff »resistent« waren. Die Tatsache, daß bereits kurze Zeit nach der Einführung des Penicillins die ersten resistenten Bakterienstämme auftraten, beweist, daß Evolution heute noch stattfindet.

Damit aber zeichnete sich mit einem Male die faszinierende Möglichkeit ab, diesen Vorgang »Evolution« untersuchen, seinen Mechanismus im einzelnen analysieren zu können. Handelte es sich bei dem Auftreten resistenter Bakterien wirklich um die anpassende Veränderung lebender Organismen durch Mutationen? Erfolgten diese Mutationen tatsächlich rein zufällig, oder gab es vielleicht doch irgendwelche »lenkenden« Umwelteinflüsse, die dafür sorgten, daß die Mutationen sich den Veränderungen der Umwelt gezielt anpaßten? War es vielleicht das Penicillin selbst, dessen Einfluß auf die Bakterien zweckmäßige, gezielt gegen dieses Antibiotikum gerichtete Mutationen auslöste und damit den Zufall in seiner ganzen Anstößigkeit aus der Welt schaffte?

Im Phänomen der Resistenz mußten die Antworten auf alle diese Fragen zu finden sein. Wie aber war an diese Antworten heranzukommen? Lederberg löste das Problem auf die denkbar einfachste Weise. Er goß flüssigen Nährboden in eine Petri-Schale und ließ ihn zu einer gallertartigen Masse erstarren. Dann impfte er darauf Bakterien einer einzigen Art, z. B. Staphylokokken, und ließ sie in der Wärme eines Brutschrankes sich so lange vermehren, bis die Schale nahezu lückenlos mit sichtbaren kleinen Fleckchen, winzigen Staphylokokken-Kolonien, angefüllt war. Unter den geschilderten Bedingungen passen in eine Petri-Schale ca. 100000 solcher punktförmigen Kolonien.

Nach diesen Vorbereitungen folgte das eigentliche Experiment. Lederberg drückte jetzt einen kreisrunden Holzstempel, den er mit feinem Samt überzogen hatte und der genau den Durchmesser der Petri-Schale hatte, kurz auf den mit Kolonien übersäten Nährboden. Auf dem Samt war mit bloßem Auge auch hinterher nichts zu sehen. Der Bakteriologe wußte jedoch, daß bei der kurzen Berührung aus jeder der zahllosen kleinen Kolonien mindestens einige wenige Bakterien an den feinen Härchen des Samtüberzuges hängengeblieben sein mußten. Daher drückte er seinen Stempel anschließend auf den Nährboden einer zweiten Petri-Schale, der keine Bakterien enthielt, dafür aber eine geringe Konzentration Penicillin. Anschließend kam auch die zweite

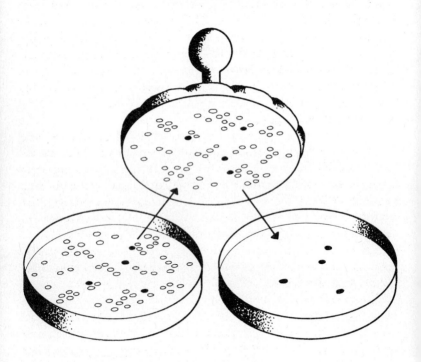

Schematische Darstellung des »Lederbergschen Stempelversuchs«. Die Überimpfung mit einem Samtstempel überträgt die räumliche Anordnung aller Bakterienkolonien auf den penizillinhaltigen Boden der zweiten Schale. Daher läßt sich nachträglich feststellen, aus welchen Kolonien die angewachsenen (also penizillinresistenten) Bakterien der zweiten Schale stammen (die sich äußerlich in Wirklichkeit von den anderen Bakterien nicht unterscheiden).

Petri-Schale in den Brutschrank, um den mit dem Samtstempel auf sie überimpften Bakterien Gelegenheit zu geben, sich zu vermehren und dabei wieder zu sichtbaren kleinen Kolonien auszubreiten.

Als der amerikanische Bakteriologe sein Versuchsschälchen am nächsten Tage wieder aus dem Schrank herausholte und betrachtete, stellte er fest, daß auf dessen Nährboden nur an vier Stellen kleine Kolonien entstanden waren. Die ganze übrige Oberfläche des Nährbodens war glasklar und bakterienfrei geblieben. Von den rund 100 000 Staphylokokken-Kolonien der ersten Petri-Schale hatten also nur vier auf dem penicillinhaltigen Nährboden Fuß fassen können. Es mußte sich bei ihnen um die Nachkommen von vier Bakterien handeln, denen das Antibiotikum nichts anhaben konnte. Während die mit dem Samtstempel übertragenen Vertreter der vielen Millionen anderen Staphylokokken zugrunde gegangen waren, wuchsen die vier resistenten Kolonien auf dem penicillinhaltigen Boden ungehindert weiter und weiter, bis sie die ganze »Welt« der zweiten Petri-Schale besetzt hatten, die sich jetzt in ihrem Aussehen von der ersten Schale in nichts mehr unterschied. Im Unterschied zur ersten Schale enthielt sie aber jetzt ausschließlich penicillinresistente Staphylokokken.

Wie hatten die vier resistenten Bakterien die Fähigkeit erworben, auch in einer mit dem Antibiotikum durchsetzten Umwelt überleben zu können? Lederberg hatte seinen Versuch von Anfang an so angelegt, daß er dieser entscheidenden Frage jetzt nachgehen konnte. Er hatte die Überimpfung nicht ohne Grund mit einem Stempel vorgenommen. Auf diese Weise war bei der Überimpfung nämlich auch die exakte räumliche Anordnung aller Kolonien der ersten Schale auf den Nährboden der zweiten Schale übertragen worden. Mit anderen Worten: Der Amerikaner konnte jetzt nachträglich genau feststellen, aus welchen der 100 000 Kolonien der ersten Schale die vier resistenten Bakterien gekommen waren.

Diese Nachprüfung ermöglichte den entscheidenden Abschluß des so simpel erscheinenden Experimentes. Lederberg stellte sich jetzt eine große Zahl von Petri-Schalen mit penicillinhaltigen Nährböden her und begann damit, auf jede von ihnen eine Probe aus einer der unzähligen kleinen Kolonien seiner giftfreien Ausgangsschale zu überimpfen. Das Resultat entsprach genau seinen Erwartungen und denen all der Biologen, die von dem Zufallscharakter der Mutationen schon immer überzeugt gewesen waren. So oft Lederberg auch versuchte, die Staphylokokken aus seiner ersten Schale auf penicillinhaltigem Boden anwachsen zu lassen, keine einzige der Proben, die er überimpfte, wuchs an. In keinem Falle bildeten sich auf dem für die Staphylokokken giftigen Boden die typischen kleinen Kolonien – mit vier wichtigen Ausnahmen: Immer dann, und nur dann, hatte sein Vorgehen Erfolg, wenn er Proben aus den vier winzig kleinen Fleckchen nahm, deren Vertreter von Anfang an resistent gewesen und daher auf dem Giftboden gewachsen waren.

Die Deutung dieses Ergebnisses läßt nur einen Schluß zu. An den vier bewußten Stellen der Originalschale mußten zu Versuchsbeginn schon resistente Bakterien gesessen haben. Bakterien also, die gegen das Antibiotikum Penicillin unempfindlich gewesen waren, bevor sie mit ihm zum ersten Male in Kontakt gekommen waren. Sie mußten diese Fähigkeit folglich schon vorher durch eine zufällig »stimmende« Mutation erworben haben. Daß es nicht der Kontakt mit dem Medikament selbst war, der die geeignete Mutation auslösen konnte, bewies der Versuch, indem er zeigte, daß es unmöglich war, auch nur ein einziges der vielen Millionen anderer Bakterien, die nicht schon vor der Überimpfung mutiert waren, auf dem Penicillinboden wachsen zu lassen.

Die wichtigste Besonderheit dieses Versuchs besteht darin, daß er jedesmal klappt, so oft auch immer man ihn mit neuen Bakterien wiederholt. Ohne Rücksicht darauf, welches Antibiotikum man benutzt, in jedem Falle wachsen, von einigen wenigen Bakterien ausgehend, auf dem Giftboden Kolonien heran, bei denen es sich um Mutanten handelt, die sich an das neue Milieu zufällig als angepaßt erweisen.

Was das bedeutet, kann man erst voll würdigen, wenn man berücksichtigt, wie kompliziert die Leistungen sind, auf denen eine solche Resistenz beruht. Penicillin, Tetracyclin und all die vielen anderen Antibiotika, die es heute gibt, sind außerordentlich spezifisch wirkende Gifte. »Spezifisch« bedeutet hier, daß sie nur an ganz bestimmten chemischen Verbindungen angreifen, oder daß sie nur ganz bestimmte einzelne Stoffwechselschritte blockieren. Ohne eine solche Spezifität der Wirkung wäre kein Antibiotikum als Heilmittel zu gebrauchen. Ohne sie würden sie selbstverständlich auch die Zellen des menschlichen Organismus in ihrer Funktion stören und damit schädigen. Ihre medizinische Verwendbarkeit beruht gerade darauf, daß sie Stoffwechselfunktionen stören oder Zellwandbestandteile chemisch auflösen, die nur in Bakterienzellen vorkommen, nicht aber bei den Zellen eines menschlichen Organismus. Die »Sicherung« vor der zerstörenden Wirkung eines Antibiotikums gelingt einer Bakterienzelle also nur durch die Umstellung komplizierter Stoffwechselfunktionen. Einige von ihnen bringen es sogar fertig – durch Zufallsmutationen! –, Enzyme zu produzieren, welche die Antibiotika auflösen, von denen sie bedroht werden. Hier entstehen also gezielt wirkende und höchst kompliziert funktionierende chemische Abwehrwaffen durch die »Mutations-Lotterie«.

15. Verstand ohne Gehirn

Auch wenn man den Versuch von Lederberg kennt und seine Konsequenzen durchschaut hat, bereitet es noch immer große Schwierigkeiten, sich vorzustellen, wie solche Leistungen im einzelnen zustande kommen können. Unser Vorstellungsvermögen ist im Verlaufe der Entstehung des Menschen in langen geologischen Zeiträumen unter dem Einfluß eben dieser gleichen Evolution aus einsichtigen Gründen so sehr auf zielstrebiges und motiviert-zweckmäßiges Verhalten ausgerichtet worden, daß für diese Unfähigkeit letzten Endes Gründe maßgeblich sein dürften, die in unserer psychischen Konstitution zu suchen sind. Das in der Selbstbeobachtung zu durchschauen, gelingt aus dem gleichen logischen Grunde nicht, aus dem es dem Baron Münchhausen unmöglich gewesen sein dürfte, sich am eigenen Schopf aus dem Sumpf zu ziehen.

Andererseits beweist der Lederbergsche Stempelversuch klipp und klar, »daß es geht«, daß die Entstehung von Ordnung, zweckmäßiger Anpassung und der Erwerb neuer, überlegener Lebensfunktionen durch ungerichtete Mutationen möglich ist. Es ist, wie wir uns erinnern wollen, nicht das erstemal, daß wir zu der Einsicht gezwungen werden, daß es in dieser Welt und der uns bekannten irdischen Natur eine Fülle von Erscheinungen gibt, die sich unserem Vorstellungsvermögen, der Anschaulichkeit für unseren Verstand, entziehen, obwohl an ihrer Realität nicht zu zweifeln ist. Ob es sich nun um die Grenzen des Universums handelt, von denen wir ausgegangen waren, um die nur scheinbar banale Erfahrung, daß die Verbindung zweier Gase die Flüssigkeit »Wasser« ergibt, oder um die Rolle der Mutationen für die Weiterentwicklung der Lebewesen, stets hatten wir uns zur der Einsicht bequemen müssen, daß Vorstellbarkeit und Anschaulichkeit schlechte Argumente sind, wenn es um die Erklärung der Welt geht.

So informiert uns auch das Experiment Lederbergs unmißverständlich über eine Tatsache der Natur, die gültig ist und die wir hinzunehmen haben, unabhängig davon, ob sie uns einleuchtet oder wie plausibel sie uns erscheinen mag. Längst gibt es auch schon als klassisch anzusehende Beobachtungen, die an allerdings einfacher und übersichtlicher gelagerten Beispielen zeigen, daß die gleichen Regeln, die hier bei Bakterien gefunden worden sind, auch die Entwicklung anderer, einschließlich der höheren Lebensformen beherrschen.

Ein berühmt gewordenes Beispiel ist die Geschichte des Birkenspanners in den englischen Industriegebieten. Der Birkenspanner ist ein Schmetterling. Die Grundfarbe seiner Flügel war seit undenkbaren Zeiten ein silbriges Weiß, das von einer feinen, grünlichgrauen Zeichnung durchsetzt war. Die Flügel sahen mit anderen Worten aus wie ein kleines Stückchen Birkenrinde. »Wie zweckmäßig«, so ist man versucht zu sagen, denn das Tier hält sich, wie schon sein Name verrät, mit Vorliebe auf Birken auf und ist auf der Rinde dieser Bäume, seines Aussehens wegen, vor seinen Feinden, den Vögeln, normalerweise hervorragend geschützt. Die Tarnzeichnung eines Birkenspanners »ahmt« das Aussehen einer Birkenrinde so perfekt nach, daß die Tiere auf dieser Unterlage kaum zu entdecken sind.

Aber welche Bedeutung kann das Wort »nachahmen« in diesem Zusammenhang haben? Der Birkenspanner hat ganz sicher keine Vorstellung von seinem eigenen Aussehen. Der Entwicklungsstand seines winzigen Gehirns schließt auch die Möglichkeit aus, daß ein solches Tier etwas über das Jagdverhalten von Vögeln wissen könnte oder über die Zweckmäßigkeit von Tarnfarben. Und selbst dann, wenn der Schmetterling über diese ihm gänzlich unerreichbaren Informationen verfügte, wären sie ihm zu nichts nütze. Denn selbst dann, wenn das Tier das alles wüßte, hätte es keine Möglichkeiten, aus diesem Wissen irgendwelche praktischen Konsequenzen zu ziehen und etwa sein Aussehen willkürlich zu verändern.

Trotzdem hat diese Schmetterlingsart im Verlaufe der Jahrhunderttausende ein Aussehen erworben, dessen Zweckmäßigkeit nicht größer sein könnte, wenn die Tiere in der Lage gewesen wären, sich bewußt und absichtlich zu tarnen. Wie ist das möglich? Die Darwinisten, also die Biologen, welche den Fortgang der Evolution auf das Wechselspiel zwischen Mutationsangebot und Auslese durch die Umwelt zurückzuführen sich bemühten, behaupteten, daß diese Faktoren auch im Falle dieses Schmetterlings zur Entstehung der Tarnfärbung geführt haben müßten. Ein glücklicher Umstand gab ihnen die Gelegenheit, das in diesem Falle sogar direkt beweisen zu können.

Noch zu Lebzeiten der ersten Darwinisten nämlich, also in der zweiten Hälfte des vorigen Jahrhunderts, kam es zu einer sehr einschneidenden Veränderung in der Umwelt der Birkenspanner, welche die bisherige Zweckmäßigkeit ihres Aussehens mit einem Mal ins Gegenteil verkehrte. Es war die Zeit der beginnenden Industrialisierung. Für die Birkenspanner mußten die Folgen dieses menschlichen Eingriffs in die natürliche Umwelt verheerend sein. In den Industriegebieten begannen alle Birkenstämme, sich durch den reichlich herumfliegenden Ruß schwarz und immer schwärzer zu färben.

Die Konsequenzen für die Falter lägen auf der Hand. Mit der »Tarnfärbung« ihres Aussehens war es plötzlich vorbei. Ihre hellen Flügel hoben sich von den verschmutzten Stämmen leuchtend ab und bildeten für die Vögel weithin sichtbare Zielscheiben. Es schien nur noch eine Frage der Zeit, bis die unglückliche Schmetterlingsart ausgestorben sein würde. Opfer einer Veränderung ihrer Umwelt, an die sie nicht mehr ausreichend angepaßt war, wie das im Verlaufe der Erdgeschichte schon so vielen anderen Arten zugestoßen war.

In diesem Falle kam es jedoch anders. Langsam, fast unmerklich zuerst, dann immer häufiger, nahmen die von den Vögeln rasch dezimierten und daher zunächst immer seltener werdenden Schmetterlinge eine dunkle Färbung an, bis sie schon nach erstaunlich kurzer Zeit, innerhalb weniger Jahrzehnte, wieder genauso aussahen wie die Stämme der Bäume, auf denen sie sich nach wie vor bevorzugt aufhielten. Sie waren jetzt auch graubraun geworden und daher von neuem vor ihren Verfolgern geschützt. Ihre Zahl nahm aus diesem Grunde wieder zu und erreichte bald die Größe des Bestandes, den es vor der Veränderung gegeben hatte. Das Gleichgewicht war wiederhergestellt.

Hier hatte sich vor den Augen der Forscher sichtbar ein Stück Evolution abgespielt. Die so intelligent, in jedem Falle aber unbezweifelbar zweckmäßig wirkende Reaktion der Spanner auf die bedrohliche Veränderung in ihrer Umwelt entpuppte sich bei näherer Betrachtung, wie die Darwinisten es immer behauptet hatten, als das Resultat des Zusammenspiels von Mutation und Auslese.

Schon von jeher hatte es, wie die nachträgliche Auswertung alter Schmetterlingssammlungen zeigte, in dem betreffenden Gebiet einen kleinen Prozentsatz dunkel gefärbter Birkenspanner gegeben. Ihre Zahl wechselte stark, mehr als ein Prozent aller Birkenspanner waren es aber nie gewesen. Die abnorm dunkel gefärbten Spanner kamen jedoch immer wieder vor. Die zufällig und willkürlich nach und nach alle möglichen Varianten produzierende »Mutations-Lotterie« hatte unter anderem also auch einen solchen »Dunkeltyp« des Birkenspanners in der Vergangenheit immer wieder einmal als erbliche Besonderheit hervorgebracht. Der ungerichtete Zufallscharakter mutativer Variationen wird hier besonders deutlich, wenn man bedenkt, daß sich das sicher über die Jahrtausende hinweg immer von neuem wiederholt hat, also während einer Epoche, in der diese dunklere Variante scheinbar für alle Zukunft unzweckmäßig und somit gewissermaßen vollkommen »sinnlos« war.

Sie konnte sich, wie ihre extreme Seltenheit in den alten Sammlungen bewies, dementsprechend auch zu keiner Zeit behaupten oder gar vermehren. Das änderte sich aber in dem Augenblick, in dem die durch eine optimale Anpassung charakterisierte Beziehung zwischen den Birkenspannern und ihrer Umwelt durch einen neuen Umweltfaktor, die Industrialisierung und die dadurch bewirkte Schwarzfärbung der Birkenrinden, aus dem Gleichgewicht gebracht wurde. In diesem Augenblick waren die Schmetterlinge vom Aussterben bedroht. Sie wären auch ganz sicher ausgestorben, wenn sich unter den fraglos sehr vielen verschiedenen Mutanten, die sie der Umwelt gleichsam zur Bewährungsprobe immer von neuem anboten, nicht auch der bis dahin so nutzlose Dunkeltyp befunden hätte.

Die »Mutabilität« verschafft einer Art erst jene Plastizität, die ihr die Chance gibt, sich veränderten Umweltsituationen anpassen zu können. Aber sicher ist nicht in jedem einzelnen Falle das Benötigte rechtzeitig zur Hand. Dann stirbt die Art aus. Die Birkenspanner hatten Glück. Ihre Art konnte sich anpassen. Selbstverständlich änderte dabei kein einziger einzelner Spanner sein Aussehen. Wie hätte das auch zugehen sollen? Es geschah vielmehr das, was die Entwicklungsforscher »Selektion« nennen: eine durch die Umwelt erfolgende Auswahl unter den angebotenen mutativen Varianten. Zu deutsch: Jetzt, auf den dunklen Birkenstämmen, wurden von den Vögeln nicht mehr, wie bis dahin in aller Vergangenheit, vorwiegend die seltenen Mutanten gefressen. Jetzt mußten plötzlich die bis dahin »normalen« hellen Schmetterlinge daran glauben, und die dunklen waren geschützt.

Den Rest habe ich schon erzählt. Die dunklen Birkenspanner genossen jetzt plötzlich den Schutz zweckmäßiger Anpassung und vermehrten sich entsprechend. Heute, 100 Jahre später, stellen sie den »normalen«

Birkenspannertyp in dem englischen Industriegebiet dar, in dem diese Beobachtungen gemacht wurden. Fast ist es überflüssig zu erwähnen, daß unter ihnen heute, sehr selten, immer wieder hellgefärbte Mutanten beobachtet werden, »sinnlose« Mutationen, die sich, da sie nicht zweckmäßig sind, nicht behaupten oder vermehren können.

So einfach sind die Mittel, mit denen die Natur es zuwege bringt, eine Art im ganzen sich in einer Weise »verhalten« zu lassen, die nicht anders als intelligent genannt zu werden verdient.

An diesem Punkt werden sich die meisten Menschen wahrscheinlich sträuben, das Eigenschaftswort »intelligent« zu benutzen. Warum? Der Grund ist natürlich der, daß wir im alltäglichen Sprachgebrauch von »intelligent« ausnahmslos nur dann sprechen, wenn wir das planende und vorausschauende Verhalten eines Menschen meinen. Aus dieser alltäglichen Gewohnheit heraus ist es für uns daher der Regelfall, daß es Intelligenz und Phantasie nur geben kann, wenn ein Gehirn existiert, das hoch genug entwickelt ist, um die Leistungen zu vollziehen, die wir mit diesen Worten meinen. Aber so selbstverständlich das zu sein scheint, wir sollten unser Urteil in diesem Punkt einmal kritisch überdenken.

Haben wir nicht in dem gleichen Augenblick, in dem wir es unternahmen, uns von der Alltagsperspektive zu befreien, wieder und wieder die Erfahrung gemacht, daß die Gewohnheit ein schlechter Ratgeber ist, wenn man versuchen will, sich ein gültiges Bild von der Welt und unserer Stellung in ihr zu entwerfen? Ist es wirklich berechtigt, einem Verhalten, einer Reaktion auf sich ändernde Umweltbedingungen, die uns als zweckmäßig, überlegt und daher als intelligent erscheint, diese Eigenschaften in dem gleichen Augenblick wieder abzuerkennen, in dem wir feststellen, daß es kein Gehirn gibt, dem sie entsprungen sein könnten? So ungewohnt der Gedanke sicher auch ist, ich zweifle nicht mehr daran, daß eine vorurteilslose Betrachtung der Geschichte der Natur uns heute zu dem Zugeständnis zwingt, daß es Verstand gibt ohne Gehirn.

Auch *Attacus edwardsii*, der »Kaiseratlas« genannte indische Schmetterling, verdankt die verblüffenden Tarnkünste, mit deren Hilfe er sein Puppenstadium überlebt, dem nur scheinbar simplen Zusammenwirken von Mutation und Selektion. Ich habe auf den ersten Seiten dieses Buches beschrieben, mit welchem Raffinement, mit welchen geradezu unglaublich erscheinenden Tricks dieses kleine Insekt seine Feinde hinters Licht führt. Wer die Handlungskette betrachtet, an deren Ende die wehrlose Puppe schließlich, von leeren Attrappen umgeben, in ein vertrocknetes Blatt eingerollt, für ihre Verfolger »verschwunden« ist, der sieht sich gezwungen, immer wieder Ausdrücke zu verwenden, die wir üblicherweise für intelligentes Verhalten reservieren.

Es führt kein Weg an der Einsicht vorbei, daß die Raupe durch die komplizierte und zweckmäßige Präparation der zur Tarnung dienenden Blätter Vorkehrungen gegen Risiken trifft, die noch in der Zukunft liegen. Sie selbst hat von all den Mühen nichts, denen sie sich unterzieht. Der Schutz, den sie aufbaut, gilt der Puppe, in die sie sich verwandeln wird. Das Tun der Raupe gilt also nicht der konkreten Situation, in der sie sich befindet. Es ist weit mehr als die Reaktion auf einen vorhandenen, aktuellen Umweltreiz. Es ist im uneingeschränkten, objektiven Sinn des Wortes »vorausschauend«.

Niemand kann bestreiten, daß es viele Möglichkeiten gibt, sich durch Sichtschutz zu tarnen, und daß der Versuch, den Effekt durch die Herstellung von Attrappen zu vergrößern, eine besonders weit entwickelte Strategie der Tarnung darstellt. Hier reicht zur Beschreibung und Erklärung der Begriff bloßer Zweckmäßigkeit nicht mehr aus. Hier geschieht mehr als notwendig wäre. Hier wird von all den vielen Möglichkeiten der Tarnung – Schutzfärbung, Aufsuchen einer zum eigenen Aussehen passenden Umgebung, einfaches Verstecken, Bedecken mit Material aus der Umgebung usw. – eine bestimmte Möglichkeit herausgegriffen und durch die Technik der Attrappenbildung bis zur Perfektion vervollkommnet. Haben wir die Wahl, ein solches Verhalten anders als »einfallsreich« oder »phantasievoll« zu nennen?

Schließlich steht fest, daß das Vorgehen der Raupe bei den Lebewesen einer anderen Art ein ganz bestimmtes Verhalten auslöst, ein Verhalten, das aus der Perspektive der Raupe als erwünscht oder zweckmäßig zu beurteilen ist. Wir müssen ferner einräumen, daß die Raupe sich in dieser Hinsicht kaum geschickter verhalten könnte, wenn sie etwas von der Psychologie von Vögeln verstünde. Die Präparation einer psychologischen Falle, welche geeignet ist, einen potentiellen Verfolger durch sich wiederholende Frustrationen abzuwehren, verdient, jedenfalls objektiv, ohne jeden Zweifel das Prädikat »einfallsreich«.

Vorausschauend, phantasievoll, einfallsreich – haben wir das Recht, einem Verhalten die Qualität der Intelligenz abzusprechen, das diese Voraussetzungen erfüllt? Sollen wir nur deshalb hier auf die Verwendung dieses Attributs verzichten, weil es uns nicht gelingt, ein Gehirn zu entdecken, das diese Intelligenz beherbergt? Ich habe keinen Zweifel mehr daran, daß wir nur ein weiteres Mal der Illusion des anthropozentrischen Mittelpunktwahns erliegen, wenn wir diesen Schluß ziehen.

Wie grotesk ist doch die Art und Weise, in der wir unsere Situation meist gedankenlos beurteilen. Tun wir nicht so, als ob die Jahrmilliarden der bisherigen Geschichte des Universums einzig und allein dem Zweck gedient hätten, uns und unsere Gegenwart hervorzubringen? Als ob die Geschichte der Erde, die Entstehung des Lebens und seine Weiterentwicklung im Verlaufe von mindestens 3 Milliarden Jahren, als ob dieser ganze gewaltige Ablauf in uns heute seinen Abschluß und sein Ziel gefunden hätte. Ist es nicht realistischer, wenn wir annehmen, daß die Geschichte, die wir uns in diesem Buch wenigstens in ihren Umrissen vor Augen zu führen versuchen, nicht ausgerechnet heute, zu unseren Lebzeiten, zum Stillstand gekommen ist? Daß sie weiterlaufen wird in die Zukunft, auf ein Ziel hin, von dem wir nichts wissen?

Wir müssen die Intelligenz, über die wir ohne unser eigenes Zutun verfügen, dazu benutzen, um uns aus dem Sumpf der von unserer alltäglichen Erfahrung suggerierten Denkgewohnheiten zu ziehen. Unsere Gegenwart ist nichts als eine willkürlich herausgegriffene Momentaufnahme aus einem naturgeschichtlichen Ablauf, der alle menschlichen, alle irdischen Maßstäbe sprengt. Niemand kann uns sagen, warum wir gerade heute, und nicht vor Jahrtausenden oder in einer beliebig weit entfernten Zukunft leben.

Wenn wir an die langen Jahrhunderttausende des noch dumpfen und seiner selbst nicht gewissen Bewußtseins des Vormenschen denken, an eine psychische Verfassung des Menschen also, die historisch noch gar nicht so sehr lange zurückliegt, müssen wir dankbar sein. Dankbar dafür, daß wir wenigstens den Anfang, die erste Dämmerung einer neuen Epoche des menschlichen Bewußtseins miterleben können, die dadurch charakterisiert ist, daß der Mensch sich erstmals als das Ergebnis einer naturgeschichtlichen Entwicklung entdeckt hat, die bis zu der kosmischen Explosion zurückreicht, mit der unser Universum seine Existenz begonnen hat.

Die Bedeutung dieser Erkenntnis ist größer als die meisten Menschen glauben. Man könnte diesen letzten Schritt des menschlichen Bewußtseins als die Entdeckung einer dritten Wirklichkeit bezeichnen.

Die erste Stufe der Wirklichkeit ist die Welt der naiven, unreflektierten Erfahrung. Es ist die Umwelt, in der wir aktiv oder müde sind, hungrig oder satt, die uns verlockend anzieht oder durch ihre Fremdheit ängstigt. Es ist die Welt, in der wir es als selbstverständlich hinnehmen, daß wir da sind, die Welt, in der alles perspektivisch auf uns selbst bezogen ist und in der die anthropozentrische Illusion eine der Voraussetzungen

für das Überleben bildet. Es ist, kurz gesagt, die Welt, in der alle Tiere leben und bis auf den heutigen Tag auch noch die Kinder.
Die nächste Stufe, bis zu der das menschliche Bewußtsein sich entwickelte, erschloß eine objektive Welt, von welcher der Besitzer dieses Bewußtseins sich reflektierend distanzieren, die er mit seinem Verstand und mit seiner Technik manipulieren konnte. In dieser Welt gibt es nicht nur Gefühle und Affekte, sondern dazu auch Wissen und Verantwortung, Hoffnung und sorgende Vorausschau. Diese zweite Stufe der Wirklichkeit schließt auch das ein, was wir aus der Welt gemacht haben, von den Erzeugnissen der Kunst bis zu dem, was wir unsere Zivilisation nennen (28).
Vor dem Hintergrund dieser Entwicklungsstufen muß man die jüngste Erfahrung sehen, die wir hinsichtlich des Grundes unserer eigenen Existenz gerade eben erst gemacht haben. (Man muß immer wieder daran erinnern, daß diese Einsicht kaum mehr als 100 Jahre zurückliegt.) Die Entdeckung, daß wir, jedenfalls hier auf der Erde, das bis jetzt komplizierteste, am höchsten entwickelte Ergebnis einer kontinuierlichen Geschichte sind, die seit 13 Milliarden Jahren andauert, diese Erkenntnis öffnet uns die Augen für eine neue, dritte Dimension der Wirklichkeit.
Wir erkennen, daß wir nicht, wie wir glaubten, in diese Welt hineingesetzt sind, damit sie uns als Schauplatz diene (zur Bewährung, zur Prüfung, zur »Selbstverwirklichung«, zur Hervorbringung von »Geschichte« oder was für Vermutungen sonst noch formuliert werden können). Wir sind vielmehr ein Teil dieser Welt, ihr nach wie vor zugehörig, ihren Gesetzen unterworfen und eingebettet in eine Entwicklung, von der wir noch so gut wie nichts wissen, auf die wir nicht den geringsten Einfluß haben, und die weit über uns hinausführen wird. Die Welt, und auch die Erde, sind nicht entstanden, um uns tragen zu können. Unsere gewohnte Alltagswelt ist weder das Ende noch das Ziel und damit auch nicht die Begründung der Geschichte, die wir da vor so kurzer Zeit entdeckt haben.
Wir sind, um es einmal so zu formulieren, eigentlich nur die Neandertaler von morgen. Wir sind gewissermaßen dazu da, daß die Zukunft stattfinden kann. So gesehen, ist es alles andere als selbstverständlich, daß wir der Zeit und der Entwicklungsstufe, die dem zufälligen Augenblick unserer eigenen Existenz entsprechen, überhaupt einen (wenn auch noch so fragwürdigen und immer von neuem bezweifelbaren) Sinn unterlegen können. Ist man auf den Gedanken erst einmal gekom-

men, so denkt man unwillkürlich mit einem gewissen Grauen an die Möglichkeit, daß es in unserer Vorgeschichte lange Epochen gegeben haben könnte, in denen das Bewußtsein schon so weit entwickelt war, daß es schon Angst und Zweifel und das Wissen vom Tod gab, aber noch nicht weit genug, um wenigstens notdürftige Antworten zur Beruhigung zu finden.

Wer weiß, wie viele unserer heutigen Ängste und Alpträume noch ein Erbe dieser unvermeidlichen Übergangsepoche sein mögen, das wir heute noch mit uns herumschleppen. Wir sind besser dran, weil wir uns, ohne im leisesten ahnen zu können, warum, an einer späteren, weiter fortgeschrittenen Stelle der Geschichte vorfinden. Gleichzeitig mit dieser Einsicht entdecken wir aber den ebenfalls nur vorläufigen Charakter, die Übergangsnatur auch unserer eigenen Epoche und selbstverständlich auch unserer eigenen Verfassung.

Natürlich haben wir keine Vorstellung davon, zu welchen Möglichkeiten unser Geschlecht sich körperlich und vor allem geistig weiterentwickeln könnte. Es liegt in der Natur der Sache, daß wir nicht wissen können, welches Aussehen diese unsere Welt für ein Bewußtsein annehmen würde, das dem unseren so sehr überlegen wäre wie unser Bewußtsein dem des Neandertalers. Was wir aber entdeckt haben, das ist die Tatsache, daß es diese andere, höhere Wirklichkeit in der Zukunft geben wird, weil auch unsere Bewußtseinsstufe nur einen Übergang darstellt, den die Entwicklung hinter sich lassen wird.

Diese Einsicht kann nicht ohne Einfluß bleiben auf unser Urteil über unsere Lage, über das, was wir die Gegenwart nennen oder, aus der engen Perspektive des alltäglichen Horizontes, unsere »Welt«. Sobald man den Übergangscharakter, die geschichtliche Natur alles dessen erkannt hat, was diese unsere Alltagswelt ausmacht, läßt sich nicht mehr übersehen, daß uns eine Aufgabe gestellt ist, deren Bedeutung alle moralischen und humanitären Verpflichtungen und Ziele übersteigt, die wir aus unserer gegenwärtigen historischen Situation ableiten. Eine Aufgabe, die alle diese Verpflichtungen und Ziele, die nicht aus den Augen zu verlieren uns so schwerfällt, nicht einfach übersteigt, sondern, wenn man es genau betrachtet, in sich einschließt.

Unsere Aufgabe ist es, dafür zu sorgen, daß die Entwicklung nicht durch unsere Schuld in unserer Zeit abreißt. Allen anderen Verpflichtungen und allen anderen Zielen übergeordnet ist unsere Verantwortung dafür, daß die Zukunft stattfinden kann. Gewiß, die Entwicklung der Welt spielt sich in kosmischen Maßstäben ab. Sie würde nicht zum

Stillstand kommen, wenn die Menschheit eines Tages aus ihr ausschiede (29). Aber niemand anderer als wir selbst hat es in der Hand, darüber zu entscheiden, ob unsere Stimme noch dabei sein wird, wenn die Entwicklung in der Zukunft das jetzige Stadium planetarer Isolierung überwindet.

Was damit gemeint ist, wird am Ende dieses Buches noch ausführlicher zur Sprache kommen. Bevor das möglich ist, fehlen uns noch einige wesentliche Voraussetzungen. Ehe wir den Versuch machen können, den Verlauf zu skizzieren, den die über unsere Gegenwart hinausführende Entwicklung nehmen dürfte, müssen wir noch mehr Einzelheiten des Teils der Geschichte rekonstruieren, der schon abgelaufen ist. Über die Zukunft der Geschichte der Natur lassen sich erst dann und nur in dem Maße begründete Vermutungen und sinnvolle Spekulationen anstellen, in dem man sich Klarheit verschafft hat über die Gesetze und Tendenzen, die diese Geschichte in ihrer Vergangenheit beherrscht haben.

Sosehr also die Meinung, diese unsere Gegenwart habe einen Wert an sich, in dem Augenblick fragwürdig erscheint, in dem wir unsere Epoche als einen wie durch eine zufällige Momentaufnahme willkürlich herausgegriffenen Punkt aus einer übergreifenden Entwicklung in kosmischem Maßstab erkennen, so verfehlt ist wahrscheinlich auch die bisher für selbstverständlich geltende Ansicht, daß Intelligenz und Phantasie in diese Welt erst mit uns Menschen hineingekommen sind. Welch unglaubliche, nur durch eine kaum überbietbare, wahrhaft anthropozentrische Naivität zu entschuldigende Arroganz steckt doch hinter der gedankenlosen Selbstverständlichkeit, mit der wir davon ausgehen, daß das Universum, daß die Geschichte der Natur und daß die Evolution des Lebens auf der Erde 13 Milliarden Jahre lang ohne Geist, ohne schöpferische Phantasie, ohne Intelligenz haben auskommen müssen – weil es uns noch nicht gab.

Selbstverständlich gab es diese Leistungen vor dem Auftauchen des Menschen noch nicht auf individuelle Gehirne konzentriert, noch nicht als die Fähigkeiten einzelner, mit Bewußtsein begabter Lebewesen. (Jedenfalls nicht auf unserem Planeten.) Wir sollten uns aber davor hüten, allein deshalb einfach davon auszugehen, daß sie ausschließlich in dieser Form verwirklicht und wirksam sein könnten. Es ist an dieser Stelle unseres Gedankengangs noch zu früh, um im einzelnen auf die heute schon existierenden Hinweise einzugehen, die dafür sprechen, daß unser Gehirn nicht, wie wir es, ohne darüber nachzudenken, immer voraussetzen, ein Organ ist, das diese psychischen Leistungen gleichsam aus dem Nichts erzeugt.

Je tiefer wir in die Geschichte der Natur eindringen, um so deutlicher wird erkennbar, daß auch unser Geist nicht vom Himmel gefallen ist. Die Feststellung gilt in des Wortes doppelter Bedeutung: Auch unser Geist ist von *dieser* Welt und ein Resultat ihrer Geschichte, so wie ich sie hier nachzuerzählen versuche. Allerdings ist, wie nicht weiter verwunderlich, dieser Teil der Geschichte heute noch besonders lückenhaft. Jedoch gibt es immerhin schon einige Indizien, welche den an sich naheliegenden Gedanken stützen, daß sich auch dieser Geist nicht an irgendeinem Punkt der Entwicklung unvermittelt, von einem Augenblick zum anderen, eingestellt hat, sondern daß er, wie andere Funktionen auch, das Resultat einer sich über sehr lange Zeiträume hinweg schrittweise vollziehenden und vorbereitenden Entwicklung ist.

Unser Gehirn ist wahrscheinlich gar nicht das Organ, für das wir es immer halten: ein Organ, dessen fundamentale Funktion darin besteht, »psychische« Leistungen wie Intelligenz, Phantasie und Gedächtnis zu »erzeugen« und zu ermöglichen. Das wenige, was wir heute über die Entwicklung wissen, die bis zu uns und unserem Gehirn geführt hat, legt vielmehr die Vermutung nahe, daß Gehirne (auch die der Tiere) Organe sind, welche Leistungen, wie die genannten, lediglich in einem einzelnen Organismus zu dessen individueller Verfügung zusammenfassen (»integrieren«). Das ist ein Aspekt, der, so ungewohnt er auch sein mag, der Erforschung der »Psychogenese«, der Entstehung der psychischen Dimension und des Bewußtseins innerhalb der Naturgeschichte, einen neuen Zugang eröffnen könnte.

Dieser Ausgangspunkt schließt die Behauptung ein, daß es die genannten Leistungen und Funktionen, die wir als »psychisch« anzusehen gewohnt sind, auch außerhalb individueller Gehirne als noch isolierte Funktionen gegeben haben muß (und heute noch gibt). Wenn der hier angedeutete Ansatzpunkt richtig ist, heißt das also, daß Intelligenz, Phantasie, die Fähigkeit zu kritischer Auswahl aus gegebenen Möglichkeiten, und ebenso Gedächtnis und schöpferischer Einfall älter sind als alle Gehirne. Das mag unseren gewohnten Vorstellungen noch so sehr widersprechen. Je länger man sich mit dem beschäftigt, was wir heute über die Geschichte der Natur schon wissen, um so größer wird die Gewißheit, daß es sich so verhält.

Die Begründung dieser Behauptung müssen wir, wie schon erwähnt, auf ein späteres Kapitel verschieben. Anläßlich eines ersten Beispiels können wir hier aber schon einmal darauf eingehen, wie man sich die isolierte Existenz – die Vorstellung klingt im ersten Augenblick zweifellos ungewohnt und sogar paradox – einer der eben angeführten Funktionen vorzustellen hat, also etwa das isolierte Vorkommen von Phantasie oder Intelligenz außerhalb eines Gehirns und damit außerhalb der psychischen Dimension.

Das fällt uns an dieser Stelle leicht und ist relativ rasch geschehen. Denn an dem Punkt, an dem wir den roten Faden unseres chronologischen Gedankenganges verlassen haben (nämlich bei dem Stempelversuch Lederbergs und dem anschließenden Bericht über die Anpassung des Birkenspanners an die Industrielandschaft), um uns Gedanken zu machen über die geschichtliche Zufälligkeit des Augenblicks, in dem wir leben, und über die Frage des ersten Auftretens »geistiger« Prinzipien in der Natur, war von einer solchen Leistung schon seit längerem die Rede: Von den »intelligenten« Folgen des Zusammenwirkens von Mutation und Selektion.

Es ist sogar einer der Gründe für die Abschweifung, die wir gemacht haben (ein weiterer wird noch nachgeliefert), daß sie uns die Möglichkeit gibt, uns dem, was wir darüber schon besprochen haben, nun nochmals, jetzt aber aus einem neuen und unerwarteten Blickwinkel zu nähern. Ich glaube, daß es jetzt, nach dieser Abschweifung, vielleicht doch etwas weniger leicht mißverstanden werden kann, wenn ich behaupte, daß das Prinzip der Mutation die psychische Kategorie »Phantasie« vorwegnimmt, und daß die Selektion die Funktion der »kritischen Auswahl« ausübt.

Die gezielt wirkende Zweckmäßigkeit der Anpassung des Birkenspanners an die Veränderung seiner Lebensbedingungen, die raffinierte Tarnung der Puppe, für welche die Raupe des Kaiseratlas vorausschauend sorgt, aber auch die Fähigkeit von Staphylokokken, ein vom Menschen künstlich zugesetztes Antibiotikum durch chemische Abwehr unschädlich zu machen, das alles sind Leistungen, die in geradezu überwältigender Weise den Eindruck von Lernfähigkeit und intelligentem Verhalten erwecken. In der Einleitung habe ich schon darauf hingewiesen, daß manche Wissenschaftler, so etwa Konrad Lorenz, angesichts solcher Beispiele auch von »intelligenzanalogem« Reagieren sprechen.

Ich behaupte nun, daß diese begriffliche Einschränkung (»intelligenzanalog« anstatt »intelligent«) nichts als Ausdruck eines Vorurteils ist, nämlich die Folge des Glaubens, daß man eine Leistung dieser Art nur dann »intelligent« nennen darf, wenn sie einem individuellen Bewußtsein entspringt. Wenn man sich von dieser Einengung freimacht, besteht der ganze Unterschied bloß noch darin, daß in dem einen Fall (dem des gewohnten Sprachgebrauchs) ein Individuum lernt und in dem anderen eine ganze Art oder eine bestimmte »Population« (während sich die einzelnen Individuen, die Bakterien ebenso wie die Schmetterlinge, in diesem Fall als noch gänzlich lernunfähig erweisen).

Das ist mehr als ein bloßer Streit um Worte. Streift man das gängige Vorurteil ab, so macht man sich nämlich den Blick frei für eine bisher nicht bedachte Möglichkeit, die Entstehung psychischer Leistungen im Rahmen der gleichen Entwicklung verstehen zu können, der die übrige Natur unterliegt. Klammert man sich nicht mehr daran, daß eine intelligente Reaktion nur dann intelligent genannt werden darf, wenn es die Reaktion eines Individuums ist, nicht dagegen, wenn es sich um die Reaktion einer Art handelt, dann bestehen keine Schwierigkeiten, sich die isolierte Entstehung einzelner Leistungen vorzustellen, die in ihrer Gesamtheit dann an einem sehr viel späteren Punkt der Entwicklung, durch individuelle Gehirne zusammengefaßt, den Beginn der »psychischen« Entwicklungsstufe markieren.

Hier zeichnet sich folglich die Möglichkeit ab, das Gehirn zu begreifen als ein Organ, dessen eigentliche Leistung unter einem evolutionistischen Aspekt darin zu sehen sein könnte, daß es bestimmte Reaktionsmöglichkeiten, die unabhängig voneinander entstanden sind und fertig vorliegen, zu einem geschlossenen, individuellen Verhaltensrepertoire integriert. Ich möchte hier schon darauf hinweisen, daß es mir nicht bedeutungslos zu sein scheint, daß ein solcher Ablauf eine Analogie darstellen würde zu der Art und Weise, in der sich einige Jahrmilliarden vor diesem Entwicklungsschritt die noch kernlosen Ur-Zellen die für ihre Weiterentwicklung entscheidenden Funktionen dadurch erwarben, daß sie entsprechend spezialisierte Zellen als Organelle in sich aufnahmen.

Ich will dem Ablauf der Ereignisse aber nicht abermals vorgreifen. Zum Abschluß dieser Überlegungen möchte ich nur noch einen Gedanken anführen, der sich einem immer wieder aufdrängt, wenn man sich mit diesen Möglichkeiten beschäftigt. Wir laufen immer Gefahr, das Wunder am falschen Platz zu suchen. In einer Welt, die unbestreitbar voll von Wunderbarem ist, staunen wir allzu oft an der falschen Stelle.

Das gilt auch hier. In unserer Bewunderung für die Natur schwingt, wenn man es nur ehrlich genug bedenkt, allzu oft eine gute Portion Herablassung mit. Wenn wir die Zweckmäßigkeit des Bauplans einer

Pflanze bewundern, oder einem Vogel staunend beim Nestbau zusehen, dann entspringt ein Teil unserer Bewunderung heute noch, so fürchte ich, unserem Staunen darüber, daß eine hirnlose Pflanze und ein unintelligenter Vogel an so viel Zweckmäßigkeit teilhaben können. Wir sind überrascht darüber, daß die »bewußtlose« Natur der komplizierten Leistungen fähig sein soll, die sich hinter so alltäglichen Phänomen verbergen.

Unsere Bewunderung ist hier ohne allen Zweifel berechtigt und angebracht. Nur sollten wir ihre Motive einmal kritisch überdenken. Ich hege den Verdacht, daß wir, was unsere Stellung innerhalb der Natur betrifft, gründlich umdenken müssen. Es ist eine groteske Verkennung der wirklichen Situation, wenn wir als »intelligente« Individuen glauben, die Leistungen der Natur vor allem deshalb erstaunlich und rätselhaft finden zu wollen, weil sie ohne eine ihrer selbst bewußte Intelligenz zustande kommen. Mir scheint, daß wir hier vor der Aufgabe stehen, eine Wendung unseres Selbstverständnisses zu vollziehen, deren Bedeutung der kopernikanischen Wende vergleichbar sein könnte. Denn angesichts des Standes unserer heutigen Naturerkenntnis ist es an der Zeit, daß wir aufhören, uns gegen die Einsicht zu sperren, daß die kreativen Potenzen, die Phantasie und die Lernfähigkeit der Natur unsere eigenen Fähigkeiten (die davon nur ein schwacher Abglanz sind) in unvorstellbarem Maß übersteigen.

16. Der Sprung zum Mehrzeller

Wir müssen jetzt den roten Faden des chronologischen Ablaufs aber dort wieder aufnehmen, wo wir ihn zu Beginn unseres langen Exkurses verlassen hatten. Zu unserer Abschweifung waren wir durch die Frage veranlaßt worden, wie sich die erstaunliche Fähigkeit lebender Zellen erklären lassen könnte, sich unerwarteten Veränderungen ihrer Umwelt anzupassen. Das konkrete Beispiel hatte die Bedrohung der Zellen durch den erstmals in der irdischen Atmosphäre auftauchenden Sauerstoff gebildet (der seinerseits die unvermeidliche Folge der Tätigkeit von Zellen gewesen war, welche die vorangegangene Nahrungskrise durch das Anzapfen des Sonnenlichts überwunden hatten).
Es waren die Mitochondrien gewesen, spezialisierte Bakterien, welche, von größeren Zellen als Symbionten aufgenommen, diesen die Fähigkeit verschafft hatten, mit dem neuen Gas in der Atmosphäre umzugehen. Bis auf den heutigen Tag sind es, bei allen Lebewesen dieser Erde, die »atmen« können, Mitochondrien, die das Geschäft besorgen. Mit ihrer Hilfe hat das Leben es fertiggebracht, sich vor dem ursprünglich als Gift wirkenden Gas nicht nur zu schützen, sondern seine so bedrohliche chemische Aggressivität sogar zu seinen Gunsten auszunützen.
Diese Vorgeschichte der heute gültigen Situation muß man ins Auge fassen, wenn man den aus heutiger Sicht für uns so lebensspendenden, so ganz und gar unentbehrlichen Charakter dieses Atmosphärebestandteils bedenkt. Betrachtet man die Situation in dieser Weise historisch, dann kann einem an einem konkreten Beispiel eine Ahnung davon aufgehen, in welchem Maße auch wir selbst das Produkt der Anpassung an die Umwelt sind, in der das Leben sich nun einmal einzurichten hatte. Die Unentbehrlichkeit, der für das Lebensnotwendige schlechthin symbolische Charakter, den das Gas »Sauerstoff« in unseren Augen heute

hat, ist ein eindrucksvoller Gradmesser für die Radikalität, mit der die Anpassung erzwungen worden ist. Aber auch für die Vollkommenheit, mit der sie gelang: Ein ursprünglich tödliches Gas spiegelt sich in dem Bewußtsein der aus dieser Anpassung hervorgegangenen Geschöpfe als der Inbegriff des »Lebensatems«. Das ist, in der Tat, nicht mehr zu überbieten.

Wir hatten uns bei dieser Gelegenheit auch eingehend mit dem Problem der Erklärung so komplizierter Anpassungen auseinandergesetzt und in dem Zusammenwirken von Mutation und Selektion den Mechanismus kennengelernt, der sie bewirkt. Das breit streuende Zufallsangebot einer großen Zahl erblicher Varianten, aus denen durch die Umwelt und ihre Veränderungen jeweils die wenigen »zweckmäßigen« ausgelesen werden, verschafft einer Art die Elastizität, die notwendig ist, um in einer über längere Zeit hinweg nie stabil bleibenden Welt überleben zu können.

So unglaublich es auch immer von neuem erscheinen mag, daß ein scheinbar so einfacher Mechanismus genügen sollte, um die Vielfalt der existierenden Lebensformen, das Kommen und Gehen der verschiedensten, immer neuen Arten zu erklären, so ist heute kein vernünftiger Zweifel mehr daran möglich, daß es sich so verhält (30). Er erklärt überdies gerade auch die Vielfalt der Lebensformen. Den Umstand, daß es nicht eine einzige »optimale« Lebensform geben kann. Denn die Fülle und Mannigfaltigkeit der Bedingungen und Eigenschaften, die der Umwelt eigen sind, gibt einer entsprechend großen Zahl verschiedener Variationen an Formen und Funktionen die Chance, sich im Hinblick auf eben diese Umweltbedingungen als zweckmäßig zu erweisen und sich deshalb zu verwirklichen.

So zieht die Umwelt gleichsam eine ihre eigene Mannigfaltigkeit widerspiegelnde biologische Vielfalt heran. Da aber diese Umwelt ihrerseits vom Leben in immer umfassenderem Maße geprägt wird und da für jedes einzelne Lebewesen auch alle anderen Organismen, die es gibt, zur Umwelt gehören, ergibt sich hier insgesamt ein dialogischer Effekt der Selbstverstärkung, der, sobald die lange Anlaufphase vorüber ist, zu einer geradezu explosionsartig erfolgenden Ausweitung des Lebens auf der Erde führen mußte.

Den Startpunkt, an dem diese unaufhaltsame Beschleunigung des weiteren Ablaufs einsetzen mußte, hatten wir in der chronologischen Abfolge unseres Berichtes gerade erreicht. Wir dürfen ihn in die rund 1 Milliarde Jahre zurückliegende Epoche der Erde verlegen, in der die

Entwicklung der höheren, kernhaltigen Zellen mit ihrer vielseitigen und hochspezialisierten Innenausstattung abgeschlossen war.

Zu diesem Zeitpunkt ist ein Plateau der Entwicklung erreicht, das unübersehbar einen neuen Abschnitt einleitet. In den unausdenkbar langen, mindestens 2 Milliarden Jahre betragenden Epochen davor war die Entwicklung, so quälend langsam sie auch voranzuschreiten schien, dennoch von einer Krise in die nächste geraten. Wir haben davon schon gesprochen. Zwar war das Leben nicht neu auf den Plan getreten in dem Sinne, daß es übergangslos, ohne kontinuierliche Vorgeschichte auf der Erde erschienen wäre. Aber es brachte dennoch so viele neue Faktoren, so komplizierte neue Einflüsse mit sich, daß es, wie es scheint, fast 2 Milliarden Jahre dauerte, bis sich auf der Erdoberfläche wieder ein leidlich stabiles Gleichgewicht eingestellt hatte.

Jede der vorangegangenen Krisen war so schwer gewesen, daß sie das Ende der Entwicklung hätte bedeuten können. Wir dürfen diese Möglichkeit keineswegs in Abrede stellen. Wenn die Phantasie des Mutationsprozesses auch so groß ist, wie es etwa der Stempelversuch von Lederberg (als ein einziges von sehr vielen Beispielen) beweist, so ist sein Leistungsvermögen doch zweifellos nicht unbegrenzt. Wäre es anders, dann lebten die Saurier noch unter uns. Als die ersten Urzellen daher begannen, die in langen Jahrmilliarden mühsam abiotisch entstandenen Großmoleküle und Biopolymere wieder aufzufressen und damit in verhängnisvoll kurzer Zeit zu dezimieren (woraus sonst hätten sie ihre Lebensenergie bestreiten, wovon sonst hätten sie sich damals auf der Ur-Erde ernähren können?), hätte die daraus unabwendbar resultierende Ernährungskrise sehr wohl den Anfang vom Ende bedeuten können.

Das rechtzeitige Auftauchen der Chloroplasten, der »Lichtschlucker«, bedeutete den Ausweg aus einer ausweglos erscheinenden Situation. Deren Aktivität ließ das Gleichgewicht zwischen dem Leben und seiner irdischen Umwelt aber sofort wieder aus den Fugen geraten, wie erwähnt durch die Erzeugung zunehmender Mengen von Sauerstoff, ohne die der chemische Prozeß der Photosynthese nicht möglich ist. Diesmal kam die Rettung durch die Mitochondrien.

In dieser Weise dürfte die Entwicklung des Lebens fast 2 Milliarden Jahre lang in den krisenhaften Zuckungen einer Fieberkurve verlaufen sein, wobei wir ganz sicher davon ausgehen können, daß wir erst einen sehr kleinen Teil der Gefahren kennen, die damals zu überstehen waren. Ähnliche Klippen und Sackgassen hatte es ohne jeden Zweifel auch bei der Entwicklung des Teilproblems der Zellteilung gegeben. Darauf läßt

allein schon der Umstand schließen, daß es, wie ebenfalls schon erwähnt, mindestens 1 Milliarde Jahre gedauert hat, bis dieser für die Vermehrung der Organismen und das Einsetzen des Mutationsmechanismus entscheidende Vorgang hinreichend vervollkommnet war.
Schließlich aber, nach einer unausdenkbar langen Zeit fortwährender Krisen und des sich immer von neuem wiederholenden Massenuntergangs ungenügend anpassungsfähiger Zelltypen, war ein neues Gleichgewicht erreicht. Vier Milliarden Jahre nach der Entstehung der Erde stand fest, daß das Leben auf diesem Planeten endgültig Fuß gefaßt hatte.
In den Meeren der Erde vermehrten sich unzählige winzige Einzeller, jeder einzelne von ihnen ein Organismus von hochspezialisierter Leistungsfähigkeit. Chloroplasten sorgten dafür, daß die Nahrung niemals mehr versiegen konnte. Mitochondrien gaben die Möglichkeit, den vom Leben selbst produzierten Sauerstoff als eine Energiequelle auszunutzen, deren Ergiebigkeit alles bisher Dagewesene übertraf, und die deshalb die Möglichkeit zu biologischen Leistungen eröffnete, die alles Vorherige in den Schatten stellen sollten. Ein ausgefeilter Mechanismus der Kernteilung gewährleistete die zuverlässige Weitergabe der im Laufe der Jahrmilliarden in Gestalt der unterschiedlichsten Formen der Anpassung gemachten »Erfahrungen« an die jeweils nächste Generation.
Die physikalisch-chemischen Bedingungen auf der Erdoberfläche verhinderten andererseits eine absolute Fehlerlosigkeit dieses Kernteilungsmechanismus und der mit ihm einhergehenden Verdoppelung des Speichermoleküls DNS. Die durch den Zerfall natürlicher radioaktiver Elemente in der Erdkruste frei werdende Strahlung, aber auch Strahlungen aus dem Kosmos (vor allem die aus der Milchstraße stammende sogenannte Höhenstrahlung) bewirkten in einem ganz kleinen Prozentsatz winzige Veränderungen an einzelnen DNS-Molekülen in den Kernen der Zellen. Dadurch änderten sie den Sinn der Botschaft, die diese Moleküle zu übertragen hatten, jeweils willkürlich und geringfügig ab. So entstanden »Mutationen« und mit ihnen im Wechselspiel mit der Umwelt der Prozeß der biologischen Evolution (31).
Auch in der Umwelt hatte sich, vom Leben selbst herbeigeführt, eine wichtige Erleichterung eingestellt, eine entscheidende Erweiterung des Rahmens zukünftiger Möglichkeiten, der von da ab erst wirklich den ganzen Erdball umspannte. Sie hing ebenfalls mit dem Sauerstoff zusammen, dessen Konzentration in der Erdatmosphäre zwar in dieser

rund 1 Milliarde Jahre zurückliegenden Epoche noch immer wesentlich unter dem heutigen Wert lag. Trotzdem war dieses Element schon damals nicht nur als neue Energiequelle von Bedeutung, sondern in nicht geringerem Maße auch als Schutzschild. Bis dahin war das Leben immer noch auf eine relativ eng begrenzte Schicht des Wassers der Ozeane beschränkt gewesen.

In Tiefen unter 50 oder 100 Metern dürfte die Kraft der Sonnenstrahlung für die noch keineswegs voll ausgereifte photosynthetische Aktivität der damaligen Zellen nicht mehr ausgereicht haben. Und mehr als 10 oder 5 Meter hatten sich die empfindlichen Zellen der Wasseroberfläche wegen der zersetzenden UV-Strahlung der Sonne bislang nicht nähern dürfen. Auch das änderte sich jetzt grundlegend. Bei der hohen Wirksamkeit des Sauerstoffs als Ultraviolettfilter genügten schon relativ geringe Mengen des neuen Gases, um diesen gefährlichen Anteil der Sonnenstrahlung drastisch zu reduzieren. Jetzt also erst stand dem Leben wirklich die ganze Oberfläche des Planeten zur Verfügung, nicht nur die Oberfläche der Gewässer, sondern darüber hinaus die weite Fläche des trockenen Festlandes – eine Möglichkeit, die aus verschiedenen Gründen allerdings für weitere 500 Millionen Jahre zunächst noch rein theoretisch bleiben sollte.

Das alles ergibt für diese Epoche, wenn man es so einmal in Stichworten zusammenfaßt, das Bild einer beruhigend konsolidierten Situation. Das Leben hatte Fuß gefaßt. Es hatte sich eingerichtet, es war auf der Erde heimisch geworden und von jetzt ab ein fester Bestandteil unseres Planeten. Das erstaunlichste angesichts dieser Situation ist, bei Licht betrachtet, ungeachtet aller glücklich überwundenen Hindernisse und Gefahren, dennoch nicht der Umstand, daß es soweit kommen konnte. Das erstaunlichste ist die Tatsache, daß es nicht dabei blieb.

Wir haben uns darüber an einem sehr viel früheren Punkt der Entwicklung schon einmal gewundert. Das war an der Stelle gewesen, an der wir darauf stießen, daß die durch die gegenseitige Massenanziehung bewirkte Zusammenballung der zu feinen Wolken im Weltall verteilten Wasserstoffatome nicht einfach nur durch ihren eigenen Innendruck erhitzte Sterne entstehen und aufleuchten ließ. Es ergab sich damals vielmehr, daß im Zentrum der Sterne Zustände eintraten, welche ganz unvermeidlich das Zusammenbacken erst einzelner Wasserstoffatome und dann immer schwererer Atomkerne herbeiführten, wodurch nach und nach eine Fülle neuer Elemente entstand, Stoffe mit Eigenschaften und Möglichkeiten, die es bis dahin im Weltall nicht gegeben hatte.

Wir stellten an dieser Stelle fest, daß es keine Antwort auf die Frage gebe, warum sich die Geschichte der Welt nicht bis an das Ende der Zeiten auf die Geschichte der Entstehung und des Untergangs immer neuer Generationen von Sternen aus Wasserstoff beschränkt hätte, in unaufhörlicher und endloser Wiederholung. Wir werden es niemals wissen. Denn daß es anders kam, daß neue, andere Elemente entstanden, die der Entwicklung neue, unerwartete Horizonte öffneten, lag an der Verwandlungsfähigkeit des Ur-Elementes Wasserstoff. Die Herkunft des Wasserstoffs aber und damit auch die Ursachen für die Besonderheiten seiner Eigenschaften liegen für uns jenseits eines Anfangs, über den hinaus unsere Wissenschaft keine sinnvollen Fragen mehr stellen kann.

Warum das Wasserstoffatom diese besonderen Eigenschaften hat, wie es entstanden ist und wie es in unsere Welt kam, das sind Fragen, auf die es wissenschaftlich ebensowenig mehr eine Antwort gibt wie auf die Frage nach der Herkunft der Zeit oder den Ursachen der Naturgesetze. Hier stoßen wir, man kann es nicht oft genug wiederholen, an einem ganz konkreten Punkt auf die unleugbare Tatsache, daß unsere Welt, daß der Bereich, in dem wir erleben und wissenschaftlich fragen können, nicht alles umfaßt, was es gibt. Die Verbreitung eines, wie es scheint, nahezu unausrottbaren Vorurteils zwingt aber dazu, außerdem noch ausdrücklich zu wiederholen und mit dem Finger darauf hinzuweisen, daß es die moderne Naturwissenschaft ist, welche uns die Gewähr gibt, daß es sich so verhält. Was Philosophie oder Metaphysik lediglich fordern oder voraussetzen konnten, darauf stößt uns die moderne naturwissenschaftliche Grundlagenforschung mit der Nasenspitze.

Noch eine andere Phase gab es, angesichts derer wir Anlaß hatten, uns darüber zu wundern, daß die Entwicklung nicht zum Stillstand kam. Das war der Schritt, mit dem sich auf einer höheren Ebene wiederholte, was uns schon am Reagieren des Wasserstoffatoms mit Recht so in Erstaunen versetzt hatte: Die nach und nach entstandenen neuen Elemente bereicherten das Universum nicht bloß um 91 weitere Substanzen mit neuartigen Eigenschaften. Sie erwiesen sich darüber hinaus als befähigt, untereinander und mit dem Wasserstoff, von dem sie alle abstammten, eine gänzlich unübersehbare und bis auf den heutigen Tag nicht ausgeschöpfte Vielfalt der unterschiedlichsten Verbindungen einzugehen. Auch das war weder notwendig noch vorhersehbar (oder erklärbar) gewesen. Daß es sich so ergab, auch das gehört zu den Fakten, die wir unerklärt hinnehmen müssen.

Auf der chronologisch anschließenden Stufe erfolgte dann der symbiotische Zusammenschluß unterschiedlich spezialisierter Urzellen. Wir haben ihn ausführlich besprochen, da er für alles Folgende entscheidende Bedeutung hat, und brauchen hier nicht nochmals auf ihn einzugehen. Auch er kann, stellt man ihn in diesen Zusammenhang, so beschrieben werden, daß man sagt, hier scheine ein Prinzip am Werk zu sein, unter dessen Herrschaft die Entwicklung dadurch voranschreitet, daß sie auf jeder neu erreichten Stufe der Organisation mit den sich dort jeweils neu bietenden Möglichkeiten das wiederholt, was bei den vorangegangenen Schritten schon erfolgreich gewesen war. Ich wiederhole, daß das nicht als »Erklärung« mißverstanden werden darf und daß ich mit dieser Formulierung lediglich versuche, die Beschreibung dessen, was damals tatsächlich geschehen ist, übersichtlicher zu machen.

Ähnlich wie in diesen nun schon zurückliegenden Fällen verhielt es sich auch in der Epoche der Konsolidierung des irdischen Lebens, bei der wir jetzt angekommen sind und die rund eine Milliarde Jahre zurückliegt. Die Ozeane waren erfüllt von wimmelndem Leben, Einzellern, deren komplizierte Organisation einen Höhepunkt der bisherigen Entwicklung dokumentierte. Leben und Umwelt waren nach unzähligen Krisen schließlich, in einem harmonischen Gleichgewicht aufeinander abgestimmt, zur Ruhe gekommen. Was eigentlich sprach gegen die Möglichkeit, daß es damit nun endlich sein Bewenden haben könnte? Welcher Grund ließe sich, auch heute noch, nachträglich, in voller Kenntnis alles dessen, was sich anschloß, für die Behauptung anführen, daß es damals mit Notwendigkeit hätte weitergehen müssen, daß die Entwicklung nicht zum Stillstand kommen konnte, daß sie das mit so ungeheurem Aufwand an Zeit und Anpassungsfähigkeit Erreichte abermals hinter sich lassen mußte?

Auch darauf kann niemand eine Antwort geben. Das einzige, was wir wissen, ist die historische Tatsache, daß sich abermals wiederholte, was vorher schon so oft geschehen war: Die komplizierten Zellen, die es jetzt gab, hatten, wie sich alsbald zeigte, die irdische Szene nicht nur um ein neues Prinzip (um das Phänomen Stoffwechsel treibender materieller Strukturen vielfältiger Spezialisierung) bereichert, sie leiteten außerdem einen erneuten Sprung der Entwicklung dadurch ein, daß sie wiederum die Fähigkeit an den Tag legten, sich untereinander zusammenzuschließen.

Auf dieser Stufe der Entwicklung bestand das Resultat in der folgenreichen Entstehung der ersten vielzelligen Lebewesen. Wie es dazu kam und welche geradezu phantastische Erweiterung der Möglichkeiten für das Lebendige dieser Schritt mit sich brachte, ist nicht mehr schwer zu beschreiben. Nichtsdestoweniger *ist* es phantastisch und *ist* es wunderbar. Denn begreifbar ist es nur deshalb und nur insofern, als wir bei seiner Beschreibung das von der Entwicklung bis zu diesem Augenblick Erreichte einfach als gegeben hinnehmen werden. Mit dem damit vorliegenden »Material« läßt sich freilich leicht spielen. Wenn wir die Proportionen nicht verkennen wollen, sollten wir daher keinen Augenblick vergessen, welcher phantastischen Vorgeschichte dieses Material seine Existenz verdankt.

Der für die Geschichte des irdischen Lebens entscheidende Übergang von den Einzellern zu den vielzelligen Lebewesen ist in dem Augenblick nicht mehr schwer zu verstehen, in dem man sich klarmacht, daß der Begriff »Zusammenschluß« hier nicht wörtlich aufzufassen ist. Die ersten Vielzeller sind aller Wahrscheinlichkeit nach ebensowenig das Resultat eines buchstäblichen Zusammenschlusses einzeln existierender Zellen gewesen, wie das für alle Vielzeller während der ganzen folgenden Erdgeschichte bis zur Gegenwart gilt. Kein höheres Lebewesen entsteht auf diese Weise (32).

Wie wir alle wissen, geschieht das vielmehr in der Form, daß sich eine bestimmte Ursprungszelle, die wir in der Regel »Eizelle« nennen, zu teilen beginnt, und daß sich die durch die fortlaufende Teilung dieser Zelle entstehenden Zellen nicht mehr, wie es bei den Einzellern über Jahrmilliarden hinweg geschehen war, voneinander trennen. Alles spricht dafür, daß es bei der Entstehung der ersten noch primitiven Mehrzeller, also vor etwa einer Milliarde Jahren, ebenso zugegangen ist.

Einer der vielen Beweise wird durch die Organismen gebildet, die diesen Übergang gleichsam als Dauerzustand bis auf den heutigen Tag beibehalten haben. So, wie die Bakterien und manche primitiven Algen heute noch lebende Vertreter der archaischen, kernlosen Urzellen sind, und so, wie es auch heute bekanntlich noch sehr viele verschiedene Arten höher entwickelter Einzeller gibt, die konservativ an einer einzelligen Lebensweise festgehalten haben, ebenso gibt es heute auch noch primitive Organismen, die in ihrer Entwicklung in dem Stadium dieses Übergangs (der sich wieder über Dutzende von Jahrmillionen hingezogen haben muß) gleichsam steckengeblieben sind.

Die in den Kernen der Zellen, aus denen sie bestehen, enthaltene DNS hat das, was sie erreicht haben, getreulich gespeichert und über die unvorstellbar lange Generationenfolge bis zu unserer Gegenwart festgehal-

ten. Die Kette einander folgender Mutationen aber, die sie über dieses Zwitterdasein zwischen Ein- und Mehrzellern hätte hinaustragen können, ist, aus welchen Gründen auch immer, ausgeblieben. Der Biologe muß dafür dankbar sein. »Lebende Fossilien« dieser Arten geben ihm die einzigartige Chance, archaische Lebensformen zu untersuchen.
Eines der beliebtesten Beispiele der Wissenschaftler ist in diesem Zusammenhang ein mikroskopisch kleiner Vielzeller, den sie »Pandorina« getauft haben. Der Träger dieses klangvollen Namens ist aber seiner Mehrzelligkeit ungeachtet eigentlich doch noch kein »echter« vielzelliger Organismus. Eben diese Schwierigkeit macht Pandorina so interessant. Man könnte sie als eine Zellkolonie bezeichnen, die sich noch nicht den Rang eines zusammengesetzten »Individuums« erworben hat. Pandorina besteht aus 16 Grünalgenzellen, die durch die viermalige Teilung einer Ursprungszelle entstanden sind. Die gallertartige Umhüllung dieser Ursprungszelle bleibt dabei jedoch erhalten und schließt die 16 Tochterzellen zu einem kugeligen Gebilde zusammen.
Für den Charakter einer Kolonie spricht das Fehlen einer deutlichen Hierarchie oder Arbeitsteilung unter den einzelnen Zellen. Zwar schlagen die nach allen Seiten herausragenden kleinen Geißeln so zusammen im Takt, daß das mikroskopische Gebilde sich leidlich geordnet im Wasser bewegen kann. Aber hier sind alle 16 Zellen immer noch gleichberechtigt. Jede kann alles das, was ihre Schwesterzellen auch können. Und vor allem fehlt jede Andeutung davon, daß die Zellen zu ihrem Gedeihen in der Weise aufeinander angewiesen wären, wie es bei der Unteilbarkeit der Fall ist, die dem echten Individuum seinen Namen gegeben hat. Wenn man sie unter dem Mikroskop auseinanderreißt, können die einzelnen Zellen von Pandorina überleben und jede für sich neue Kolonien bilden.
Auch normalerweise vermehrt sich Pandorina durch Teilungen aller seiner Zellen, so daß die Mutterkolonie schließlich »ohne Rest« in 16 neuen Kolonien aufgehen kann. Daß es sich hier gleichwohl doch schon um einen ersten Schritt in der Richtung auf Vielzelligkeit handelt, verrät sich dadurch, daß es immer 16 Zellen sind (und nie acht oder 32), aus denen die Kolonie besteht. Die Zahl der Teilungsschritte also ist immerhin auch hier schon eine übergeordnete, für alle beteiligten Zellen verbindliche Größe.
Daß der kleinen Algenkolonie die Rolle eines ersten Schrittes zufällt, zeigt sich beweisend vor allem aber an der Tatsache, daß Pandorina nahe Verwandte hat, die ganz offensichtlich aufeinanderfolgende Pha-

sen der anschließenden Schritte auf dem gleichen Wege repräsentieren. Wie auf den Einzelbildern eines Filmstreifens hat die Natur hier den Ablauf festgehalten, der einst vom Einzeller zu dem aus vielen Zellen zusammengesetzten Individuum geführt hat.

Die nächste Phase des Films wird von »Eudorina« gebildet. Hier sind bereits 32 Zellen zur Kolonie vereint. Bei manchen Arten ist sogar schon eine bestimmte Körperachse angedeutet: die Fortbewegung erfolgt immer in der gleichen Richtung des Körpers. Die in dieser Richtung, also »vorn« gelegenen Zellen sind etwas kleiner. Andererseits sind die für diese frei beweglichen Algen typischen »Augenflecken« bei den vorn gelegenen Zellen besser ausgebildet als die Augenflecken der das »Heck« der schwimmenden Kolonie bildenden Zellen, deren Lichtempfindung mit der Steuerung naturgemäß auch nur relativ wenig zu tun hat (33). Damit ist die Arbeitsteilung bei Eudorina aber auch schon beendet. Auch bei dieser Kolonie können grundsätzlich noch alle Zellen alles.

Das erste echte vielzellige Individuum, das auf dieser Stufenleiter auftaucht, ist der berühmte »Volvox«. Volvox ist ein Verband von vielen hundert, oft sogar mehreren tausend geißeltragenden Algenzellen, die sich im Verlaufe der Teilung einer einzigen Ursprungszelle zu einer relativ großen, mit bloßem Auge immerhin schon als grünlicher Punkt sichtbaren Hohlkugel anordnen. Die fast technisch anmutende Symmetrie dieser Algenkugeln läßt im ersten Augenblick vielleicht noch weniger an ein »Individuum« denken, daran, daß man hier erstmals einen echten Vielzellerorganismus vor sich hat, als im Falle von Pandorina und Eudorina. Aber der Schein trügt. Volvox ist in jeder Hinsicht schon ein echter Mehrzeller, das erste Beispiel für den Organismentyp auf der nächsthöheren Entwicklungsstufe.

Trotz der beinahe idealen Kugelgestalt besteht bei Volvox eine eindeutige Körperorientierung: beim Schwimmen ist immer der gleiche Pol nach vorn gerichtet. Die Augenflecken der diesen Pol bildenden Zellen sind wieder deutlich besser ausgebildet als die der übrigen, insbesondere als die der Zellen der nach hinten weisenden Kugelhälfte. Alle Geißeln der Tausende von Zellen, aus denen Volvox besteht, schlagen in einem aufeinander abgestimmten Rhythmus. Ermöglicht wird das durch feine Verbindungen zwischen allen Zellen, dünne Eiweißstränge, die bei den Teilungen der Ursprungszelle bestehen bleiben. Man muß davon ausgehen, daß in ihnen die zu dieser Synchronisation notwendigen Reize hin und her laufen.

Entscheidend für die Beurteilung ist vor allem aber die Tatsache einer deutlich ausgeprägten Arbeitsteilung zwischen den verschiedenen Zellen. Sie ist am ausgeprägtesten im Hinblick auf die fundamentale biologische Funktion der Vermehrung. Erstmals bei Volvox kann sich nicht mehr jede beliebige Zelle teilen. Diese Möglichkeit haben nur noch relativ wenige, am hinteren Ende der Kugeloberfläche gelegene Zellen. Diese Tatsache läßt alle die vielen anderen Zellen von Volvox zu »Körperzellen« werden. Und damit hängt es nun wieder zusammen, daß wir bei diesem ersten Vertreter eines zusammengesetzten Individuums erstmals in der Entwicklung auf das Phänomen der Sterblichkeit stoßen.

Den Tod hatte es, natürlich, auch vorher schon gegeben, er war zusammen mit dem Leben aufgetreten. So makaber es im ersten Augenblick auch klingen mag: andernfalls wäre es auf der Erde schon seit Jahrmilliarden längst nicht mehr zum Aushalten gewesen. Das ist leicht zu begründen. Ein einziges Bakterium könnte es, wenn es sich nur alle 30 Minuten teilt, im Verlaufe von nur 24 Stunden theoretisch auf mehr als 200 Billionen Nachkommen bringen. (Zu welchen Ergebnissen eine scheinbar so einfache Verdoppelungsreihe vom Typ 2, 4, 8, 16, 32 usw. im Handumdrehen führt, vergißt man immer wieder.)

Dazu ist es glücklicherweise niemals gekommen. Es gibt einfach nicht den Raum für eine so uferlose Vermehrung. Und selbstverständlich kommen auch Bakterien um. Das ist dann aber, wie bei allen anderen Einzellern auch, immer gewissermaßen ein »Unfalltod«. Einzeller altern nicht und sterben nicht aus inneren Ursachen. Sie sind, wie der Biologe sagt, »potentiell« unsterblich. Wenn sie sich durch Teilung vermehren, bildet jede der beiden entstandenen Hälften eine neue, »junge« Tochterzelle. Es entsteht keine »Leiche«.

Das ist bei Volvox erstmals anders. Der erste echte Mehrzeller der Geschichte liefert auch die erste Leiche. Wenn Volvox sich vermehrt, dann beginnen die in der Gegend seines hinteren Pols gelegenen »generativen« Zellen, die allein dazu noch befähigt sind, sich zu teilen. Sie lösen sich dabei von der Oberfläche und fallen in den Hohlraum der Kugel, wo sie zu neuen Volvoxkugeln heranwachsen. In die Freiheit gelangen sie schließlich dadurch, daß die Mutterkugel platzt und zugrunde geht.

Unsterblich sind hier also nur noch die der Vermehrung dienenden Zellen. Die übrigen bilden den nur noch für begrenzte Zeit lebensfähigen »Körper«. Dabei ist es geblieben im Reich der Mehrzeller, bis auf den heutigen Tag, und so auch bei uns selbst. Auch von den unzählig vielen Zellen, aus denen unser Körper besteht, sind nur die der Vermehrung dienenden Keimzellen (wenigstens potentiell) noch unsterblich. Faktisch verwirklicht sich diese Möglichkeit auch für sie aber nur noch bei den verschwindend wenigen von ihnen, denen es gelingt, sich mit einer Keimzelle des anderen Geschlechts zu vereinigen und daraufhin einen neuen »Körper« um sich herum aufzubauen.

Aus dem Blickwinkel der Entwicklungsstufe, bei deren Beschreibung wir jetzt angelangt sind, könnte man folglich den Eindruck gewinnen, daß es sich bei dem Körper eines aus vielen Zellen zusammengesetzten Organismus, und so auch bei unserem eigenen Körper, im Grunde nur um so etwas wie eine Art »Verpackung« handelt. Eine vorübergehende Umhüllung für die eigentliche Nutzlast: die potentiell unsterbliche Keimzelle, die es zu bewahren und über die Generationen hinweg weiterzugeben gilt. Als sei unser Körper nichts als ein Vehikel, dazu bestimmt, dieser Keimzelle Schutz zu gewähren, ihr Gelegenheit und Zeit zu geben, sich zu teilen.

Man kann diesen Gedanken noch weiter ausspinnen. Man könnte darüber spekulieren, ob unser Körper letztlich vielleicht nur die Aufgabe hat, durch das Maß des Erfolgs, mit dem er sich in seiner Umwelt biologisch behauptet und durchsetzt, der Keimzelle, oder, noch präziser, der in ihr enthaltenen DNS, als eine Art Anzeige- oder Testapparatur zu dienen, mit der diese die Zweckmäßigkeit der jeweils erfolgten Mutationen überprüft.

Aber welchen Sinn will man dem Begriff »biologische Zweckmäßigkeit« dann eigentlich noch unterlegen? Wie anders kann sich Zweckmäßigkeit hier denn erweisen, als durch eine Zunahme des Erfolgs für den in seiner Umwelt sich bewährenden Organismus? So daß hier also doch der Mikrokosmos dem Makrokosmos zu dienen hätte, die DNS dem Organismus, und nicht umgekehrt. Spekulationen dieser Art mögen daher amüsant sein. Es steckt in ihnen auch ein Aspekt, der allzu oft unbeachtet bleibt. Trotzdem darf man nicht übersehen, daß alle solche Überlegungen einseitig sind, weil sie dem beschränkten Horizont, dem eingeengten Blickwinkel einer einzigen, willkürlich herausgegriffenen Entwicklungsstufe entspringen (34).

So sind also die Vorteile der Mehrzelligkeit biologisch nur um den Preis einer begrenzten Lebensdauer zu haben gewesen. Das allein schon läßt den Schluß zu, daß diese Vorteile groß gewesen sein müssen. Der simpelste Vorteil, den sich ein vielzelliges Lebewesen verschaffen kann, ist natürlich einfach der einer – im Vergleich zum Einzeller – fast beliebig zu steigernden Körpergröße. Man braucht nur einmal ein kleines Insekt hilflos an der Oberfläche eines Wassertropfens zappeln gesehen zu haben, um zugeben zu müssen, daß in dieser Welt der Oberflächenspannungen schon die schiere Körpergröße einen Vorzug bilden kann. Das gilt selbstverständlich noch aus vielen anderen Gründen. Wenn die Redensart »die Großen fressen die Kleinen« in der Natur auch nicht ausnahmslos gilt, so kann man doch in der Regel wenigstens davon ausgehen, daß die Großen ihrerseits relativ sicher davor sind, von den Kleinen gefressen zu werden.

Die weitaus bedeutsamsten und folgenreichsten Möglichkeiten, welche der evolutionäre Übergang von den einzelligen zu den mehrzelligen Lebewesen mit sich gebracht hat, ergeben sich aber aus dem Prinzip der Arbeitsteilung zwischen den verschiedenen Zellen, aus denen ein solcher zusammengesetzter Organismus besteht. Beim Volvox deutet sich das Prinzip bereits an. Bis zu welchen Extremen hin seine Möglichkeiten im Verlaufe der anschließenden Entwicklung ausgeschöpft worden sind, lehrt ein einziger flüchtiger Blick auf einige der Zelltypen, aus denen wir selbst bestehen.

Wenn wir die auf der Abbildung 22 einmal zusammengestellten Beispiele betrachten, fällt es schwer zu glauben, daß alle diese so außerordentlich verschieden gebauten und funktionierenden Typen bei jedem von uns die Produkte der fortlaufenden Teilung einer einzigen befruchteten Eizelle sind. Auch dem Biologen fällt es schwer, zwar nicht daran zu glauben (es besteht kein Zweifel daran), aber doch, es zu verstehen. Wie es kommt, daß eine einzige Zelle bei ihrer Teilung so zahlreiche unterschiedlich »differenzierte« Zellen entstehen lassen kann, ist, trotz mancher Ansätze, eine bis heute wissenschaftlich noch immer so gut wie unbeantwortete Frage.

Das Problem besteht darin, daß in dem Kern jeder einzelnen unserer Körperzellen, sei es nun eine Nieren- oder Drüsenzelle, eine Haut- oder eine Nervenzelle, aufgrund des (nahezu) perfekten Funktionierens des Kernteilungsvorgangs eine *komplette* Kopie aller DNS-Moleküle (»Gene«) steckt, die in der befruchteten Eizelle enthalten waren, deren Teilungsprodukte sie alle sind. Bei jedem der unzähligen Teilungsschritte, durch die sie nach und nach entstanden, sind diese DNS-Moleküle ja exakt verdoppelt und jedesmal gleichmäßig auf die beiden entstehenden Zellhälften verteilt worden. Jede einzelne unserer Körperzellen enthält daher weit mehr »Informationen«, als sie zur Erfüllung ihrer eigenen Spezialaufgabe eigentlich brauchte. Jede einzelne enthält den vollständigen, ungekürzten Bauplan unseres ganzen Körpers.

Nur deshalb konnten die Zukunftspropheten unter den modernen Molekularbiologen ja in den letzten Jahren auf den phantastischen Einfall kommen, daß es grundsätzlich möglich sein müsse, einen Menschen aus einer einzigen seiner Körperzellen neu erstehen zu lassen. Daß man auf diese Weise von jedem von uns gewissermaßen »nachträglich« also einen eineiigen Zwilling müsse herstellen können. Dieser Einfall führte dann zu weiteren Spekulationen darüber, ob Menschen in der Zukunft vielleicht dazu übergehen würden, eigene Hautzellen als eine Art Vorsorge für Unglücksfälle tiefgekühlt aufzubewahren, um nach einer solchen Katastrophe dann wenigstens als »Zwilling« wieder auferstehen zu können. (Siehe dazu auch nochmals die Anmerkung 21).

Natürlich wird dieser Gedanke (ganz abgesehen einmal von der Frage, ob seine Realisierbarkeit wirklich so wünschenswert wäre) noch auf absehbare Zeit utopisch bleiben. Und dies bezeichnenderweise nun eben nicht allein deshalb, weil die Heranziehung eines menschlichen Embryos außerhalb des Mutterleibs vorerst noch unmöglich ist. Viel größere Schwierigkeiten würden hier die mit dem eben erwähnten »Differenzierungsproblem« zusammenhängenden Fragen aufwerfen.

Denken wir an den Fall einer Zelle, die zu einer »Leberzelle« heranwachsen soll. Irgendwann entsteht sie also im Embryo durch die Teilung einer noch nicht spezialisierten Zelle. Auch sie enthält den ganzen, ungekürzten Bauplan des Organismus, von dem sie ein Teil ist. Von den ganzen komplizierten Einzelheiten dieses Plans geht sie selbst aber nur der winzige Ausschnitt etwas an, der die Vorschriften über das Aussehen und Funktionieren einer Leberzelle enthält. Die Zelle darf also, während sie nach der Teilung heranwächst, nur diesen kleinen Ausschnitt »ablesen« und berücksichtigen. Alle anderen Aufbauvorschriften, die der Plan enthält, müssen von ihr gewissermaßen übersehen werden.

In der Praxis spielt sich das tatsächlich in dieser Weise ab, so viel immerhin haben die Biologen schon herausgefunden. Die vielen DNS-Moleküle, die insgesamt den Bauplan ausmachen, sind als Gene eines neben dem anderen zu den sogenannten Chromosomen im Zellkern zusammengefaßt. Und in bestimmten Fällen kann man einem Chromosom nun im Mikroskop ansehen, welche seiner Gene gerade aktiv sind und welche untätig schlummern. Bei manchen Insekten schwellen die Gene, die aktiv werden, die also gerade dabei sind, ihre Befehle auszuteilen, sichtbar an. Die Chromosomenstellen, an denen sie sitzen, blähen sich dann zu sichtbaren Wülsten auf, sogenannten »puffs« (von dem englischen Wort *puff* = Aufblähung).

Man weiß daher, daß von allen Genen einer Zelle die weitaus meisten inaktiv sind. Die in ihnen enthaltenen Informationen sind blockiert. (Wahrscheinlich wieder von anderen Genen, die die Biologen »Repressor-Gene« nennen.) Das ist offenbar sogar sozusagen der Normalzustand. Wenn ein Gen aktiviert wird, wenn die Botschaft, die es darstellt, benötigt wird, dann muß dazu folglich diese Blockierung aufgehoben werden (wahrscheinlich wieder durch spezifische Gene, die dazu in der Lage sind). Eigentlich leuchtet das, nachträglich, wieder sehr ein: Es ist klar, daß der Bauplan allein nicht genügt. Er enthält gleichsam bloß die räumliche Ordnung. Was die Zelle außerdem braucht, ist auch noch eine zeitliche Einteilung.

Der beste Bauplan nützt nichts, wenn man nicht zusätzlich weiß, wo mit dem Bau angefangen werden soll, und wenn nicht klar angegeben wird, wann und in welcher Reihenfolge die einzelnen Teile des Plans nacheinander verwirklicht werden sollen. Bei einem Haus ist uns das selbstverständlich. Man muß mit dem Fundament anfangen und kann das Dach erst in Angriff nehmen, wenn die Stockwerke darunter fertiggemauert sind. Man darf aber auch den Putz nicht auf die Wände auftragen, bevor die elektrischen Leitungen verlegt sind. Jeder Bau setzt nicht nur die Einhaltung eines genauen räumlichen Plans voraus, sondern auch die Einhaltung einer ganz bestimmten zeitlichen Abfolge der zahlreichen einzelnen Schritte, durch die das Bauwerk entsteht.

Das gilt ebenso auch für die Bauten der Natur und daher für jede einzelne Zelle. Wie diese zeitliche Ordnung hier aber gewährleistet wird, darüber wissen wir noch so gut wie nichts. Wer der Zelle sagt, wann sie welche Plandetails »ablesen« und welche anderen sie übersehen soll, das haben die Biologen noch nicht herausgefunden. Wie es kommt, daß einzelne Gene im richtigen Augenblick und in der richtigen Reihenfolge enthemmt werden, wer die Repressor-Gene und ihre Gegenspieler ihrerseits blockiert oder aktiviert, das alles ist noch völlig dunkel. (Auf eine bisher noch kaum näher geklärte Art und Weise scheint, was ja logisch wäre, der jeweils erreichte Bauzustand selbst den notwendigen nächsten Schritt auszulösen.)

Fest steht jedenfalls, daß eine in dieser Weise räumlich und zeitlich exakt abgestimmte Aktivitätssteuerung die Gene der einzelnen Zelle je nach Bedarf an- oder abschaltet, und daß auch die »Differenzierung« der einzelnen Zelle auf diese Weise erfolgt. Wenn eine Zelle also eine Leberzelle werden soll, dann werden einfach nur die Gene (in der richtigen Reihenfolge) aktiviert, die zur Erreichung dieses Teils des Bauplans erforderlich sind, und alle anderen Gene der Zelle bleiben während ihrer ganzen

Lebensdauer blockiert. (Ich brauche wohl nicht noch einmal darauf hinzuweisen, welche Fülle ungelöster Probleme sich hier hinter dem kleinen Wort »einfach« verbergen.)

Das unbestreitbare Wissen, daß in jeder unserer Hautzellen die genetischen Informationen über unseren ganzen Körper stecken, nützt also, um zunächst diesen Punkt abzuschließen, in der Praxis überhaupt nichts. Um aus einer dieser Hautzellen im Laboratorium den Zwilling eines Menschen wachsen zu lassen, müßte der Experimentator imstande sein, alle Blockierungen sämtlicher in dieser Zelle enthaltenen Gene (beim Menschen mindestens einige Millionen) aufzuheben – und zwar gezielt in genau der richtigen zeitlichen Reihenfolge. Das ist eine Aufgabe, die wohl noch für einige Biologen-Generationen absolut unlösbar bleiben dürfte.

Die Natur beherrscht das Prinzip jedoch seit unausdenkbar langer Zeit. Ohne diese Möglichkeit hätte sie es nicht einmal bis zum Einzeller bringen können. Denn dessen Vermehrung durch Teilung setzt ja die exakte Teilung des Kerns mit seinen gentragenden Chromosomenschleifen voraus, einen Vorgang also, den wir bei anderer Gelegenheit schon eben wegen der Präzision seines zeitlichen Ablaufs mit der Ordnung eines Balletts verglichen hatten.

Jetzt, auf der Stufe der Vielzeller, gibt die Beherrschung der Gen-Klaviatur der Natur die Möglichkeit, die einzelnen Zellbausteine des höheren Organismus bis an die Grenze des biologisch überhaupt Möglichen zu spezialisieren. Wer das Register der Gene beherrscht, der kann in jeder einzelnen Zelle die Gene aussuchen und auf ihnen »spielen«, die er zur Erreichung der gewünschten Eigenschaften und speziellen Funktionen braucht. Das Ergebnis ist die Zelldifferenzierung, die Tatsache, daß sich die verschiedenen Zellen eines höheren Lebewesens voneinander so erstaunlich unterscheiden können, je nach der Funktion, für die sie bestimmt sind.

Hierauf beruht der entscheidende Fortschritt, den der Sprung zur Vielzelligkeit in der Geschichte des Lebens darstellt. Denn mit derartig spezialisierten Bausteinen lassen sich für bestimmte Funktionen und Leistungen Organe von einer bis dahin nicht denkbaren Perfektion bauen. Das liegt einfach daran, daß man mit relativ kleinen Bausteinen relativ große Organe weitaus raffinierter und außerordentlich vielseitiger bauen kann, als das mit relativ großen Bausteinen in dem Leib von Lebewesen möglich gewesen war, die selbst nur aus einer einzigen Zelle bestanden hatten. Das gilt hier ebenso wie für die Unterschiede in der Qualität eines

Bildes, die auch von der Größe (und damit der Zahl) der Bildpunkte abhängen. Durch einen schlechten Zeitungsdruck (relativ wenige, relativ grobe Rasterpunkte) lassen sich viel weniger Einzelheiten und Nuancen wiedergeben als durch die mikroskopisch kleinen Pigmentkörnchen eines photographischen Films mit hoher »Auflösung«.

Erinnern wir uns jetzt noch einmal an die »Augenflecken«, auf die wir bei den Einzellern gestoßen waren (dazu auch nochmals der Anmerkung 33). Es kann gar keinen Zweifel daran geben, daß diese kleinen, das Licht absorbierenden Pigmentflecken, auch wenn es sich bei ihnen bloß um kleine Farbkörnchen handelt, bei den Einzellern im Prinzip die gleiche Aufgabe erfüllen wie die erst so viel später entstandenen Augen der höheren Lebewesen. Diesem Umstand verdanken sie schließlich auch ihren Namen. Natürlich sind sie einem »Auge« im engeren Sinn insofern noch nicht vergleichbar, als es mit ihnen schon aus rein physikalischen Gründen noch nicht möglich ist, ein »Bild« der Umwelt aufzufangen, was auf dieser Entwicklungsstufe freilich auch ganz unsinnig wäre, denn noch existiert kein Zentralnervensystem, das mit einem solchen Abbild etwas anfangen könnte.

Aber ohne Zweifel sind die Augenflecken der Einzeller doch schon »Lichtempfänger«. Wenn auch nur in dem sehr bescheidenen Sinne, da sie das auf sie fallende Licht verschlucken und daher in dem Organismus, zu dem sie gehören, einen Schatten werfen. Es sind Organelle, die Licht aufnehmen und Reize weitergeben, und wenn es sich bei diesen »Reizen« auch nur um ihren Schatten handelt, der auf die Wurzel einer Geißel fällt und deren Aktivität beeinflußt. Das alles spielt immerhin so zusammen, daß es als automatische Steuerung funktioniert, die den betreffenden Einzeller dem für ihn nützlichen Sonnenlicht zustreben läßt.

Das ganze ist ein mikroskopisches Wunderwerk der Evolution. Es ermöglicht dem Einzeller eine Orientierung an optischen Eigenschaften seiner Umwelt. Auch wenn mit dieser vergleichsweise so simplen Apparatur bloß die primitive Unterscheidung zwischen »heller« und »dunkler« möglich ist, handelt es sich hier ohne jeden Zweifel um den ersten Schritt in der Richtung auf die spezielle Funktion, die wir meinen, wenn wir vom »Sehen« sprechen.

Es ist für unseren Gedankengang wichtig, daß wir uns an dieser Stelle klarmachen, daß die Natur diesen ersten Schritt hin zum Sehen schon auf der Stufe des Einzellers getan hat. Zu einer Zeit also, in der an »Augen« in dem uns geläufigen Sinn noch gar nicht zu denken war. Sehr weit hat das erste Vortasten in dieser Richtung auch nicht geführt. Optische Steuerungsreflexe der eben erwähnten Art – mehr war beim Einzeller noch nicht »drin«. Das Material reichte noch nicht, um das Prinzip weiter zu verfolgen und auszubauen.

Nachdem die Entwicklung jedoch den nächsten Schritt getan hatte, der sie zum höheren, aus vielen Zellen aufgebauten Organismus führte, da gab es dann, sozusagen, kein Halten mehr. Es passierte das, was passieren muß, wenn ein Erfinder, der seine Idee seit langer Zeit mit sich herumgetragen hat, plötzlich die Bausteine in die Hand bekommt, die ihm endlich die Möglichkeit geben, seine Gedanken in die Tat umzusetzen. Nicht anders reagierte der Erfinder »Evolution«, als ihm auf dieser Entwicklungsstufe auf einmal die Möglichkeit gegeben wurde, einen »Lichtempfänger« aus einer Vielzahl eigens spezialisierter einzelner Zellen aufzubauen.

Auf der Abbildung 17 ist der Weg dargestellt, der die Natur unter diesen Umständen vom einfachen Lichtsinn bis zu unserem Auge führte, zusammen mit den Sinneseindrücken, die das Schritt für Schritt weiter vervollkommnete Organ auf dem jeweils erreichten Entwicklungsstand vermitteln konnte. Jeder einzelne auch dieser Schritte ist durch heute noch lebende Tiere unterschiedlicher Organisationshöhe belegt und nachprüfbar.

So kompliziert unser Auge auch immer sein mag, der Weg, der zu ihm führte, wurde in der vergleichsweise lächerlich kurzen Frist von wenigen hundert Jahrmillionen zurückgelegt. Das ist wesentlich weniger als die Zeit, die die Natur gebraucht hatte, um etwa nur den Mechanismus der Kernteilung beim Einzeller durchzukonstruieren.

Hier haben wir den schon angekündigten zweiten und wahrscheinlich wichtigsten Grund vor uns für die im Vergleich zu den vorangegangenen Epochen so enorme Beschleunigung, die das Entwicklungstempo in den letzten 600 bis 800 Millionen Jahren zunehmend erfahren hat. Es hat den Anschein, als ob während der so unglaublich langen Epoche davor alle wesentlichen Entscheidungen schon gefallen sind. Die Zeit des Suchens ist vorbei. Alle fundamentalen Prinzipien sind, wenn auch nur als Keime oder Ansätze, entwickelt. Es ist jetzt nur noch nötig, sie mit den so entscheidend verbesserten neuen Möglichkeiten auszuschöpfen und immer weiter zu perfektionieren.

Wir werden noch einige Male auf Beispiele stoßen, die für diese Auffassung sprechen. Erinnert sei hier auch gleich noch einmal an die bei den Geißeln tragenden Einzellern bestehende Reizleitung. Die Tatsache, daß Intensität und Richtung des Schlages ihrer Geißeln koordiniert sind, ist nur so zu erklären, daß irgendeine Art von Verbindung zwischen ihnen bestehen muß, die ihren Rhythmus miteinander koppelt. Wir haben heute noch keine Ahnung, um was für eine Art von Verbindung es sich hier handeln könnte. Lichtmikroskop und auch Elektronenmikroskop verraten darüber nichts. Vielleicht wird die Signalstrecke hier von einem nur chemisch spezialisierten und daher nicht sichtbaren Strang des Zellplasmas gebildet, der die Geißeln zusammenschließt. Aber wie auch immer die Lösung des Problems aussehen mag, fest steht, daß auch hier wieder ein Prinzip vorweggenommen wird, dem wir in seiner ausgereiften Form erst bei den vielzelligen Lebewesen begegnen: das Prinzip der Reizleitung.

Wieder also ist es nicht etwa so, wie wir gedankenlos oft meinen, daß erst die spezialisierte Nervenzelle den Transport von Reizen im Organismus, und damit seinen Zusammenhalt und die Steuerung seiner verschiedenen Funktionen ermöglicht hat. Das Umgekehrte trifft zu. Die Reizleitung gab es schon immer. Auch der primitivste Einzeller wäre ohne eine sinnvolle Abstimmung seiner verschiedenen Funktionen nicht lebensfähig. Die unglaublichen Möglichkeiten aber, die in diesem Prinzip stecken, die allerdings waren erst auszuschöpfen, als es Nervenzellen gab, mit denen sich exakte Nachrichtenverbindungen im Organismus herstellen ließen und aus denen dann, viel später, auch eine zentrale Informations- und Befehlsstelle aufgebaut werden konnte, das Gehirn.

So betrachtet liefern die ersten 400 bis 500 Millionen Jahre der Mehrzeller, liefert die Stammesgeschichte der Fische, Muscheln und Krebse, der Schwämme, Würmer und Quallen (noch gibt es Leben ausschließlich im Wasser!) nur immer neue Beispiele für den gleichen Sachverhalt: für die in manchen Fällen geradezu phantastisch anmutende Vervollkommnung von Funktionen, Leistungen und Verhaltensweisen, die es im Ansatz auch auf der Stufe des Einzellers schon gegeben hatte. Natürlich entsteht dabei »Neues« in unübersehbarer Vielfalt. Aber in jedem einzelnen Fall, handele es sich nun um ein spezielles Organ oder eine besondere Funktion, ist der Keim schon im Reich der Einzeller zu finden.

Es würde ermüden, wollten wir das über die schon geschilderten Beispiele hinaus in allen Einzelheiten beschreiben. Es ergäbe für unseren Gedankengang auch keine neuen Gesichtspunkte, wenn wir in jedem Fall hier nur den konkreten Weg nachzeichnen würden, der vom Einzeller zu den Fischen, den Krebsen oder den Würmern geführt hat. Wer für diese Details Interesse hat (und sie sind interessant genug), kann darüber in jedem guten Biologiebuch nachlesen (35). Wenn man das von der höheren Zelle gebildete Material als gegeben hinnimmt und den von Mutation und Selektion vorangetriebenen schöpferischen Prozeß der Evolution dazu, dann gibt es keine grundsätzlichen Schwierigkeiten mehr, die Entwicklung zu verstehen, welche die Vielfalt der im Wasser lebenden Tiere hervorbrachte.

Wem fiele hier nicht die Parallele zu der ersten Stufe der Entwicklung auf, die Wiederholung der Situation, mit der wir dieses Buch angefangen hatten? Wenn man den Wasserstoff und seine erstaunlichen Eigenschaften als gegeben hinnimmt, so hatten wir dort gesagt, und ebenso die Naturgesetze, Raum und Zeit, dann läßt sich daraus, wenigstens in den groben Umrissen, die Geschichte ableiten, die seit dem Anfang der Welt abläuft und die auf der Erde bis hin zu uns selbst geführt hat. Daß das möglich ist, das ist, wie mir scheint, die faszinierendste Entdeckung unserer Zeit. Sie bildet deshalb auch das Grundthema dieses Buches.

Daß somit im Wasserstoffatom alles, was jemals entstanden ist und in Zukunft entstehen wird, von allem Anfang an als Möglichkeit enthalten war, das ist insofern die bedeutsamste Entdeckung der modernen Naturwissenschaft, als sie jeden von uns, der sich dieser Einsicht nicht gewaltsam verschließen will, zur Anerkennung der Tatsache zwingt, daß diese Welt und ihre Geschichte einen Ursprung haben, der nicht in ihr selbst liegen kann. Über diese eine einzige Tatsache hinaus ist jeder frei, sich selbst zurechtzulegen, was er von einer Ursache halten will, die dem für uns aus dem Nichts entstandenen Atom dieses einfachsten aller Elemente Entwicklungsmöglichkeiten verliehen hat, die seine eigene Existenz und sein Nachdenken über diese Frage ebenso einschließen wie das ganze Universum.

17. Der Auszug aus dem Wasser

Warum eigentlich hat es so lange gedauert, bis das auf der Erde längst fest etablierte Leben die Oberfläche dieses Planeten ganz in seinen Besitz nahm? Die Eroberung des festen Landes liegt weniger als 500 Millionen Jahre zurück. Warum hat das Leben diesen Schritt so spät erst getan? Die Antwort ist sehr einfach: Weil es, bis auf den heutigen Tag, kein einleuchtendes biologisches Argument gibt, das diesen Schritt als zweckmäßig erscheinen lassen könnte. Wir müssen unsere Frage daher genau umgekehrt stellen: Wie ist es zu erklären, daß das Leben jemals den gewaltigen und folgenschweren Sprung unternahm, der es aus dem Wasser, seiner Wiege und natürlichen Heimat, auf das trockene Land verschlug?

Daß uns heute das Wasser als feindliches, unser Leben bedrohendes Element erscheint, ist auch nur wieder ein eindrucksvolles Symptom für die Gründlichkeit, mit der die Natur uns den im Grunde höchst abnormen Existenzbedingungen angepaßt hat, denen ein lebender Organismus an der freien Luft ausgesetzt ist. Der Übergang von dem einen Element in das andere ist schon deshalb der rätselhafteste aller Entwicklungsschritte, die wir bisher besprochen haben, weil er in dem Augenblick, in dem er sich vollzog, nicht den geringsten Vorteil, sondern nur Nachteile, Gefahren und Erschwernisse mit sich brachte.

Ein hypothetischer Beobachter, der die angestrengten und verlustreichen Versuche des Lebens mit angesehen hätte, das Wasser zu verlassen, hätte ganz sicher verständnislos mit dem Kopf geschüttelt. Denn es war nicht nur gänzlich unerfindlich, welchem Zweck das aufwendige Unternehmen dienen sollte. Es stand darüber hinaus fest, daß es die komplette Neuentwicklung einer ganzen Reihe komplizierter biologischer Zusatzleistungen und Einrichtungen erforderlich machen würde, die bis dahin vollkommen überflüssig gewesen waren.

Das beginnt mit dem Gewicht des eigenen Körpers. Im Wasser hatte es das nicht gegeben. Der hohe Wassergehalt aller Lebewesen hat zur Folge, daß ihr spezifisches Gewicht kaum größer ist als 1. Der geringe Überschuß läßt sich leicht – durch Luftblasen oder ähnliche Einrichtungen – ausgleichen. Deshalb wird der Meeresbewohner von seinem Element getragen. Selbst der mächtigste Wal ist im Wasser gewichtlos. Auf dem Trockenen verbraucht man dagegen als Landbewohner, jedenfalls dann, wenn man sich über die Entwicklungsebene von Würmern, Schnecken und Schlangen erhoben hat, bis zu 40 Prozent seiner gesamten Stoffwechselenergie allein zu dem simplen Zweck, sein eigenes Gewicht zu tragen. Es ist, in der Tat, nicht leicht, einen Grund dafür zu entdecken, warum die Entwicklung damals in einer Richtung verlief, die diesen und andere Nachteile mit sich brachte. Von biologischer Zweckmäßigkeit im üblichen Sinne kann hier sicher nicht mehr die Rede sein.

Es gab noch andere Nachteile und Risiken, die der Wechsel mit sich brachte. Bisher hatte das als Lösungsmittel für alle Stoffwechselprozesse unentbehrliche Wasser unbegrenzt zur Verfügung gestanden. Auf dem Lande wurde es zur Mangelware. Es galt daher, zahlreiche komplizierte und neuartige Vorrichtungen zu entwickeln, die es gestatteten, mit dem plötzlich kostbar werdenden Naß so sparsam wie möglich umzugehen. Hinzu kam die Bedeutung des Wassers als Ausscheidungsmedium für Stoffwechselschlacken. Ein Meeresbewohner kann seinen Körper nach Belieben durchspülen und auf diese Weise reinigen. Jetzt mußten neue Stoffwechselwege gefunden werden, damit der Wasserverbrauch eingeschränkt werden konnte.

Ein Lebewesen, das den Sprung vom Wasser aufs Land unternimmt, wird aber nicht nur plötzlich mit seinem eigenen Gewicht belastet. Es lernt nicht nur die Gefahr der Austrocknung und damit erstmals auch das Gefühl des Durstes kennen. Es sieht sich darüber hinaus auch bis dahin unbekannten Temperaturschwankungen ausgesetzt, die seinen Stoffwechsel in Unordnung zu bringen drohen: dem Wechsel zwischen Tageswärme und nächtlicher Abkühlung und, noch einschneidender, den mit dem Wechsel der Jahreszeiten einhergehenden Temperaturunterschieden. Als dem Wasser seit so langer Zeit schon entfremdete Organismen haben wir vergessen, daß auch dieses Problem vorher nicht existierte. Schon wenige Meter unter der Oberfläche der Ozeane herrscht jahraus, jahrein eine Temperatur von + 4 Grad Celsius, auf deren Gleichmäßigkeit man sich vertrauensvoll verlassen kann.

Diese Konstanz war bis dahin auch als eine der unentbehrlichen Grundvoraussetzungen des Lebens erschienen. Denn die Temperatur ist, wie wir uns erinnern wollen, der Motor aller chemischen Reaktionen. Temperaturkonstanz bedeutet daher die Gewißheit, daß alle chemischen Reaktionen mit einer gleichbleibenden und daher kalkulierbaren Geschwindigkeit ablaufen. Stoffwechsel aber ist die Summe unzählig vieler chemischer Einzelreaktionen. Wieviel schwieriger mußte es sein, deren Ordnung auch noch unter der Belastung von Schwankungen der Außentemperatur aufrechtzuerhalten!

Alles in allem kam der Auszug aus dem Wasser der Aufgabe des eigentlichen Lebenselementes gleich. Das, was wir heute die Eroberung des Landes nennen, wäre einem Beobachter damals genauso irrational erschienen wie vielen Menschen heute der Drang zum Besuch des Mondes. Es bedeutete das Aufgeben bequemer Geborgenheit für eine Umwelt, die dem Leben zu Beginn des abenteuerlichen Unternehmens nicht die geringsten Chancen zu bieten schien. Vom Wasser aus betrachtet nahm das trockene Land sich damals genauso fremdartig und lebensfeindlich aus wie die Oberfläche des Mondes heute für uns.

Die Parallele reicht weiter, als es zunächst den Anschein hat. In beiden Fällen geht es tatsächlich auch um das gleiche Problem: um das Überleben in einem fremden, für die eigene Konstitution tödlichen biologischen Milieu. Die nähere Betrachtung zeigt denn auch, daß nicht nur die damit verbundenen Risiken und Aufgaben in beiden Fällen ähnlich waren, sondern auch die Lösungen. Dies ist um so auffälliger, als es sich im ersten Fall um biologische Lösungen gehandelt hat, die der Erfinder »Evolution« mit der Hilfe von Mutation und Selektion entwickelte, während wir heute die »Eroberung« des Weltraums mit technischen Hilfsmitteln betreiben, die unserer wissenschaftlichen Intelligenz entspringen.

Wir treffen hier erneut auf eine jener Analogien, eine jener Wiederholungen des gleichen Motivs auf verschiedenen Entwicklungsstufen, von denen schon einige Male die Rede war. Was wir von diesem neuen Beispiel zu halten haben, soll erst in einem späteren Kapitel erörtert werden, weil uns das Verständnis leichter fallen wird, wenn wir zuvor noch einige weitere Voraussetzungen kennenlernen. Hier soll zunächst an konkreten Einzelheiten belegt werden, wie verblüffend weit die Parallelen in diesem Fall gehen. Und dazu ist wiederum ein kleiner Exkurs notwendig, der uns verständlich macht, wie die Wissenschaftler es fertigbringen, heute noch zu untersuchen, mit Hilfe welcher biologischer Umstellungen und Erfindungen der Natur vor 500 Millionen Jahren die Eroberung des Festlandes gelang.

Wir können dabei an die Erfahrung der Hebammen anknüpfen, daß ein Neugeborenes, das auffällig stark behaart ist, aller Wahrscheinlichkeit nach vorzeitig geboren wurde und noch unreif ist. Die Beobachtung stimmt. Sie hängt damit zusammen, daß jeder menschliche Embryo etwa im 4. Monat einen regelrechten und dichten Haarpelz bekommt, der allerdings vor dem normalen Geburtstermin wieder verschwindet. Was für einen Sinn kann ein solches »Fell« haben, das nur während der Entwicklungszeit im Mutterleib bestehen bleibt, während derer ein Schutz gegen Auskühlung gewiß nicht notwendig ist?

Dieser Pelz, den wir alle vor unserer Geburt vorübergehend tragen, ist nichts anderes als eine »Erinnerung« unserer Gene an eine einige Dutzend Millionen Jahre zurückliegende Zeit, in der unser Geschlecht noch nicht bis zum Menschen ausgereift war und normalerweise ein Fell besessen hat. Wenn wir uns während der langen Monate der Schwangerschaft aus einer befruchteten Eizelle bis zu einem lebensfähigen Menschenkind entwickeln, dann spielen die Repressoren und die enthemmenden Faktoren auf dem Register unserer Gene, um in einer wohl abgestimmten, komplizierten zeitlichen Abfolge die Teilungsprodukte dieser Eizelle in der richtigen räumlichen Anordnung zu all den vielen verschiedenen Zellarten werden zu lassen, die unseren Körper aufbauen sollen.

Die noch weitgehend unbekannten Faktoren, die dieses Spiel spielen, verhalten sich dabei nun so ähnlich wie ein Schulkind, das ein Gedicht aufsagt und das immer dann, wenn es steckenbleibt, wieder ganz von vorn anfangen muß, weil es sonst überhaupt nicht mehr weitergeht. Auch bei unserer Entstehung werden auf dem Genregister keineswegs etwa gleich die Tasten angeschlagen, die die letzte Strophe intonieren, nämlich die Komposition eines menschlichen Körpers. Als ob das – wie bei dem Schulkind – nur gelänge, wenn vorher erst alle anderen Strophen aufgesagt worden sind, so rekapitulieren auch wir in dieser Zeit unserer embryonalen Entwicklung alle vorangegangenen Baupläne unserer vormenschlichen Ahnen.

Das geschieht freilich nicht lückenlos und unter minuziöser Berücksichtigung aller Details, sondern mit einer gewissen Hast und recht flüchtig. Aber immerhin tragen wir alle in den ersten Wochen unserer Existenz einen Schwanz, der sich lange vor der Geburt bis auf einen Rest (das Steißbein) wieder zurückbildet. Vorübergehend haben wir sogar Kiemen, eine unübersehbare Erinnerung daran, daß auch unsere Ahnenreihe über affenartige, dann nagetierähnliche, noch weiter zurück amphibische Vorfahren zurück bis ins Ur-Meer führt. Zwar sind auch die Kiemenspalten des Menschenembryos nur vorübergehend angedeutet und nicht etwa bis zur Funktionstüchtigkeit entwickelt. Das wäre denn doch zu unrationell. Aber immerhin führt die Erinnerung der Gene an dieser Stelle doch noch so weit, daß diese embryonalen Kiemen sogar noch mit dem charakteristischen Netz feiner Blutgefäße umgeben werden, denen beim Meeresbewohner die Aufgabe zufällt, dem an den Kiemen vorüberstreichenden Wasser den Sauerstoff zu entziehen (36).

Eine weitere stammesgeschichtliche Erinnerung dokumentiert sich in der Stellung unserer beiden Augen am Anfang und am Ende der Embryonalzeit. Im ersten Abschnitt dieser Entwicklungsphase liegen sie noch an den Seiten des Kopfes, so wie es früheren tierischen Entwicklungsstufen entspricht. Erst im späteren Verlauf der Embryonalzeit wandern sie dann nach vorn, um das für die höheren Primaten und insbesondere für uns Menschen charakteristische sich überlappende Gesichtsfeld zu ermöglichen und auf diese Weise ein plastisches, räumliches Sehen (37).

Natürlich sind wir dabei in keinem Augenblick unserer embryonalen Entwicklung etwa Fisch, Reptil oder felltragendes Tier, sondern immer schon werdender Mensch. Daß wir aber von tierischen Urahnen abstammen, daß wir mit allen Tieren verwandt sind, dafür sind auch diese Erinnerungen unserer Gene ein untrüglicher Beweis.

Nun nützt den Wissenschaftlern, so interessant das alles sein mag, diese embryonale Rückerinnerung beim Menschen gar nichts. Die Andeutungen sind hier zu flüchtig, als daß sich aus ihnen Einsichten gewinnen ließen über die Art und Weise, in der unsere Vorfahren den Sprung vom Wasser aufs Land biologisch vollzogen haben. Glücklicherweise gibt es diesen Rekapitulationszwang, bei dem das Individuum während seiner eigenen Entstehung die biologische Entstehungsgeschichte seiner Art – wenigstens in Andeutungen – wiederholt, nicht nur beim Menschen. Glücklicherweise gibt es sogar einige Fälle, in denen genau dieser Sprung, der Übergang von einem Leben im Wasser zu einer Existenz unter freiem Himmel, im Rahmen der Individualentwicklung auch heute noch konkret erfolgt.

Das bekannteste Beispiel ist der Frosch. Wie jeder weiß, verbringt dieses Tier die erste Phase seines Lebens als Kaulquappe im Wasser, bis es sich dann nach einer erblich festgelegten Frist im Verlaufe von etwa 12 bis 15 Monaten in einen auf dem Lande lebenden Frosch verwandelt. In kaum mehr als einem Jahr vollzieht jeder einzelne Frosch folglich die Umstellung, für welche die Evolution seinerzeit mindestens 50, wahrscheinlich sogar 100 Millionen Jahre gebraucht hat. Aber wenn die Lektion erst einmal gelernt ist, geht es natürlich schneller. Die Gene des Frosches beherrschen das Pensum so perfekt, daß das Tier den Wissenschaftlern heute wie im Zeitraffer vorexerzieren kann, was seinerzeit geschah.

Wenn man die einzelnen Schritte der biologischen Umstellung näher betrachtet, die hier ein Wassertier vor unseren Augen in einen Landbewohner verwandeln, dann sind die Parallelen zur astronautischen Technik nicht zu übersehen. Vergleichbare Probleme provozieren eben vergleichbare Lösungen, unabhängig davon, um welchen Bereich es sich handelt.

Eine dieser Lösungen besteht offensichtlich darin, daß die zum Überleben notwendigen biologischen Bedingungen, soweit das möglich ist, einfach in den fremden Lebensraum mitgenommen werden. Der gewaltige technische Aufwand der Raumfahrt gilt bekanntlich nicht zum kleinsten Teil dem Bestreben, in der Mannschaftskapsel möglichst erdähnliche Bedingungen aufrechtzuerhalten, wozu vor allem eine konstante Versorgung mit Sauerstoff gehört.

Es berührt eigenartig, wenn das Studium der Verwandlungen, die eine Kaulquappe bei der »Froschwerdung« durchmacht, einem die Augen dafür öffnet, daß die Natur vor vielen hundert Millionen Jahren schon einmal zu derselben Lösung gegriffen hat. Auch damals erwies es sich offenbar als die einfachste Möglichkeit, das Medium, in dem sich alles Leben seit seiner Entstehung abgespielt hatte, nämlich Wasser, einfach mitzunehmen. Die erste Voraussetzung dazu war die Entwicklung einer Haut, welche die Verdunstung von Wasser verhindert. Eine Kaulquappe vertrocknet an der freien Luft in kürzester Zeit. Einem Frosch macht der Aufenthalt unter freiem Himmel nichts mehr aus, weil er sich während seiner Verwandlung eine Haut zugelegt hat, die das Wasser seines Körpers so zurückhält wie der Raumanzug eines auf der Mondoberfläche arbeitenden Astronauten den lebensnotwendigen Sauerstoff.

Mit dem auf diese Weise auf das trockene Land hinübergeretteten Wasser muß nun aber äußerst sparsam umgegangen werden. Damit taucht ein Ausscheidungsproblem auf, das zunächst unlösbar erscheint. Ein

Meeresbewohner kann die Endprodukte des Nahrungsabbaus und andere Stoffwechselschlacken so schnell ausscheiden, wie sie in seinem Körper entstehen. Ihm steht für diesen Zweck Wasser in beliebiger Menge zur Verfügung. Solch verschwenderischen Umgang kann man sich mit dieser Flüssigkeit auf dem trockenen Land nicht mehr erlauben. Wo ist der Ausweg?

In der Astronautik wird er durch das Stichwort »Weiterverarbeitung« gekennzeichnet. Die Techniker arbeiten bekanntlich seit längerer Zeit an Systemen, die es ermöglichen sollen, mit dem Abfallproblem auf längeren Raumreisen fertig zu werden. Bei diesen Abfällen handelt es sich in der im Weltraum isolierten Raumkapsel nicht nur um Speisereste und verbrauchtes Material, sondern vor allem um die Ausscheidungen der Besatzung. Auch hier kann man es sich schon deshalb nicht leisten, den Abfall einfach über Bord zu werfen, weil er dazu viel zuviel unersetzliches Wasser enthält. Die Raumfahrttechniker denken daher daran, die Ausscheidungs- und Abfallprodukte, die aus der Kapsel entfernt werden sollen, vorher möglichst stark zu konzentrieren, ihnen also Wasser zu entziehen, das dann, gereinigt, zur Wiederverwendung zur Verfügung steht.

Ähnlich, wenn auch mit biologischen Mitteln, ist die Natur an die gleiche Aufgabe herangegangen. Das typische Endprodukt des Eiweißabbaus ist bei den Meeresbewohnern Ammoniak. Daß diese Verbindung giftig ist, braucht eine Kaulquappe noch nicht zu kümmern. Sie scheidet sie so schnell aus, wie sie in ihrem Körper entsteht. Der Frosch kann sich diesen Luxus nicht mehr leisten. Während der Umwandlung entstehen daher in der Kaulquappe neue Enzyme, welche das Ammoniak »weiterverarbeiten«: sie bauen es weiter ab bis zu dem für fast alle Landbewohner typischen Harnstoff. Dieser ist ungiftig und kann daher in relativ hoher Konzentration von Zeit zu Zeit unter Verlust nur noch kleiner Flüssigkeitsmengen ausgeschieden werden.

Dieses wassersparende Prinzip der Konzentration von Ausscheidungsprodukten ist später dann in der Niere der Warmblüter bis an die Grenze des biologisch Möglichen weiterentwickelt worden. Es ist kein Zufall, daß unsere Nieren nach dem Gehirn die Organe mit dem höchsten Sauerstoffverbrauch sind, und daß Nierenzellen im Mikroskop durch einen besonderen Reichtum an Mitochondrien auffallen. Die Arbeit, die sie laufend leisten, ist enorm.

Unsere Nieren nehmen täglich rund 150 Liter »Primärharn« auf, der einfach aus dem Blut in die Nieren gefiltert wird. Eine so große Flüssigkeitsmenge ist also notwendig, um die Abbauprodukte, die in unserem Körper während eines einzigen Tages entstehen, in Lösung zu bringen und aus dem Blutkreislauf in die Nieren zu befördern. Man male sich nun einmal aus, was es bedeuten würde, wenn wir auf einen Flüssigkeitsumsatz dieses Ausmaßes angewiesen wären. Glücklicherweise konzentrieren die Nieren diesen Primärharn durch eine gegen das physikalische Gefälle gerichtete »Rückresorption«. Sie bringen es, einfacher ausgedrückt, fertig, das ursprüngliche Filtrationsprodukt so stark zu konzentrieren, daß sie mehr als 90 Prozent des darin enthaltenen Wassers wieder an den Blutkreislauf zurückgeben können. Im Endeffekt kommen wir daher mit einer täglichen Flüssigkeitsausscheidung von nur wenig mehr als einem Liter aus, um alle giftigen Stoffwechselschlacken loszuwerden.

Wie man sieht, ist das Leben auf dem Festland strapaziös und aufwendig. Daher noch einmal die Frage: Warum eigentlich? Je länger man über diese Frage nachdenkt, um so rätselhafter muß einem dieser Schritt der Evolution zunächst erscheinen. Sieht es nicht ganz so aus, als bestände auch in dieser Hinsicht eine Parallele zu den Anstrengungen, die wir heute einzig und allein zu dem Zweck auf uns nehmen, um Himmelskörper zu besuchen, auf denen wir uns nur mit der Hilfe aufwendiger technischer Schutzeinrichtungen für kurze Zeit behaupten können? Ist es nicht auch im Fall der Astronautik schwer, eine rationale Antwort zu finden auf die Frage nach dem Zweck des ganzen Unternehmens? Eine überzeugende Begründung für das offensichtliche Mißverhältnis zwischen dem wahrhaft astronomischen Aufwand und der Begrenztheit des im günstigsten Fall praktisch Erreichbaren?

Wenn wir die hier bestehenden Zusammenhänge verstehen und Antworten auf unsere Fragen finden wollen, müssen wir uns zunächst mit einer weiteren Erfindung der belebten Natur beschäftigen, die ebenfalls noch eine Konsequenz des Auszugs aus dem Wasser darstellt. Es ist dies die Erfindung der Warmblütigkeit. Die nähere Betrachtung dieses vollkommen neuen Prinzips und seiner Hintergründe ist ein eigenes Kapital wert. Seine Ursachen und seine Folgen sind bedeutungsvoller, als man im ersten Augenblick für möglich halten würde.

Vierter Teil

Die Erfindung der Warmblütigkeit und die Entstehung von »Bewußtsein«

18. Die stille Nacht der Dinosaurier

Im Wasser war es, alles in allem gesehen, fast ein wenig so wie im Schlaraffenland gewesen. Man wurde getragen, und das nicht nur im wörtlichen Sinn. Von Anfang an hatte sich das Leben passiv von seiner Umwelt tragen lassen, und es war gut dabei gefahren. Die Zellen hatten sich, ebenso wie später die Meeresbewohner, bereitwillig den Bedingungen angepaßt, die ihre Umwelt ihnen anbot.
Das Licht der Sonne war nicht von jeher oder gar »von Natur aus« lebensfreundlich gewesen. Lange Zeit hatten die Zellen sich vor seiner zerstörenden Kraft tief unter der Oberfläche des Wassers verstecken müssen. Aber die Anpassung an diese nun einmal existierende Strahlung hatte es schließlich vermocht, die Beziehung ins Positive zu verkehren. Von dem Augenblick an, an dem man es gelernt hatte, diese einst so bedrohliche Kraft als Energiequelle auszunutzen, galt ein neuer Maßstab. Als Folge davon entstanden jetzt sogar optisch gesteuerte Bewegungsautomatismen, die dafür sorgten, daß jedes Quentchen Sonnenlicht genutzt wurde.
Ähnlich war es mit dem Sauerstoff gewesen, mit dem das Leben die irdische Atmosphäre, gewissermaßen unbeabsichtigt, selbst durchsetzt hatte. Vorübergehend hatte es damals nach einer Katastrophe ausgesehen. Unzählige, an eine andere Beschaffenheit der Umwelt angepaßte Lebensformen waren zugrunde gegangen. Aber schließlich war die Fähigkeit zur bedingungslosen Anpassung auch mit dieser Bedrohung fertig geworden. Auch diesmal gelang das so vollkommen, daß der Sauerstoff von da ab die Rolle eines schlechthin unentbehrlichen Bestandteils der Atemluft spielte.
Vielfältig waren auch die Formen, in denen man sich an die physikalischen Eigenschaften der Flüssigkeit angepaßt hatte, in der man nun einmal existierte. Da schon in geringer Entfernung vom Ufer kein

Grund mehr erreichbar war, bot sich als nächstliegende Möglichkeit der passiven Unterwerfung unter die herrschenden Bedingungen die Methode an, sich durch eine Angleichung des eigenen spezifischen Gewichts im Wasser schwebend zu halten. Zu diesem Zweck wurden im weiteren Verlauf Schwimmblasen entwickelt, die von einem feinen Netzwerk kleiner Äderchen umhüllt waren, welche Gas, vor allem Sauerstoff, sowohl abgeben als auch aufnehmen konnten. Damit war ein erstaunlich raffiniertes Tauchgerät entstanden: ein Luftbehälter, dessen Druck (und damit Auftrieb) je nach Bedarf variiert werden konnte und der ein bequemes Schweben in unterschiedlichen Wassertiefen erlaubte (38).

Es gab selbstverständlich aber von Anfang an auch Bodenspezialisten, Formen der Anpassung an ein Dasein auf dem festen Grund. Und es gab schließlich auch noch eine Reihe von Rückwanderern: Tiere, die nach Jahrmillionen des ständigen Aufenthalts auf dem Meeresboden gleichsam überdrüssig geworden waren und die daher in das freie Wasser zurückkehrten. Manchen von ihnen, wie etwa den Rochen, sieht man diese Vorgeschichte heute noch an. Sie verrät sich nicht nur an der flachen Form dieser Tiere, die ihnen von ihrem Bodendasein geblieben ist, sondern auch daran, daß sie, für einen Fisch ganz und gar ungewöhnlich, schwerer sind als Wasser.

Das liegt daran, daß sie ihre Schwimmblasen, die sie früher auch einmal besaßen, während der vielen Jahrmillionen ihrer Existenz auf dem Meeresgrund haben verkümmern lassen. Sie waren während dieser Anpassungsperiode ihres Auftriebs wegen nur hinderlich. Als die Rochen dann wieder in das freie Wasser zurückkehrten, mußten sie daher eine neue Methode entwickeln, um sich in diesem Element in allen Richtungen bewegen zu können.

Es gibt eine Erfahrungsregel, die sogenannte Dollosche Regel – genannt nach dem berühmten belgischen Paläontologen Dollo –, die besagt, daß ein einmal rückgebildetes Organ im Verlaufe der weiteren Evolution niemals wieder von neuem entsteht, auch dann nicht, wenn eine erneute Umstellung der Lebensweise das als noch so zweckmäßig oder wünschenswert erscheinen läßt (39). So kam es, daß die Rochen fliegen lernten. Diese seltsamen Tiere *fliegen* buchstäblich unter Wasser, wobei sie die äußersten Ränder ihrer abgeplatteten Körper als Schwingen benutzen, in denen fortwährend schlängelnde Bewegungen wellenförmig von vorn nach hinten ablaufen. Es ist ein Fliegen im Zeitlupentempo, denn Wasser ist dicker als Luft. Ein Rochen aber, der nur einen Augenblick aufhört, mit dem Saum seines Körpers zu flattern, sinkt im Wasser sofort nach unten.

Bei dieser Vorgeschichte und nach solchen Erfolgen der bedingungslosen Anpassung ist es nur natürlich, daß das Leben nach dem Auszug aus dem Wasser fortfuhr, das gleiche Rezept anzuwenden. Auch auf dem trockenen Lande setzten die dorthin emigrierten Lebewesen alle ihre Anpassungsfähigkeit dafür ein, sich den dort herrschenden, fremdartigen Bedingungen zu unterwerfen und so wie bisher aus der Not eine Tugend zu machen. Es gelang ihnen auch jetzt wieder in erstaunlichem Ausmaß, mit Methoden, die dem Erfinder »Evolution« alle Ehre machten.

Diese bedingungslose Bereitschaft zur Unterwerfung unter die bestehenden Verhältnisse hatte unter freiem Himmel nun aber eine sehr seltsame Konsequenz. Hier fand sich das Leben erstmals in eine Umgebung versetzt, zu deren Eigenschaften das ständige Kommen und Gehen periodischer Temperaturschwankungen gehörte. In einem rhythmischen Wechsel, in Abhängigkeit nämlich von Tag und Nacht, wurde es abwechselnd immer von neuem warm und wieder kalt.

In diese Schwankungen wurden nun selbstverständlich auch die Landlebewesen einbezogen. Das aber bedeutete nichts anderes, als daß ihre Aktivität an jedem Abend, wenn die Sonne unterging und die Erde sich abkühlte, abnahm, bis die Tiere schließlich in die Bewußtlosigkeit der Kältestarre verfielen. Es mag in äquatorialen Gegenden und in Wärmezeiten nicht in jeder Nacht bis zu diesem Extrem gekommen sein. Schwankungen der Lebensintensität waren aus diesem Grunde aber damals auf der ganzen Erde gänzlich unvermeidbar, und schon in den höheren Breiten, nördlich und südlich der subtropischen Regionen, muß alles Leben damals im Abstand von jeweils 12 Stunden durch die einbrechende nächtliche Kälte »angehalten« worden sein.

Hier erlosch an jedem Abend alles Leben. In den Wäldern der Saurier herrschte nachts Totenstille. Der Jäger hörte auf zu jagen. Die Beute erstarrte in ihrer Flucht. Der Hungrige hörte zu fressen auf. Und erst dann, wenn am nächsten Morgen die Sonne wieder am Himmel erschien, löste sich der Bann. Wir können das noch heute an jeder Eidechse und an jedem Molch beobachten. Es kommt, wie jeder weiß, daher, daß diese Tiere »Kaltblüter« sind.

Dieser Ausdruck ist eigentlich aber grundfalsch. Er erschwert daher auch unnötig das Verständnis für die eigentliche Natur des Phänomens. Diese Tiere sind nämlich in Wirklichkeit nicht kalt, sie haben

keine *eigene* Temperatur, das ist das Entscheidende. Sie nehmen einfach – Ausdruck der traditionellen Unterwerfung unter die Umweltbedingungen – passiv die Temperatur an, die ihre Umgebung hat. Der wissenschaftliche Fachausdruck »poikilotherm« = wechselwarm gibt den Sachverhalt sehr viel besser wieder.
In den langen Jahrmilliarden, während derer das Leben bis dahin im Wasser existiert hatte, war das ohne spürbare Konsequenzen geblieben. Denn zu den paradiesischen Umständen dieser Existenz hatte, wie wir uns erinnern wollen, auch die Bequemlichkeit einer andauernden Temperaturkonstanz gehört. Mit dieser war es jetzt endgültig vorbei. Und deshalb war alles Leben in der neuen Umgebung mit einem Male einem unentrinnbaren 24stündigen Wechsel von Aktivität und scheintoter Erstarrung unterworfen.
Während des gewaltigen Zeitraums, der zwischen dem geologischen Augenblick liegt, an dem die ersten Amphibien das Wasser verließen, und dem Ende der Herrschaft der Saurier, zwang die Erde durch ihre Rotation allem auf ihren Kontinenten existierenden Leben diesen Rhythmus auf. Das Ganze war ohne jeden Sinn, ohne biologische Vorteile, zu keinem wie auch immer gearteten evolutionären Fortschritt zu nutzen. Es war einfach die unvermeidbare, stumpfsinnige Folge der Tatsache, daß das Tempo aller chemischen Reaktionen bei sinkender Temperatur immer mehr abnimmt und daß sich unterhalb einer bestimmten Grenze mit derartig verlangsamten Reaktionen ein effektiver Stoffwechsel nicht mehr aufrechterhalten läßt. 300 Millionen Jahre lang haben die blinden Konsequenzen dieser Tatsache alles Leben auf den Kontinenten der Erde geprägt.
Kommt es womöglich daher, daß wir heute noch an jedem Abend müde werden? Den Physiologen ist es bisher trotz aller Anstrengungen nicht gelungen, einen einleuchtenden Grund, eine überzeugende Ursache dafür zu entdecken, daß wir schlafen müssen. Eine biologische Notwendigkeit dazu besteht nicht. Ist es nicht auffällig, daß Meeresbewohner keinen Schlaf brauchen? Wenn wir daher, zusammen mit so vielen anderen Landlebewesen, in jeder Nacht von neuem in die Bewußtlosigkeit des Schlafes versinken, so könnte es sich dabei durchaus um eine Erinnerung unserer Gene an die seltsame Art und Weise handeln, in der die Saurier ihre Nächte zu verbringen gezwungen waren. Eine 300 Millionen Jahre alte Gewohnheit verliert sich nicht so rasch.
Von diesem ganzen gewaltigen Zeitraum haben die Tiere des Festlandes

damals also eigentlich nur die Hälfte »wahrgenommen« (ganz im ursprünglichen Sinne des Wortes). Während der anderen Hälfte verharrten sie in regloser Bewußtlosigkeit. Geschadet hat es ihnen nichts. Wäre es anders gewesen, hätte die Evolution diesen seltsamen Rhythmus sicher nicht über so lange Zeit hinweg geduldet. Zwar waren sie alle im Zustand der Kältestarre jeweils buchstäblich »außer Gefecht« gesetzt. Aber das galt eben für sie alle, und deshalb entsprang keinem von ihnen daraus eine Gefahr. Niemand war bevorzugt oder im Nachteil. Die Neutralisation betraf immer alle gleichzeitig.

Das änderte sich, mit einschneidenden Folgen, als am Ende jener langen Frist mit einem Male die ersten Vertreter einer neuen Gattung von Wirbeltieren auftraten, denen der Zufall der Mutationen schließlich eine revolutionäre neue Eigenschaft beschert hatte. Irgendwelche neuen Enzyme, irgendwelche Kurzschlüsse in ihrem Organismus bewirkten, daß sie die von ihnen aufgenommenen energieliefernden Nahrungsstoffe schneller verbrannten, als es notwendig war. Die überschüssige Energie, die also durch die Aktivität dieser Tiere nicht aufgebraucht wurde, verwandelte sich notgedrungen in Wärme und begann, ihre Körper aufzuheizen.

An diesem Beispiel kann man den willkürlichen, ungerichteten Charakter jeder Mutation wieder sehr gut erkennen, also die Natur des Materials, auf das die Evolution für ihre Erfindungen angewiesen ist. Eine überschießende Verbrennung von Nahrung, das ist zunächst einmal selbstverständlich eine äußerst unrationelle Angelegenheit. Es sieht ganz nach einer »negativen Mutation« mit nachteiliger Wirkung (einer Verringerung der Überlebenschancen) aus. Wir werden sicher auch annehmen können, daß diese und ähnliche Mutationen schon vorher immer wieder einmal aufgetreten sind, von der Selektion aber als nachteilig ausgelesen worden waren. In der Praxis hatte sich das dann so abgespielt, daß die Individuen, an denen die Mutationen aufgetreten war, durch ihren erhöhten Nahrungsbedarf ihren Konkurrenten gegenüber so sehr ins Hintertreffen gerieten, daß sie bei der Vermehrung und Aufzucht ihres Nachwuchses weniger erfolgreich waren. Aus diesem Grunde muß die neue Variante dann immer schon wenige Generationen später wieder ausgestorben gewesen sein.

Aber ob eine Mutation als vorteilhaft oder nachteilig zu beurteilen ist, ob sie dem betreffenden Individuum nützt oder schadet, das wird letzten Endes eben von der Umwelt entschieden. Und die zunächst, bei früheren Gelegenheiten, so unsinnig erscheinende übermäßige Verbrennung von Nahrungsstoffen brachte, wenn noch einige andere Umstände hinzukamen, in den Revieren der Saurier und der vielen anderen Reptilien mit einem Male einen sensationellen Vorteil mit sich. Die aus ihr resultierende Aufheizung des Organismus hob nämlich die nächtliche Kältestarre auf, der alles andere Leben seit undenklichen Zeiten unentrinnbar unterworfen gewesen war. Was das bedeutete, ist nicht schwer zu erraten.

Wohl jeder von uns hat schon einmal darüber nachgedacht, wie wohl wäre, wenn die ganze Welt in Erstarrung verfiele, wenn gewissermaßen die Zeit stehenbliebe und nur er allein noch wach und beweglich wäre. Man kann sich dann ausmalen, daß alle Straßen und Häuser voller »lebender Bilder« ständen: Menschen, die in der Pose erstarrt sind, in denen der Schlaf sie gerade überfiel, wehr- und ahnungslos unseren neugierigen Blicken ausgesetzt. Wie tief solche Phantasien in unserem Bewußtsein wurzeln, verrät die Tatsache, daß wir ihnen in Märchen und Mythen immer wieder begegnen.

Für die ersten Warmblüter der Erdgeschichte wurde diese märchenhafte Situation damals plötzlich zur Wirklichkeit. Es waren, wie wir heute annehmen, winzige, mausähnliche Nager. Der Berliner Paläontologe Walter Kühne siebte ihre millimetergroßen Zähnchen kürzlich mit Engelsgeduld aus Tonnen von Wüstensand, in dem sie zwischen lauter Saurierknochen lagen und bislang ihrer Winzigkeit wegen einfach übersehen worden waren (40).

Diesen Knirpsen erschloß sich infolge der durch Mutation entstandenen Panne, die ihren Stoffwechsel betroffen hatte, plötzlich eine neue Dimension: die Nacht. Ihre Körperwärme ermöglichte ihnen den Zutritt zu einem dem Leben bis dahin nicht zugänglichen Bereich. Man kann sich anschaulich ausmalen, wie die kleinen Kerle da in mondhellen Nächten um die riesigen, regungslos wie Statuen herumstehenden Reptilien herumgewimmelt sind, die so lange Zeit unangefochten die Erde beherrscht hatten. Damit war es jetzt vorbei.

Ob die ersten warmblütigen Nager am bald darauf erfolgten Aussterben der Saurier wirklich unmittelbar und aktiv beteiligt waren, wissen wir nicht. Denkbar wäre auch das. Niemand hätte sie daran hindern können, die Eier der Reptilien während ihrer nächtlichen Streifzüge als bequem erreichbare Nahrung aufzufressen. Die Saurier selbst am wenigsten. Aber auch dann, wenn kein so konkreter Zusammenhang bestanden haben sollte, leuchtet ein, daß das neue Konzept die Herrschaft der schieren Größe beenden mußte.

Die eigentliche Natur des Fortschritts wird auch hier wieder leichter verständlich, wenn wir nicht von der alltagssprachlichen, sondern von der wissenschaftlichen Bezeichnung ausgehen. »Warmblüter«, das trifft die Sache nicht in ihrem Kern. »Warm« ist ein relativer Begriff. Relativ zu Eis war auch ein Saurier immer warm. *Homoiotherm*, »von gleichbleibender Temperatur«, das war das Entscheidende. Es gelang sicher nicht auf Anhieb. Die ersten Warmblütergenerationen werden auch noch deutliche Schwankungen ihrer Körpertemperatur durchgemacht haben, so, wie das bei manchen primitiven Säugetieren (etwa den australischen Beuteltieren) heute noch festzustellen ist.

Die Fähigkeit zur aktiven Aufrechterhaltung einer konstanten Eigentemperatur, das ist der Angelpunkt. Es kostete zwar mehr Energie. Aber der jetzt reichlich vorhandene Sauerstoff lieferte diese in ausreichendem Maße, und der Aufwand lohnte sich. Erstmals nach 300 Millionen Jahren war das Leben dabei, sich von dem Joch der Unterwerfung unter die Temperaturschwankungen seiner Umwelt zu befreien.

Die Bedeutung dieser neuen Fähigkeit sollte sich als sehr viel größer erweisen, als es im ersten Augenblick den Anschein hatte. Eine konstante Eigentemperatur macht einem nicht nur die Nacht zugänglich. Die Freiheiten, die sie eröffnet, reichen viel weiter. Die Erfindung der Warmblütigkeit spielt in der Geschichte des irdischen Lebens die Rolle eines Aktes der Verselbständigung. Das Leben beginnt, sich unabhängig zu machen, sich von seiner Umwelt zu »distanzieren«. Es war, als ob es sich geweigert hätte, von jetzt ab alle Veränderungen seiner Umwelt weiterhin einfach passiv über sich ergehen zu lassen.

Die revolutionierende Bedeutung dieses Schrittes geht einem erst auf, wenn man die Folgen bedenkt, die er gehabt hat. Wir haben schon an einigen Beispielen gesehen, daß es Tendenzen zu geben scheint, die sich auf verschiedenen Stufen der Entwicklung wiederholen. Bei diesen Wiederholungen entsteht dann »Neues«, oft sogar Unvorhergesehenes, und dies in solchem Maße, daß es oft gar nicht leicht ist, zu entdecken, daß es sich um die Wiederholung eines Prinzips handelt, dem man in anderer Form schon auf einer früheren Stufe begegnet ist.

Als eines dieser Prinzipien hatten wir bereits die Tendenz zum »Zusammenschluß« kennengelernt. Das Prinzip der Entwicklung, das darin besteht, die auf der jeweils erreichten Stufe vorliegenden elementaren Einheiten zusammenzufügen und aus ihnen dabei neue, zusammengesetzte Einheiten aufzubauen, welche ihrerseits dann die elementaren Bausteine der nächsthöheren Stufe darstellen.

So waren bei dem Zusammenschluß der Wasserstoffatome zu Sternen durch Kernfusion die Elemente hervorgegangen, die sich ihrerseits wieder zu chemischen Verbindungen zusammenschlossen, so neue, bis dahin ungekannte Materialien bildend. Aus spezialisierten, kernlosen Urzellen entstanden durch symbiontischen Zusammenschluß höhere, mit Organellen ausgestattete Zellen, die sich nun wieder als so wandlungsfähig erwiesen, daß aus ihnen einheitlich funktionierende, individuelle Vielzellerorganismen aufgebaut werden konnten. Man kann in der Tat die ganze Geschichte, die in lückenloser Kontinuität vom Wasserstoffatom bis zu uns geführt hat, unter dem Aspekt der Auswirkung dieser Tendenz zum »Zusammenschluß« beschreiben (41).

Aber sie ist nicht die einzige. Die große Bedeutung, welche die Erfindung der Warmblütigkeit für unseren Gedankengang hat, besteht darin, daß wir durch sie auf eine weitere Tendenz der Geschichte aufmerksam werden, eine Tendenz, die wir daraufhin nachträglich auch in ihren weniger auffälligen Auswirkungen auf zurückliegenden Entwicklungsstufen wiederfinden können. Es ist die Tendenz zur Verselbständigung, zur Abgrenzung, zur Distanzierung von der Umwelt.

Wenn man will, kann man sie in ihrer allgemeinsten Form schon in den ersten Phasen der anorganischen Entwicklung sehen. Etwa in der durch Gravitation verursachten Kondensierung der homogenen Wasserstoffwolke des Anfangs zu zahlreichen selbständigen, scharf abgegrenzten Himmelskörpern, deren jeder von da ab seine eigene Geschichte hat. Oder in der durch Besonderheiten der Zustände auf der jungen Erde (wie etwa den Urey-Effekt) bewirkten Anreicherung einiger weniger, ganz bestimmter chemischer Verbindungen, die sich auf diese Weise von dem Chaos der willkürlichen Mischung aller übrigen Moleküle abzusetzen beginnen, um dann im weiteren Verlauf die ersten lebenden Strukturen hervorzubringen.

Unübersehbar wird das Prinzip angesichts der Entstehung der Zelle. Die Zelle ist in einem tieferen Sinn tatsächlich nichts anderes als die reinste Verkörperung eben dieses Prinzips der Abgrenzung von der Umwelt. Leben ist, wie das Beispiel der Zelle zeigt, ohne diese Abgrenzung überhaupt nicht denkbar. Der Abschluß des DNS-Protein-Aggregats durch eine halbdurchlässige Membran, der den ersten Schritt zur Zelle bedeutete, dokumentiert die unbestreitbare Tatsache, daß nur (relativ) geschlossene Systeme lebensfähig sind. Ein geordneter Stoffwechsel ist, wie weiter nicht begründet zu werden braucht, nur dann möglich, wenn die ihn insgesamt bildenden chemischen Prozesse von der unmittelbaren Einwirkung der in der Umgebung ablaufenden Prozesse getrennt werden.

So steht das Leben vom ersten Augenblick an in einer gewissen Spannung zu seiner Umwelt, von der es sich distanzieren muß, um sich behaupten zu können. Diese prinzipiell notwendige Trennung macht, wie hier am Rande vermerkt sei, sekundär dann wieder die Herstellung neuer Kontakte notwendig, kanalisierte, zur Auswahl fähige Techniken der Verbindung, die Orientierung erlauben, ohne den mühsam erreichten Grad der Unabhängigkeit durch neue Formen der Beeinflussung wieder einzuschränken. Die Wiederherstellung einer diese besonderen Erfordernisse berücksichtigenden Verbindung zur Umwelt, das ist die eigentliche Aufgabe aller Sinnesorgane, schon des einfachsten »Reizempfängers«. Erst vor diesem Hintergrund wird ihre Funktion wirklich verständlich.

Ich möchte hier nun die Vermutung aussprechen, daß wir auch den »Auszug aus dem Wasser«, die Tatsache, daß das Leben den schwierigen und risikoreichen Übergang auf das Festland unternommen hat, nur dann wirklich verstehen, wenn wir auch diesen Schritt als Ausdruck der gleichen Tendenz auf einer höheren Stufe der Entwicklung ansehen. Unter diesem Aspekt wird begreiflich, was bis dahin irrational und unzweckmäßig schien. Denn wenn wir diese Voraussetzung machen, dann leuchtet ein, daß es eben die Bequemlichkeit der Existenz im Wasser gewesen sein muß, die den Schritt ausgelöst hat.

Paradiesische Zustände, das sind immer auch Verhältnisse, in denen die eigene Verfassung im Einklang ist mit dem Zustand der Umwelt. Das ist immer auch eine Weise der Geborgenheit, in der das Individuum passiv in einer Umwelt aufgeht, von deren Rhythmus es sich tragen lassen kann. So gesehen ist es nicht verwunderlich, daß das Paradies immer in der Vergangenheit liegt. Es ist die Erinnerung an eine primitivere Entwicklungsstufe, in der das Individuum noch der Anstrengung enthoben war, sich selbst tragen, sich selbst in die Hand nehmen zu müssen.

Natürlich weiß ich so gut wie jeder andere, daß es damals, zur Zeit der ersten Versuche auf dem Land, dort draußen noch keine Konkurrenten gab. Niemand bestreitet, daß dieser Umstand für die ersten Amphibien und Lungenfische einen unschätzbaren Vorteil bedeutet hat. Sie hatten ihn allerdings auch bitter nötig. Das Experiment war auch so immer noch halsbrecherisch genug. Ich bestreite jedoch, daß es möglich ist, den Nachweis zu führen, daß diese Konkurrenzlosigkeit, (die ohnehin nur von beschränkter Dauer war) als Erklärung ausreicht, daß sie allein als Vorteil alle Gefahren, alle Anstrengungen, all den unvorstellbaren Aufwand der Hervorbringung zahlloser biologischer »Umkonstruktionen« aufwiegen konnte, welche die Übersiedelung erforderte.

Was auf den ersten Blick so sinnlos und unzweckmäßig erschien, zeigt sich insbesondere dann in einem ganz anderen Licht, wenn man die sich anschließenden Schritte einbezieht. Auch diesmal nämlich folgte auf die Vertreibung aus dem Paradies die Fähigkeit zur Erkenntnis. Es bedarf keiner Begründung, daß es im Wasser nie zur Erfindung der Warmblütigkeit hätte kommen können. Eine Mutation, die zu einer unrationellen Verbrennung der Nahrung mit daraus resultierendem Wärmeüberschuß führt, wäre in diesem Milieu unweigerlich und ausnahmslos als nachteilig ausgelesen worden. So ist die Homoiothermie, der Schritt zur aktiven Aufrechterhaltung einer konstanten Eigentemperatur, historisch betrachtet also eine mittelbare Folge der Eroberung des Festlands mit seinen durch astronomische Faktoren bewirkten rhythmischen Temperaturschwankungen.

Diese Homoiothermie aber ist ihrerseits nun wieder eine unabdingbare Voraussetzung für die Verwirklichung des Prinzips der Verselbständigung, der »Distanzierung«, auf einer höheren Ebene, der höchsten, die die Entwicklung bisher, soweit wir das auf der Erde beurteilen können, überhaupt erreicht hat: Die Warmblütigkeit ist eine elementare Voraussetzung für die Entwicklung der Fähigkeit zur Abstraktion, jener äußersten Form der »Distanzierung von der Umwelt«, die eine objektivierende Betrachtung eben dieser Umwelt ermöglicht.

Um den Zusammenhang zu sehen, braucht man nur an die durch einfache Selbstbeobachtung festzustellende Beeinträchtigung zu denken, die unser Vermögen zur Zeitschätzung sofort erfährt, wenn wir einmal fieberhaft erkrankt sind, also an »erhöhter Temperatur« leiden. Die Schätzung der objektiven Dauer eines Vorgangs in der Umwelt setzt eben die Konstanz der »inneren« Bedingungen gewissermaßen als »Meßgrundlage« voraus. Diese Konstanz aber ist nur erreichbar, wenn der Organismus unabhängig ist. Solange die Vorgänge in der Umgebung den Organismus selbst noch in Mitleidenschaft zogen, war an eine »objektive Wahrnehmung« nicht zu denken. Mit einem Lineal, das selbst wärmeabhängigen Größenschwankungen unterliegt, kann man wärmeabhängige Größenschwankungen in der Umwelt weder feststellen noch gar messen.

Aus diesem Grunde ist die Konstanz der Eigentemperatur eine der elementaren Voraussetzungen der Fähigkeit zum objektiven Umgang mit der Welt, wie er auf der Stufe der Abstraktionsfähigkeit in seiner höchsten Form verwirklicht ist. So gesehen ist es gewiß kein Zufall, daß das Regelzentrum, das die Einhaltung unserer normalen Körpertemperatur auf zehntel Grade genau überwacht, im ältesten Teil unseres Gehirns liegt.

Das gilt auch noch für ein anderes Regelungssystem der höheren Organismen, dessen Entwicklungsgeschichte diese Zusammenhänge ebenfalls anschaulich belegen kann. Da seine Geschichte das Prinzip der zunehmenden Verselbständigung, der »abtrennenden Distanzierung« von der Umwelt in aufeinanderfolgenden Schritten ganz konkret vor Augen führt, kann es die hier vorgetragene These überzeugend stützen. Es handelt sich um die Geschichte des legendären »dritten Auges«. Wie so viele andere Mythen, so enthält auch dieser ein Körnchen Wahrheit. Es hat das dritte Auge tatsächlich gegeben, und es gibt es bei manchen Tieren, z. T. in abgewandelter Form, auch heute noch. Nur hatte es zu keiner Zeit irgendeine Beziehung zu irgendwelchen übernatürlichen Mächten. Seine Aufgabe war vielmehr die Herstellung einer urtümlichen Beziehung zur Umwelt.

Die Urtümlichkeit dieser Beziehung ist fraglos der Grund dafür, daß es dieses Organ nur bei den Fischen, Lurchen und Reptilien gegeben hat, und, in manchen Fällen, heute noch gibt. Seit dem Übergang zum Warmblüterprinzip, also bei den Säugetieren und den Vögeln, existiert es bezeichnenderweise nicht mehr. Es ist bei diesen Tierfamilien nun aber nicht einfach verschwunden, sondern in einer sehr interessanten und lehrreichen Weise umkonstruiert und weiterentwickelt worden.

Der bekannte deutsche Zoologe Karl von Frisch machte schon vor mehreren Jahrzehnten auf eigenartige Löcher oder Kanäle aufmerksam, die man im Schädeldach ausgestorbener Reptilien finden könne. Ihre Lage und Form erweckten den Verdacht, daß sie zu Lebzeiten der Tiere ein augenähnliches Organ enthalten haben könnten, das dem Gehirn ziemlich dicht aufsaß und direkt nach oben, also himmelwärts, gerichtet gewesen sein mußte.

Über die möglichen Funktionen eines Auges an dieser Stelle des Schädels ließen sich nur vage Vermutungen anstellen. Nachdem man auf das mögliche Vorhandensein aber erst einmal aufmerksam geworden war und systematisch zu suchen begann, entdeckte man es alsbald auch bei einigen heute noch lebenden Eidechsenarten.

Bei ihnen ist dieses »Scheitelauge« von außen nur bei genauem Hinsehen oder mit einer Lupe als kleines, helles Bläschen oben auf dem Schädeldach zu entdecken. Untersucht man seinen Aufbau aber unter dem Mikroskop, so entpuppt sich das winzige Gebilde als ein, wenn auch noch primitives, Mini-Auge: ein bläschenartiger Hohlraum, dessen obere Wand durchscheinend ist und etwas über die äußere Schädeldecke hervorragt, und dessen Boden aus lichtempfindlichen Zellen besteht, von denen Nervenfasern zum Gehirn ziehen. Klein und in seiner ganzen Anlage noch sehr primitiv, aber unbezweifelbar schon ein Auge.

Was kann man mit einem Auge sehen, das unentwegt starr nach oben blickt? Die Antwort ist einfach: die Sonne. Das Scheitelauge der Reptilien ist immer noch bloß ein weiterentwickelter »Lichtempfänger«. Ein Sehen im eigentlichen Sinne des Wortes ist mit ihm noch nicht möglich und auch gar nicht angestrebt. Sein Bau läßt aber wunderbar erkennen, wie der Weg zum »Sehen« von da aus weiterverlaufen ist (42).

Das himmelwärts gerichtete Scheitelauge steuert bei den Reptilien wahrscheinlich die im Rhythmus der Folge von Tag und Nacht wechselnde Aktivität. Das heißt also, daß diese wechselwarmen Tiere es immerhin so weit gebracht haben, daß sie sich von der Umgebungstemperatur nicht mehr bloß aufheizen oder abkühlen lassen. Ihr Stoffwechsel wird – zweifellos eine Verbesserung und Rationalisierung – anscheinend automatisch gedrosselt, sobald der im Schädeldach gelegene Lichtrezeptor einen Sonnenstand signalisiert, der das Heranrücken der Nacht und damit die unvermeidliche Abkühlung ankündigt, die eine weitere Aktivität ohnehin unterbindet.

Vielleicht löst das gleiche Lichtsignal darüber hinaus auch noch so etwas wie einen Heimkehrreflex aus, eine Reaktion, die der Gefahr vorbeugt, daß das Tier von der Kältestarre befallen werden könnte, bevor es die Geborgenheit seines Schlupfwinkels erreicht hat. Außerdem, so vermuten manche Wissenschaftler weiter, löst das Organ das instinktive Aufsuchen einer schattigen Stelle aus, sobald die Gefahr droht, daß eine allzu intensive Sonneneinstrahlung das Tier zu stark aufheizen könnte.

Außerordentlich interessant und eindrucksvoll sind nun die Veränderungen, die dieses Organ im Verlaufe der weiteren Entwicklung erfahren hat. In den letzten 10 Jahren hat man es bei zahlreichen Fischen entdeckt. Hier hat es fast keine Ähnlichkeit mehr mit einem Auge. (Bei dem Vergleich ist zu berücksichtigen, daß ein moderner Knochenfisch im Vergleich zu einer Echse als ein in vieler Hinsicht fortschrittlicherer Organismus anzusehen ist, auch wenn seine Art im Wasser geblieben ist.)

Auch bei den Fischen handelt es sich um ein kleines Bläschen. Dessen Wand wird jedoch nicht mehr von Sinneszellen, sondern fast ausschließlich von Drüsenzellen gebildet, zwischen denen nur noch ganz vereinzelt lichtempfindliche Zellen liegen. Bei den Fischen ist der Schädelknochen über dem Organ auch bereits geschlossen. Immerhin ist das hautfärbende Pigment gerade an dieser Stelle der Oberfläche aber zurückgebildet, so daß ein lichtdurchlässiger heller Scheitelfleck entsteht.

Daß auch dieses schon eher drüsenartige Gebilde noch auf Belichtung anspricht, ist inzwischen durch zahlreiche Experimente bewiesen. Bei bestimmten Fischen bewirkt seine Belichtung Farbänderungen der Körperoberfläche, die das Tier dem Aussehen seiner Umgebung anpassen. Daß diese Tarnungsreaktion tatsächlich durch das hier schon fast zur Drüse umgewandelte Scheitelauge ausgelöst wird, beweisen Versuche mit blinden Fischen. Anzunehmen ist ferner, daß auch hier wieder die Aktivität des Tieres durch eine optische Stimulierung der Drüsen in dem kleinen Bläschen den täglichen und jahreszeitlichen Rhythmen unterschiedlicher Helligkeiten und Tagesläufe angepaßt wird.

Aber auch beim Menschen ist dieses Organ nun noch nachweisbar. Nur hat es bei uns mit einem Auge nicht mehr das geringste gemein. Hier ist es endgültig zur Drüse geworden. Anatomische und entwicklungsgeschichtliche Untersuchungen lassen keinen Zweifel mehr daran, daß unsere Zirbeldrüse im Laufe der Jahrmillionen aus dem Scheitelauge der Fische und Reptilien hervorgegangen ist. Für diese Verwandtschaft spricht überzeugend auch ein Vergleich der Funktionen.

Zwar ist auch die Funktion der Zirbeldrüse heute in vielen Punkten noch nicht wirklich aufgeklärt. Sicher ist jedoch, daß das Organ auch als Drüse bei uns noch die Aufgabe hat, langfristige zeitliche Rhythmen unseres Organismus zu steuern. Bezeichnenderweise sind das bei uns aber nicht mehr Rhythmen, die durch Veränderungen der Umwelt hervorgerufen werden, an die unser Körper sich anzupassen hätte. Was die Zirbeldrüse zu steuern scheint, sind vielmehr die inneren Rhythmen von Wachsen, Reifen und Altern. Entzündungen und Tumore dieser Drüse können zum Beispiel einen vorzeitigen Eintritt der Pubertät auslösen. Geblieben ist dem Organ also auch in seiner bei

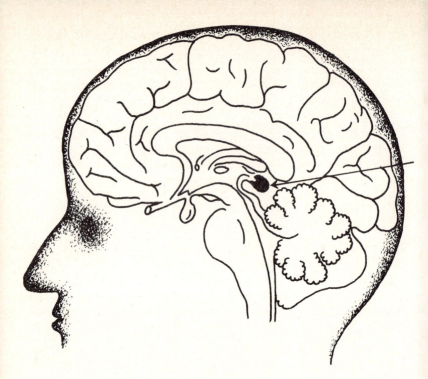

Der Pfeil markiert die Lage der Zirbeldrüse (schwarz) im menschlichen Gehirn.

uns vorliegenden Gestalt die Aufgabe, bestimmte körperliche Prozesse zeitlich zu ordnen. Hier kommen die steuernden Signale aber nicht mehr aus der Außenwelt, sondern aus dem eigenen Organismus.

Wenn man das reptilische Scheitelauge und die menschliche Zirbeldrüse miteinander vergleicht, und wenn man sich angesichts der Übergangsstellung, die das gleiche Organ bei den fortschrittlichen Fischen einnimmt, den Entwicklungsgang veranschaulicht, der beide historisch miteinander verbindet, dann hat man folglich die Tendenz zur Abschließung von der Umwelt an einem konkreten Beispiel vor sich: Das Reptil ist mit seinem Scheitelauge noch an die in seiner Umwelt periodisch auftretenden Veränderungen wie im Schlepptau passiv »angehängt«. Es übernimmt seine innere zeitliche Ordnung einfach aus der Umwelt. Auf dem Wege zum Menschen schließt sich dieses Fenster zur Außenwelt. Das Schlepptau wird gekappt. Die Funktion einer zeitlichen Koordinierung körperlicher Abläufe bleibt dem Organ zwar erhalten. Die Quelle der steuernden Impulse liegt jetzt aber im Individuum selbst.

Vielleicht sind die Öffnungen zwischen den Schädelnähten des Säuglings, die »Fontanellen«, ebenfalls noch eine Erinnerung unserer Gene an jene weit zurückliegende Zeit, in der die Zirbeldrüse auch bei unseren Urahnen noch ein Lichtrezeptor war, ein Organ also, das für das Licht erreichbar sein mußte. Heute aber wird es mit Recht als ein Zeichen der Reifung angesehen, wenn diese Fenster im Schädel des jungen Menschen sich frühzeitig und endgültig schließen.

19. Programme aus der Steinzeit

Man kann einen Menschen nur deshalb narkotisieren, ohne ihn gleichzeitig damit umzubringen, weil die verschiedenen Teile unseres Gehirns auf die lähmende Wirkung des Narkosegifts unterschiedlich empfindlich reagieren. Die typische Narkose alter Art, die durch das Einatmen von Ätherdämpfen herbeigeführt wurde, verlief daher in bestimmten, aufeinander folgenden Stadien, wie jeder bestätigen wird, der noch das Pech hatte, auf diese heute längst überholte Art und Weise narkotisiert zu werden.
Diese klassischen Narkosestadien sind die Folge davon, daß auch auf das Gehirn die Erfahrung zutrifft, nach der jüngere, »modernere« und entsprechend höher entwickelte Instrumente oder Apparate in ihrer Funktion in der Regel leichter zu stören sind als ältere, weniger komplizierte und entsprechend robustere Einrichtungen. (Eine Saturnrakete ist pannenanfälliger und in ihrer Funktion durch äußere Einflüsse leichter zu stören als ein Volkswagen.)
Im Falle der künstlichen Lähmung des Gehirns bei einer Narkose wirkt sich das so aus, daß als erstes das Bewußtsein schwindet. Das ist zweifellos die jüngste, die im Laufe der Entwicklungsgeschichte zu allerletzt erworbene Funktion dieses komplizierten Organs. Kein Wunder also, daß sie dem Narkosegift den geringsten Widerstand entgegensetzt.
Die letzte, wenig angenehme Empfindung, die der mit einer altmodischen Äthermaske narkotisierte Patient noch hatte, bevor sein Bewußtsein aussetzte, war das Gefühl einer aufquellenden panischen Angst. Sobald die Bewußtlosigkeit eingetreten ist, beginnt der Narkotisierte wild um sich zu schlagen und zu treten, unter Umständen auch laut zu schreien. Dieses sogenannte »Exzitationsstadium« ist der Grund dafür, daß man vor Beginn einer Narkose an Armen und Beinen festgebunden wird.

Der Patient merkt von seinem Toben selbst nichts mehr. Sein Bewußtsein ist geschwunden und damit auch seine Kritikfähigkeit, die Einsicht in den Zweck der Situation, in der er sich befindet. Sein Großhirn, der oberste, beim Menschen zugleich der größte Teil des Gehirns, ist gelähmt. In dieser »Notsituation« übernimmt der nächst tiefere Hirnabschnitt das Regiment: der obere Abschnitt des sogenannten Hirnstamms. Er ist ein älterer Hirnteil, schon bei Fischen und Reptilien voll ausgebildet. Älter und weniger kompliziert, ist er entsprechend widerstandsfähiger und daher auch jetzt noch funktionstüchtig. In ihm sind Instinkte und Triebe verankert, die dort als angeborene Reaktionen bereitliegen, um auf die entsprechenden Umweltreize automatisch anzusprechen.

Beim erwachsenen Menschen, der sich »beherrschen« kann, wird das automatische Ansprechen dieser Reaktionen normalerweise vom Großhirn überwacht und in den Bahnen gehalten, die der vom Großhirn beurteilten Situation angemessen sind. Jetzt, im Exzitationsstadium, fällt diese kritische Oberinstanz jedoch aus. Der Hirnstamm registriert daher als Alleinherrscher die Narkose (von seiner kritikunfähigen Ebene aus mit vollem Recht) als die Situation einer zunehmenden Vergiftung durch Einwirkung von außen und löst die triebhaft bereitliegende Reaktion maximaler Flucht und Abwehr aus. Daher die für den Beobachter so beängstigend wirkende Unruhe des bereits bewußtlosen Patienten.

In diesem Stadium kann der Chirurg natürlich noch nicht operieren, wenn auch das Schmerzerleben des Patienten zusammen mit seinem Bewußtsein bereits ausgeschaltet ist. Der Anästhesist tropft daher weiter Äther auf die Maske, der dort verdampft und vom Patienten eingeatmet wird. Die Narkose wird dadurch vertieft, das heißt, die Ätherkonzentration im Blut steigt weiter an mit der Folge, daß jetzt auch der Hirnstamm und die von ihm ausgelösten triebhaften Verhaltensweisen ausfallen. Der Patient wird wieder ruhig. Seine Muskulatur entspannt sich. Jetzt kann die Operation beginnen. Die Kunst des Anästhesisten besteht nunmehr darin, die Narkose für die Dauer des chirurgischen Eingriffs in diesem Stadium zu halten.

Großhirn und oberer Hirnstamm sind jetzt gelähmt. Immer noch aber arbeitet in diesem Stadium der unterste, älteste Teil des Hirnstamms. In ihm liegen die automatischen Steuerungszentren für Kreislauf, Atmung, Temperaturregulation und andere lebenswichtige Stoffwechselfunktionen. Sie halten den Narkotisierten auch jetzt noch am Leben.

Nur deshalb, weil dieser älteste Hirnteil noch unempfindlicher und robuster ist als die übrigen für Schmerzempfindung und Bewußtsein zuständigen Hirnabschnitte, kann man einen Menschen narkotisieren, ohne ihn umzubringen (43).

Durch diesen Ablauf beweist eine Narkose noch heute, daß die verschiedenen Teile unseres Gehirns entwicklungsgeschichtlich von unterschiedlichem Alter sind, und daß den verschiedenen Altersstufen ein zunehmend komplizierter Aufbau entspricht. Bringt man diese funktionelle Betrachtung in Verbindung mit dem anatomischen Aufbau unseres Gehirns, dann sieht man, daß dieses Organ in der Reihenfolge »geschichtet« ist, wie es geologischen Sedimenten entspricht: unten liegt das Alte, darüber folgen die nächst neuen Strukturen.

Zuunterst treffen wir im Gehirn auf Regulationszentren für die Funktionen, die die lebenden Organismen während der langen Geschichte ihrer Entwicklung, im Zuge ihrer Verselbständigung, Schritt für Schritt aus der Abhängigkeit von der Umwelt gelöst und selbst übernommen haben. Hier gibt es ein »Zentrum« (eine Anhäufung von Nervenzellen), das den Wasserhaushalt reguliert. Von hier aus wird die Konzentrationsleistung der Nieren überwacht und in Einklang gebracht mit dem Wassergehalt der Gewebe, werden Schweißproduktion und das Befürfnis zur Flüssigkeitsaufnahme, das wir als »Durst« erleben, miteinander koordiniert.

In der gleichen Schicht liegt auch ein Zentrum für die ebenfalls schon erwähnte Temperaturregulation, die den Warmblüter von den Temperaturschwankungen seiner Umgebung unabhängig macht und dadurch ein konstantes Stoffwechseltempo und gleichbleibende »innere Bedingungen« gewährleistet, die als Grundlage dienen für andere, höhere Formen individueller Selbständigkeit gegenüber der Umwelt. Man hat dieses Zentrum gelegentlich auch »Temperaturauge« genannt, weil es die Temperatur des in seiner Umgebung fließenden Blutes »wahrnimmt« und daraufhin, wie der Thermostat einer Zentralheizung, entsprechende Regulationsmechanismen in Gang setzt.

Wird uns zu warm, so trinken wir mehr, um durch die vermehrte Schweißbildung Wärme abzudunsten. Hier überschneiden sich die Funktionen von Wasserhaushalt und Temperaturregulation, die also auch untereinander koordiniert sein müssen, wie das grundsätzlich für alle Funktionen eines Organismus gilt. In der Wärme bekommen wir ferner ein rotes Gesicht: Die Adern der Haut erweitern sich automatisch, damit das Blut möglichst viel Wärme aus dem Körperinneren an die Oberfläche transportieren kann, wo sie nach außen abgestrahlt wird. Dieser Mechanismus macht unser Kreislaufsystem neben all seinen übrigen Funktionen zur wirksamsten Klimaanlage unseres Körpers.

Die Regelung in entgegengesetzter Richtung läßt uns bei Kälte blaß aussehen. Kommt es soweit, daß wir frieren, ein Gefühl, das durch die Situation ausgelöst wird, in der die Temperatur unseres Körpers unter den Soll-Wert zu sinken droht, dann beginnen wir zu zittern: Das Temperaturauge schaltet jetzt ein höheres Zentrum ein, das unwillkürliche Muskelbewegungen in Gang setzen kann, um durch vermehrte Verbrennung von Nahrungsstoffen in den Muskeln zusätzlich Wärme zu erzeugen. Damit wieder hängt es zusammen, daß wir bei Kälte mehr Appetit haben, während wir an heißen Sommertagen spürbar weniger essen.

In dem gleichen tiefen und entsprechend alten Hirnabschnitt liegt auch, wie jetzt niemanden mehr wundern wird, die Zirbeldrüse (Abb. S. 296). Das ehemalige Scheitelauge, zur Drüse umgewandelt, wird bei uns von einer festgeschlossenen Schädeldecke von der Außenwelt abgeschlossen. Die Hormone dieser Drüse aber steuern noch immer den zeitlichen Ablauf bestimmter körperlicher Entwicklungsprozesse, wenn nun auch unabhängig von Signalen aus der Umwelt.

Über dieser Region liegen die oberen Teile des Hirnstamms, die »großen Stammganglien« und der »Thalamus«, mächtige Anhäufungen von Nervenzellen, Hunderte von Millionen, die hier Zentren bilden für sehr viel später erst erworbene Funktionen und Möglichkeiten des Reagierens. Die Funktionen dieser Hirnteile lassen sich in grober, aber treffender Vereinfachung in der Weise beschreiben, daß man sagt, dieses ganze Hirngebiet sei eine Art Computer, in dem die Erfahrungen unzähliger vorangegangener Generationen als Programme gespeichert sind. Diese Programme liegen hier in Gestalt festgefügter, szenenartiger Verhaltensabläufe vor, die durch bestimmte äußere oder innere Reize (den Anblick eines Feindes oder Sexualpartners, die Ausschüttung eines bestimmten Hormons) in Gang gesetzt werden können.

Ein Beispiel haben wir eben bei der Narkose schon kennengelernt in Gestalt des Exzitationsstadiums. Hier lösen die Erscheinungen der Vergiftung und des damit einhergehenden Erlöschens der Kommandofunktion der Großhirnrinde das Programm »Abwehr und Flucht« aus. Den automatenhaften Charakter der in diesem Hirnteil programmierten Verhaltensweisen haben besonders eindrucksvoll die Versuche demonstriert, die der 1962 verstorbene Verhaltensforscher Erich von Holst bei Hühnern durchgeführt hat.

Holst versenkte in das Hirn der narkotisierten Tiere haarfeine Drähte, die mit einem dünnen Lack isoliert waren mit Ausnahme der Spitze, die blank blieb. Die Drähte heilten ein und störten die Tiere, von denen einige mehrere Jahre lang mit ihnen herumliefen, überhaupt nicht. Wenn Holst die Spitzen der Drähte so postierte, daß sie in dem hier diskutierten Hirnteil lagen, und durch den Draht einen schwachen Strom schickte, von der Art und Stärke eines Nervenimpulses, dann verwandelten sich seine Hühner sofort in fernlenkbare Roboter: Auf Knopfdruck spulten sie, sooft der Experimentator den Strom einschaltete, das Programm ab, das dort gespeichert war, wo sich die blanke Spitze des stromführenden Drahtes in ihrem Gehirn befand.

Da gab es Hähne, die plötzlich sichernd in die Ferne blickten, dann immer näher auf den Boden vor ihren Füßen, bis sie schließlich mit ängstlichem Gackern Ausweichbewegungen machten, dann aber auch mit Schnabelhieben und Krallen einen Feind attackierten, der gar nicht existierte. Mit anderen Worten: hier lief das Programm »Abwehr eines Bodenfeindes« ab, ein beim Huhn also offenbar fest angeborenes Verhaltensrepertoire. Niemand könnte sagen, wie das Huhn die durch den Stromstoß ausgelöste Szene erlebt. Ob es den Phantom-Feind womöglich zu sehen glaubt, als Iltis, als ein sich näherndes Wiesel oder wie sonst.

Sicher ist nur, daß das Tier sich so verhält, als sei das alles das Natürlichste von der Welt. Wenn der Versuchsleiter den Strom endlich abschaltet, dann blickt sich so ein Tier sichtlich erleichtert, aber auch etwas verblüfft um, als wolle es nachsehen, wo der Feind denn plötzlich geblieben sei, gegen den es so erbittert kämpfen mußte. Und dann folgt ein Abschluß, der nachdenklich machen kann: Das Tier stößt einen triumphierenden Siegesschrei aus.

Warum auch nicht? Der Feind ist, nach heftigem Kampf, verschwunden. Von Hirnphysiologie versteht ein Hahn nichts. Wie sollte er auf den Gedanken kommen können, daß es nicht die eigene Kraft war, die den Feind so plötzlich verschwinden ließ? Aber täuschen wir uns nicht. Die Ursache für die Fehlbeurteilung der Situation durch das Versuchstier ist in Wahrheit noch viel hintergründiger.

Kein Gehirn hat auch nur die geringste Chance, auf irgendeine Weise feststellen zu können, ob ein Nervenimpuls, der eines seiner Zentren erreicht, aus einer natürlichen oder einer anderen Quelle stammt. Das gilt nicht nur für das Hühnerhirn. Wenn jemand mit uns das gleiche Spiel spielen würde, dann hätten auch wir nicht die geringste Möglichkeit, den synthetischen Charakter der Erlebnisse zu durchschauen, die der Strom in uns auslösen würde. Denn auch das, was wir »die Wirklichkeit« nennen, existiert in unserem Gehirn ebenfalls nur in der Form eines – allerdings unvorstellbar komplizierten – Musters elektrischer Impulse (44).

Die Hühner Erich von Holsts kämpften also auf Knopfdruck, sie fingen auf elektrisches Kommando an zu balzen oder sich das Gefieder zu putzen, sie fraßen oder waren ebenso unvermittelt plötzlich satt. Sie legten sich schlafen oder sicherten, mit ängstlicher Aufmerksamkeit ihre Umgebung absuchend. Alles das sind folglich Verhaltensweisen, die angeboren und, wie diese Experimente eindrucksvoll belegen, an bestimmten Hirnstellen als fertig parat liegende »Programme« gespeichert sind. Es sind Standardantworten auf Situationen, die im Leben dieser Tiere häufig vorkommen. Sie sind der Ausdruck von Erfahrungen, die nicht das einzelne Individuum gemacht hat, sondern unzählige Individuen der gleichen Art während der vielen Jahrmillionen, in denen die Art sich unter dem Einfluß von Mutationen entwickelte, aus denen die Umwelt ihre Auslese traf. Durch diesen gleichen Evolutionsprozeß wurden auch die hier beschriebenen Verhaltensprogramme langsam immer weiter ausgebaut und den durchschnittlichen Erfordernissen in der Umwelt dieser Tiere immer feiner angepaßt.

So, wie die kernlose Urzelle zur Verbesserung ihrer Überlebenschancen nach und nach bestimmte spezielle Funktionen wie Atmung oder Photosynthese fix und fertig dadurch erworben hatte, daß sie sich entsprechend spezialisierte Zellen (die also bestimmte »Erfahrungen« schon gemacht hatten) als Organelle einverleibte, so profitiert hier das mehrzellige Individuum von den Erfahrungen zahlreicher anderer Mitglieder seiner Art. Mutation und Selektion haben dafür gesorgt, daß diese Erfahrungen sich im Erbgut niederschlagen. Das Resultat ist ein angeborenes und wohlabgewogenes Sortiment bewährter, da von früheren Generationen bereits ausgiebig durchgeprüfter Verhaltensschablonen.

Angeborene Erfahrungen dieser Art nennt der Wissenschaftler »Instinkte«. Auch bei uns Menschen gibt es diese Instinkte noch. Wir werden von ihnen nur nicht mehr so weitgehend beherrscht wie fast alle Tiere. Daß die »Instinktarmut« des Menschen gelegentlich beklagt worden ist, beruht auf einem Mißverständnis. Erst die im Laufe der

Zeit erfolgte Rückbildung seiner Instinktausstattung hat unserem Geschlecht überhaupt die Chance eröffnet, »intelligent« werden zu können.

Zwar ist uns dabei die Geborgenheit des Zugvogels verlorengegangen, der unbeirrbar zur richtigen Zeit nach Süden aufbricht, um der Kälte zu entgehen, obwohl er gar nicht wissen kann, daß sie kommen wird. Aber auch diese Art von Einbettung in die Umwelt muß aufgeben, wer die Fähigkeit erlangen will, selbst zu lernen, anstatt standardisierte Antworten als angeborenes Erbe einfach zu übernehmen.

Da wir eine Großhirnrinde haben, die uns die Möglichkeit gibt, unser selbst bewußt zu werden, erleben wir unsere Instinkte. Wir erleben sie als unsere Stimmungen und Antriebe, als Angst, Trauer und Freude. Als Hunger oder Durst. Als sexuelle Anziehungskraft. Als das, was wir die »Schönheit« eines bestimmten Menschen nennen, oder auch als den Widerwillen, den wir gegenüber der schleimigen Haut einer Kröte empfinden.

Wir erleben diese automatisch einsetzende Reaktion auch als die unkontrollierbare Empfindlichkeit, mit der wir auf die körperliche Berührung eines fremden Menschen in einem überfüllten Raum reagieren. Oder als den Widerwillen, der uns beim Anblick eines »fremdartig« auf uns wirkenden Menschen mit solcher Leichtigkeit überfällt, und der so leicht in das Gefühl der Feindseligkeit oder, was nur die Kehrseite dieser Gemütsregung ist, des eigenen Bedrohtseins umschlagen kann. Dabei ist es grundsätzlich gleichgültig, ob dieses Signal »Fremdartigkeit«, das die Reaktion auslöst, von den langen Haaren eines Gammlers oder den uns ungewohnten Eigenheiten des Angehörigen einer anderen Menschenrasse gebildet wird.

In allen diesen und zahllosen anderen Fällen reagieren wir »automatisch«, mit uns angeborenen Reaktionen, auf die wir keinen Einfluß haben, denen wir uns nur hingeben oder die wir rational, also mit unserer Hirnrinde, zu beherrschen versuchen können. Eben deshalb sagen wir ja auch, daß Zorn uns »hinreißen«, daß Freude oder Trauer uns »überwältigen« können. Nicht die wenigsten unserer Probleme im mitmenschlichen Umgang, im Privatbereich ebenso wie im politischen Raum zwischen den Völkern, gehen letztlich darauf zurück, daß sich Reaktionen dieser Art selbsttätig, eben »instinktiv«, einstellen, und daß es einer bewußten Anstrengung bedarf, sie an sich selbst zu entdecken und dann auch noch, sie zu beherrschen.

Das wäre nicht so schlimm, wenn es sich bei ihnen nicht um ein so uraltes Erbe handelte. Was sich da in uns rührt, das sind Programme, die aus der Steinzeit stammen und aus den Jahrmillionen davor. Der »Rat«, den uns diese instinktiven Regungen ungebeten erteilen wollen, verdient deshalb so großes Mißtrauen, weil er auf dem Boden von Erfahrungen gewachsen ist, die in einer Welt gemacht wurden, die längst nicht mehr die unsere ist.

Die paradiesische Geborgenheit der Sicherung durch ein allmächtiges System unbeirrbarer Instinkte hat unser Geschlecht in den letzten Jahrmillionen seiner Entwicklung allmählich hinter sich gelassen. Eröffnet hat sich uns dafür die neue Dimension bewußten Erkennens, die riskante Möglichkeit, selbst lernen und individuelle Erfahrungen machen zu können. Eine neue Stabilität ist dabei, wie es scheint, noch nicht wieder gewonnen. In dem augenblicklichen Stande unserer Entwicklung erliegen wir immer wieder allzu leicht der Tendenz, den Problemen unserer zivilisierten Welt, die wir mit unserer Hirnrinde aufgebaut haben, mit Programmen zu begegnen, die in der Steinzeit zweckmäßig gewesen sein mögen.

»Nicht mehr Tier und noch nicht Engel«, so hat schon Blaise Pascal die Situation des Menschen beschrieben. Die naturwissenschaftliche, biologische Betrachtung des von uns Heutigen verkörperten Entwicklungsstandes unseres Geschlechtes bestätigt die Diagnose des großen Philosophen. Sie erinnert uns erneut daran, daß wir ganz sicher nicht das Ende, geschweige denn das Ziel der Entwicklung sind, sondern die Zeitgenossen eines Übergangsstadiums, denen, ob wir das nun wollen oder nicht, die Verantwortung auferlegt worden ist, den Weg für die Fortsetzung der Geschichte nicht zu verschütten.

Daß unser Gehirn in der geschilderten Weise chronologisch geschichtet ist, hat den ganz einfachen Grund, daß es im Verlaufe seiner Entwicklung so gewachsen ist, wie eine Pflanze das tut. Am oberen Ende des Rückenmarks, in dem alle vom Körper kommenden und in den Körper ziehenden Nervenstränge wie zu einem dicken Kabel vereint sind, wuchs zuerst der untere Hirnstamm, von dem die für jeden höheren Vielzeller unentbehrlichen »vegetativen« Funktionen gesteuert werden.

Nach seiner Ausreifung, Hunderte von Jahrmillionen später, bildete sich auf ihm eine neue Knospe, die im Verlaufe ähnlich gewaltiger Zeitspannen die großen Nervenzellkonzentrationen des oberen Hirnstammes hervorbrachte. Den weiteren Ablauf zeigt die Abbildung 14. Es wiederholte sich das gleiche: Oben auf dem Hirnstamm begann

ein kleines Gebilde hervorzusprießen, das bei den Fischen noch fast ausschließlich dem Geruchssinn diente. Während seiner weiteren Entwicklung wuchs es dann aber zu unerwarteter Größe heran. Erstmals bei den Halbaffen war es so groß geworden, daß es als »Großhirn« alle übrigen Teile des Organs einhüllte, deren Funktionen es gleichzeitig mehr und mehr übergeordnet wurde.
Beim Menschen ist die Größenzunahme so beträchtlich, daß die Oberfläche dieser Hirnrinde nur noch stark gefältelt im Hohlraum des Schädels Platz findet. Und dieser gewaltigen Größenzunahme entspricht nun im Verhalten des Besitzers dieses Organs ein bisher ungekanntes Ausmaß an Freiheit: Das Auftreten der Möglichkeit zur Selbstbesinnung, und erstmals in der Geschichte des Lebens die Fähigkeit, die Umwelt als gegenständliche Welt objektiv zu erkennen und planend mit ihr umzugehen.
Ein Bewußtsein seiner selbst. An Stelle einer Umwelt, deren Eigenschaften die Gesetze des eigenen Verhaltens diktieren, eine »objektivierte« Welt, deren Gegenstände sich manipulieren lassen. Eine Phantasie, die auch zukünftige Möglichkeiten und die Folgen eigener Aktionen vorausblickend in den Kalkül einbezieht. Eine Freiheit des Verhaltens, die so weit geht, daß der Handelnde sogar den angeborenen Programmen seiner Instinkte widerstehen und ihnen zuwiderhandeln kann, wenn sittliche Norm und moralische Verantwortung als neue Maßstäbe es ihm geboten erscheinen lassen (45). Das sind Dimensionen einer Wirklichkeit, die es bisher nicht gab. Mit der menschlichen Großhirnrinde hat das Leben auf der Erde eine neue Stufe der Entwicklung erreicht.
Das alles ist unbezweifelbar neu und von revolutionierender Originalität. Aber auch diese Stufe der Entwicklung schwebt nicht frei im leeren Raum, wie wir immer glauben, weil wir es sind, die sie verkörpern. Auch sie ist nur ein Glied der seit Jahrmilliarden ablaufenden Geschichte. Sie ruht auf allem, was ihr vorangegangen ist. Auch für sie gilt ohne Einschränkung, was wir beim Übergang von einer Stufe zur anderen bei den früheren Schritten der gleichen Geschichte immer wieder bestätigt gefunden hatten: Die Möglichkeiten, die das jeweils erreichte Entwicklungsniveau neu erschließt, sind immer das Resultat der Zusammenfassung elementarer Leistungen, die es auf darunter gelegenen Entwicklungsstufen schon gab.
Keine Frage: Das menschliche Großhirn erschließt eine Wirklichkeit, die vorher auf der Erde nicht existierte. Aber auch die so originalen und

neuartigen Fähigkeiten unseres Gehirns sind aufgebaut auf Leistungen, die sehr alt sind. Unser Geist ist nicht vom Himmel gefallen. Auch er hat eine lange Vorgeschichte.

Suchen wir also nach den Spuren der Vergangenheit auf der nunmehr erreichten Stufe des menschlichen Großhirns und seiner erstaunlichen Leistungen. Ich habe in einem früheren Kapitel vorwegnehmend schon erläutert, welche Gründe für die Annahme sprechen, daß Leistungen der Art, die wir im alltäglichen Sprachgebrauch »psychisch« nennen, in isolierter Form auch außerhalb von Gehirnen schon existieren. Das Gehirn müsse daher, so hatten wir gefolgert, als ein Organ betrachtet werden, das diese Leistungen nicht etwa, wie wir immer stillschweigend voraussetzen, erst erzeugt, sondern als das Organ, das diese schon lange vorher entstandenen Leistungen in den Köpfen einzelner Individuen erstmals zusammenfaßt.

Auf den letzten Seiten hatten wir das bei der Erörterung der vom Stammhirn bereitgehaltenen Verhaltensprogramme für diesen Hirnteil abermals bestätigt gefunden. Was hier seinen Niederschlag gefunden hat, ist das Konzentrat der Erfahrungen unzähliger Vorfahren. Wie aber nehmen sich die Spuren der Vergangenheit aus, wenn es um die Leistungen des Großhirns geht? Versuchen wir, der Reihe nach Revue passieren zu lassen, was sich darüber heute schon sagen läßt.

20. Älter als alle Gehirne

Mitte der 60er Jahre führte Professor Georges Ungar, Pharmakologe an der Baylor-Universität in Houston, Texas, eine Versuchsreihe durch, deren erster Schritt ein wenig an altchinesische Foltermethoden erinnerte. Der Professor sperrte weiße Mäuse täglich für mehrere Stunden in Weckgläser, über deren Öffnung er eine Metallplatte frei in die Luft gehängt hatte. In Abständen von einigen Sekunden knallte ein kleiner Hammer, von einem Unterbrecherkontakt angetrieben, gegen die Platte wie gegen einen Gong. Es gab jedesmal einen lauten, hellen Schlag, der so plötzlich kam wie ein Pistolenschuß.
Wie unangenehm das war, konnte man den Tieren leicht ansehen. Die Mäuse zuckten jedesmal erschreckt zusammen, wenn der Hammer das Metall über ihren Köpfen traf. Aber auch Mäuse sind Gewohnheitstiere. Während der texanische Pharmakologe die unangenehme Prozedur über Tage und Wochen hinweg fortsetzte, nahm das Erschrekken der Tiere trotz unveränderter Versuchsbedingungen immer mehr ab. Sie hatten sich an das ekelhaft plötzliche Geräusch gewöhnt. Schließlich reagierte kein einziges von ihnen mehr darauf, wie laut der Experimentator den Hammer auch auf die Metallplatte herabsausen ließ.
In dieser Weise trainierte Professor Ungar Dutzende und im Laufe der Zeit schließlich Hunderte von Mäusen. Sobald die Gewöhnung eingetreten war, wurden die Tiere getötet. Dann wurde ihnen das Gehirn entnommen und durch Tiefkühlung konserviert. Als der Wissenschaftler schließlich genug Hirne von Mäusen beisammen hatte, die an das erschreckende Geräusch gewöhnt gewesen waren, taute er die Gehirne, in denen diese »Gewöhnung«, wie er meinte, auf irgendeine Weise stecken mußte, wieder auf, und begann, in ihnen nach RNS, einer bestimmten Art von Nukleinsäure, zu suchen.

Daß Ungar sich mit so großer Sorgfalt bemühte, aus den wiederaufgetauten Hirnen seiner Mäuse möglichst viel RNS zu extrahieren, hatte mehrere Gründe. Schon während des letzten Krieges hatte der schwedische Biologe Holger Hyden darauf hingewiesen, daß das biologische Phänomen der Vererbung eigentlich eine Parallele bilde zu der psychologischen Funktion des Gedächtnisses. Durch die Vererbung, so argumentierte der Schwede, werde das weitergegeben, was die jeweilige Art im Verlaufe ihrer Entwicklung gelernt habe. Vererbung sei also im Grunde nichts anderes als »das Gedächtnis der Art«.

Nun wußte man damals sehr wohl schon von der Bedeutung, welche den beiden Nukleinsäure-Arten DNS (Desoxyribonukleinsäure) und RNS (Ribonukleinsäure: sie unterscheidet sich von der DNS nur durch das Fehlen eines einzigen Sauerstoffatoms) als stofflichen Trägern des Erbgutes zukommt. Deshalb verfiel Hyden auf den zunächst abenteuerlich erscheinenden Gedanken, daß die RNS vielleicht auch als Träger des *individuellen* Gedächtnisses in Frage komme, daß sie also, mit anderen Worten, vielleicht den Stoff darstelle, aus dem unsere Erinnerungen bestehen (46).

Wenn dieses phantastische Molekül in der Lage ist, den Bauplan eines Menschen, von der Farbe seiner Augen bis hin zu seinen persönlichen Begabungen und Veranlagungen in all ihrer unverwechselbaren Einmaligkeit zu »speichern« (oder, als RNS, aus dem Zellkern in das Plasma der Zelle zu den dort bereitstehenden Ribosomen zu transportieren), sollte es dann nicht vielleicht auch die Erinnerungen eines ganzen Menschenlebens aufzeichnen und festhalten können? Hyden begann, Ratten zu trainieren. Die Tiere mußten, um zu ihrem Futter zu gelangen, über einen straff gespannten Draht balancieren. Eine Kontrollgruppe erhielt ihr Futter, ohne das gleiche Pensum absolvieren zu müssen. Die anschließende Untersuchung ergab: Training schien den Gehalt der Rattengehirne an RNS spürbar zu erhöhen.

Der nächste, der den Faden aufgriff und weiter verfolgte, war der Psychologe James McConnell in Ann Arbor. McConnell arbeitete mit Plattwürmern. Es gelang ihm in geduldigen Versuchen, den primitiven Tieren beizubringen, daß ein Lichtreiz einen leichten elektrischen Schlag ankündigte. Wenn er beide Reize im Abstand von einigen Sekunden aufeinanderfolgen ließ und das alle paar Minuten wiederholte, hatten die Würmer nach einigen Wochen den Zusammenhang gelernt – sie zuckten jetzt jedesmal schon zusammen, wenn das Licht eingeschaltet wurde, noch bevor der elektrische Schlag sie traf.

Als McConnell so trainierte Würmer tötete, sie zerkleinerte und dann untrainierten Würmern zum Fraß vorwarf, machte er eine erstaunliche Beobachtung: Die »erfahrungslosen« Würmer hatten mit ihrer kannibalischen Mahlzeit offenbar auch die Trainingserfahrungen der verspeisten Artgenossen in sich aufgenommen. Sie lernten anschließend die Lektion »elektrischer Schlag folgt auf Lichtblitz« in einem Bruchteil der normalen Zeit, und, sensationell genug, einige beherrschten das Pensum sogar schon vom ersten Tage an.

In Kenntnis der Untersuchungen von Hyden extrahierte der amerikanische Psychologe daraufhin ebenfalls RNS aus den Körpern trainierter Würmer und spritzte den Extrakt anderen Plattwürmern ein. Der Erfolg war der gleiche. Mit der Injektion war ganz offensichtlich ein Teil des Trainingspensums der toten Würmer übertragen worden. War also die RNS tatsächlich der Stoff, aus dem individuelle »Erinnerungen« bestehen?

Die Berichte McConnells über seine Versuche erregten Ende der 50er Jahre weltweites Aufsehen. Es ist verständlich, daß die ersten Reaktionen skeptisch, ja ablehnend waren. Das Ganze erschien allzu phantastisch. »Ernst« genommen wurden die Experimente lange Zeit nur von den Witzblättern. »Verspeisen Sie Ihren Professor«, das war eine Empfehlung, die man damals in fast jeder amerikanischen Universitätszeitung lesen konnte. Aber dann kamen, nach ersten Fehlschlägen, nach und nach die Berichte aus anderen Laboratorien in aller Welt, die das Resultat bestätigten.

Jetzt begann der Streit darüber, ob es vielleicht nur die Verbesserung einer ganz allgemeinen Fähigkeit zum Lernen war, was man da übertragen konnte, oder wirklich einzelne, ganz konkrete Gedächtnisinhalte. Die Entscheidung über diese Frage war nur an höheren Tieren zu treffen, denen man entsprechend komplizierte Lektionen beibringen konnte. Unter den Wissenschaftlern, die das Wagnis auf sich nahmen, mehrere Jahre für den Aufbau und die Durchführung einer Versuchsreihe daranzugeben, die ein so phantastisch anmutendes Ziel anvisierte, war Georges Ungar in Houston.

Als Ungar 1965 ein aus den Hirnen trainierter Mäuse stammendes RNS-Konzentrat »unerfahrenen« Mäusen einspritzte, hatte er erstmals Erfolg. Die mit dem Extrakt behandelten Tiere erwiesen sich dem schreckauslösenden Gong gegenüber als unempfindlich oder doch von so herabgesetzter Schreckhaftigkeit, daß die Gewöhnung bei ihnen wesentlich schneller auftrat, als es normalerweise hätte der Fall sein dürfen. Die Injektion hatte in diesem Falle folglich die Gewöhnung an einen Reiz übertragen, den die behandelten Tiere selbst niemals erlebt hatten.

Das war dem Mann in Houston aber immer noch nicht Beweis genug. »Gewöhnung« in allen Ehren, er wollte echte »Gedächtnisinhalte« übertragen. Zu diesem Zweck trainierte er Ratten darauf, im Widerspruch zu dem ihrer Art angeborenen Instinkt dunkle Räume zu meiden und sich nur im Hellen aufzuhalten. Der Unterricht bestand wieder in der Verabfolgung leichter elektrischer Schläge, wenn die Tiere etwas falsch machten.

Die Ratten saßen, jede für sich, in kleinen Käfigen, von denen jeder in einem dunklen und einem hell beleuchteten Abteil Futternäpfe enthielt. Jede normale Ratte bezieht ihr Futter in einer solchen Lage ausschließlich von dem dunklen Futterplatz. Ratten sind »nachtaktive« Tiere. Das gewöhnte Ungar seinen Ratten aber sehr schnell ab, indem er die Käfige mit einer simplen Automatik ausrüstete, die jedem Tier, das sich aus einem verdunkelten Napf zu bedienen versuchte, durch einen kleinen Rost auf dem Boden einen leichten elektrischen Schlag versetzte. Da Ratten sehr intelligent sind, hatten sie alle in kurzer Zeit gelernt, was sie lernen sollten. Sie mieden von da ab endgültig alle dunklen Abteilungen in ihren Käfigen, und hielten sich, was eine normale Ratte unter natürlichen Umständen nie tun würde, ausschließlich in den beleuchteten Teilen auf.

Die Fortsetzung des Experimentes ist uns jetzt schon geläufig. Aus den Gehirnen der Tiere, die gelernt hatten, daß es sich, anders als sonst in der Welt der Ratten, in den Käfigen von Professor Ungar nicht empfiehlt, dunkle Gebiete zu betreten, wurde wiederum ein Extrakt gewonnen, der möglichst reich an RNS war. Wenn der Stoff, aus dem die Erinnerungen gemacht sind, mit der RNS in Beziehung steht, wie Ungar annahm, dann mußte die von den trainierten Ratten gelernte »Dunkelangst« jetzt in diesem Extrakt enthalten sein.

Als der Experimentator seine Lösung ungelernten Ratten injizierte, bestätigte sich seine Annahme auf überwältigende Weise: Fast alle der mit dem Extrakt behandelten Tiere verhielten sich so, als ob sie wüßten, daß in den dunklen Abteilungen elektrische Schläge auf sie lauerten, obwohl kein einziges von ihnen jemals vorher in diesen präparierten Versuchskäfigen gewesen war. Damit war zum erstenmal bewiesen, daß ganz spezifische »Erinnerungen« chemisch von einem Individuum auf ein anderes übertragen werden können.

Aus welchem Stoff aber bestehen diese Erinnerungen nun? Die Diskussion darüber ist bis heute nicht abgeschlossen. Ungar hat nach komplizierten, jahrelangen Versuchen aus dem Gehirnextrakt Tausender von Ratten, die er auf Dunkelangst trainiert hatte, 1971 neben großen Mengen RNS eine chemisch reine Substanz gewonnen, die er »Skotophobin« (etwa: »Dunkelangsterzeuger«) taufte. Es handelt sich bei ihr nicht um eine Nukleinsäure, sondern um einen Eiweißkörper. Das bedeutete insofern keine Überraschung, als ja auch die DNS im Zellkern ihre Informationen in der Form weitergibt, daß sie unter Vermittlung von RNS Eiweißkörper (Enzyme) entstehen läßt, deren besonderer Aufbau die Information dann realisiert.

Wird also jedesmal, wenn wir etwas erleben, wenn wir eine Wahrnehmung machen oder wenn wir einen Gedanken fassen, in unserem Gehirn mit der Hilfe von RNS ein Eiweißbaustein geprägt, dessen einzigartiger Aufbau so etwas wie den »Abdruck« des jeweiligen Erlebnisses bildet, eine bleibende Spur (ein »Engramm«), die das Erlebnis oder der Gedanke in unserem Gehirn hinterläßt? Ist das die Grundlage unseres Gedächtnisses, der Speicher, dem wir noch nach vielen Jahren den Hergang einer Begegnung, den Klang einer Melodie, das Aussehen eines Gesichtes entnehmen, wenn wir uns an sie »erinnern«?

Manches spricht heute dafür. Ungar soll es, letzten Meldungen zufolge, sogar gelungen sein, den Gedächtnisstoff »Skotophobin« im Laboratorium nachzubauen. (Auch in diesem Falle ist es wieder eine ganz bestimmte unter fast beliebig vielen Aminosäuresequenzen, die in dem Molekül diese eine bestimmte Information »bedeutet«.) Ratten, denen das künstliche Skotophobin eingespritzt wurde, sollen ebenfalls die Dunkelheit fürchten und eine Vorliebe für die hellerleuchteten Abteile ihrer Käfige an den Tag legen. Das wäre dann der Höhepunkt der ganzen Entwicklung, ihre äußerste, aber auch äußerst logische Konsequenz: die Möglichkeit »synthetisch hergestellter Erinnerungen«.

Warum eigentlich nicht? Wenn wir uns schon damit haben abfinden müssen, daß unser Erleben »in Wirklichkeit« ein kompliziertes Muster elektrischer Erregungszustände in unserem Gehirn ist (woraus sich die Möglichkeit ableitet, derartige Erlebnisse durch die Zuführung elektrischer Impulse im Gehirn künstlich zu erzeugen), warum sollten wir es dann für ausgeschlossen halten, Erinnerungen auf chemischem Wege herzustellen? Wenn man über die praktischen Auswirkungen in weiter Zukunft nachdenkt, dann kann einem bei dem Gedanken schwindlig werden. Aber auch das ist natürlich kein Einwand.

Trotzdem werde ich mich hüten, meine Argumentation auf Einzelheiten der Ungarschen Versuchsergebnisse zu stützen. Dazu steht das neue und interessante Gebiet der molekularbiologischen Gedächtnisforschung noch zu sehr in den Anfängen. Das Argument, das für unseren Gedankengang an dieser Stelle wichtig ist, kann sich auf eine sehr viel bescheidenere Teileinsicht berufen, die sich aus den Resultaten der Versuche Ungars und all der anderen Forscher ableiten läßt, die in den letzten 10 Jahren begonnen haben, Experimente zur »Gedächtnisübertragung« auszuarbeiten.

Bei aller Skepsis angesichts mancher Einzelheiten und Deutungen dürfte heute so viel jedenfalls feststehen, daß Nukleinsäuren, und in erster Linie die RNS, »etwas mit dem Gedächtnis zu tun haben«. Diese relativ bescheidene Erkenntnis läßt sich heute kaum mehr bezweifeln. Sie aber genügt für die Argumentation, um die es mir hier geht.

Wenn man die Tatsache, daß die RNS »irgend etwas mit dem Gedächtnis zu tun hat«, mit der individuellen Fähigkeit also, sich erinnern zu können, wenn man diese Einsicht einmal aus der entwicklungsgeschichtlichen Perspektive betrachtet, dann ergibt sich eine Schlußfolgerung von außerordentlicher Bedeutung. Dann hat sich die so oft und mit Recht gepriesene »Ökonomie der Natur« nämlich auch schon bei dem Bau der ersten Gehirne gezeigt. Als die Evolution damals, sagen wir großzügig: vor 1 Milliarde Jahren, daranging, die ersten primitiven Gehirne hervorzubringen, und als es sich im weiteren Verlauf als vorteilhaft erwies, dem mit dieser Schaltzentrale versehenen Organismus die Fähigkeit zu verleihen, individuell Erfahrungen machen zu können, da hat die Evolution sich nicht die Mühe gemacht, diese Fähigkeit neu zu entwickeln.

Sie hatte es nicht nötig. Es bot sich ihr eine weitaus bequemere Möglichkeit zur Erreichung dieses Zwecks. Sie brauchte nur auf ein Prinzip zurückzugreifen, das bereits vorlag, auf eine Erfindung, die sie gut 2 Milliarden Jahre früher schon gemacht hatte. Sie benutzte damals offensichtlich einfach die Methode, mit der sie seit den ersten Anfängen des Lebens schon mit größtem Erfolg »Informationen gespeichert« hatte, um sie als »Erbgut« über die Generationen hinweg weitergeben zu können. »Artgedächtnis« und die Fähigkeit des Individuums, »sich erinnern« zu können, diese beiden Leistungen sind einander nicht nur analog. Sie beruhen auch, das ist es, was die Experimente Ungars und seiner Kollegen aufgedeckt haben, auf dem grundsätzlich gleichen molekularen Mechanismus.

Wenn in dem Skotophobin Professor Ungars wirklich die sich als Dunkelangst äußernde Erfahrung der von ihm trainierten Ratten enthalten sein sollte, dann wäre das fraglos ein besonders drastischer Beweis für die Behauptung, daß Erinnerungen auch außerhalb individueller Gehirne existieren können. In dieser Handgreiflichkeit brauchen wir den Beweis für unsere Überlegungen aber gar nicht. Es genügt die Kenntnis der Tatsache, daß Vererbung und Gedächtnis verschiedene Formen der Anwendung des gleichen biologischen Prinzips sind. Das nämlich bedeutet nichts anderes, als daß die ersten Gehirne das »psychische Phänomen« Gedächtnis nicht erst zu entwickeln oder auf irgendeine geheimnisvolle Weise zu erzeugen brauchten. Das Prinzip lag fix und fertig vor. Das Gehirn brauchte sich das Ganze wie einen vorgefertigten Bauteil nur noch einzuverleiben. So, wie die Ur-Zellen es mit den Organellen getan hatten.

Es wiederholte sich folglich auch hier, auf der Stufe der Großhirnrinde, nur abermals, was seit dem Anfang der Geschichte wieder und wieder geschehen war: Fertig vorliegende Elemente fügten sich wie kleine Bausteine zusammen und bildeten so das Mosaik der nächsthöheren Stufe. Die revolutionierende Neuigkeit bestand, was die hier diskutierte Funktion betrifft, also nicht etwa darin, daß das Vermögen, sich erinnern zu können, durch das Auftauchen von Gehirnen erstmals auf der Erde erschienen wäre. Das Gedächtnis ist älter als alle Gehirne. Wie wir es bei den anderen, tiefer gelegenen Hirnteilen schon erörtert haben, so bestand auch die Leistung der Großhirnrinde lediglich darin, diese uralte Funktion dem Individuum nutzbar zu machen.

So gesehen wirkt die Entstehung der Großhirnrinde wie eine sich aus der Logik des bisherigen Ablaufs fast zwingend ergebende Konsequenz. Jedenfalls was das Gedächtnis angeht, erweist sich auch die Großhirnrinde wiederum als ein legitimer Nachfahre des Wasserstoffs. Ich muß einräumen, daß sich diese Auffassung für andere psychische Funktionen heute noch nicht mit der gleichen Bündigkeit belegen läßt. Hier stoßen wir wieder auf eine jener Lücken in unserem Wissen, von denen so oft schon die Rede war, und über deren Vorhandensein wir uns, wie noch einmal wiederholt sei, viel weniger wundern sollten als darüber, daß uns heute überhaupt schon ein Überblick über die Geschichte möglich ist, die ich in diesem Buch zusammenzustellen versuche. Immerhin gibt es aber, über das Gesagte hinaus, doch noch eine Reihe von Hinweisen, die unsere durch die ganze bis hierhin geschilderte Entwicklung legitimierte Annahme stützen, daß auch die durch unser Großhirn repräsentierte Stufe das Ergebnis eines Zusammenschlusses untergeordneter Einheiten ist.

Wenn wir eingesehen haben, daß unsere »psychische« Fähigkeit des Erinnerns eigentlich nur die Anwendung einer biologischen Funktion ist, die es lange Zeit vor der Entstehung von Gehirnen und Bewußtsein schon gab, dann mögen wir zunächst glauben, damit bis an die äußerste Grenze gegangen zu sein. Bis an die äußerste Grenze nämlich der Zugeständnisse, die wir als die einzigen Lebewesen der Erde, denen die psychische Dimension in vollem Umfang erschlossen ist, gehen können. Dann meinen wir womöglich, unser anthropozentrisches Vorurteil, unseren Stolz als von allen anderen Lebensformen unterschiedene »Geistwesen« weit genug überwunden zu haben. Aber das ist eine Illusion. Uns stehen in Zukunft fraglos noch einige ähnliche Überraschungen bevor, wie die, welche uns die Gedächtnisforschung in den letzten Jahren bereitet hat.

Wenn wir unter der Last der Argumente schließlich auch zu akzeptieren bereit sind, daß das Phänomen »Gedächtnis« nicht auf die sogenannte psychische Sphäre beschränkt ist, so würden wir doch im ersten Augenblick wohl rundheraus bestreiten, daß das gleiche auch für die Möglichkeit zum Austausch von Erfahrungen gelten könnte. Gewiß, nicht nur wir Menschen tauschen untereinander aus, was wir gelernt und erfahren haben. Die gleiche Möglichkeit haben, wenn auch in wesentlich eingeschränktem Maße, viele Tiere. Aber das gilt nur für den obersten Rang der höheren Tiere, für jene von ihnen, die ein Gehirn von so fortgeschrittener Bauart besitzen, daß es uns nicht schwerfällt, auch ihnen wenigstens eine bescheidene Teilhaberschaft an der »psychischen Dimension« zuzugestehen. Ein echter Austausch von Erfahrungen, von »gelernten Lektionen«, außerhalb dieser Dimension aber erscheint uns unmöglich, sogar gänzlich unvorstellbar.

Eine geniale Ergänzung der Evolutionstheorie, die der amerikanische Wissenschaftler Norman G. Anderson 1970 veröffentlichte, droht aber nunmehr auch dieses vermeintliche Reservat unseres Geistes zu erschüttern. Anderson formulierte als erster den schon seit einigen Jahren in der Luft liegenden Gedanken, daß die sogenannte »virale Transduktion« eine entscheidende Rolle in der Evolution gespielt haben dürfte. Gemeint ist mit dem komplizierten Fremdwort der folgende faszinierende Sachverhalt: Viren bedienen sich, da sie »eigentlich« nicht leben, zu ihrer Vermehrung der Einrichtungen einer von ihnen befallenen Zelle. Auf den Seiten 193 ff. hatten wir uns mit dem seltsamen Lebenslauf dieser eigentümlichen Wesen ausführlich beschäftigt. Wir hatten dabei erörtert, daß ein Virus die Zelle durch die Anlagerung seines eigenen Erbmaterials an das der Zelle umprogrammiert und sie dadurch zwingt, ihre eigene Substanz für den Aufbau vieler neuer Viren zu verbrauchen, die dann ausschwärmen und neue Zellen überfallen.

1958 bekam der amerikanische Biologe Joshua Lederberg einen Nobelpreis für seine (schon 1952 gemachte) Entdeckung, daß es bei diesem Treiben der Viren gar nicht so selten zur »Transduktion« von genetischem Material aus einer Zelle in eine andere kommt. »Transduktion« heißt wörtlich so viel wie »Überführung«. Man könnte es hier sinngemäß auch mit »Verschleppung« übersetzen. Gemeint ist, daß die Viren bei der seltsamen Art ihrer Vermehrung immer wieder einmal Bruchstücke der Zell-DNS, an die sie sich anlagern, anschließend mit sich nehmen und so unbeabsichtigt in die nächste Zelle verschleppen, die sie infizieren.

Die Molekularbiologen fanden bald heraus, daß die auf diese Weise zwischen den Zellen hin- und hertransportierten DNS-Bruchstücke manchmal sogar ziemlich lang sind. Nicht selten sind sie so lang, daß diese »virale Transduktion« in der Praxis die Überführung von 3, 4 oder sogar 5 kompletten Genen (Erbanlagen) bedeutet, die damit gewissermaßen en bloc von einer Zelle in eine andere verpflanzt werden. Erst Anderson aber kam 1970 darauf, was dieser Mechanismus für die Evolution bedeutet haben muß: nichts weniger als den durch Viren vermittelten fortwährenden Austausch der genetischen »Erfahrungen« zwischen allen auf der Erde existierenden Arten. Jeder genetische Fortschritt, jede Erfindung, die die Evolution bei irgendeinem der unzähligen Lebewesen dieses Planeten gemacht hatte, konnte auf diese Weise früher oder später von jeder anderen Art »nachgelesen« werden.

Den Forschern fiel es mit einem Male wie Schuppen von den Augen. Jetzt erst ging ihnen die wahre Bedeutung der Identität des genetischen Codes bei allen Arten auf. Dieser »Esperanto-Charakter« der Sprache, in der die durch Mutation und Selektion erworbenen Funktionen und Baupläne in der DNS niedergelegt sind, ermöglichte allen Organismen die Teilnahme an diesem Erfahrungsaustausch, der offensichtlich das ganze Reich des Lebendigen umfaßt. Immer dann, wenn eine Zelle den Angriff eines Virus übersteht (und Zellen verfügen über recht wirksame Abwehrmechanismen), hat sie folglich die Chance, die von dem Angreifer eventuell mitgeschleppten Gene auf die Verwendbarkeit für ihre eigenen Zwecke zu überprüfen.

Wenn die Evolution der Organismen einer bestimmten Art auf diese Weise von den genetischen Fortschritten und Erfindungen aller anderen Lebewesen dieser Erde profitieren kann (man bedenke allein die universale Verwendbarkeit und daher Austauschbarkeit der Tausende für den Stoffwechsel erforderlichen Enzyme!), dann entfällt auch ein Einwand, der die »Evolutionisten« unter den Naturforschern bisher immer noch ein wenig in Verlegenheit gebracht hatte. So unvorstellbar groß der Zeitraum von 3 Milliarden Jahren auch sein mag, der für die Evolution des irdischen Lebens bisher zur Verfügung stand, er ist doch relativ kurz, wenn es darum geht, durch den Zufallsmechanismus von Mutation und Selektion aus Einzellern vielzellige Lebewesen, aus marinen Organismen Amphibien und Reptilien entstehen zu lassen, und um die Entwicklung noch weiter darüber hinaus vorwärtszutreiben bis zu uns Menschen.

Die Argumente dafür, daß es Mutation und Selektion sind, die die Evolution vorantreiben und die aus niederen höhere Lebensformen entstehen lassen, sind überwältigend. In diesem Buch war wiederholt von ihnen die Rede. Deshalb wurden die Entwicklungsforscher unter den Biologen auch nicht an ihnen irre, wenn man ihnen gelegentlich vorrechnete, wie »kurz« der auf der Erde zur Verfügung stehende Zeitraum tatsächlich gewesen ist. Ganz wohl war ihnen aber nie, wenn sie auf diesen Einwand stießen. Der durch die Viren vermittelte Genaustausch hat das Problem auf überzeugende Weise beseitigt. Wenn jede einzelne Erfindung, die die Evolution irgendwo macht, früher oder später allen anderen Lebewesen zur gefälligen Verwendung angeboten wird, dann muß der evolutionäre Fortschritt um ein Vielfaches schneller vorangekommen sein, als es bisher möglich schien.

Wenn wir an die Viren denken, so sollten wir daher nicht einseitig nur die nächste Grippewelle im Augen haben oder andere lästige Folgen eines Virusinfektes. Wir sollten dagegen abwägen, daß die winzigen Gebilde bei ihrem langen Marsch quer durch alle Arten und Gattungen seit Jahrmilliarden mit der Unermüdlichkeit dörflicher Klatschbasen (und mit der gleichen Wirksamkeit) dafür sorgen, daß keine genetische Neuigkeit geheim und irgendeinem vorenthalten bleibt, der womöglich etwas mit ihr anfangen könnte. Es sieht so aus, als ob es uns heute, 5 Milliarden Jahre nach der Entstehung der Erde, noch gar nicht geben könnte, wenn die Viren diesen »genetischen Erfahrungsaustausch« nicht während dieser ganzen Zeit in Gang gehalten hätten.

Davon, daß ferner auch die Fähigkeit der »Phantasie« keineswegs auf die psychische Dimension beschränkt ist, wie wir es stillschweigend vorauszusetzen pflegen, war an der Stelle dieses Buches schon die Rede, an der wir uns mit der Frage beschäftigt haben, wie der Birkenspanner zu seiner Tarnfarbe und der indische Kaiseratlas auf den Trick des Baus von Attrappen haben kommen können. Natürlich kann man sich gegen diese Einsicht sperren, indem man einfach sagt, daß mit dem Wort »Phantasie« eben nur das psychische Phänomen gemeint sei. Das wäre aber eine weder notwendige noch zweckmäßige Einschränkung des Begriffs.

Die formale Analogie, die Ähnlichkeit also zwischen dem Wirken von Mutation und Selektion auf der einen und dem freien Spiel unserer Einfälle auf der anderen Seite, aus denen wir dann angesichts der Notwendigkeit ihrer Verwendbarkeit in der Realität kritisch unsere Auswahl treffen, ist unbestreitbar. Sie ist in der Tat so groß, daß mir auch hier die von der entwicklungsgeschichtlichen Betrachtung der Dinge nahegelegte Vermutung berechtigt erscheint, es handele sich auch in diesem Fall nur wieder um verschiedene Formen, in denen sich das im Grunde gleiche Phänomen auf zwei verschiedenen Stufen der Entwicklung verwirklicht hat. Es sollte daher auch nicht verwundern, wenn zukünftige Biochemiker einmal (in einer gewiß noch fernen Zukunft) als körperliche Grundlage unserer individuellen Phantasie in unserem Gehirn auf Prozesse stoßen würden, die den zufallsunterworfenen Vorgängen entsprechen, die sich an einem DNS-Molekül abspielen, wenn eine »Mutation« erfolgt.

Für die Zulässigkeit unserer Überlegungen wäre das ohne Belang. Ein biologisches Prinzip kann sich zu seiner Verwirklichung sehr wohl ganz unterschiedlicher Materialien bedienen. Andererseits wären die psychologischen Auswirkungen einer solchen Entdeckung, wenn sie jemals gelingen sollte, zweifellos nicht ohne Reiz. Denn es läßt sich jetzt schon vorhersagen, daß viele, denen die Rolle des Zufalls in der Evolution noch immer ein Dorn im Auge ist, ihre Ansicht an diesem Punkt sofort und bereitwillig revidieren würden. Mutationsartige Prozesse als Grundlage unserer Phantasie, das freilich wäre für sie etwas anderes. Hier würde ihnen der Zufall mit einem Male schmecken, der ihnen auf allen anderen Ebenen der Evolution stets so anstößig erschienen war. Denn sie würden zweifellos nicht verfehlen, ihn dann, wenn sie ihm in ihrem eigenen Gehirn begegnen sollten, als Kronzeugen für ihren Anspruch anzuführen, daß sie über einen »freien Willen« verfügen.

Zu nennen wäre in unserem Zusammenhang schließlich noch die

Fähigkeit zur »Abstraktion«, also eine geistige Potenz, die uns mit Recht als besonders hoch entwickelte, spezifisch menschliche Leistung und daher einer entwicklungsgeschichtlichen Betrachtungsweise, wie ich sie hier anzustellen versuche, besonders unzugänglich erscheint. Dabei lassen sich auch hier phylogenetische Vorstufen auffinden, Äußerungen des gleichen Prinzips auf niedrigeren Ebenen der Entwicklung. Das gelingt sogar sehr leicht, sobald man sich nur wieder von dem anthropozentrischen Vorurteil freimacht, daß geistige Phänomene, die uns aus unserem Selbsterleben geläufig sind, keine Parallelen oder Grundlagen in den uns geschichtlich vorangegangenen Abschnitten der Entwicklung haben könnten.

Daß das auch hinsichtlich der Fähigkeit zur Abstraktion nichts als ein Vorurteil ist, diese Erfahrung machen unter anderem die Verhaltensforscher, die sich der ebenso interessanten wie schwierigen Aufgabe verschrieben haben, bei den von ihnen untersuchten höheren Tieren erlernte von angeborenen (»instinktiven«) Verhaltensweisen zu trennen. Der Freiburger Biologe Bernhard Hassenstein hat vor einigen Jahren über eine sehr typische und für unseren Gedankengang wichtige Beobachtung berichtet, die ich ihrer Anschaulichkeit wegen hier wörtlich zitieren möchte.

Hassenstein schreibt (47): »Ein mir bekannter Ornithologe hatte inmitten eines großen Zimmers einen Vogelkäfig stehen, dessen Tür offenstand, so daß seine Bewohner aus- und einfliegen konnten; diese waren Neuntöter, also einheimische Vögel, die zu den Singvögeln gehören. Die Käfigwände bestanden aus weitmaschigem Netz. Die Vögel waren zahm gegen ihren Pfleger und nahmen ihm Futter aus der Hand, besonders die als Leckerbissen bevorzugten Mehlwürmer.

Die Situation, in der Instinktives und Erlerntes miteinander um die Führung des Verhaltens stritten, war nun folgende: Ein Vogel befand sich im Käfig. Der Pfleger nahm einen Mehlwurm und zeigte ihn dem Tier von außen an derjenigen Wand des Käfigs, die der offenen Tür gegenüberlag. Der Vogel flog sofort hinzu und versuchte ununterbrochen und leidenschaftlich durch das Netz hindurch an den Mehlwurm zu kommen – natürlich vergeblich. An den Umweg nach rückwärts durch die offene Tür hindurch dachte er augenscheinlich nicht. Man hätte meinen können, er kenne ihn gar nicht. Aber man konnte schnell eines Besseren belehrt werden: Der Pfleger entfernte sich mit dem Mehlwurm langsam vom Netz und vom Vogel, so daß das Ziel für diesen in weiteren Abstand rückte. Bei einer bestimmten Entfernung drehte sich nun der Vogel plötzlich um und flog mit offenbarer Ortskenntnis zielstrebig durch die rückwärtige Tür aus dem Käfig heraus und von dort in eleganter Wendung schnurstracks zum Pfleger, von dem er den Mehlwurm erhielt.

Das eben beschriebene Spiel ließ sich beliebig oft wiederholen. Der Anblick der Lieblingsnahrung in nächster Nähe löste den Antrieb zum unmittelbaren Nahrungserwerb – also die instinktive Verhaltensweise – so intensiv aus, daß sich der Vogel nicht davon lösen konnte, um das Ziel auf dem bekannten Umweg zu erreichen; wurde der Reiz schwächer, ohne aber ganz zu verschwinden, so konnte die Erfahrung, also die Kenntnis des Umwegs, ihren Einfluß auf das Verhalten durchsetzen.« Soweit Hassenstein.

Hier stoßen wir erneut auf jene Tendenz zur Distanzierung, zur Ablösung von der Umwelt, von der schon mehrfach die Rede war. In dem so anschaulich beschriebenen Verhalten des Vogels dokumentiert sich die gleiche Tendenz, der wir in ganz anderer Form auf älteren, niedrigeren Entwicklungsstufen schon wiederholt begegnet waren: bei der Entstehung der Zellmembran, die dem von ihr eingeschlossenen Stoffwechselaggregat eine gewisse Selbständigkeit gegenüber der Umwelt verlieh, oder bei der Erfindung der Warmblütigkeit, die das Individuum von der Unterwerfung unter die periodischen Temperaturschwankungen seiner Umwelt befreite (um nur an zwei Beispiele zu erinnern).

Wenn wir die Beobachtung Hassensteins in diesen Zusammenhang stellen, dann haben wir aber auch keine Mühe, die Fähigkeit des Vogels, sich unter bestimmten Bedingungen von der konkreten Faszination durch einen aktuellen Reiz zu lösen, als die Vorstufe einer Leistung zu erkennen, die über diesen noch immer relativ bescheidenen Grad der Freiheit von der Umwelt weit hinausführen wird: die Fähigkeit zur »Abstraktion«.

Auch die Leistung des größten denkerischen Genies besteht bei Licht besehen allein darin, daß ihm eine Distanzierung von der Umwelt gelingt, die bisher keiner seiner Vorgänger oder Zeitgenossen vollbracht hat: die Loslösung vom Augenschein, von einem konkret gegebenen Sachverhalt. Sie verschafft ihm die Möglichkeit, hinter den unterschiedlichen Erscheinungen der Umwelt das Gemeinsame zu erkennen, hinter der Fassade des Augenscheins das verbindende, übergeordnete Gesetz.

Newton wird bekanntlich häufig mit einem Apfel in der Hand dargestellt, eine Anspielung auf jene Anekdote, nach der er durch den

Anblick eines vom Baum fallenden Apfels auf die Erkenntnis gekommen sein soll, daß der Umlauf der Planeten um die Sonne von der gleichen Kraft bewirkt werde, die auch den Fall des Apfels verursacht: von der Schwerkraft. Ob diese Episode sich nun wirklich so abgespielt hat oder nicht, auf jeden Fall trifft die Anekdote den Kern der Newtonschen Leistung mit bewundernswerter Genauigkeit. Die Genialität dieser Leistung besteht eben darin, daß der große Engländer es vermochte, sich vom konkreten Augenschein zu lösen und das hinter den äußerlich so verschiedenen Erscheinungen verborgene Gesetz zu sehen.

Auf der einen Seite ein Apfel, der auf die Wiese eines Obstgartens fällt. Und auf der anderen die Bewegung von Sternen, die am nächtlichen Himmel ihre gewaltigen Kreise um die Sonne ziehen. Welche Kraft der Abstraktion, welches Ausmaß der Loslösung vom konkret gegebenen Augenschein! Auf der nunmehr erreichten Stufe hat das Individuum seine Fähigkeit zur Abgrenzung von der Umwelt so weit getrieben, daß die Befreiung von der bis dahin unentrinnbar erscheinenden Unterwerfung unter die sinnliche Erscheinungsweise der Umwelt möglich geworden ist. Die Welt wird jetzt nicht mehr passiv so hingenommen, wie sie sich der naiven Wahrnehmung darbietet, sondern sie wird nach dem Grund befragt, auf dem sie ruht.

An diesem Punkt der Entwicklung, an der die Ablösung von der Umwelt schließlich den durch die Fähigkeit zur gedanklichen Abstraktion markierten Grad erreicht hat, taucht ein neues Phänomen auf. Es ist das »Bewußtsein«, die Fähigkeit zur Selbstbesinnung, die unbestreitbar neue Möglichkeit, über sich selbst nachdenken und sich selbst als »Ich« begreifen zu können.

Wir wissen nicht, was »Bewußtsein« ist. Uns fehlt, naturgemäß, die nächsthöhere Ebene, von der aus wir auf das Phänomen hinabblicken könnten, um es zu begreifen. Was wir über die zwischen unterschiedlichen Stufen der Entwicklung bestehenden Beziehungen auf den darunter liegenden Ebenen gelernt haben, kann uns aber zu der vorsichtigen Formulierung ermutigen, daß das Bewußtsein das Ergebnis der Zusammenfassung von Gedächtnis, Lernfähigkeit, Fähigkeit zum Austausch von Erfahrungen, Phantasie und Abstraktionsvermögen ist, die während der vorangegangenen Entwicklungsphasen zunächst getrennt voneinander entstanden.

Ganz ohne jeden Zweifel ist »Bewußtsein« etwas vollkommen Neues. So, wie auch »Wasser«, von der Ebene der isolierten Atome aus betrachtet, etwas vollkommen Neues gewesen war. Und dennoch sind beide Erscheinungen ebenso unbezweifelbar das Resultat der Kombination von »Altem«. Beim Wasser waren das zwei gasförmige Elemente. Und beim Bewußtsein sind es die eben angeführten und sicher noch zahlreiche andere, uns nur noch nicht in gleicher Deutlichkeit sichtbar gewordenen Einzelfunktionen, die auf der nunmehr erreichten Entwicklungsstufe von »Gehirnen« erstmals in einzelnen Organismen zusammengefaßt werden.

In dem Erleben der mit diesem Bewußtsein ausgestatteten Individuen verwandeln sich die von der Umwelt ausgehenden Sinnesreize in die Eigenschaften objektiv vorhandener Gegenstände. Wo der Hirnstamm nur aus der Umwelt eintreffende Reize signalisieren konnte, die Verlockung oder Drohung bedeuteten und diesen Bedeutungen angepaßte Reaktionen unmittelbar auslösten, da registriert das der Abstraktion fähige Großhirn qualitative Eigenheiten realer Dinge in einer objektiv existierenden Welt.

Dieses erst vom menschlichen Großhirn ermöglichte Erleben konstant bleibender Dinge (an der Stelle von Umweltreizen, deren Bedeutung je nach der eigenen biologischen Verfassung innerhalb weiter Grenzen schwankt), ist die Voraussetzung für die Benennung der Gegenstände. Das aber ist der Anfang der Sprache. Die Konstanz der Gegenstände erlaubt es uns, für sie Bezeichnungen zu erfinden und zu benutzen, die nicht identisch sind mit den Gegenständen selbst. So entstehen sprachliche Symbole, welche die revolutionierende Möglichkeit eröffnen, mit »Worten« manipulieren zu können, ohne daß (oder bevor) die mit diesen Worten bezeichneten realen Gegenstände selbst in Bewegung gesetzt werden müssen.

Auch das ist ohne allen Zweifel etwas »Neues«. Dennoch sollten wir an dieser Stelle daran denken, daß die Evolution das gleiche Prinzip schon seit vielen Jahrmilliarden auf einer weit unterhalb des Bewußtseins gelegenen Ebene mit außerordentlichem Erfolg anwendet: Auch die Basentripletts der DNS, durch deren Aufeinanderfolge alle unsere Eigenschaften und Veranlagungen in den Kernen unserer Zellen gespeichert sind, bilden die Buchstaben einer Schrift, die nicht identisch ist mit dem, was sie »bedeutet«, nämlich mit uns selbst.

Fünfter Teil
Die Geschichte der Zukunft

21. Auf dem Weg zum galaktischen Bewußtsein

Wie geht es weiter? Es wäre widersinnig, wenn wir, an diesem Punkt der Entwicklung angekommen, die Frage nicht abermals stellen würden. Wenn wir sie hier unterdrückten, weil wir bei unserer Schilderung nunmehr bei uns selbst, bei der »Gegenwart«, angelangt sind. Den durchaus relativen Charakter dieser Gegenwart haben wir bei einer früheren Gelegenheit schon hervorgehoben. Sie ist, vor dem Hintergrund der Entwicklung insgesamt betrachtet, ein im Grunde beliebiger, lediglich durch den Zufall unserer eigenen Existenz willkürlich herausgegriffener Moment des Ganzen.

Gewiß kann man die Phase der Entwicklung, der wir selbst angehören, insofern eine »besondere« Epoche nennen, als wir Menschen nach einer seit 13 Milliarden Jahren in Bewußtlosigkeit abgelaufenen Entwicklung die ersten Lebewesen sind, welche die Fähigkeit aufweisen, die aus dieser gewaltigen Geschichte hervorgegangene Welt als selbständige Subjekte objektiv wahrzunehmen und zu erkennen. Das gibt es erst seit wenigen Jahrtausenden.

Man könnte sogar unserer Generation noch eine besondere Rolle zuerkennen, da wir heute Lebenden die ersten Menschen sind, welche der in diesem Buch rekonstruierten Geschichte ansichtig geworden sind und dabei sind zu begreifen, daß sie die Vergangenheit darstellt, die uns hervorgebracht hat. Das ist in der Tat eine Wende, deren Bedeutung nicht unterschätzt werden darf. Aber wer wollte sagen, daß das für frühere Wendungen der Entwicklung nicht in gleichem Maße gegolten hätte? Etwa für die Erfindung der Warmblütigkeit oder den Auszug aus dem Wasser? Für die erste Zellkolonie, deren Mitglieder zur spezialisierten Arbeitsteilung übergingen, oder für die erste Lipidmembran, die sich um ein DNS-Protein-Aggregat legte und es dadurch zum Ausgangspunkt für die Entstehung aller Zellen werden ließ?

Wenn wir die Schilderung der Entwicklung mit der Gegenwart abbrechen würden, dann wäre das im Grunde nur wieder ein Rückfall in das alte Vorurteil, das uns immer zu suggerieren versucht, wir Heutigen seien Ziel und Endpunkt allen Geschehens, und die zurückliegenden 13 Milliarden Jahre hätten keinem anderen Zweck gedient, als dem, uns und unsere Gegenwart hervorzubringen. In Wahrheit wird die Entwicklung weit über uns hinausführen. Sie wird in ihrem weiteren Verlauf dabei Möglichkeiten verwirklichen, die das, was wir verkörpern und zu erkennen vermögen, so weit hinter sich lassen, wie wir die Welt des Neandertalers hinter uns gelassen haben.

Vielleicht wird das nicht auf der Erde geschehen. Selbstverständlich werden wir niemals wissen, wie das weiter verlaufen wird, was wir im gewohnten Sprachgebrauch »Geschichte« nennen, womit wir ja lediglich meinen, was Menschen in Jahrhunderten oder, höchstens, Jahrtausenden ausrichten und bewirken. Es gibt keine wissenschaftlichen Daten, die uns in die Lage versetzen könnten, vorherzusagen, was Menschen in Zukunft tun werden, wie sich die menschliche Gesellschaft weiterentwickelt und welche Ideen die Entscheidungen zukünftiger Generationen beeinflussen werden. Wir können daher auch nicht wissen, ob die Menschheit lange genug existieren wird, um an der Zukunft teilhaben zu können, die hier gemeint ist.

Kurzfristige Prognosen – »kurzfristig« im Sinne entwicklungsgeschichtlicher, evolutionärer Abläufe – sind unmöglich. Aber vor den zeitlichen Maßstäben, unter denen wir schon den bisherigen Verlauf des Geschehens betrachtet haben, schrumpft das, was wir üblicherweise »Historie« nennen, ohnehin zu nicht mehr erkennbarer Winzigkeit zusammen. Auch bei der Rekonstruktion der Vergangenheit, der Ereignisse, die vom Ur-Knall des Weltanfangs zu unserer Gegenwart geführt haben, mußten wir uns in diesem Buch ja mit den großen Umrissen begnügen. Die kleinsten zeitlichen Intervalle, mit denen wir es dabei noch zu tun hatten, bemaßen sich nach Dutzenden, wenn nicht nach Hunderten von Jahrmillionen.

Wenn wir uns auch jetzt darauf beschränken, mit einem so weitmaschigen Maßstab zu arbeiten, dann werden bestimmte Aussagen über den weiteren Verlauf der Entwicklung möglich. Wir können dann sinnvoll etwas sagen über die Zukunft, auf die sie zusteuert. Daß unsere Überlegungen von diesem Punkt ab unvermeidlich sehr viel spekulativer werden als das, was wir bisher erörtert haben, brauche ich kaum zu betonen. Es liegt auf der Hand, daß sich über eine noch so weit zurückliegende Vergangenheit mit einem höheren Grad von Gewißheit reden läßt als über die Zukunft. Es gibt jedoch Anhaltspunkte, auf die wir uns stützen können und die den Versuch rechtfertigen. Unser Instrumentarium wird von den Tendenzen und Gesetzlichkeiten gebildet, die wir angesichts des bisherigen Ablaufs kennengelernt haben. Ihre Anwendung gibt uns die Möglichkeit, den Weg der Entwicklung in die Zukunft hinein zu verlängern.

Der nächste Schritt, der bei diesem Versuch vorhersehbar wird, ist der Übergang von der bisherigen planetarischen zu einer interplanetarischen, auf lange Sicht zu einer galaktischen Kultur, die immer größere Bereiche der ganzen Milchstraße umfassen wird. Ich will auf den letzten Seiten dieses Buches begründen, warum ich davon überzeugt bin, daß diese Annahme mehr ist als eine unverbindliche Spekulation. Der Zusammenschluß planetarer Einzelkulturen zu immer größeren, miteinander kommunizierenden Verbänden wäre nichts anderes als die logische, die geradezu zwingende Fortsetzung alles dessen, was in den hinter uns liegenden 13 Milliarden Jahren geschehen ist.

Als den ganzen bisherigen Ablauf kennzeichnende Eigentümlichkeiten hatten wir zwei Tendenzen erkannt. Die eine war der Zusammenschluß der Elemente (der »kleinsten funktionellen Einheiten«) der jeweils vorangegangenen Entwicklungsstufe, die dadurch die Elemente der sich chronologisch anschließenden, nächsthöheren Stufe entstehen ließen. Die zweite bestand in der Tendenz dieser im Laufe der Geschichte immer komplexer organisierten Elemente zur zunehmenden Abgrenzung, zu einer immer radikaler sich verwirklichenden Distanzierung von der gewohnten und scheinbar unausweichlich vorgegebenen Umwelt.

Wenn wir in unserer Gegenwart nach den Spuren dieser beiden Tendenzen suchen, die sich wie ein roter Faden durch die ganze Geschichte ziehen, dann stoßen wir früher oder später unweigerlich auf das Phänomen der Raumfahrt. Je länger man darüber nachdenkt, um so mehr verstärkt sich der Verdacht, daß die rational so schwer zu erklärende Bereitschaft, sich bis an die Grenze des wirtschaftlich und politisch noch Vertretbaren für den Versuch einzusetzen, die Erde zu verlassen, um andere, fremde Himmelskörper zu erreichen, nur vor diesem Hintergrund zu verstehen ist. Die vordergründigen Argumente, mit denen die Befürworter der Raumfahrt den wahrhaft astronomischen Einsatz zu rechtfertigen versuchen, den das Unternehmen erfordert, sind bekannt. Sie werden bis zum Überdruß wiedergekäut.

Aber an eine militärische Bedeutung der Besetzung des Mondes oder gar anderer Planeten glaubt heute schon längst niemand mehr. Die Weiterentwicklung strategischer Raketen würde zweifellos in einem noch wesentlich bedrohlicheren Tempo voranschreiten, wenn die von der Raumfahrt verschlungenen Gelder für diesen unheilvollen Zweck auch noch zur Verfügung ständen. Und warum sich das politische Prestige einer Nation durch Erfolge in der Raumfahrt wirksamer erhöhen lassen sollte als durch zukunftweisende Entwicklungen im Gesundheits- und Schulwesen oder bei vergleichbaren Unternehmungen, das zu begründen ist bisher, soweit ich sehe, noch niemandem überzeugend gelungen.

Je länger man darüber nachdenkt, um so eher muß man auf den Gedanken kommen, daß sich in diesem seltsamen Drang in den Weltraum eine Tendenz ausdrückt, auf die wir schon in früheren Phasen der Entwicklung in den unterschiedlichsten Formen gestoßen sind: die Tendenz zur Abgrenzung von der Umgebung, zur Ablösung und Distanzierung von der gegebenen Umwelt. Ich bin davon überzeugt, daß sowohl die ganz offensichtliche Unaufhaltsamkeit wie auch die zu ihr so eigenartig kontrastierende Schwierigkeit einer rationalen Begründbarkeit der ganzen Raumfahrt daher rühren, daß sich hier in neuer, diesmal in technischer Verkleidung der gleiche Drang manifestiert, dem wir auf der biologischen Ebene bereits in der Gestalt des Auszugs aus dem Wasser begegnet sind.

Auch rückblickend, von der Gegenwart aus gesehen, bestätigt sich hier folglich – und in dieser Umkehrbarkeit um so überzeugender – die Analogie, die innere Verwandtschaft beider Phänomene, die, durch so viele Stufen der Entwicklung und 500 Millionen Jahre voneinander getrennt, mit den jeweils zur Verfügung stehenden Mitteln in der jeweils gegebenen Situation dennoch der gleichen Tendenz zum Durchbruch verhelfen. In beiden Fällen wird die bis dahin einzig denkbare Umwelt verlassen. In beiden Fällen werden dazu, wie wir uns erinnern wollen, zumindest verblüffend ähnliche Methoden benutzt. Und in beiden Fällen steht der ungeheure Aufwand des Unternehmens in keiner verständlichen Relation jedenfalls zu den zu Beginn des Abenteuers erkennbaren Zielen.

Wie wir gesehen haben, führte die anfangs so sinnlos erscheinende »Loslösung« des Lebens vom Wasser zu der nicht vorhersehbaren Erfindung der Warmblütigkeit und im weiteren Verlauf gar zur Erschließung einer neuen Wirklichkeit kultureller und geschichtlicher

Zusammenhänge. Wer wollte es unter diesen Umständen wagen, das Projekt der Astronautik für sinnlos zu erklären, nur weil es sich, und das allerdings ist unbestreitbar, im Rahmen des von uns heute übersehbaren Horizontes nicht rational begründen läßt? Wer vermöchte vorher zu sagen, welche neuen Wirklichkeiten sich dem erschließen könnten, dem es gelänge, sich von der Erde »abzulösen«? Und dennoch, schon heute ist zu erkennen, daß die Raumfahrt nur in eine Sackgasse führen kann, daß sie nicht den Weg anzeigt, auf dem die Entwicklung weiterverlaufen wird.

Wen diese Feststellung wundert, nach allem, was ihr an Überlegungen voranging, der sei darauf aufmerksam gemacht, daß in diesem Buch bisher ausschließlich von den gelungenen Versuchen der Entwicklung die Rede gewesen ist. Verfolgt haben wir immer nur die Schicksale der Überlebenden, weil allein sie die ununterbrochene Kette von Ereignissen bilden, welche insgesamt die Geschichte ausmachen. Aber es kann gar keinen Zweifel daran geben, daß es eine vergleichsweise unermeßlich viel größere Zahl von Fehlschlägen gegeben hat, von Versuchen der Evolution, die ohne die Chance der Fortsetzung in einer Sackgasse endeten.

Das kann gar nicht anders sein, wenn man bedenkt, daß es bis zum Auftreten eines kritisch auswählenden Bewußtseins nur aus Zufall geborene Neuheiten gab, mit denen der Fortschritt arbeiten konnte. Sie aber konnten die Möglichkeit einer Fortsetzung allein durch ihre große Zahl gewährleisten. Nur dann war die Wahrscheinlichkeit gegeben, daß wenigstens einige von ihnen den Schlüssel für die Zukunft darstellten. Innerhalb der von uns berücksichtigten kleinsten zeitlichen Intervalle vieler Jahrmillionen hat daher ein ständiges und gewaltiges Auf und Ab stattgefunden, ein scheinbar chaotisches Durcheinander der verschiedensten, einander zum Teil sogar widersprechenden Ansätze. Welche von ihnen die Steine für den Weg in die Zukunft bildeten, das war immer erst nachträglich zu erkennen.

Die anderen, von der Evolution später wieder verlassenen oder verworfenen Ansätze hielten sich dabei mitunter jedoch sehr lange. In vielen Fällen wäre es Jahrmillionen lang gänzlich unmöglich gewesen, zu erkennen, daß ein bestimmter Seitenzweig eines Tages in einer Sackgasse enden würde. Die große Fülle der Tier- und Pflanzenarten, die in früheren Epochen über lange Zeiten hinweg das Bild der Erde prägten und von denen heute dennoch keine Nachfahren mehr existieren, liefert eine große Zahl von Beispielen dafür.

Aber es gibt auch Arten, die, obwohl es sich auch bei ihnen zweifellos um »Sackgassen« handelt, dennoch außerordentlich erfolgreich und, wie es scheint, von praktisch unbegrenzter Langlebigkeit sind. Das vielleicht eindrucksvollste Beispiel bilden die Insekten. Ihr auch für geologische Maßstäbe ungewöhnlich hohes Alter – 400 Millionen Jahre – verdanken sie vor allem ihrem ungeheuren Artenreichtum und ihrer sich in dieser Fülle von Varianten dokumentierenden Fähigkeit zur Anpassung auch an die ausgefallensten Umweltbedingungen. Ihr Überlebenserfolg ist an einer imponierenden Relation ablesbar: Achtzig Prozent aller auf der Erde existierenden Organismenarten sind Insekten. Von fünf Tieren ist immer nur eins kein Insekt!

Trotzdem haben die Vertreter dieser erfolgreichen Familie sich in einer Sackgasse verrannt. Der Fehler ist in ihrer Geschichte schon sehr früh erfolgt und war später nicht mehr rückgängig zu machen. Er besteht darin, daß die Vorfahren der Insekten sich, als sie eine Stütze für ihren aus immer mehr Zellen zusammengesetzten Körper brauchten, für ein Außenskelett »entschieden« haben. Der erst im weiteren Ablauf der Geschichte zutage tretende gravierende Nachteil dieses an sich so einleuchtenden (da zusätzlichen Schutz verleihenden) Konstruktionsprinzips besteht darin, daß es dem Größenwachstum sehr früh eine Grenze setzt.

Deshalb machten Arten das Rennen, die das gleiche Problem durch die Entwicklung eines inneren Skeletts gelöst hatten. Denn erst bei der Überschreitung einer gewissen Mindestgröße verfügt ein Individuum über eine hinreichend große Zahl einzelner Zellen, um die Möglichkeiten der Vielzelligkeit voll ausschöpfen zu können. Das gilt vor allem für die Weiterentwicklung des Zentralnervensystems. Die Insekten sind trotz ihres hohen Alters vor allem deshalb »dumm« geblieben, weil in den von ihrem Chitinpanzer gebildeten Hohlräumen einfach nicht genug Platz ist für die Menge an Nervenzellen, die für den Bau eines genügend kompliziert gebauten Gehirns notwendig wäre.

Aber warum beschäftigen wir uns an dieser Stelle überhaupt mit den entwicklungsgeschichtlichen Problemen der Insekten? Das hat mehrere Gründe. Die einzigartige Anpassungsfähigkeit dieser Lebewesen hat in der geschilderten Sackgassensituation nämlich zu einem sehr interessanten Phänomen geführt: dazu, daß sich bestimmte, von uns mehrfach erörterte Entwicklungstendenzen bei ihnen in sehr eigentümlicher Form zeigen. Es hat dabei den Anschein, als ob die Evolution versucht hätte, diesen Tendenzen hier, wo ihnen durch die unüberschreitbare Größenbeschränkung der einzelnen Individuen der direkte Weg versperrt war, auf anderen Wegen dennoch zum Durchbruch zu verhelfen.

Ich meine das Phänomen der Insektenstaaten. Diese streng durchorganisierten Zusammenschlüsse von 100 000 oder (bei manchen Termitenarten) einer Million einzelner Tiere erscheint bei näherer Betrachtung wie eine Wiederholung des Schrittes vom Ein- zum Vielzeller. Ein Ameisenstaat gleicht in vieler Hinsicht viel eher einem geschlossenen Organismus als einer Kolonie einzelner Individuen.

Wie die Zelle eines mehrzelligen Individuums, so ist auch die einzelne Ameise außerhalb des Verbandes ihres »Staates« nicht mehr lebensfähig. Zwischen den einzelnen Mitgliedern, die den Überorganismus eines Ameisenstaates (oder Termiten- oder Bienenstaates) bilden, hat sich eine hochspezialisierte Arbeitsteilung entwickelt: Vermehrung, Befruchtung, Ernährung und in bestimmten Fällen auch die Verteidigung sind an entsprechend spezialisierte Mitglieder delegiert, denen in der strengen Hierarchie des Ganzen weit eher die Rolle fest eingebauter Funktionselemente zukommt als die selbständiger Individuen.

Alles in allem kann man angesichts dieser Eigentümlichkeiten auf den Gedanken kommen, daß die Natur hier versucht habe, den nicht mehr wettzumachenden Nachteil der Größenbeschränkung des einzelnen Insekts dadurch auszugleichen, daß sie bei dieser Tierfamilie in den geschilderten Fällen den Schritt wiederholte, der von der einzelnen Zelle zum Individuum geführt hatte. Als ob sie versucht habe, die einzelnen Individuen, deren Kleinheit eine Weiterentwicklung ihrer inneren Struktur verhinderte, nun ihrerseits als Bausteine zu verwenden zum Aufbau eines übergeordneten Organismus, der dieser die Entwicklung blockierenden Beschränkung nicht unterlag.

Aus dem Vergleich der heute lebenden Arten ergibt sich, daß auch dieser Versuch in einem sehr frühen Stadium steckengeblieben ist. Immerhin ist es wohl kaum als Zufall zu betrachten, daß diese von den Insektenstaaten gebildeten »Überorganismen« die höchsten Leistungen vollbringen, denen wir bei den Insekten überhaupt begegnen: eine hochentwickelte Brutpflege, einen ausgeprägten Zeitsinn, ein Mitteilungsvermögen, das selbst die Wissenschaftler zum Beispiel von einer »Bienensprache« reden läßt, und, bezeichnenderweise, die Fähigkeit zur Aufrechterhaltung einer erstaunlich exakten Temperaturkonstanz im »Bau« durch aktive Regelung (48).

Selbst in diesem Fall also setzte sich die Tendenz zum »Zusammenschluß auf einer höheren Ebene« durch, und selbst hier ergab sich daraus die Entstehung höherer Funktionen bis hin zu einer aktiven Temperaturkontrolle. Dieses Beispiel ist für uns einmal deshalb wichtig, weil es unsere Ansicht über den die Entwicklung weitgehend beherrschenden Charakter der genannten Tendenzen stützt. Die Bestätigung ist deshalb so überzeugend, weil sich diese Tendenzen hier sogar an einem offensichtlich untauglichen oder doch zumindest sehr wenig geeigneten Objekt manifestieren.

Zum zweiten aber zeigt uns dieses Beispiel, daß ein Phänomen, das angesichts der bisherigen Geschichte zwingend und konsequent erscheint, dennoch keineswegs den Weg zu markieren braucht, auf dem die Entwicklung weiter voranschreitet. Unser Exkurs über die Insek-

Dieser Holzschnitt aus dem 16. Jahrhundert dokumentiert eindrucksvoll, wie tief der Drang zur Loslösung von der ererbten Umwelt, zur Durchbrechung des gewohnten Horizontes verwurzelt ist, und wie unabhängig er ist von der Frage seiner praktischen Realisierbarkeit.

tenstaaten war hier vor allem deshalb notwendig, weil wir uns in diesem Buch bisher ausschließlich mit den Fällen beschäftigt haben, für die das zutraf. Daß das keineswegs allgemein gilt, das eben veranschaulicht der Überorganismus des Insektenstaats, an dem wir die Ansätze einiger der zukunftsträchtigsten Entwicklungstendenzen feststellen können, und dessen Weiterentwicklung dennoch seit mindestens 100 Millionen Jahren in einer Sackgasse stagniert.

Weil das so ist – und damit nehme ich den roten Faden unseres eigentlichen Gedankenganges wieder auf –, deshalb bedeutet es keinen Widerspruch, wenn man feststellt, daß die Raumfahrt, daß der Versuch, die Erde zu verlassen, um neue Welten aufzusuchen, eine zwingende und logische Fortsetzung der Entwicklung darstellt, und daß dieser Versuch dennoch nur in einer Sackgasse enden kann. Es ist angesichts alles dessen, was wir in diesem Buch erörtert haben, und angesichts der wesentlichen Grundzüge und Tendenzen, die sich dabei herausgeschält haben, eine zwingende, logische und folgerichtige Entwicklung, daß der Mensch heute versucht, sich durch die Astronautik auch von der Erde selbst »zu distanzieren«.

Ich bin davon überzeugt, daß die anders kaum zu erklärende Zähigkeit, mit der unsere technische Gesellschaft sich heute in dieses Unternehmen verbissen hat, dessen Sinn und Nutzen sich rational erfahrungsgemäß so schwer begründen lassen, nichts anderes ist als der Ausdruck der erwähnten Entwicklungstendenz, deren überindividuellem Einfluß auch wir selbst noch unterliegen. Wie könnte es anders sein? Wie könnte unser Gehirn anderen Regeln folgen als den Gesetzen, denen es seine eigene Entstehung verdankt?

Aber so folgerichtig die Tendenz auch immer sein mag, die uns dazu treibt, die Erde zu verlassen: wenn wir uns dazu der Astronautik bedienen, dann unternehmen wir den Versuch mit untauglichen Mitteln. Alles, was wir heute über die Entwicklung wissen, die vom Anfang der Erde bis zu uns geführt hat, berechtigt uns zu der Überzeugung, daß die zukünftige Entwicklung die Menschheit – wenn sie dann noch existiert – dazu bringen wird, den planetarischen Horizont, in dem sie bisher unausweichlich gefangen war, zu durchbrechen. Die Astronautik aber wird ihr, so paradox das im ersten Augenblick klingen mag, diese Möglichkeit mit Sicherheit niemals verschaffen können.

Der Weltraum ist viel zu groß, als daß er, auch in fernster Zukunft, jemals von irgend jemandem »erobert« werden könnte. Die in ihm existierenden Sterne und Planetensysteme sind viel zu weit voneinander entfernt, als daß zwischen den auf ihnen entstandenen Zivilisationen jemals ein physischer Kontakt zustande kommen könnte (von vereinzelten Ausnahmefällen in »nächster Nachbarschaft« vielleicht abgesehen).

Das ist sehr leicht zu beweisen. Ich will mich auf zwei Argumente beschränken. Das erste stammt von Eduard Verhülsdonk und ist seiner großen Anschaulichkeit wegen besonders überzeugend (49). Verhülsdonk hat darauf hingewiesen, daß ein Stich mit einer Stecknadel aus einem Bild wie der Fotografie des Andromeda-»Nebels« (unserer zwei Millionen Lichtjahre entfernten Nachbargalaxie, Abbildung 24) ein Loch herausstanzen würde, das von keinem bemannten Raumschiff jemals durchquert werden könnte.

Belegen wir diese Feststellung, die unserer kosmischen Distanzen gegenüber immer so rasch versagenden Phantasie ein wenig auf die Sprünge helfen kann, mit einigen Zahlen, dann ergibt sich folgendes Bild: Der größte Durchmesser des abgebildeten Spiralnebels beträgt etwa 150 000 Lichtjahre. Dem entspricht auf der nebenstehenden Fotografie eine Strecke von rund 15 Zentimetern. Wenn unsere Nadel in dieses Bild ein 1 Millimeter großes Loch bohrt, so hätte dieses in der Realität folglich einen Durchmesser von immer noch 1000 Lichtjahren.

Selbst mit einem Raumschiff, das – völlig utopisch – vom Augenblick des Starts ab mit Lichtgeschwindigkeit fliegen könnte, das also weder erst zu beschleunigen, noch wieder zu bremsen brauchte, würden wir den gegenüberliegenden Rand des auf der Fotografie so winzig erscheinenden Lochs daher niemals lebend erreichen können. Wir müßten ungeachtet der von uns hier vorausgesetzten utopischen technischen Möglichkeiten schon mindestens 100 Jahre alt werden, um mit einem solchen Raumschiff auf der Fotografie auch nur die Strecke eines zehntel Millimeters überwinden zu können.

Nun haben wir gesagt, daß wir uns auch bei der Erörterung zukünftiger Möglichkeiten des zeitlichen Maßstabs bedienen wollten, den wir bei der Betrachtung der Vergangenheit angelegt haben. Wir müssen bei unserem Argument also die gewiß unvorstellbare Erweiterung der Möglichkeiten berücksichtigen, welche sich einer astronautischen Technik in einigen Jahrhunderttausenden oder in einer gar noch späteren Zukunft bieten könnten. Das an dieser Stelle oft zitierte »Einfrieren der Astronauten« und ähnliche Methoden helfen uns allerdings keinen Schritt weiter, denn Lichtgeschwindigkeit hatten wir ohnehin schon vorausgesetzt.

Aber wie wäre die Situation, wenn uns Raumschiffe mit »Überlichtgeschwindigkeit« transportieren würden? Oder wie wäre die Lage, wenn eine zukünftige Physik die Möglichkeit verschaffte, unseren dreidimensionalen Raum zu verlassen und mit einem Sprung durch den »Überraum« Gegenstände oder Menschen von einem Augenblick zum anderen an den entferntesten Punkt dieses Universums zu versetzen? Können wir diese oder vergleichbare, von den Autoren utopischer Romane geschilderte Möglichkeiten ausschließen, wenn wir an eine Zukunft denken, die uns um eine Million Jahre voraus ist?

Aber wir brauchen uns den Kopf gar nicht darüber zu zerbrechen, ob es sich bei solchen Spekulationen um haltlose Phantastereien oder plausible zukünftige Möglichkeiten handelt. Der amerikanische Autor Arthur C. Clarke hat uns dieser Notwendigkeit enthoben. Er hat vor einigen Jahren eine Argumentation veröffentlicht, welche die Idee von einer »Eroberung des Weltraums« durch bemannten Raumflug endgültig und für alle Zeiten ad absurdum führt (50).

Betrachten wir zu diesem Zweck nochmals das Bild des Andromeda-Nebels. Er ist nicht nur unser kosmischer Nachbar, also das unserer eigenen Milchstraße, zu der unsere Sonne gehört, nächste fremde Milchstraßensystem. Er ist unserem eigenen System auch sehr ähnlich. Wie dieses besteht er aus rund 200 Milliarden Fixsternen (»Sonnen«), von denen nach modernen Schätzungen mindestens etwa sechs Prozent wie unsere eigene Sonne von Planeten umkreist werden, auf denen Leben entstanden sein könnte.

Sechs Prozent von 200 Milliarden, das wären also 12 Milliarden Planetensysteme auch in unserer eigenen Milchstraße. Lassen wir jetzt einmal alle technischen Beschränkungen einfach beiseite, so Clarkes Argument, und gehen wir davon aus, daß wir für Reisen innerhalb unserer Milchstraße *überhaupt keine Zeit mehr benötigen*, daß wir also in der Lage wären, uns innerhalb einer einzigen Sekunde an jeden beliebigen Punkt unseres Systems zu versetzen. Wir wollen zusätzlich noch die mehr als großzügige Annahme machen, daß es uns innerhalb dieser einen einzigen Sekunde außerdem nicht nur möglich wäre, festzustellen, ob der von uns besuchte Stern ein Planetensystem hat, sondern dann, wenn das der Fall ist, dieses auch noch auf das Vorhandensein intelligenter Wesen zu überprüfen. Wir wollen schließlich noch davon ausgehen, daß wir in der immer noch gleichen Sekunde dann auch noch mit dieser Information wohlbehalten wieder zu unserem irdischen Stützpunkt zurückkehren könnten.

335

Wir würden dann also immer nur 1 Sekunde für die Erforschung eines einzelnen Fixsterns und, gegebenenfalls, seines ganzen Planetensystems brauchen. Wie wären die Aussichten dann? Die Antwort ist niederschmetternd: Selbst bei den geschilderten, absolut phantastischen Voraussetzungen würden wir in einem 60jährigen Arbeitsleben, wenn wir Tag für Tag 8 Stunden lang in jeder einzelnen Sekunde einen solchen Forschungsflug durchführten, nur 0,3 Prozent der Sterne unseres eigenen Systems untersuchen können. Uns würden dann für diese 200 Milliarden Sterne nämlich nur 600 Millionen Sekunden zur Verfügung stehen.

Wenn wir dieser simplen Rechnung jetzt noch die Tatsache hinzufügen, daß es in dem uns umgebenden Kosmos wenigstens einige hundert Milliarden derartiger Sternsysteme wie unser eigenes oder den Andromeda-Nebel gibt, dann dürfte auch dem größten Zukunftsoptimisten endgültig klarwerden, daß uns die Methode der bemannten Raumfahrt diesen Weltraum niemals zugänglich machen wird. So desillusionierend der Gedanke auch erscheinen mag: Wir stecken in einer »kosmischen Quarantäne«.

Diese Erkenntnis muß uns im ersten Augenblick wie eine bittere Enttäuschung treffen. Sie erscheint uns nicht nur provozierend, sondern geradezu widersinnig. Ist es denkbar, daß eine seit 13 Milliarden Jahren kontinuierlich und folgerichtig ablaufende Entwicklung jetzt, in diesem Stadium, schließlich doch noch an einer unüberwindbaren Grenze scheitern sollte? Denn daß, nachdem wir diesen Globus besetzt und mit einer, früher oder später, einheitlichen Kultur überzogen haben werden, die Aufnahme des Kontaktes zu anderen planetarischen Kulturen der fällige nächste Entwicklungsschritt wäre, daran können wir an dieser Stelle unserer Geschichte kaum länger zweifeln.

Aber es ist ja auch nicht das erste Mal, daß wir an einen Punkt geraten, an dem die Situation aussichtslos zu werden scheint. Der einzige sichere Schluß, den wir aus den eben angestellten Überlegungen ziehen können, ist der, daß die Astronautik, die bemannte Raumfahrt, in absehbarer Zeit an eine schon jetzt erkennbar werdende Grenze stoßen muß. Wahrscheinlich werden schon unsere Enkel erleben, daß die Raumfahrtprojekte auf dem dann erreichten Stand eingefroren werden. Denn wohin sollen die Astronauten dann eigentlich noch fliegen, wenn die inneren und äußeren Planeten unserer Sonne bis hin zum Pluto erst erforscht sind?

Der nächste Sprung, der aus unserem Sonnensystem hinaus zur allernächsten Nachbarsonne führen müßte, ist so gewaltig, daß man getrost eine Pause von einigen Jahrhunderten voraussagen kann, bis der Versuch gewagt werden könnte. Da die Diskrepanz zwischen dem Aufwand für ein solches interstellares Projekt (das auch mit Ionen- und Photonenantrieb mindestens mehrere Jahrzehnte in Anspruch nehmen würde) und der Chance irgendeines Ertrages in der Proportion der zu überwindenden Entfernung zunehmen würde (vielleicht wäre alles umsonst, weil die besuchte Sonne nicht einmal eigene Planeten hat), halte ich es für sehr unwahrscheinlich, daß der Versuch jemals unternommen wird.

Trotzdem ist die Raumfahrt ganz sicher nicht »sinnlos«, wie ihre kurzsichtigen Gegner behaupten. Sie ist auch nicht nur deshalb legitim, weil sich in ihr ein aller Entwicklung übergeordnetes Gesetz ausdrückt. Sie hat auch eine eminente praktische Bedeutung. Es ist noch gar nicht so sehr lange her, vielleicht 10, höchstens 20 Jahre, da wurde jeder von seinen »gebildeten« Zeitgenossen einfach ausgelacht, der die Möglichkeit ernst nahm, daß es nicht nur hier auf der Erde, sondern auch auf den Planeten anderer Sonnen Leben, Bewußtsein und Intelligenz geben könne. Da wäre es mit der Autorität eines Wissenschaftlers in dem Augenblick zu Ende gewesen, in dem er es gewagt hätte, diese Möglichkeit auch nur zu diskutieren.

Das hat sich spürbar geändert. In der Zwischenzeit hat die Zahl der Menschen doch beträchtlich zugenommen, die einzusehen beginnen, daß die Annahme, von all den unzählbaren Planeten im Weltall – schätzungsweise 12 Milliarden Planetensysteme allein in unserer eigenen Milchstraße! – sei allein die Erde bewohnt, nichts als eine Wiederholung des alten Vorurteils darstellt, die Erde sei der Mittelpunkt des Kosmos. Zur Befreiung von diesem Vorurteil hat die Beschäftigung mit der Raumfahrt und die von ihr bewirkte Hinwendung der Aufmerksamkeit und des Interesses zu den über unseren Köpfen gelegenen kosmischen Räumen ganz sicher wesentlich beigetragen. Ein nicht zu unterschätzendes Verdienst.

Aber die Überzeugung von der Existenz nichtirdischer Lebensformen und planetarischer Kulturen auf anderen Himmelskörpern kann sich noch auf ein anderes Argument stützen als auf die Einsicht, wie lächerlich und anmaßend der Glaube wäre, daß es im ganzen unermeßlich weiten Kosmos allein uns Menschen als denkende Wesen gebe. Ein wesentlicher Teil dieses Buches hat ja dem Nachweis gedient, daß die Entwicklung von den Atomen über den Zusammenschluß zu Molekülen bis zu den ersten Zellen und darüber hinaus kontinuierlich und aus innerer Gesetzlichkeit ohne »übernatürliche« Eingriffe von außen abgelaufen ist. Daß sie nahtlos und zwingend von der anorganischen zur organischen und von ihr zur biologischen Ebene geführt hat.

Als das vor allem anderen Wunderbare hatten wir dabei die Tatsache erkannt, daß es am Anfang ein Element gegeben hatte, den Wasserstoff, das in seinem atomaren Aufbau und seiner Struktur, deren Herkunft uns für immer ein Geheimnis bleiben wird, alle die Voraussetzungen in sich trug, die notwendig waren, um im Laufe der Zeit alles hervorzubringen, was es heute gibt, uns selbst ebenso wie das ganze Universum. Wir hatten daher auch schon gesagt, daß man die Geschichte, die in diesem Buch nacherzählt wurde, als die Geschichte der fortlaufenden Verwandlungen des Wasserstoffs bezeichnen könne. Mit welcher Durchsetzungskraft sich die in diesem wunderbaren Atom verborgenen Möglichkeiten entfaltet haben, das zeigte sich immer wieder vor allem in den Augenblicken der Geschichte, in denen besondere Umstände oder kritische Konstellationen vorübergehend den Eindruck erwecken mußten, daß die Entwicklung an ein Ende gekommen sei.

Was für Gründe wären unter diesen Umständen vorstellbar, die uns daran zweifeln lassen könnten, daß dieses erstaunliche und wunderbare Wasserstoffatom die ihm innewohnenden Möglichkeiten auch auf den Planeten anderer Sonnen in vergleichbarem Maße entfaltet hat? Wenn dieser Wasserstoff im Verlaufe seiner Geschichte hier auf unserer Erde aus komplizierten Molekülen mit der gleichen Unausbleiblichkeit »Leben« hervorbrachte, wie lange vorher aus seiner Verbindung mit Sauerstoff »Wasser« hervorgegangen war, welche vernünftigen Gründe könnten uns dann daran zweifeln lassen, daß sich das grundsätzlich gleiche auch an unzähligen anderen Stellen im Weltraum abgespielt haben muß, überall dort, wo die Umstände es irgend zuließen?

Kein Zweifel, nur das grundsätzlich gleiche. Denn wir haben bei unserer Geschichte auch immer wieder den Zufall kennengelernt, der den weiteren Verlauf in eine nicht notwendige und daher unvorhersehbare Richtung umlenkte. Die Willkür konkreter Gegebenheiten, sei es das besondere, unverwechselbare Strahlungsspektrum unserer Sonne oder die ebenso individuelle Zusammensetzung der Ur-Atmosphäre, die bestimmte Möglichkeiten eintreten ließen und gleichzeitig damit unzählige andere für immer ausschlossen.

Da das nahezu vom ersten Augenblick an so war, und da es von da ab während des ganzen seitdem verflossenen Zeitraums in fast jedem

Augenblick immer von neuem geschah, übertrifft schon hier auf der Erde die Zahl dieser nie verwirklichten Möglichkeiten die vergleichsweise winzige Zahl der realisierten Chancen in unvorstellbarem Maße. Wenn alles noch einmal von vorn begänne, wenn die Ur-Erde noch einmal entstünde und wenn ihr bei genau den gleichen Ausgangsbedingungen abermals vier Milliarden Jahre Zeit gegeben würden, es würde mit absoluter Sicherheit etwas vollkommen anderes dabei herauskommen. Auch wenn man diesen Versuch beliebig oft wiederholen könnte, gliche das Aussehen der Erde im Endergebnis in keinem Fall dem uns gewohnten Bild. Es hätte mit ihm wahrscheinlich nicht einmal eine entfernte Ähnlichkeit.

Selbst hier also, wo wir über die Startbedingungen doch wenigstens einigermaßen orientiert sind, versagt unsere Phantasie. In welchem Maße muß das dann erst für die konkreten Formen gelten, zu denen sich der Wasserstoff unter nichtirdischen Bedingungen entfaltet hat. Für die Möglichkeiten, die eintraten, als sich dieser Ausgangsstoff und die aus ihm hervorgegangenen anderen Elemente unter dem Einfluß einer anderen Schwere entwickelten, in einer nichtirdischen Atmosphäre, in der Strahlung einer fremden Sonne.

Wer alle diese Überlegungen unvoreingenommen zu Ende denkt, kann nur zu einem Ergebnis kommen: Es wimmelt da oben über unseren Köpfen von Leben, Bewußtsein und Geist. Wenn wir, wie geschehen, davon ausgehen, daß nur 6 Prozent aller Sterne unserer Milchstraße Planeten haben, auf denen Leben entstanden sein könnte – eine nach Ansicht der meisten heutigen Astronomen außerordentlich vorsichtige Schätzung –, dann wären das allein in unserem Sternsystem 12 Milliarden potentiell lebensträchtige Himmelskörper. Wenn wir weiter so vorsichtig sind, die Risiken, die der tatsächlichen Entfaltung der im Wasserstoff gelegenen Möglichkeiten im Wege stehen, so hoch zu veranschlagen, daß die Entwicklung bis zu den höheren Formen des seiner selbst bewußten Lebens immer nur auf einem einzigen von 100 000 Planeten fortschreiten konnte, dann gäbe es – also bei einer Chance von nur 1:100 000! – allein in unserem eigenen Milchstraßensystem außer unserer irdischen noch 120 000 andere planetarische Kulturen.

Daß das eine unglaublich erscheinende Zahl ist, liegt nur daran, daß für unser an irdischen Verhältnissen geschultes Vorstellungsvermögen alle im Kosmos herrschenden Bedingungen unglaublich sind. Wenn man angesichts der eben angeführten Zahl noch bedenkt, daß es im Bereich der heute schon existierenden Teleskope mit Sicherheit einige hundert

Milliarden Milchstraßensysteme gibt, für welche die gleichen Voraussetzungen zutreffen, dann kann einem schwindlig werden.
Beschränken wir uns also auf die Verhältnisse in unserer eigenen Milchstraße. 120 000 planetarische Kulturen, das ist die unterste Schätzung, von der wir auszugehen haben. Mehr als 100 000 verschiedene Ansätze also, deren jeder, so dürfen wir vermuten, auf seine eigene, besondere Art den langen Weg bis zur Bewußtwerdung der eigenen Existenz zurücklegte, bis zu dem Punkt, an dem er wie wir selbst in unserer Epoche, seiner eigenen Vergangenheit ansichtig wurde und des uns allen gemeinsamen Weltalls. 100 000 verschiedene Antworten auf die gleiche Frage. Jede von ihnen aus einem anderen Blickwinkel, unter anderen Voraussetzungen, von einer anderen Motivation aus gewonnen. Jede einzelne von ihnen begründet und also richtig, und dennoch nur einen einzigen Aspekt, einen winzigen Ausschnitt der ganzen Wirklichkeit widerspiegelnd.
Welche Antwort fällt uns ein, wenn wir angesichts dieser Vision jetzt ein letztes Mal die Frage stellen, wohin die Zukunft führen wird? Wenn der Gang der bisherigen Entwicklung weiter fortschreitet, dann kann der nächste Schritt nur in dem Zusammenschluß dieser zahllosen planetarischen Kulturen bestehen, in der Zusammenfassung aller dieser über unsere ganze Milchstraße verstreuten und heute noch isolierten Teilantworten. Dann wird sich auf dieser Stufe mit den individuell spezialisierten Einzelkulturen wiederholen, was so lange Zeit vorher mit den Zellen geschehen war, als sie begannen, sich zu vielzelligen Organismen zusammenzuschließen, um die in der Fülle ihrer Spezialisierungen gelegenen Möglichkeiten voll ausschöpfen zu können.
Die Raumfahrt allerdings wird diesen Zusammenschluß, wie wir gesehen haben, nicht zuwege bringen können. Vielleicht ist das, wie hier am Rande noch angemerkt sei, sogar ein Glück. Denn nach allen Regeln der Wahrscheinlichkeit dürften wir auf unserem heutigen Stand für rund die Hälfte der anderen galaktischen Kulturen ein noch unterentwickelter Planet in der frühen Dämmerung seiner Geschichte sein. Vielleicht aber steht es nun um die Friedfertigkeit dieser uns zum Teil so unvorstellbar überlegenen Konkurrenten ähnlich wie um unsere eigene? So betrachtet, könnte die eben noch von uns beklagte »kosmische Quarantäne« sogar zu den Voraussetzungen unserer Existenz gehören.
Es gibt jedoch die Möglichkeit der Suche und Kontaktaufnahme auf dem Funkweg. Zwar würden auch die dazu benutzten Funksignale schon innerhalb unserer Milchstraße Hunderte und Tausende von Jah-

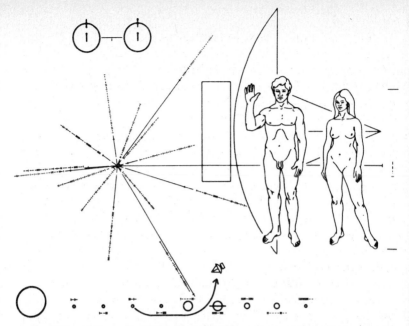

Anfang März 1972 wurde auf Cap Kennedy die erste Raumsonde gestartet, die unser Sonnensystem verlassen wird. »Pioneer X« soll den Jupiter erkunden. Während des Vorbeifluges wird die gewaltige Masse des Jupiter die Sonde aber so stark beschleunigen und aus ihrer Bahn lenken, daß Pioneer X der Anziehungskraft unserer Sonne endgültig entfliehen und für praktisch unbegrenzte Zeiträume frei durch die Weiten der Milchstraße treiben wird.

Ist die Sonde von da ab nicht als eine von der Erde abgesandte »kosmische Flaschenpost« anzusehen? So gering die Chance angesichts der unausdenkbar weiten Leere zwischen den verschiedenen Sonnensystemen unserer Milchstraße auch sein mag, es besteht die winzige Möglichkeit, daß Pioneer X nach einem Jahrmillionen währenden Flug von der Anziehungskraft einer fremden Sonne eingefangen werden könnte.

Wenn auf einem der Planeten dieser Sonne dann aber intelligente Lebewesen beheimatet wären, die eine technisch fortgeschrittene Kultur entwickelt hätten und die Sonde entdecken würden (die Chancen dazu sind, wie im Text begründet, sehr viel größer als die meisten Menschen heute noch glauben) wäre es dann nicht unentschuldbar, wenn man nicht dafür gesorgt hätte, daß dieser potentielle Empfänger dann auch eine Information über den Absender der »kosmischen Flaschenpost« erhält?

Diese Überlegungen haben die Erbauer von Pioneer X dazu veranlaßt, der Sonde eine kleine metallene Schriftplatte mitzugeben, in deren Oberfläche die obenstehenden Bilder und Zeichen eingraviert sind. Die Abbildung des Menschenpaares informiert über das Aussehen des Absenders und die Tatsache seiner Zweigeschlechtlichkeit (wobei es offen ist, ob der nichtirdische Empfänger mit dieser Information irgend etwas wird anfangen können). Daß die Abbildung der beiden Menschen auf eine Konturskizze der Sonde projiziert ist, verrät die wahre Größe der dargestellten Figuren.

Am unteren Rand ist, ebenfalls ohne weiteres erkennbar, das Sonnensystem des Absenders gezeichnet, sein Heimatplanet als Startplatz der Sonde und deren Flugbahn.

Fortsetzung siehe Seite 342

ren unterwegs sein. Die von ihnen transportierten Nachrichten und Informationen altern aber nicht. Deshalb werden die sich unserer beschränkten Nachrichtentechnik hier schon bietenden Möglichkeiten von den Wissenschaftlern bereits ernsthaft diskutiert, darunter von so prominenten Astronomen wie dem in Cambridge lehrenden Fred Hoyle oder dem Deutsch-Amerikaner Sebastian von Hoerner, der in Green Bank, USA, an einem der größten Radioteleskope der Erde arbeitet.

In den Veröffentlichungen dieser und anderer Autoren sind auch schon ebenso einleuchtende wie überzeugende Lösungen zur Überwindung des Verständigungsproblems behandelt worden, konkrete Vorschläge, wie Nachrichten aussehen müssen, die, durch Funk übermittelt, von Wesen auf anderen Planeten verstanden werden sollen, bei denen wir lediglich die Fähigkeit zum logischen Denken voraussetzen können und keine andere Art von Gemeinsamkeit (51). Aus der eben schon begründeten Überlegenheit wenigstens eines großen Teils dieser unserer zukünftigen kosmischen Partner leiten die Wissenschaftler ferner die berechtigte Überlegung ab, daß es an manchen Stellen unserer Milchstraße bereits kleinere Zusammenschlüsse geben dürfte, zu denen sich die am weitesten fortgeschrittenen Kulturen schon jetzt verbunden haben.

Liegt aber dann nicht sogar der Gedanke nahe, daß wenigstens einige dieser Überkulturen heute schon Suchsignale aussenden könnten, ent-

Fortsetzung der Bildlegende von Seite 341

»Binäre« Symbole (von jedem Mathematiker zu übersetzen) neben den Bildern der Planeten 1 bis 9 geben deren astronomische Daten an. Den absoluten Wert der dabei verwendeten Zahlen definiert das Symbol eines strahlenden Wasserstoffatoms am oberen Bildrand: Seine Schwingungsfrequenz beträgt im ganzen Kosmos 70 Nanosekunden bei einer Wellenlänge von 21 Zentimetern.
Mit Hilfe der auf diese Weise festgelegten objektiven Werte liefert die Strahlenfigur in der Mitte schließlich eine präzise Ortsangabe und das Absendedatum. Die einzelnen Strahlen geben nämlich die Richtung an, in der von der Position des Absenders aus Pulsare sichtbar sind, deren individuelle Frequenz neben den Strahlen wieder durch binäre Symbole mitgeteilt wird. Da aber die Frequenz eines Pulsars im Laufe der Zeit gesetzmäßig abnimmt, kann der Empfänger aus einem Vergleich dieser Angaben mit den von ihm selbst zur Zeit des Auffangens der Sonde gemessenen Werten nicht nur den Startort, sondern auch die Flugzeit des Geräts rekonstruieren.
Wenn die hier abgebildete Platte durch einen glücklichen Zufall tatsächlich einmal einem nichtirdischen Empfänger in die Hände (?) fallen sollte, werden seit ihrem Start wahrscheinlich 100 oder mehr Jahrmillionen vergangen sein. Und die Informationen, die Pioneer X über einen so langen Zeitraum hinweg für den Fall der Fälle konservieren soll, sind vergleichsweise natürlich ärmlich. Trotzdem kommt dieser Platte historischer Rang zu: Zum ersten Mal in seiner Geschichte hat hier der Mensch eine praktische Konsequenz aus seiner Einsicht gezogen, daß er im Kosmos ganz sicher nicht allein existiert.

worfen eigens zu dem Zweck, neue Partner zu finden und ihnen den Anschluß zu ermöglichen? Diese Signale wären dann zweifellos besonders auffällig und so beschaffen, daß ihr Charakter als intelligente Information auch von einer weniger weit entwickelten Kultur nicht übersehen werden würde. Wäre es aufgrund dieser Überlegungen nicht sinnvoll und lohnend, schon jetzt mit einer planmäßigen Suche zu beginnen?

Die Wissenschaftler von Green Bank haben das vor einigen Jahren schon einmal einige Monate lang getan, ergebnislos. Der Versuch wurde dann abgebrochen, da statistisch-astronomische Berechnungen ergaben, daß die zur Verfügung stehenden Antennen nicht groß genug waren, um eventuell vorhandene Kontaktsignale aus dem Störungsrauschen der starken im Weltraum herrschenden Strahlung mit genügender Sicherheit herausfiltern zu können. Bei Effelsberg in der Nähe von Bonn aber wurde 1971 das mit einem Antennendurchmesser von 100 Metern größte steuerbare Radioteleskop der Erde eingeweiht. Dieses Gerät wäre für eine sinnvolle Suche erstmals groß genug.

Niemand kann sagen, wann der erste Kontakt zustande kommen wird. Es kann in den nächsten Jahren der Fall sein oder erst in einigen Jahrtausenden. Die Entwicklung richtet sich nicht nach unserer Ungeduld. Aber eines Tages wird hier auf der Erde ein Signal empfangen werden, dessen Absender eine Intelligenz ist, die sich auf einem anderen Himmelskörper entwickelt hat. Dieses Ereignis wird für die Erde den Beginn einer Entwicklung bedeuten, vor der die ganze bisherige Geschichte nur noch als ein Warten auf diesen einen Augenblick erscheint.

Von da ab wird die Menschheit in einen Prozeß einbezogen sein, in dessen Verlauf sich immer zahlreichere planetarische Einzelkulturen durch wechselseitigen Nachrichtenaustausch zu immer größeren Verbänden zusammenschließen. Bis endlich, in einer Zukunft, von der wir noch durch Jahrmillionen getrennt sind, alle Kulturen der ganzen Milchstraße durch Funksignale wie durch Nervenimpulse zu einem einzigen, gewaltigen galaktischen Überorganismus verbunden sein werden, der über ein Bewußtsein verfügt, dessen Inhalt der Wahrheit näher kommen wird als alles, was es bis dahin im Universum gab.

Anmerkungen und Ergänzungen

1 Interessenten an diesem Thema sei das hervorragende Buch »Mimikry« von Wolfgang Wickler empfohlen (Kindler-Verlag, München 1971), dem auch dieses Beispiel entnommen ist.
2 Eine Ausnahme ist der Lausanner Privatgelehrte Jean-Philippe Loys de Cheseaux, der schon rund 70 Jahre vor Olbers auf den gleichen Gedanken gekommen war, ihn aber in dem Anhang einer Arbeit über ein ganz anderes Thema versteckte und nicht weiter verfolgte.
3 In den letzten Jahren wurde von den Physikern zwar die Möglichkeit sogenannter Tachyonen diskutiert, hypothetischer Elementarteilchen, die schneller sein würden als das Licht. Ganz abgesehen davon, daß es niemals irgendeinen Hinweis darauf gegeben hat, daß derartige Teilchen wirklich existieren, hat sich der Initiator dieser Hypothese, der amerikanische Physiker Richard P. Feynman, neuerdings auch selbst von diesem Einfall wieder distanziert.
4 Theoretisch lassen sich auch noch andere (darunter auch »offene«) Welt-Modelle konstruieren. Wir können uns hier und bei den anschließenden Überlegungen aber auf das geschilderte Beispiel beschränken, weil es angesichts aller neueren Beobachtungen das bei weitem wahrscheinlichste ist.
5 *Doppler-Prinzip:* Jeder hat schon einmal beobachtet, daß die Hupe eines vorüberfahrenden Autos höher klingt, solange das Fahrzeug sich uns nähert, und in einen tieferen Ton übergeht, wenn das Auto sich wieder von uns entfernt. Das kommt dadurch zustande, daß – bei objektiv gleicher Tonhöhe der Hupe – während der Annäherung mehr Luftschwingungen pro Sekunde unser Ohr treffen, als der Tonhöhe entspricht, während es in der zweiten Phase, in der das hupende Auto sich wieder entfernt, weniger Schwingungen pro Sekunde sind (weil jetzt wegen der Fortbewegung des Autos jede einzelne Schallwelle einen geringfügig längeren Weg bis zu unserem Ohr zurücklegen muß als ihre Vorgängerin). Umgekehrt könnte man dieses Prinzip jetzt auch dazu benutzen, um mit geschlossenen Augen festzustellen, ob ein hupendes Auto sich nähert oder entfernt, unter der Voraussetzung, daß man die exakte Tonhöhe der Hupe (in Ruhe objektiv gemessen) kennt. Mit der Hilfe genauer Tonhöhen-Messungen könnte man sogar die Geschwindigkeit des Autos genau berechnen.
Das gleiche Prinzip läßt sich auch auf Lichtwellen anwenden, wenn die Geschwindigkeit der Annäherung oder Entfernung (»Flucht«) der Lichtquelle groß genug ist. Der durch die Bewegung verursachte Eindruck einer Verkürzung (bei Annäherung) oder Verlängerung (bei einer »Fluchtbewegung«) der Wellenlänge des Lichts drückt sich in diesem Falle dann in einer Verschiebung des ausgestrahlten Lichtes in den kurzwelligen (blauen) oder lang-

welligen (roten) Bereich des Spektrums aus. In dem Spektrum einer Lichtquelle, also auch dem eines fernen Spiralnebels, gibt es nun Linien, die durch die Strahlung der Atome jeweils ganz bestimmter Elemente hervorgerufen werden. Jede dieser Linien hat eine ganz bestimmte Wellenlänge. Sie liegt im Spektrum also an einer ganz bestimmten, den Astrophysikern genau bekannten Stelle. Aus dem Grade, in dem eine oder (wenn erkennbar) mehrere solcher Linien im Spektrum eines Spiralnebels in Richtung auf das blaue oder rote Ende des Spektrums hin verschoben sind, kann ein Astronom daher mit großer Genauigkeit die Geschwindigkeit errechnen, mit welcher der betreffende Nebel sich uns nähert oder von uns entfernt (»flieht«). Christian Doppler hieß der österreichische Physiker, der das Prinzip am Beispiel der Schallwellen in der Mitte des vorigen Jahrhunderts erstmals beschrieb.

6 Wenn das richtig ist, dann nähern wir uns heute mit radioteleskopischen Beobachtungen schon dem »Rand der Welt«, denn nichts kann schneller fliegen als das Licht. Selbst wenn man annimmt, daß die schnellsten Spiralnebel seit dem Anfang der Welt mit Lichtgeschwindigkeit geflogen sein sollen, können sie nicht weiter geflogen sein, als es der Strecke entspricht, die das Licht in der seit diesem Augenblick verflossenen Zeit hätte zurücklegen können: 13 Milliarden Lichtjahre. Deshalb ist diese Distanz die größte heute mögliche kosmische Entfernung. »Heute« ist deshalb hinzugefügt, weil der Betrag im Verlaufe der andauernden Expansion des Weltalls ständig weiter zunimmt.

7 Eine dritte von der gesuchten Strahlung theoretisch zu fordernde Eigenschaft war die, daß ihr Spektrum der Verlaufskurve eines »schwarzen Körpers«, eines idealen Temperaturstrahlers, entsprechen mußte. Die Erfüllung dieser dritten Bedingung durch die beobachtete Strahlung ist bis heute allerdings umstritten.

8 Natürlich kann man die Temperaturen im Sonneninneren auch mit astronomischen Instrumenten nicht direkt messen. Wie man trotzdem feststellen kann, welche Zustände im Inneren der Sonne herrschen, und wie die Sonne und die aus Milliarden von Sonnen bestehenden Milchstraßensysteme entstanden sind, das habe ich in dem Buch »Kinder des Weltalls« (Hamburg 1970) ausführlich geschildert.

9 Dieser Staub stellte den Überrest von Sternen einer vorangegangenen »Sterngeneration« dar, die in gewaltigen Supernova-Explosionen während langer Zeiträume eine nach der anderen zugrunde gegangen waren. Dabei waren die im Inneren dieser Sterne aus leichteren Elementen atomar zusammengebackenen schweren Elemente zur Entstehung neuer Himmelskörper – Sterne und Planeten – an den freien Raum zurückgegeben worden. Auf diese Weise sind, so glaubt man heute, nach und nach alle 92 Elemente, die heute in der Natur vorkommen, aus dem leichtesten und einfachsten aller Atome, dem Wasserstoff, den es am Anfang der Welt allein gab, aufgebaut worden. Alle Materie, die uns umgibt, und ebenso der Stoff, aus dem wir selbst bestehen, ist auf diese Weise vor langer Zeit im Zentrum einer Sonne erzeugt worden, die einer Sterngeneration angehörte, die längst untergegangen ist. Wie das im einzelnen zugegangen ist, habe ich in meinem in der vorhergehenden Anmerkung bereits genannten Buch ebenfalls ausführlich erläutert. Auf die Frage, woher denn nun der Wasserstoff des Anfangs stamme, ist naturwissenschaftlich keine Antwort mehr möglich, ebensowenig wie auf die in diesem Buch schon erörterte Frage, was vor dem Anfang der Welt, dem Big Bang, gewesen ist, und was ihn verursachte.

10 Grundsätzlich gibt es noch andere Wärmequellen. Die wichtigste ist die Aufheizung durch den Zerfall radioaktiver Elemente. Dieser Prozeß spielt, wie noch erwähnt werden wird, sogar eine entscheidende Rolle bei der Aufheizung des Erdinneren. Aber auch durch den Gravitationsdruck entstehen im Inneren eines

Planeten beträchtliche Wärmemengen. Neueste Untersuchungen des Jupiter haben ergeben, daß diese Art der Wärmeerzeugung bei diesem Riesenplaneten (318fache Erdmasse) die Temperaturbilanz meßbar beeinflußt: Jupiter strahlt deutlich mehr Wärme ab, als es durch die Wiedergabe aufgefangener Sonnenenergie allein möglich wäre.
Trotzdem ist es richtig, wenn wir hier, wo es um die Temperaturgrenzen an der Planetenoberfläche als dem allein bewohnbaren Lebensraum geht, die Sonne als einzige in Betracht kommende Wärmequelle ansehen.

11 Natürlich kann man fragen, warum man dann überhaupt von ultraviolettem »Licht« spricht. Andere Bereiche des Spektrums der elektromagnetischen Strahlung, die außerhalb der sichtbaren Frequenzen liegen, wie die (sehr viel kurzwelligeren) Röntgenstrahlen oder die infraroten Wärmestrahlen, die an das langwellige Ende des sichtbaren Spektrums anschließen, werden ja trotz physikalisch grundsätzlich gleicher Natur auch nicht als »Licht« bezeichnet. Zur Rechtfertigung dieses Sprachgebrauchs ließe sich aber anführen, daß elektromagnetische Strahlen im ultravioletten Bereich zwar nicht von uns, jedoch von den Augen bestimmter Insekten (Bienen) und vielleicht auch noch anderer Lebewesen registriert und analog zu unserem Farberleben sogar als besondere Farbe von anderen sichtbaren Wellenlängen unterschieden werden.

12 Noch ein anderes Beispiel für den engen Zusammenhang zwischen der Zusammensetzung der Erdatmosphäre und bestimmten »typisch menschlichen« Besonderheiten unseres Körperbaus wäre der Klang der menschlichen Stimme. Die ausgedehnten Versuche, die in neuerer Zeit mit künstlich zusammengesetzten Atmosphären durchgeführt worden sind, welche Tauchern und Astronauten ein gefahrloseres Arbeiten ermöglichen sollen, haben das eindrucksvoll gezeigt. Bekanntlich nimmt die Stimme eines Menschen, der in einer Sauerstoff-Helium-Atmosphäre spricht, wie sie für Tieftauchversuche verwendet wird, ganz unvermeidbar einen quäkenden »mickymaus-artigen« Klang an. In einer solchen Atmosphäre, in der Helium den normalerweise in der Atmosphäre enthaltenen Stickstoff ersetzt, ändert sich vor allem die Geschwindigkeit des Schalls. Damit aber ändern sich auch die Resonanzeigenschaften der Luft, welche beim Sprechen mit den im Kehlkopf befestigten Stimmbändern in Schwingungen versetzt wird. Bau und Abmessungen unseres Kehlkopfes sind aber nun eben an die Eigenschaften der normalen Atmosphäre angepaßt.

13 In einem späteren Kapitel dieses Buches werden wir dann, wenn es um die Perspektiven der weiteren Entwicklung in der Zukunft der Menschheit geht, noch ausführlicher begründen, warum es so gut wie unmöglich ist, daß sich zwei verschiedene Zivilisationen im Kosmos jemals physisch begegnen werden. Außerdem ist eine »Kreuzung« schon innerhalb der irdischen Lebensformen bekanntlich nur zwischen sehr nah verwandten Arten möglich und allein aus diesem Grunde schon zwischen unseren menschlichen Vorfahren und »außerirdischen Wesen« vollkommen ausgeschlossen. (Vergleiche dazu auch die in einem späteren Kapitel ausführlich beschriebene Spezifität des genetischen Codes.)

14 Das ist natürlich eine ziemlich grobe Vereinfachung. Es handelt sich hier um elektrische Vorgänge auf atomarer und molekularer Ebene. Der wichtigste Typ einer chemischen Bindung entsteht nach unserem heutigen Wissen dadurch, daß zwischen den Elektronenhüllen zweier verschiedener Atome eine gemeinsame Elektronenbahn hergestellt wird. Für unseren Gedankengang genügt die im Text benutzte Metapher aber vollkommen.

15 Es ist bezeichnend, daß mit Hilfe der schon erwähnten radioteleskopischen Verfahren kürzlich auch im freien Weltraum eine Porphyrinverbindung (Tetrabenzporphin) entdeckt worden ist.

16 Selbstverständlich lassen sie sich mit modernen chemischen Synthese-Methoden heute praktisch ausnahmslos auch künstlich herstellen. Bekanntlich ist das in den letzten Jahren sogar schon bei ganzen Genen und mindestens in einem Falle auch bei einem Enzym gelungen, also bei biologisch wirksamen Molekülen, die noch um Größenordnungen komplizierter gebaut sind als die an dieser Stelle des Textes diskutierten Grundbausteine. Diese Tatsache ist in unserem Zusammenhang ebenfalls nicht ganz ohne Bedeutung, zeigt sie doch definitiv, daß es sich auch bei diesen Molekülen, ungeachtet ihrer spezifisch biologischen Funktionen, um Verbindungen handelt, für die die gleichen chemischen und physikalischen Gesetze gelten wie für alle anderen Substanzen. Bei derartigen Synthesen werden jedoch Ausgangsstoffe benutzt und Verfahren angewendet, die unter natürlichen Bedingungen nicht gegeben sind.

17 Wissenschaftlich exakter formuliert würden unter solchen Umständen alle im Kosmos existierenden chemischen Verbindungen in kürzester Frist auf ein Lösungsgemisch zustreben, das dem thermodynamischen Gleichgewicht entspricht. Von da ab würde chemisch nichts mehr geschehen. Auf die relativ kurze Phase der »chemischen Hölle« würde die Endgültigkeit einer »thermodynamischen Grabesruhe« folgen.

18 Es ist vielleicht an der Zeit zu wiederholen, daß die hier und an vergleichbaren Stellen gebrauchten Formulierungen nicht so verstanden werden dürfen, als habe (auf die hier zur Rede stehende Textstelle bezogen) die Natur Mittel zur Beschleunigung chemischer Reaktionen entwickelt (oder gar: gesucht und dann gefunden), *um* Leben hervorbringen zu können. Bevor es Leben gab, »wußte« die Natur nichts davon. Als das Leben noch in der Zukunft lag, hatte die Natur folglich noch keine »Informationen«, die es ihr ermöglicht hätten, die Bedingungen, die dieses Leben voraussetzen würde, auf irgendeine Weise zu »berücksichtigen«. Warum eine solche teleologische (»zweckgerichtete«) Betrachtungsweise unzulässig ist, wurde auf Seite 76 bereits erläutert. Es sei hier wiederholt, weil ich im Text immer wieder Formulierungen verwende, die teleologisch mißverstanden werden könnten. Deshalb sei hier ausdrücklich festgestellt, daß sie in keinem Falle so gemeint sind. Die (zugegebenermaßen) mißverständlichen Formulierungen werden nur deshalb verwendet, weil unsere Sprache nun einmal unausweichlich »anthropozentrisch« gebaut ist. Deshalb aber sind diese scheinbar teleologischen Formulierungen das relativ beste Mittel, wenn es darauf ankommt, komplizierte Sachverhalte so kurz und einfach wie möglich darzustellen. Anders ausgedrückt: Wenn man versuchen würde, in jedem einzelnen Falle bei der Schilderung auch den Gesichtspunkt des kausalgenetisch richtigen Zusammenhangs oder Ablaufs sprachlich zu berücksichtigen, so ergäbe sich daraus eine außerordentlich umständliche und daher das Verständnis unnötig erschwerende Darstellungsweise.

19 Zusatz für Leser, denen diese Erklärung nicht detailliert genug ist: Genaugenommen verhalten sich Lipidomoleküle in der im Text beschriebenen Weise nur an der Grenzschicht zwischen verschiedenen Medien. An einer Grenzfläche zwischen zwei wäßrigen Medien, wie in dem im Text behandelten Fall, ist die Lipoidschicht dagegen bimolekular (aus zwei Molekülen) gebaut. In dieser Doppelschicht wenden die Moleküle sich jeweils ihren hydrophoben Enden zu, während ihre anderen, die sogenannten hydrophilen Enden, auf beiden Seiten nach außen in die begrenzenden wäßrigen Medien ragen.

20 Die fossilierten Kalkpanzer der in diesen Meeren der Vorzeit lebenden Muscheln und Krebse enthalten neben dem gewöhnlichen Sauerstoff mit dem Atomgewicht 16 in geringer Menge auch ein Sauerstoffisotop mit dem Atomgewicht 18. Es konnte nun festgestellt werden, daß Sauerstoff 18 um so reichlicher gebunden

wird, je kühler die Umgebung ist. Das in den fossilierten Kalkschalen fixierte Verhältnis von Sauerstoff 16 zu Sauerstoff 18 gestattet daher (und zwar mit einer Genauigkeit von einzelnen Celsius-Graden) die Berechnung, wie warm das Wasser war, als der untersuchte Kalkpanzer entstand.

21 Daß Spekulationen dieser Art (mehr ist es heute selbstverständlich nicht) als zukünftige Möglichkeiten von manchen Wissenschaftlern ernsthaft in Erwägung gezogen werden, zeigt ein Beispiel aus den USA. Kürzlich ging die Nachricht durch die Presse, daß der amerikanische Biologe T. C. Hsu von der Universität Texas planmäßig damit begonnen habe, Hautzellen von Tieren einzufrieren, die zu vom Aussterben bedrohten Arten gehören. Der Gedanke, der hinter dieser Anlage eines »Tiefkühl-Zoos« steckt, liegt auf der Hand: In den Kernen der eingefrorenen Zellen steckt wie in jeder anderen Zelle der komplette Bauplan des Organismus, von dem die Hautprobe stammt. Hier wird also der Versuch gemacht, diese Erbinformationen durch Tiefkühlung für eine Generation von Biochemikern zu konservieren, denen es vielleicht möglich sein wird, daraus die dann längst ausgestorbenen Arten neu wieder erstehen zu lassen.

22 H. W. Thorpe: »Der Mensch in der Evolution«, Nymphenburger Verlagsbuchhandlung, München 1969, insbesondere S. 61–76.

23 Jacques Monod: »Zufall und Notwendigkeit«, Piper Verlag, München 1971.
Meine kritischen Anmerkungen im Text an dieser Stelle gelten selbstverständlich nicht etwa dem Buch Monods insgesamt. Angesichts meiner eigenen These bin ich aber gezwungen, mich mit den Argumenten der Autoren auseinanderzusetzen, welche die Ansicht vertreten, daß Leben nur in der uns bekannten, auf der Erde verwirklichten und in keiner anderen Form möglich und denkbar sei. Auch im Falle von Monod bezieht sich meine Kritik allein auf diesen einen Teilaspekt seines Buches.

24 Pascual Jordan, in: »Sind wir allein im Kosmos?«, Piper Verlag, München 1970, S. 151–165.

25 Genaugenommen läßt sich mit dieser Zweiteilung der ganze Bereich der belebten Natur nicht befriedigend erfassen. Ein Problem waren schon immer die Pilze: Solange man nur Tiere und Pflanzen unterschied, mußte man sie wohl oder übel zu den Pflanzen rechnen. Andererseits enthalten Pilze kein Chlorophyll, weshalb sie, wie ein Tier, auf die Ernährung mit organischer Substanz angewiesen sind. Diese wiederum können sie aber nicht, wie ein Tier das tut, durch den Abbau mit eigenen Enzymen selbst auswerten. Pilze leben daher parasitisch, auf toter organischer Substanz (»Schimmelpilze«) oder auf lebenden Tieren oder Pflanzen, denen sie gleichsam bereits verdaute Nahrung entziehen. Angesichts dieser Einordnungsschwierigkeit nicht zuletzt auch angesichts der an dieser Stelle des Textes geschilderten neuen Erkenntnisse wird die belebte Natur von den Wissenschaftlern, einem Vorschlag des amerikanischen Biologen R. H. Whittaker folgend, seit einigen Jahren nicht mehr in 2, sondern in 5 selbständige »Reiche« eingeteilt: 1. das Reich der »Moneren«. Als Moneren bezeichnen die Biologen alle heute noch existierenden Vertreter der ursprünglichsten und primitivsten Zellart, die »kernlosen Zellen« (oder »Prokaryoten«). Dazu gehören also alle Bakterien und die Blaualgen. 2. das Reich der Protisten (oder Protozoen), zu dem die große Zahl aller der vielen verschiedenen Einzeller vom »fortschrittlichen Typ« rechnet, die mit einem selbständigen Kern und spezialisierten Organellen ausgestattet sind. Die restlichen 3 Reiche werden von all den vielzellig gebauten Lebewesen gebildet, die sich aus unterschiedlich spezialisierten und weiterentwickelten Formen der »Protisten« zusammensetzen. Als »Pflanzen« bezeichnet man jetzt ausschließlich die Vielzeller, deren Zellen Chloroplasten enthalten, die sich also (überwiegend) mit Hilfe der Photosynthese ernähren.

»Tiere« heißen die Vielzeller, die zu ihrer Ernährung fertig vorliegender organischer Substanzen bedürfen, die also Pflanzen fressen müssen oder Tiere, die sich ihrerseits von Pflanzen ernähren. Und die Pilze schließlich haben ein eigenes, 5. »Reich« in dieser Einteilung bekommen.
Diese Einteilung ist sicher ein Fortschritt. Daß auch sie noch keineswegs befriedigt, geht allein aus der Tatsache hervor, daß auch in ihr die Viren nach wie vor keinen überzeugenden Platz gefunden haben.

26 Bis auf den heutigen Tag und sicher bis in alle Zukunft ist das Verhältnis zwischen dem Leben und seiner Umwelt das eines wechselseitigen Gleichgewichts. Im Verlaufe der Jahrmillionen hat sich dieses Gleichgewicht auf der Erde so optimal eingespielt, daß daraus für uns der vertrauenerweckende Eindruck einer verläßlichen, stabilen Umwelt resultiert. Dieser Eindruck ist es auch, der uns immer die irrtümliche Vorstellung von einer gegenüber dem Leben passiven, lediglich die Rolle eines »Schauplatzes« spielenden Umwelt suggeriert. An die wirklichen Zusammenhänge wurden die meisten von uns erst seit einigen Jahren wieder durch die Diskussionen über »Umweltprobleme« erinnert. So gut sich das Gleichgewicht zwischen dem irdischen Leben und den Bedingungen auf der Oberfläche unseres Planeten in den zurückliegenden Entwicklungsepochen eingespielt haben mag, auch heute noch ist die Stabilität unserer Umwelt allem Augenschein zum Trotz eben keine absolute, von allen unseren Aktivitäten unabhängige Größe. Neue Eigenschaften des Lebens, wie die sich erst seit einigen Generationen bemerkbar machende Fähigkeit des Menschen, seine Umwelt technisch zu manipulieren, gefährden dieses Gleichgewicht heute noch ebenso unausweichlich wie in den erdgeschichtlichen Epochen, von denen an dieser Stelle des Textes die Rede ist.

27 Selbstverständlich gelten alle diese Überlegungen ganz genauso für eine nahezu beliebig große Zahl anderer evolutionärer Schritte. Abgesehen davon, daß das hier diskutierte Beispiel sich einfach chronologisch im Rahmen des Ablaufs der Geschichte anbietet, ist es aber auch deshalb besonders instruktiv, weil sich die Unerbittlichkeit und Spezifität der Anforderungen, die es zu erfüllen gilt, selten mit solcher Anschaulichkeit konkretisieren wie in diesem Falle, in dem sie durch das Auftreten eines einzigen neuen Bestandteils der Atmosphäre gebildet werden.

28 Der Übergang von der ersten, ursprünglicheren, zur zweiten, fortgeschritteneren oder »höheren« Form des Bewußtseins muß sich in der Geschichte unseres Geschlechts vor langer Zeit – nach unserer heutigen Kenntnis vor mindestens 300 000 Jahren – als das Resultat eines relativ langsam verlaufenden evolutionistischen Reifungsprozesses vollzogen haben. Ich halte es für möglich, daß der biblische Bericht von der Vertreibung aus dem Paradies, als einer Welt, in der der Mensch arglos unter den Tieren lebte, in eine Welt, in der er den Folgen der Erkenntnis von gut und böse mit allen daraus entspringenden Konflikten ausgesetzt wurde, eine mythologisch verkleidete Erinnerung an diese in prähistorischer Zeit erfolgte revolutionierende Wendung im Selbstverständnis des Menschen sein könnte.

29 Diese unbestreitbare Feststellung ist einer der schwerwiegenden Einwände, die gegen die sonst in vieler Hinsicht so großartigen und bewunderungswürdigen Thesen Teilhard de Chardins angeführt werden müssen. In seinem Buch »Der Mensch im Kosmos« (Deutsche Sonderausgabe, München 1965, S. 285) schreibt Chardin: »Einmal und nur einmal im Lauf ihrer planetarischen Existenz konnte sich die Erde mit Leben umhüllen. Ebenso fand sich das Leben einmal und nur einmal fähig, die Schwelle zum Ichbewußtsein zu überschreiten. Eine einzige Blütezeit für das Denken wie auch eine einzige Blütezeit für das Leben.

Seither bildet der Mensch die höchste Spitze des Baumes. Das dürfen wir nicht vergessen. Allein in ihm, mit Ausschluß von allem übrigen, finden sich von nun an die Zukunftshoffnungen der Noosphäre konzentriert, das heißt aber die der Biogenese und schließlich auch die der Kosmogenese. Nie könnte er also ein vorzeitiges Ende finden oder zum Stillstand kommen oder verfallen, wenn nicht zugleich auch das Universum an seiner Bestimmung scheitern soll!«

Bei allem Respekt vor dem großen Mann sei doch gesagt, daß die Schlußfolgerung des letzten Satzes ein Musterbeispiel einer anthropozentrischen Mißdeutung darstellt, indem sie stillschweigend und ohne Begründung davon ausgeht, daß sich im ganzen, unermeßlich großen Universum einzig und allein auf der Erde Leben und Bewußtsein entwickelt haben können, mit der sehr erstaunlichen Folgerung, daß das Schicksal des ganzen Universums daher von dem Ablauf der menschlichen Geschichte abhänge.

30 Wer sich für eine ausführlichere Begründung der darwinistischen Erklärung der Evolution interessiert, sei auf eine der zahlreichen, auch für den Nichtfachmann verständlichen einschlägigen Veröffentlichungen verwiesen. Besonders empfehlen möchte ich die hervorragende kleine Schrift »Darwin hat recht gesehen« von Konrad Lorenz (als Taschenbuch erschienen). Hinweisen möchte ich hier auch nochmals auf mein Buch »Kinder des Weltalls«, in dem ich die Abhängigkeit der Evolution von Mutation und Selektion sehr viel ausführlicher dargestellt habe, als es in dem hier behandelten Zusammenhang möglich ist. Ich habe dort außerdem auch die Fragen des Aussterbens ganzer Arten behandelt sowie die kosmischen Einflüsse, welche, wie sich aus neueren astronomischen und geologischen Untersuchungen ergibt, Art und Tempo der Evolution beeinflussen und auf diese Weise aus dem Weltraum in den Ablauf des irdischen Lebens eingreifen.

31 Es ist bezeichnend und angesichts der in diesem Buch vertretenen Auffassung nicht ohne Interesse, daß auch das Prinzip der Evolution (als eines Resultats von Zufallsangebot und Selektion durch die Umwelt) keineswegs etwa auf die biologische Sphäre beschränkt ist oder auch nur erstmals in der Geschichte mit ihr auftritt. Es hatte, wie wir uns erinnern wollen, auch schon bei der abiotischen Entstehung der Biopolymere, also Hunderte von Jahrmillionen vor dem Auftreten der ersten lebenden Zelle, eine entscheidende Rolle gespielt: Unter all den unzählbar vielen chemisch möglichen Verbindungen, die auf der Oberfläche der Ur-Erde entstanden, haben sich von Anfang an die angereichert, deren Stabilität unter den waltenden Umweltbedingungen am größten war. So ergab sich, wie in der ersten Hälfte dieses Buches ausführlich erörtert, aus den Konsequenzen des Urey-Effektes eine selektive Begünstigung von Nukleinsäuren und Aminosäuren. In diesem Falle wurde die Entwicklung also dadurch voran- und in eine bestimmte Richtung getrieben, daß individuelle Eigenschaften der Ur-Atmosphäre unter den willkürlich und zufällig entstandenen chemischen Verbindungen (wenn man von bestimmten chemischen Affinitäten hier einmal absieht) einige wenige als »angepaßt« auswählten und dadurch aus dem »chemischen Chaos« der ursprünglichen Situation eine charakteristische Ordnung hervorgehen ließen.

Wenigstens erwähnt sei an dieser Stelle schließlich, daß die irdische Umwelt durch die sogenannte radioaktive Hintergrundstrahlung unserer natürlichen Umgebung nach allem, was wir heute wissen, auch die Dauer unserer Lebensspanne wesentlich mitbestimmt. Daß wir 70 oder 80 Jahre alt werden, und nicht nur 20 oder aber 500 Jahre, hat seinen Grund auch in dem durch die Intensität dieser Strahlung festgelegten Prozentsatz der in unserem Organismus ausgelösten Mutationen. Bei der laufenden Erneuerung unserer Körpergewebe durch die Teilung der diese Gewebe bildenden Zellen addieren sich die auf diese Weise verursachten Verdoppelungsfehler im Laufe der Jahre, bis sie schließlich in immer mehr Zellen einen Grad erreichen, der die Funktionsfähigkeit der Zellen und Gewebe zunehmend beeinträchtigt. Es gibt überzeugende Hinweise darauf, daß dieser Zusammenhang eine der Ursachen ist, aus denen wir »altern«. Allerdings ist es ganz sicher nicht die einzige Ursache. Die durchschnittliche Lebensdauer ist ebenso auch eine erblich festgelegte (und als solche individuell nachweislich unterschiedliche) Größe. Anderersits ist aber auch diese erbliche Fixierung der durchschnittlichen menschlichen Lebensdauer im Laufe der Evolution wahrscheinlich von der Strahlungssituation auf der Erdoberfläche mitbestimmt worden. Es bestehen nämlich biologische Beziehungen zwischen der Generationsdauer (= individueller Lebenserwartung der Angehörigen) einer Art und der für die gleiche Art gültigen Mutationsrate. Ich kann darauf hier nicht im einzelnen eingehen. Der Zusammenhang ist aber grundsätzlich leicht einzusehen: Es gibt sicher so etwas wie eine optimale Mutationsrate für eine bestimmte Art. Zu viele Mutationen gefährden ihre Beständigkeit, zu wenige ihre Anpassungsfähigkeit. Bei einer vorgegebenen mutationsauslösenden Ursache (= konstante Hintergrundstrahlung) ist diese Mutationsrate unter anderem aber auch von der Dauer abhängig, während derer die Keimzellen der betreffenden Art dieser Ursache ausgesetzt sind, mit anderen Worten also von der Dauer der fruchtbaren Phase der zur Rede stehenden Art. Diese Dauer der Fruchtbarkeit steht aber nun ihrerseits wieder in einer ausgewogenen Beziehung zur Dauer des individuellen Lebens insgesamt.

32 Es gibt noch mindestens zwei andere Versuche, die die belebte Natur unternommen hat, »um die Stufe der Einzelligkeit zu überwinden«. Der eine ist die bei vielen Algen und Pilzen zu beobachtende Tendenz zur Teilung der Zellkerne ohne anschließende Teilung auch der Zelle. Daraus resultiert dann ein einziger zusammenhängender Protoplasmaleib mit zahlreichen Kernen. Der andere Versuch wird durch die sogenannten »Verschmelzungsplasmodien« gebildet, primitive Schleimpilze, die sich während ihres Lebenszyklus vorübergehend zu vielzelligen, sich gemeinsam bewegenden Verbänden zusammenschließen, bei denen auch schon eine gewisse Arbeitsteilung zwischen verschiedenen Zellen erkennbar wird. Keiner dieser anderen Versuche hat aber über primitive Ansätze hinausgeführt.

33 Die hier beschriebenen Zellen besitzen sämtlich Chloroplasten. Sie sind dementsprechend grünlich gefärbt und daher, auch wenn ihre aktive Beweglichkeit diese Zuordnung dem Laien ungewohnt erscheinen läßt, den Vorfahren der Pflanzen zuzurechnen. Dem entspricht in ihrem Verhalten eine »positiv phototaktische Reaktion«. Gemeint ist damit nichts anderes als ihre Tendenz, aus dem Dunklen ins Helle zu schwimmen. Das ist eine ganz automatisch erfolgende Reaktion, die gewährleistet, daß diese im wesentlichen von der Photosynthese lebenden Zellen möglichst immer dorthin gelangen, wo das Sonnenlicht am intensivsten ist.

Die für eine solche Reaktion unentbehrlichen »Lichtempfänger« werden durch kleine, rötlich aussehende Pigmentfleckchen gebildet, von denen jede Zelle eins besitzt. Diese absorbieren das von der Sonne kommende Licht. Anders als im Falle der Chloroplasten wird die aufgefangene Strahlung hier aber nicht als Energiequelle benutzt, sondern zur Auslösung von Steuerkommandos. Ganz offensichtlich wird die Stärke des Geißelschlags der verschiedenen Zellen, welche eine solche Kolonie bilden, so lange variiert, bis die am Vorderende (in der Schwimmrichtung) gelegenen Pigmentflecken ein Maximum an Strahlungseinfall registrieren. Auf solche Weise strebt die Kolonie immer der größten Helligkeit zu.

34 Durch Zufall geriet mir vor einigen Jahren das Manuskript eines Buches in die Hand (das meines Wissens dann nie erschienen ist), in dem die Spekulation über den Primat der DNS als des eigentlichen Ziels aller Evolution bis zur letzten Kon-

sequenz einer umfassenden Weltanschauung getrieben wurde. Das war in manchen Einzelheiten einfallsreich und witzig durchgeführt. Der Autor vertrat etwa die Ansicht, daß die Natur die ganze biologische Evolution auf der Erde einzig und allein deshalb in Gang gesetzt habe, um schließlich den Menschen und mit ihm eine technische Zivilisation hervorbringen zu können. Dies aber nun nicht etwa deshalb, weil der Mensch und seine zivilisatorische Leistung ein Ziel in sich selbst gebildet hätten. Ganz im Gegenteil. Das Ganze sei in Wirklichkeit nichts als ein (unvermeidbarer) gigantischer Umweg, den die Natur habe beschreiten müssen, um der DNS die Möglichkeit zu verschaffen, die Erde zu verlassen und auf anderen Himmelskörpern Fuß zu fassen. Am Ende der Zivilisation nämlich stehe die astronautische Technik. Früher oder später werde der Mensch unweigerlich auf den Einfall kommen (ohne daran zu denken, daß er sich auch damit nur den übergeordneten »Zielen« der DNS unterwerfe), unbemannte Sonden, die mit DNS-Molekülen befrachtet seien, nach allen Seiten in den Weltraum zu starten. Sei das geschehen, dann könnte die Menschheit aussterben, denn mit diesem Schritt habe sich der Sinn ihrer Existenz erfüllt, der lediglich darin bestehe, die DNS in ihren Keimzellen zu bewahren und ihre interplanetarische Verbreitung sicherzustellen. Die oft so irrational erscheinende Tendenz zur Entwicklung einer Raumfahrttechnik entpuppe sich unter diesem Aspekt, das etwa war die Schlußfolgerung des Autors, als Ausdruck eines triebhaften Dranges, dem der Mensch aus den gleichen Gründen unterworfen sei, aus denen er etwa auch das Geschäft seiner individuellen Fortpflanzung besorge. (Manfred A. Menzel, »Das Antlitz der Zukunft«, unveröffentlichtes Manuskript.)

Daß das bei allem Einfallsreichtum und aller »inneren Logik« doch auch wahnsinnig komisch wirkt, liegt natürlich an der ungeheuerlichen Einseitigkeit der Betrachtungsweise, die auch hier wieder ausschließlich den Blickwinkel einer einzigen Entwicklungsstufe berücksichtigt. Nicolai Hartmann würde hier zweifellos von einem »Schichtverstoß« gesprochen haben, von dem unzulässigen Versuch, die Gesamtheit eines Phänomens durch die Verabsolutierung der Regeln und Kategorien eines ihrer Teile »erklären« zu wollen.

35 Wer nicht so sehr an diesen konkreten Details, sondern an Beispielen für die erstaunlichen und oft wirklich unglaublichen Leistungen des Evolutionsmechanismus an sich interessiert ist, dem sei nochmals das schon in Anmerkung 1 genannte Buch von Wolfgang Wickler über »Mimikry« empfohlen. Aus verschiedenen Gründen liefert gerade die besondere Form der Anpassung, die mit diesem Wort gemeint ist, dafür besonders eindrucksvolle und anschauliche Beispiele.

36 Ganz wieder aufgegeben und spurlos wieder zurückentwickelt werden diese Kiemenöffnungen und -bögen übrigens nicht, die wir alle vor unserer Geburt vorübergehend besitzen. Die Natur muß mit dem Material bauen, das jeweils vorliegt, und sie kann keine Sprünge machen, welche die Lebensfähigkeit eines Organismus für eine noch so kurze »Umbauphase« behindern würden. So hat sie die embryonalen Kiemenöffnungen bei uns Menschen unter anderem verwendet, als es darum ging, in den Schädel nachträglich Ohren einzubauen. Unser Gehörgang, der das Trommelfell mit der freien Luft verbindet, ist eine umgebaute Kiemenöffnung. Diese Entstehung liefert auch die Erklärung dafür, warum bei uns die Rachenhöhle mit dem Mittelohr verbunden ist: Ursprünglich war das alles ein zusammenhängender (und sehr viel weiterer) Kanal, durch den das in den Mund strömende Wasser an dem im Text erwähnten Blutgefäßnetz vorbeistrich, das ihm den Sauerstoff entzog, bevor es an beiden Seiten des Schädels wieder nach außen abfloß.

37 Es ist interessant, sich einmal darüber klarzuwerden, daß und warum die seitliche Stellung der Augen mit einem für beide Augen getrennten Gesichtsfeld für

ein relativ niedriges Entwicklungsniveau bezeichnend ist, so daß man bei einem Vergleich zwischen verschiedenen Tierarten schon aus diesem Merkmal Rückschlüsse auf die unterschiedliche »Ranghöhe« ziehen kann. Hier schimmert an einem anderen Symptom erneut das Thema der Entwicklungsreihe durch, die vom bloßen Lichtreizempfänger zum vollentwickelten optischen Wahrnehmungsorgan führt. Selbst hier, am Ende der Entwicklungsreihe, unmittelbar vor der Vollendung des Organs, gibt es noch abgestufte Unterschiede: Augen, die seitlich stehen, und die damit eine optische »Rundumorientierung« erlauben, stehen noch auf der primitiveren Stufe eines optischen »Warnsystems« als Augen, deren Gesichtsfeld sich praktisch überdeckt. Denn erst dann, wenn das geschehen ist, besteht die Möglichkeit zum stereoskopischen, plastischen Sehen. Erst dann also kann die optische Wahrnehmung das Erleben einer räumlich-gegenständlichen Welt vermitteln.

38 Diese Taucheinrichtung wurde später, auf dem trockenen Lande, als sie nicht mehr benötigt wurde, nicht etwa einfach verworfen und zurückgebildet. Die Natur ist, wie erwähnt (siehe Anmerkung 36), stets darauf angewiesen, das Material zu verwenden, das ihr vorliegt. In Gestalt eines erstaunlich einfallsreich wirkenden Funktionswandels wurde die ehemalige Schwimmblase von den auf das Land umgesiedelten Amphibien und Reptilien als »Lunge« eingesetzt. Die dazu erforderlichen Umbauten waren nicht einmal sehr groß. Der von feinen Äderchen umgebene Luftsack hatte, bei Licht betrachtet, von jeher der Abgabe und Aufnahme von Gasen aus dem Blut gedient. Während der Zweck dieser Einrichtung im Wasser darin bestanden hatte, die Schwimmblase unter mehr oder weniger starken Druck zu setzen, wurde die gleiche Einrichtung jetzt, nachdem eine Verbindung zur Mundöffnung hergestellt war, dazu benutzt, um atmosphärischen Sauerstoff ins Blut aufzunehmen und Kohlensäure aus dem Blut abzugeben. Auch unsere Lungen sind die umgebauten Schwimmblasen unserer meeresbewohnenden Urahnen.

39 Das ist nicht schwer zu erklären, wenn man daran denkt, was eine »Erfindung« im Rahmen der Evolution bedeutet: die Erschaffung eines Organs oder einer Funktion durch Mutation und Selektion. Die Selektion kann immer nur aus dem tatsächlich gerade vorliegenden Mutationsangebot auslesen. Mutationen sind aber nicht zweckgerichtet, sondern, wie man immer wieder bedenken muß, zufällig und willkürlich. Es ist daher mehr als unwahrscheinlich, daß sich im Verlaufe der Evolution einer bestimmten Art jemals die gleiche Situation in bezug auf diese beiden Faktoren exakt wiederholen kann.

40 Hier taucht die naheliegende Frage auf, wie denn die Wissenschaftler anhand der kümmerlichen und ausschließlich knöchernen Überreste entscheiden können, ob es sich im Einzelfall um einen wechselwarmen »Kaltblüter« oder einen Warmblüter gehandelt hat. Dazu gibt es mehrere Möglichkeiten. Sicheres Indiz der Warmblütigkeit sind alle Hinweise auf ein Fell als Körperbekleidung. Ein Pelz »wärmt« nämlich nur nach dem Prinzip einer Thermosflasche: Er kann nur Wärme festhalten, die schon da ist. Wenn man einer Eidechse nachts ein Fell überstülpte, nützte ihr das daher überhaupt nichts.

Ein weiteres Indiz ist die Ausbildung eines knöchernen Gaumendachs, das es bei den Kaltblütern auch noch nicht gibt. Dieses Merkmal ist besonders interessant, weil es ein besonders anschauliches Beispiel dafür ist, daß jede konstruktive Änderung auch bei einem lebenden Organismus immer eine ganze Reihe von Änderungen im gesamten Bauplan mit sich bringt. Das knöcherne Gaumendach verbessert die säuberliche Trennung von Atemraum und Mundhöhle. Das verschafft die Möglichkeit, auch während des Kauens ungehindert weiterzuatmen. Für einen Warmblüter mit seinem intensiveren Stoffwechsel und entsprechend erhöhten Sauerstoffbedarf ist das (wovon sich jeder durch einfache Selbstbeobachtung leicht überzeugen kann) ein unschätzbarer Vorteil.

41 Hier wird mir der eine oder andere vielleicht entgegenhalten wollen, daß das nur eine formale Beschreibung von so allgemeinem Charakter sei, daß diese Deutung auf jede beliebige Entwicklung zuträfe, weshalb ihr kein heuristischer Wert zukomme. Auch hinter diesem Einwand verbirgt sich aber nur eine anthropozentrische Verkennung des historischen (genetischen) Zusammenhangs. Meine Gegenfrage würde hier lauten, wie es denn dann zu erklären sei, daß sich die Elemente auf den verschiedenen Stufen dieser angeblich a priori möglichen formalen Beschreibung fügen konnten? Der Einwand setzt voraus, daß es selbstverständlich sei, wenn Atome in der Lage sind, sich zu Molekülen zusammenzuschließen, daß das gleiche für die Fähigkeit einzelner Zellen gelte, die sich zu vielzelligen Organismen verbinden usw. Das Gegenteil ist der Fall. Allerdings ist uns eine Erklärung hier nicht mehr möglich. Wir haben auch diese durchlaufende Tendenz zum »Zusammenschluß« als gleichsam ein Axiom der Entwicklung ebenso hinzunehmen wie die Existenz und die besondere Beschaffenheit der Naturgesetze.

42 Dieser Weg zum vollentwickelten optischen Wahrnehmungsorgan ist allerdings nicht vom Scheitelauge beschritten worden – bei seiner dazu völlig ungeeigneten Position auf dem Schädeldach wäre das sinnlos gewesen. Trotzdem kann dieses Organ als anschauliches Modell eines Übergangsstadiums vom Lichtrezeptor zum vollentwickelten, zum Sehen befähigten Auge dienen. Die Verwandtschaft ergibt sich schon daraus, daß beide Arten von Augen entwicklungsgeschichtlich dem gleichen Hirnteil entsprossen sind: Beide haben sich als bläschenförmige Knospen aus dem Zwischenhirn vorgewölbt. Es leuchtet ein, daß die Evolution von diesen Anlagen nur die bis zu Seh-Organen weiterbildete, die aufgrund ihrer Position im Schädel dafür die geeigneten Voraussetzungen mitbrachten.

43 Bei der Anwendung der heute gebräuchlichen Narkosemittel erlebt der Patient den sehr unangenehmen Übergang vom ersten zum zweiten Narkosestadium nicht mehr. Bei ihnen wird die zur Operation erforderliche Narkosetiefe so schnell erreicht, daß das Unruhestadium der Exzitation auch objektiv gar nicht mehr auftritt. Auch für diese modernen Mittel aber gilt, daß ihre Brauchbarkeit um so größer ist, je weiter der Abstand ist zwischen der für eine ausreichend tiefe Narkose erforderlichen Konzentration und der Dosis, bei der auch der tiefere Hirnstamm mit den dort gelegenen vitalen Regulationszentren narkotisiert wird. Den Abstand zwischen diesen beiden Konzentrationen bezeichnet der Anästhesist als die »therapeutische Breite« eines Narkosemittels.

44 Bei Hirnoperationen, die wegen der völligen Gefühllosigkeit dieses Organs in örtlicher Betäubung durchgeführt werden können, haben sich dafür vielfältige Bestätigungen ergeben. Schwache elektrische Impulse im Bereich des Sehzentrums auf der Großhirnrinde in der Gegend des Hinterhauptes lösen wechselnde optische Erlebnisse aus, von farbigen Lichtblitzen bis zu szenenhaft abrollenden Bildern. An anderen Stellen, vor allem des Hirnstamms, können Stimmungen ausgelöst werden, die so übermächtig sein können, daß der Patient während der Operation, mit freigelegtem Gehirn auf dem Operationstisch liegend, in schallendes Gelächter ausbricht. Keiner der Patienten hat dabei das Gefühl des »Künstlichen« oder auch nur Unnatürlichen. Keiner von ihnen erlebt den elektrischen Reiz als das, was er ist: ein elektrischer Reiz. In Abhängigkeit von der Stelle des Gehirns, die gereizt wird, erleben alle Patienten den Eingriff als reale optische Wahrnehmung, als »echte«, sie plötzlich überfallende Stimmung oder auf andere Weise.

45 Wir sind heute gegenüber allen überlieferten Werten, die sich nicht ausweisen können, aus verständlichen Gründen sehr mißtrauisch geworden. Damit einher

geht die Neigung, die verschiedenen Formen der Askese und Enthaltsamkeit, die in früheren Jahrunderten verbreitet waren, von denen aber eine in der Form des Zölibats der katholischen Kirche auch heute noch fortbesteht, zu belächeln und sie lediglich als Ausdruck einer abergläubischen Einstellung, wenn nicht gar als autoritäre Methode der Unterdrückung zu kritisieren. Wir dürfen aber nicht übersehen, daß sich solche Tendenzen in einer Hinsicht sehr wohl begründen lassen: Die Fähigkeit, aus rationalen Motiven instinktive, angeborene Verhaltensweisen unterdrücken zu können, ist eine von allen irdischen Lebewesen allein dem Menschen vorbehaltene Möglichkeit. Erst sein Großhirn ist weit genug entwickelt, um über die aus dem Hirnstamm kommenden Impulse verfügen zu können. So gesehen ist die Fähigkeit, »gegen die Natur« handeln zu können, die menschlichste aller menschlichen Möglichkeiten. Diese Überlegungen können es sehr wohl verständlich machen, daß die Askese, in welcher Form auch immer, in vielen Kulturen und zu allen Zeiten hohe Bewunderung genossen und dem asketisch Lebenden eine gewisse Autorität verschafft hat. Diese Überlegungen liefern aber andererseits naturgemäß auch keine Argumente für die moderne Diskussion über die Frage, ob es in unserer heutigen Gesellschaft sinnvoll ist, bestimmte Formen der Enthaltsamkeit kollektiv aufzuerlegen.

46 Aus Gründen, die uns hier nicht zu interessieren brauchen, war es von vornherein unwahrscheinlich, daß diese Aufgabe der Speicherung individueller Gedächtnisinhalte von der DNS wahrgenommen werden könnte.

47 Bernhard Hassenstein: »Aspekte der ›Freiheit‹ im Verhalten von Tieren« (Universitas, Dezember 1969).

48 Der Nestor der Bienenforschung, Karl von Frisch, berichtet, daß Bienen im Brutbereich ihres Stockes die Konstanz der Temperatur mit einer Exaktheit aufrechterhalten, die der des menschlichen Organismus nicht nachstehe – eine Leistung, die es im Reiche der »Kaltblüter« definitionsgemäß sonst nicht gibt. Erwärmung wird von den Tieren durch dichtes Zusammenrücken in dem betreffenden Gebiet und vermehrte Bewegungen bewirkt, Abkühlung durch das Verteilen von Wasser und dessen beschleunigte Verdunstung durch lebhaftes Fächeln mit den Flügeln. (K. von Frisch, »Biologie«, 3. Auflage, München 1967, Seite 196.)

49 Eduard Verhülsdonk, »Das kosmische Abenteuer«, Knecht Verlag 1964.

50 Arthur C. Clarke, »Im höchsten Grade phantastisch«, Düsseldorf 1964.

51 Zur Frage anderer planetarischer Kulturen und der zukünftigen Möglichkeit eines Zusammenschlusses durch Funkverbindung: Fred Hoyle, »Of men and galaxies«, Washington Press, 1964. Überlegungen über die notwendigen Eigenschaften interstellarer Funkbotschaften und die Voraussetzungen einer Suche nach interplanetaren Kontakten: »Meyers Handbuch über das Weltall«, Bibliographisches Institut Mannheim, 4. Auflage, 1967. Hier das Beispiel einer Botschaft, wie wir sie eines Tages von dem Planeten eines fremden Sonnensystems empfangen könnten – vorausgesetzt, daß die Gesetze logisch-abstrakten Denkens im ganzen Kosmos die gleichen sind:

```
1111000010100100001100100000001000001010 0
1000001100101100111100000110000110100000 0
0010000010000100001000101010000100000000 0
0000000000100010000000000010110000000000 0
0000000100011101101011010100000000000000 0
0000100100001110101010100000000010101010 1
0000000001110101010111010110000000100000 0
0000000000010000000000000100010011111100 0
0011101000001011000001110000000100000000 0
1000000010000000111110000001011000101110
1000000011001011111010111110001001111100 1
0000000000011111000000101100011111100000
1000011000001100001000011000000011000101
0010001111100101111
```

Eine Computer-Analyse würde sofort ergeben, daß diese Aufeinanderfolge von insgesamt 551 Impulsen und Pausen nicht zufällig ist, daß es sich also um eine Botschaft handeln muß, die eine Information enthält. Wie aber ist die Nachricht zu entschlüsseln?

Der erste Schritt besteht in der Erkenntnis, daß 551 das Produkt der Primzahlen 19 und 29 ist. Die Zeichen lassen sich also ohne Rest dann – nur dann! – zu einem Rechteck anordnen, wenn man sie (im Hochformat) in Gruppen zu je 19 in 29 Zeilen untereinander schreibt (siehe folgende Seite). Wenn man dann jede 1 durch einen schwarzen Mosaikstein ersetzt und für jede 0 eine Lücke läßt, hat man das »Rasterbild« der Seite 359 vor sich, das eine erstaunliche Fülle von Informationen enthält:

Die Gestalt unten im Bild stellt offensichtlich den Absender dar, wir erfahren so, daß es sich auch bei ihm um einen Primaten handelt. Am linken Bildrand ist von oben (Sonne) nach unten (9 Planeten) das fremde Sonnensystem wiedergegeben, rechts neben den ersten 5 Planeten in binärer Schreibweise die Zahlen 1 bis 5. Neben dem 4. Planeten steht (die Nachricht bis zum rechten Rand ausfüllend) außerdem die binäre Zahl 7 Milliarden, die in der Mitte durch eine schräg verlaufende Hinweislinie mit dem Bild des Absenders verbunden ist: So groß ist also die Bevölkerung auf diesem seinem Heimatplaneten. Daß seine Zivilisation die Raumfahrt beherrscht, ergibt sich daraus, daß neben dem 2. und dem 3. Planeten des fremden Systems die Zahlen 11 und 3000 erscheinen, zu deuten als Hinweis auf kleine Kolonien oder Beobachtungsstationen auf diesen Himmelskörpern. Rechts oben die Symbole des Kohlenstoff- bzw. Sauerstoffatoms, die also auch in der Heimat des Urhebers der Nachricht die wichtigsten (den Stoffwechsel tragenden?) Elemente sind. Rechts neben dem »Männchen-Bild« schließlich stehen noch zwei T-förmige Zeichen, die exakt vom Kopf bis zum Fuß des Absenders reichen und die (wieder binär geschriebene) Zahl 31 einschließen. Der Absender ist, so sollen wir diesen Teil der Botschaft lesen, »31mal irgend etwas« groß. Welche Einheit kann gemeint sein? Die einzige für Absender und Empfänger identische Größe ist die Wellenlänge, auf der die Nachricht ausgestrahlt und empfangen wurde. Also ist das fremde Wesen sehr wahrscheinlich 31mal größer als die benutzte Wellenlänge.

Eine »Botschaft« dieser Art ist bisher nie gesendet oder gar empfangen worden. Es handelt sich lediglich um ein »Modell«, entworfen von dem amerikanischen Wissenschaftler Frank D. Drake zu dem Zweck, um zu zeigen und zu untersuchen, welche Möglichkeiten es gibt, um sich mit einem Partner auf dem Funkwege zu verständigen, bei dem man außer der Fähigkeit zum logischen Denken keinerlei Gemeinsamkeit voraussetzen darf. Die Probe aufs Exempel: Ein Wissenschaftlerteam, dem die Nachricht als bloße Zahlenfolge ohne jede zusätzliche Erklärung zur Entschlüsselung vorgelegt wurde, knackte die Nuß innerhalb von 10 Stunden.

```
1 1 1 1 0 0 0 0 1 0 1 0 0 1 0 0 0 0 1
1 0 0 1 0 0 0 0 0 0 0 1 0 0 0 0 0 1 0
1 0 0 1 0 0 0 0 0 1 1 0 0 1 0 1 1 0 0
1 1 1 1 0 0 0 0 0 1 1 0 0 0 0 1 1 0 1
0 0 0 0 0 0 0 0 1 0 0 0 0 0 1 0 0 0 0
1 0 0 0 0 1 0 0 0 1 0 1 0 1 0 0 0 0 1
0 0 0 0 0 0 0 0 0 0 0 0 0 0 0 0 0 0 0
1 0 0 0 1 0 0 0 0 0 0 0 0 0 0 1 0 1 1
0 0 0 0 0 0 0 0 0 0 0 0 0 0 0 0 0 0 0
1 0 0 0 1 1 1 0 1 1 0 1 0 1 1 0 1 0 1
0 0 0 0 0 0 0 0 0 0 0 0 0 0 0 0 0 0 0
1 0 0 1 0 0 0 0 1 1 1 0 1 0 1 0 1 0 1
0 0 0 0 0 0 0 0 1 0 1 0 1 0 1 0 1 0
0 0 0 0 0 0 0 0 1 1 1 0 1 0 1 0 1 0 1
1 1 0 1 0 1 1 0 0 0 0 0 0 1 0 0 0 0 0
0 0 0 0 0 0 0 0 0 0 0 0 0 1 0 0 0 0 0
0 0 0 0 0 0 0 0 1 0 0 0 1 0 0 1 1 1 1
1 1 0 0 0 0 0 1 1 1 0 1 0 0 0 0 0 1 0
1 1 0 0 0 0 0 1 1 1 0 0 0 0 0 0 0 1 0
0 0 0 0 0 0 0 0 1 0 0 0 0 0 0 0 0 1 0
0 0 0 0 0 0 1 1 1 1 1 0 0 0 0 0 0 1 0
1 1 0 0 0 1 0 1 1 1 0 1 0 0 0 0 0 0 0
1 1 0 0 1 0 1 1 1 1 1 0 1 0 1 1 1 1 1
0 0 0 1 0 0 1 1 1 1 0 0 1 0 0 0 0 0 0
0 0 0 0 0 0 1 1 1 1 1 0 0 0 0 0 0 1 0
1 1 0 0 0 1 1 1 1 1 1 0 0 0 0 0 1 0
0 0 0 0 1 1 0 0 0 0 1 1 0 0 0 0 1 0
0 0 0 1 1 0 0 0 0 0 0 1 1 0 0 0 1 0
1 0 0 1 0 0 0 1 1 1 1 0 0 1 0 1 1 1 1
```

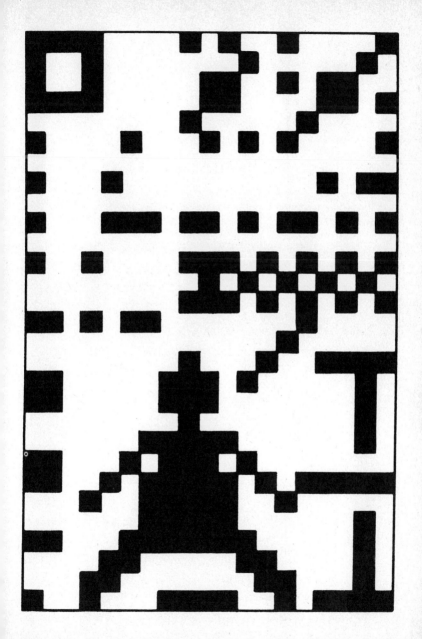

Bildquellennachweis

Farbzeichnungen »Mimikry«: *Hermann Kacher*, Starnberg
Zeit-Tafeln Vor- und Hintersatz: *Erwin Poell*, Heidelberg
Farbzeichnung »Nachbild« und sämtliche Strichzeichnungen im Textteil:
Jens Schlockermann, Hamburg
Farbzeichnung »Gesichtsfeldentwicklung«: *Sabine Schroer*, Zürich
Alle übrigen Farbzeichnungen: *Jörg Kühn*, Heidelberg
Sämtliche Astrophotos (mit Ausnahme von Quasar und Rotverschiebung):
© California Institute of Technology and the Carnegie Institution of Washington;
mit freundlicher Genehmigung der *Hale Observatories*
4 Aufnahmen menschlicher Embryos: *Prof. Dr. Erich Blechschmidt*, Göttingen
Bakteriophage, Cytochrom c-Schema und gespreitete DNS: *Archiv »Querschnitt«*,
ZDF
Birkenspanner: Photo *Rüdiger Kluge*, Hamburg, nach Vorlagen des Zoologischen
Instituts der Universität Hamburg
Volvox und Eudorina: *Prof. Dr. Heinz Schneider*, Godramstein
Chloroplasten: *Dr. H. Falk*, Freiburg, aus: »Biologie in unserer Zeit«, H. 4, 1972,
Verlag Chemie
Chromosomenpuff: *Dr. Claus Pelling*, Tübingen
Holzschnitt »Durchbruch des Menschen...«: *Deutsches Museum*, München
Horn-Antenne: *Bell Telephone Laboratories, Inc.*, Holmdel, N.J.
Hühnerversuche von E. v. Holst: Mit freundlicher Genehmigung des
Georg Thieme Verlags, Stuttgart, aus: »*Befinden und Verhalten*«,
Starnberger Gespräche 1961
Mitochondrium: *Dr. W. Franke*, Freiburg
Pioneer 10 – Kosmische Nachricht: *Amerikanische Botschaft*, Bonn
Quasar und Rotverschiebung: *Maarten Schmidt*, Pasadena
Ribosomen: *Dr. W. Franke*, Freiburg
Vulkan (Stromboli): Photo *W. H. Groeneveld*, Hamburg

Hoimar v. Ditfurth

Im Anfang war der Wasserstoff
Sonderausgabe, 360 Seiten,
davon 20 Seiten Farbtafeln,
40 s/w-Tafeln,
gebunden, DM 19,80

Der Geist fiel nicht vom Himmel
Die Evolution unseres Bewußtseins
340 Seiten mit zahlreichen
Illustrationen und 32 Seiten
Farbfotos, gebunden, DM 34,-

Kinder des Weltalls
Der Roman unserer Existenz
Sonderausgabe, 290 Seiten, mit
zahlreichen Illustrationen im
Text und 56 Seiten Bildteil,
gebunden, DM 19,80

Evolution
Ein Querschnitt der Forschung
Herausgegeben von
H.v. Ditfurth
240 Seiten mit 46 meist mehrfarbigen Illustrationen und 17
vierfarbigen Fotos, gebunden,
DM 32,-

Evolution II
Ein Querschnitt der Forschung
Herausgegeben von
H.v. Ditfurth
266 Seiten mit 37 mehrfarbigen
und 90 s/w-Illustrationen im
Text, gebunden, DM 32,-

Zusammenhänge
Gedanken zu einem naturwissenschaftlichen Weltbild
160 Seiten, gebunden, DM 16,80

Physik
Ein Querschnitt der Forschung
Herausgegeben von
H.v. Ditfurth
237 Seiten mit 27 vierfarbigen
und 21 einfarbigen Abbildungen,
gebunden, DM 32,-

Hoimar v. Ditfurth/Volker Arzt
Querschnitt
Dimensionen des Lebens II
268 Seiten mit 95 vierfarbigen
und zahlreichen einfarbigen
Abbildungen sowie graphischen
Darstellungen, gebunden,
DM 34,-

mannheimer forum 79/80
Ein Panorama der Naturwissenschaften
Herausgegeben von
H.v. Ditfurth in der „Studienreihe Boehringer/Mannheim",
215 Seiten, mit 37 mehrfarbigen
und 34 s/w-Abb.,
Pb., DM 28,-

mannheimer forum 80/81
240 Seiten, mit 54 vierfarbigen
und 37 s/w-Abb.,
Pb., DM 28,-

Preisänderungen vorbehalten.

Hoffmann und Campe

Mensch und Kosmos

Werner Heisenberg:
Der Teil und das Ganze
Gespräche im Umkreis
der Atomphysik
dtv 903

Carl Sagan /
Jerome Agel:
Nachbarn im Kosmos
Leben und
Lebensmöglichkeiten
im Universum
dtv 1397

Jost Herbig:
Kettenreaktion
Das Drama
der Atomphysiker
dtv 1436

Steven Weinberg:
Die ersten drei Minuten
Der Ursprung
des Universums
dtv 1556

Otto Heckmann:
Sterne, Kosmos,
Weltmodelle
Erlebte Astronomie
dtv 1600

Hoimar v. Ditfurth:
Im Anfang war
der Wasserstoff
dtv 1657

Mensch und Natur

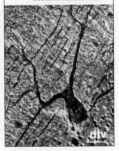

Kreatur Mensch
Moderne Wissenschaft
auf der Suche nach
dem Humanum
Hrsg. v. Günter Altner
dtv 892

Joachim Illies:
Zoologie des Menschen
Entwurf einer
Anthropologie
dtv 1227

Hoimar v. Ditfurth /
Volker Arzt:
Dimensionen
des Lebens
Reportagen aus der
Naturwissenschaft
dtv 1277

Frederic Vester:
Denken, Lernen,
Vergessen
Was geht in unserem
Kopf vor?
dtv 1327

Frederic Vester:
Phänomen Streß
Wo liegt sein Ursprung,
warum ist er
lebenswichtig,
wodurch ist er entartet?
dtv 1396

Helmut Tributsch:
Wie das Leben
leben lernte
Physikalische Technik
in der Natur
dtv 1517

Hellmuth Benesch:
Der Ursprung
des Geistes
dtv 1542

Hoimar v. Ditfurth:
Der Geist fiel
nicht vom Himmel
Die Evolution
unseres Bewußtseins
dtv 1587

Hans Breuer:
entdeckt – erforscht –
entwickelt
Neueste Nachrichten
aus der Wissenschaft
dtv 1658

Reinhard W. Kaplan:
Der Ursprung
des Lebens
Biogenetik,
ein Forschungsgebiet
heutiger
Naturwissenschaft
dtv / Thieme 4106

Adolf Remane /
Volker Storch /
Ulrich Welsch:
Evolution
Tatsachen und
Probleme
der Abstammungslehre
dtv 4234

dtv-Lexikon der Physik

Band 1 A-B

»Das Werk ist sehr umfassend und modern. Es berücksichtigt neben der eigentlichen Physik auch ihre Nachbargebiete, wie physikalische Chemie, Geophysik, Astrophysik, Biophysik und wendet sich demnach an einen weiten Leserkreis.«
Angewandte Chemie

dtv-Lexikon der Physik
Hrsg. von Hermann Franke
In 10 Bänden

Ein Standard-Nachschlagewerk mit über 12000 Stichwörtern der theoretischen und angewandten Physik: Definitionen und Erläuterungen von Begriffen, ein Überblick über den gegenwärtigen Stand der Forschung und Entwicklung. Die Stichwörter, die in ihrer Klarheit und Ausführlichkeit den Charakter von Kurzmonographien haben, werden ergänzt durch 1700 technische Zeichnungen, Skizzen und 200 Fotos sowie durch rund 7000 Literaturverweisungen auf die Fachliteratur. Verweisungen innerhalb der Stichwörter zeigen Zusammenhänge, auch zu Neben- und Randgebieten. Alle Zahlenangaben nach dem internationalen Einheitssystem

dtv 3041–3050

Naturwissenschaften

dtv-Lexikon der Physik

**Band 1
A-B**

dtv-Atlas zur Atomphysik

Tafeln und Texte

Walter Theimer: Handbuch naturwissenschaftlicher Grundbegriffe

dtv
Wissenschaftliche
Reihe

---

dtv-Lexikon der Physik
Hrsg. von Hermann Franke
In zehn Bänden
Ein Standard-Nachschlagewerk mit über 12000 Stichwörtern der theoretischen und angewandten Physik: Definitionen und Erläuterungen von Begriffen, ein Überblick über den gegenwärtigen Stand der Forschung und Entwicklung. Die Stichwörter, die in ihrer Klarheit und Ausführlichkeit den Charakter von Kurzmonographien haben, werden ergänzt durch 1700 technische Zeichnungen, Skizzen und 200 Fotos sowie durch rund 7000 Literaturverweisungen auf die Fachliteratur. Verweisungen innerhalb der Stichwörter zeigen Zusammenhänge, auch zu Neben- und Randgebieten. Alle Zahlenangaben nach dem internationalen Einheitssystem.
dtv 3041–3050

**Bernhard Bröcker:
dtv-Atlas zur Atomphysik**
Tafeln und Texte
Originalausgabe
Aus dem Inhalt:
Entdeckungen. Quantentheorie. Atomhülle und Molekül. Meßmethoden. Kernphysik. Kernmodelle. Elementarteilchen. Wechselwirkung. Detektoren. Quellen. Reaktoren. Atombomben. Strahlenschutz. Nuklidkarte. Kerntabelle. Konstanten.
dtv 3009

**Walter Theimer:
Handbuch naturwissenschaftlicher Grundbegriffe**
Originalausgabe
Aus dem Inhalt:
Atom. Chemische Bindung. Elektromagnetismus. Energie. Evolution. Festkörperphysik. Halbleiter. Hormone. Informationstheorie. Kybernetik. Kolloide. Licht. Magnetismus. Metalle. Molekularbiologie. Naturwissenschaftliche Methode. Periodensystem. Quantentheorie. Radioaktivität. Relativitätstheorie. Supraleitung. Thermodynamik. Vererbung. Wellen. Zellen.
dtv 4292